高职高专土建类精品规划教材

建筑工程施工组织与管理

主　编　宋文学　张　迪
副主编　胡　慨　赵　鑫　章春宁　李翠华
　　　　梅发军　刘　虎　王　华
主　审　满广生

中国水利水电出版社
www.waterpub.com.cn

内 容 提 要

本书为高职高专土建类精品规划教材，是参照国家职业标准和行业岗位要求编写而成。全书共10章，内容包括：绪论、施工准备工作、施工作业组织、网络计划技术、施工组织总设计、单位工程施工组织设计、施工项目管理组织、主要施工管理计划、施工现场作业与技术管理、计算机辅助施工组织设计。

本书可作为职业院校建筑工程技术、建筑工程管理、工程监理、工程造价等专业的教学用书，也可作为土建类工程技术人员的参考用书。

图书在版编目（CIP）数据

建筑工程施工组织与管理 / 宋文学，张迪主编. --
北京 ：中国水利水电出版社，2013.1(2017.12重印)
高职高专土建类精品规划教材
ISBN 978-7-5170-0617-6

Ⅰ. ①建… Ⅱ. ①宋… ②张… Ⅲ. ①建筑工程－施工组织－高等职业教育－教材②建筑工程－施工管理－高等职业教育－教材 Ⅳ. ①TU7

中国版本图书馆CIP数据核字(2013)第018079号

书　　名	高职高专土建类精品规划教材 **建筑工程施工组织与管理**
作　　者	主编　宋文学　张迪　　主审　满广生
出版发行	中国水利水电出版社 （北京市海淀区玉渊潭南路1号D座　100038） 网址：www.waterpub.com.cn E-mail：sales@waterpub.com.cn 电话：（010）68367658（营销中心）
经　　售	北京科水图书销售中心（零售） 电话：（010）88383994、63202643、68545874 全国各地新华书店和相关出版物销售网点
排　　版	中国水利水电出版社微机排版中心
印　　刷	北京海石通印刷有限公司
规　　格	184mm×260mm　16开本　20印张　474千字
版　　次	2013年1月第1版　2017年12月第2次印刷
印　　数	4001—6000册
定　　价	**46.00**元

前　言

qianyan

“建筑工程施工组织与管理”是建筑工程技术专业的一门主干课程，该课程的教学目标是使学生掌握施工组织与管理的基本方法和手段，具备从事施工项目管理工作的能力。针对目前“以项目为载体”、“以工作过程为导向”教材比较流行的现象，本书编写团队也曾探讨过按照新的体例进行编写。但是，考虑到按照新的体例进行编写，课程教学内容很难满足实际需要，且难以进行教学实施，于是本书编写团队放弃采用新的体例进行编写，而是果断地采用了传统体例进行编写。本书编写团队在编写时，坚持按照最新规范《建筑工程施工组织设计》(GB/T 50502—2009) 的思想与工程实际进行编写，强调“以实用为主，以够用为度，注重实践，强化训练，利于发展”的原则，根据专业知识与能力需求，设置教材学习内容并注重教学内容的实用性、可操作性及综合性，及时引入行业新知识、新规范，确保教学内容与行业需求接轨。此外，本书注重信息技术在施工项目管理中的应用，详细介绍了项目管理软件在施工项目管理中的应用。

本书由宋文学、张迪主编。具体编写分工如下：安徽水利水电职业技术学院宋文学编写第 3 章及第 4 章的第 4.1、4.2、4.4、4.5 节；杨凌职业技术学院张迪编写第 1 章；安徽水利水电职业技术学院胡慨编写第 6 章；四川水利职业技术学院赵鑫编写第 2 章、第 8 章；福建水利水电职业技术学院章春宁编写第 5 章；湖北水利水电职业技术学院李翠华编写第 7 章；杨凌职业技术学院王华编写第 9 章及第 4 章的第 4.3 节；深圳市斯维尔科技有限公司培训中心梅发军、刘虎编写第 10 章。全书由宋文学统稿，书稿中部分插图由上海禹兴土木工程有限公司李雪燕和安徽水利水电职业技术学院王培林、张道锐采用专业软件绘制。

本书作为知识、技术信息传播的基本载体，具有不容忽视的重要意义。针对目前高职教材质量不够理想的现象，本书在编写过程中严把质量关，严格遵照最新规范，充分吸收目前最新的思想理念和科技成果，以期能够为读者呈现一本满意的教科书。

本书编写过程中，得到了安徽水利水电职业技术学院建筑工程系满广生主任及中国水利水电出版社韩月平、张鑫等的大力支持和帮助，在此一并表示感谢。由于作者水平有限，书中不妥之处，恳请读者指正。

编　者

2012年12月

目　　录

第1章　绪　　论

学习目标：了解建筑工程施工组织与管理的研究对象和任务；了解基本建设的概念、内容；熟悉基本建设项目的组成以及基本建设程序；熟悉施工组织设计的概念、任务、作用；了解组织施工的基本原则；熟悉或理解施工组织设计的分类，包括施工组织总设计、单位工程施工组织设计、施工方案和投标阶段施工组织设计、实施阶段施工组织设计，能够根据实际工程情况确定施工组织设计的内容，完成施工组织设计纲要的编写，具备施工组织设计编写的初步能力。

1.1　建筑工程施工组织与管理的研究对象和任务

建筑产品的生产或施工是一项由多人员、多专业、多工种、多设备、高技术、现代化综合而成的复杂的系统工程。若要提高工程质量、缩短工程工期、降低工程成本、实现安全文明施工，就必须应用合理方法进行统筹规划、科学管理施工全过程。建筑工程施工组织与管理就是针对建筑施工的复杂性，研究工程建设统筹安排与科学系统管理的客观规律，制定建筑工程施工最合理的组织与管理方法的一门学科。

施工组织与管理是推进企业技术进步，加强现代化工程项目管理的核心。

建筑施工是一项特殊的生产活动，尤其是现代化的建筑物或构筑物无论是在规模上还是在功能上都在不断发展，“高、大、难、急、险”已成为现代建设项目的显著特征，它们不但体形庞大，而且交错复杂，这就给施工带来许多困难和问题。解决施工中的各种困难和问题，通常都有若干施工方案可供选择。但是，不同的方案，其经济效果一般不会相同。如何根据拟建工程的性质和规模、地理和环境、工期长短、工人的素质和数量、机械装备程度、材料供应情况等各种技术经济条件，从经济、技术与管理相统一的角度出发，从许多可行的方案中选定最优的方案，这是施工管理人员必须首先解决的问题。

施工组织的任务是：从施工的全局出发根据具体的条件，以最优的方式解决上述施工组织的问题，对施工的各项活动作出全面的、科学的规划和部署，使人力、物力、财力以及技术资源得以充分合理地利用，确保优质、高效、低耗、安全地完成施工任务。

1.2　建设项目的建设程序

1.2.1　基本建设及项目组成

1.2.1.1　基本建设

基本建设是指以固定资产扩大再生产为目的，国民经济各部门、各单位购置和建造新的固定资产的经济活动，以及与其有关的工作。简言之，即是形成新的固定资产的过程。

基本建设为国民经济的发展和人民物质文化生活的提高奠定了物质基础。基本建设主要是通过新建、扩建、改建和重建工程，特别是新建和扩建工程的建造，以及与其有关的工作来实现的。因此，建筑施工是完成基本建设的重要活动。

基本建设是一种综合性的宏观经济活动。它还包括工程的勘察与设计、土地的征购、物资的购置等。它横跨于国民经济各部门，包括生产、分配和流通各环节。其主要内容有：建筑工程、安装工程、设备购置、列入建设预算的工具及器具购置、列入建设预算的其他基本建设工作。

1.2.1.2 项目组成

根据现行国家标准《建筑工程施工质量验收统一标准》（GB 50300—2001）的规定，工程建设项目可分为单位（子单位）工程、分部（子分部）工程、分项工程和检验批。

1. 单位（子单位）工程

具备独立施工条件并能形成独立使用功能的建筑物及构筑物为一个单位工程。工业建设项目（如各个独立的生产车间、实验大楼等），民用建筑（如学校的教学楼、食堂、图书馆等）都可以称为一个单位工程。单位工程是工程建设项目的组成部分，一个工程建设项目有时可以仅包括一个单位工程，也可以包括许多单位工程。从施工的角度看，单位工程就是一个独立的交工系统，在工程建设项目总体施工部署和管理目标的指导下，形成自身的项目管理方案和目标，按其投资和质量的要求，如期建成交付生产和使用。对于建设规模较大的单位工程，还可将其能形成独立使用功能的部分划分为若干子单位工程。

由于单位工程的施工条件具有相对的独立性，因此，一般要单独组织施工和竣工验收。单位工程体现了工程建设项目的主要建设内容，是新增生产能力或工程效益的基础。

2. 分部（子分部）工程

分部工程是按单位工程的专业性质、建筑部位划分的，是单位工程的进一步分解。一般工业与民用建筑可划分为地基与基础工程、主体结构工程、装饰装修工程、屋面工程，其相应的建筑设备安装工程由给水、排水及采暖、建筑电气、通风与空调工程、电梯安装工程等组成。

当分部工程较大或较复杂时，可按材料种类、施工特点、施工程序、专业系统及类别等划分为若干子分部工程。如主体结构又可分为混凝土结构、砌体结构、钢结构、木结构等子分部工程。

3. 分项工程

分项工程是分部工程的组成部分，一般是按主要工种、材料、施工工艺、设备类别等进行划分。例如模板工程、钢筋工程、混凝土工程、砖砌体工程等。分项工程是建筑施工生产活动的基础，也是计量工程用工用料和机械台班消耗的基本单元。分项工程既有其作业活动的独立性，又有相互联系、相互制约的整体性。

4. 检验批

分项工程可由一个或若干个检验批组成，检验批可根据施工及质量控制和专业验收需要按楼层、施工段、变形缝等进行划分。

1.2.2 基本建设程序

基本建设程序是指建设项目从决策、设计、施工、竣工验收到投产或交付使用的全过

程中，各项工作必须遵循的先后顺序，是拟建建设项目在整个建设过程中必须遵循的客观规律。这个先后顺序，是多年实践的科学总结，是由基本建设进程决定的，不得人为任意安排，更不能随着建设地点的改变而改变。从基本建设的客观规律、工程特点和工作内容来看，在多层次、多交叉的平面和空间里，在有限的时间里，组织好基本建设，必须使工程项目建设中各阶段和各环节的工作相互衔接。

我国的工程建设程序可归纳为四个阶段，即投资决策阶段、勘察设计阶段、项目施工阶段、竣工验收和交付使用阶段。这四个阶段又可划分为项目建议书、可行性研究、设计文件、施工准备（包括招投标、签订合同）、施工安装、生产准备、竣工验收和交付使用等环节。

1.2.2.1 投资决策阶段

投资决策阶段包括项目建议书和可行性研究等内容。

1. 项目建议书

项目建议书是对拟建项目的一个总体轮廓设想，是根据国家国民经济和社会发展长期规划、行业规划和地区规划，以及国家产业政策，经过调查研究、市场预测及技术分析，着重从宏观上对项目建设的必要性作出分析，并初步分析项目建设的可行性。

项目建议书是建设单位向主管部门提出的要求建设某一项目的建议性文件，对于大中型项目和一些工艺技术复杂、涉及面广、协调量大的项目，还要编制可行性研究报告，作为项目建议书的主要附件之一。项目建议书是项目发展周期的初始阶段，是国家选择项目的依据，也是可行性研究的依据，涉及利用外资的项目，在项目建议书批准后，方可开展对外工作。

项目建议书的内容，视项目的不同情况而有繁有简，一般应包括以下主要内容：

（1）项目提出的必要性依据。主要写明建设单位的现状，拟建项目的名称、拟建项目的性质、拟建地点及项目建设的必要性和依据。

（2）项目的初步建设方案。是指建设规模、主要内容和功能分布等。

（3）项目建设条件及项目建设各项内容的进度和建设周期。

（4）项目投资总额及主要建设资金的安排情况，筹措资金的办法和计划。

（5）项目建设后的经济效益和社会效益的初步估计（财务评价和国民经济评价）。

项目建议书按要求编制完成后，按照建设总规模和限额划分审批权限，报批项目建议书。

2. 可行性研究

项目建议书经批准后，即可进行可行性研究工作。可行性研究是建设项目在投资决策前，对与拟建项目有关的社会、经济、技术等各方面进行深入细致的调查研究，对各种可能拟定的技术方案和建设方案进行认真的技术经济分析和比较论证，对项目建成后的经济效益进行科学的预测和评价。在此基础上，对拟建项目的技术先进性和适用性、经济合理性和有效性，以及建设必要性和可行性进行全面分析、系统论证、多方案比较和综合评价，由此得出该项目是否应该投资和如何投资等结论性意见，为项目投资决策提供可靠的科学依据。

建设项目可行性研究报告的内容可概括为三大部分。首先是市场研究，包括拟建项目的市场调查和预测研究，这是项目可行性研究的前提和基础，其主要任务是解决项目的“必要性”问题；其次是技术研究，即技术方案和建设条件研究，这是项目可行性研究的技术基础，它要解决项目在技术上的“可行性”问题；第三是效益研究，即经济效益的分析和评价，这是项目可行性研究的核心部分，主要解决项目在经济上的“合理性”问题。市场研究、技术研究和效益研究共同构成项目可行性研究的三大支柱。

在可行性研究的基础上，编制可行性研究报告，并且要按规定将编制好的可行性研究报告送交有关部门审批。经批准的可行性研究报告是初步设计的依据，不得随意修改和变更。

1.2.2.2　勘察设计阶段

设计文件是安排建设项目和进行建筑施工的主要依据。设计文件一般由建设单位通过招投标或直接委托有相应资质的设计单位进行设计。设计之前和设计之中都要进行大量的调查和勘测工作，在此基础上，根据批准的可行性研究报告，将建设项目的要求逐步具体化为指导施工的工程图纸及其说明书。

设计是分阶段进行的。一般项目进行两阶段设计，即初步设计和施工图设计。技术上比较复杂和缺少设计经验的项目采用三阶段设计，即在初步设计阶段后增加技术设计阶段。

1. 初步设计

初步设计是对批准的可行性研究报告所提出的内容进行概略的设计，作出初步的实施方案（大型、复杂的项目，还需绘制建筑透视图或制作建筑模型），进一步论证该建设项目在技术上的可行性和经济上的合理性，解决工程建设中重要的技术和经济问题，并通过对工程项目所作出的基本技术经济规定，编制项目总概算。

初步设计由建设单位组织审批。初步设计经批准后，不得随意改变建设规模、建设地址、主要工艺过程、主要设备和总投资等控制指标。

2. 技术设计

技术设计是在初步设计的基础上，根据更详细的调查研究资料，进一步确定建筑、结构、工艺、设备等的技术要求，以使建设项目的设计更具体，更完善，技术经济指标达到最优。

3. 施工图设计

施工图设计是将前一阶段的设计进一步形象化、具体化、明确化，完成建筑、结构、水、电、气、工业管道以及场内道路等全部施工图纸、工程说明书、结构计算书以及施工图预算等。在工艺方面，应具体确定各种设备的型号、规格及各种非标准设备的制作、加工和安装图。

1.2.2.3　项目施工阶段

项目施工阶段包括施工准备阶段、施工安装阶段及生产准备阶段。

1. 施工准备

施工准备工作在可行性研究报告批准后就可进行。在建设项目实施之前须做好以下准备工作：征地拆迁、“三通一平”（通水、通电、通路和场地平整）；工程地质勘察；收集设计基础资料，组织设计文件的编审；组织设备、材料订货；准备必要的施工图纸；组织

施工招标投标，择优选定施工单位，签订施工合同，办理开工报建手续等。

做好建设项目的准备工作，对于提高工程质量，降低工程成本，加快施工进度，都有着重要的保证作用。

2. 施工安装

施工准备工作基本完成，具备了工程开工条件之后，由建设单位向有关部门提出开工报告。有关部门对工程建设资金的来源、资金是否到位以及施工图出图情况等进行审查，符合要求后批准开工。开工报告一经批准，项目便进入了施工阶段。这是一个自开工到竣工的实施过程，是基本建设程序中时间最长、工作量最大、资源消耗最多的阶段。这个阶段的工作中心是根据设计图纸进行建筑安装施工。在这一过程中，施工活动应按设计要求、合同规定、预算投资、施工程序和顺序、施工组织设计，在保证质量、工期、成本计划等目标的前提下进行，达到竣工标准要求，经过验收合格后，移交给建设单位。

这一阶段的目标是完成合同规定的全部施工任务，达到验收、交工的条件，施工之前要认真做好图纸会审工作，施工中要严格按照施工图和图纸会审记录施工，如需变动应取得建设单位和设计单位的同意；施工前应编制施工图预算和施工组织设计，明确投资、进度、质量的控制要求并被批准认可；施工中应严格执行有关的施工标准和规范，确保工程质量，按合同规定的内容完成施工任务。

3. 生产准备

生产准备是项目投产前由建设单位进行的一项重要工作，是建设阶段完成后转入生产经营的必要条件。项目法人应及时组织专门班子或机构做好生产准备工作。

生产准备工作根据不同类型工程的要求确定，一般应包括下列内容：

(1) 组建生产经营管理机构，制定管理制度和有关规定。

(2) 招收培训人员，提高生产人员和管理人员的综合素质，使之能够满足生产、运营的要求。

(3) 生产技术准备，包括技术咨询、运营方案的确定、岗位操作规程等。

(4) 物资资料准备，包括原材料、燃料、工器具、备品和备件等其他协作产品的准备。

(5) 其他必须的生产准备。

1.2.2.4 竣工验收和交付使用阶段

1. 竣工验收

建设项目竣工验收是由发包人、承包人和项目验收委员会，以项目批准的设计任务书和设计文件，以及国家或部门颁发的施工验收规范和质量检验标准为依据，按照一定的程序和手续，在项目建成并试生产合格后，对工程项目的总体进行检验和认证、综合评价和鉴定的活动。

竣工验收是建设工程的最后阶段，要求在单位工程验收合格，并且工程档案资料按规定整理齐全，完成竣工报告、竣工决算等必须文件的编制后，才能向验收主管部门提出申请并组织验收。对于工业生产项目，须经投料试车合格，形成生产能力，能正常生产出产品后，才能进行验收；非工业生产项目，应能正常使用，才能进行验收。建筑工程施工质量验收应符合以下要求：

(1) 参加工程施工质量验收的各方人员应具备规定的资格。

(2) 单位工程完工后，施工单位应自行组织有关人员进行检查评定，并向建设单位提交工程验收报告。

(3) 建设单位收到工程验收报告后，应由建设单位（项目）负责人组织施工（含分包单位）、设计、监理等单位（项目）负责人进行单位（子单位）工程验收。

(4) 单位工程质量验收合格后，建设单位应在规定时间内将工程竣工验收报告和有关文件，报建设行政管理部门备案。

建设工程项目经竣工验收后才能交付使用。

2. 项目后评价

随着我国成功地加入WTO，国内的国际合作涉外项目将会越来越多。按照国际承包的惯例，建设项目的后评价是其中不可或缺的一部分。客观地讲，我国的建设项目后评价尚处于刚刚起步的阶段，根据国外的经验和国内专家的共识，尽快建立并完善我国的项目投资后评价制度，是我国规范建筑市场、与国际接轨的必然趋势。

项目后评价是指在项目建成投产并达到设计生产能力后，通过对项目前期工作、项目实施、项目运营情况的综合研究，衡量和分析项目的实际情况与预测（计划）情况的差距，确定有关项目预测和判断是否正确，并分析其原因，从项目完成过程中吸取经验教训，为今后改进项目决策、准备、管理、监督等工作创造条件，并为提高项目投资效益提出切实可行的对策措施，一般包括以下内容：

(1) 项目达到设计生产能力后，项目实际运行状况的影响和评价。

(2) 项目达到设计生产能力后的经济评价，包括项目财务后评价和项目国民经济后评价两个组成部分。

(3) 项目达到正常生产能力后的实际效果与预期效果的分析评价。

(4) 项目建成投产后的工作总结。

1.2.3 建筑施工程序

建筑施工程序是拟建工程项目在整个施工阶段中必须遵循的先后次序和客观规律。一般分为以下5个步骤：

(1) 承接施工任务，签订施工合同。施工单位承接任务的方式一般有三种：①国家或上级主管部门正式下达的工程任务；②接受建设单位邀请而承接的工程任务；③通过投标，施工单位在中标以后而承接的工程施工任务。不论是通过哪种方式承接的施工任务，施工单位都要检查其是否有批准的正式文件，是否列入基本建设年度计划，投资是否落实等。

承接施工任务后，建设单位与施工单位应根据《经济合同法》和《建筑安装工程承包合同条例》的有关规定及要求签订施工合同，它具有法律效力，须共同遵守。施工合同应规定承包范围、内容、要求、工期、质量、造价、技术资料、材料等供应以及合同双方应承担的义务和职责，及各方应提供施工准备工作的要求（如土地征购、申请施工用地、施工执照、拆除现场障碍物、接通场外水源、电源、道路等）。

(2) 全面统筹安排，做好施工规划。签订施工合同后，施工单位应全面了解工程性

质、规模、特点、工期等，并进行各种技术、经济、社会调查，收集有关资料，编制施工组织总设计（或施工规划大纲）。

当施工组织总设计经批准后，施工单位应组织先遣人员进入施工现场，与建设单位密切配合，共同做好开工前的准备工作，为顺利开工创造条件。

（3）落实施工准备，提出开工报告。根据施工组织总设计的规划，对第一期施工的各项工程，应抓紧落实各项施工准备工作，如会审图纸、编制单位工程施工组织设计、落实劳动力、材料、构件、施工机械及做好现场“三通一平”等。具备开工条件后，提出开工报告，经审查批准后，即可正式开工。

（4）精心组织施工，加强科学管理。一个建设项目从整个施工现场全局来说，一般应坚持先全面后个别、先整体后局部、先场外后场内、先地下后地上的施工步骤；从一个单项（单位）工程的全局来说，除了按总的全局指导和安排之外，应坚持土建、安装密切配合，按照拟订的施工组织设计精心组织施工。加强各单位、各部门的配合与协作，协调解决各方面问题，使施工活动顺利开展。

同时在施工过程中，应加强技术、材料、质量、安全、进度及施工现场等各方面管理工作，落实施工单位内部经济承包责任制，全面做好各项经济核算与管理工作，严格执行各项技术、质量检验制度，抓紧工程收尾和竣工。

（5）进行工程验收，交付生产使用。这是施工的最后阶段。在交工验收前，施工单位内部应先进行预验收，检查各分部分项工程的施工质量，整理各项交工验收的技术经济资料。在此基础上，向建设单位交工验收，验收合格后，办理验收签证书，即可交付生产使用。

1.3 建筑工程施工组织设计概述

建筑产品作为一种特殊的商品，为社会生产提供物质基础，为人民提供生活、消费、娱乐场所等。一方面，建设项目能否按期顺利完工投产，直接影响业主投资的经济效益与效果；另一方面，施工单位如何安全、优质、高效、低耗地建成某项目，对施工单位本身的经济效益及社会效益都具有重要影响。

施工组织设计就是针对施工安装过程的复杂性，运用系统的思想，对拟建工程的各阶段、各环节以及所需的各种资源进行统筹安排的计划管理行为。它努力使复杂的生产过程，通过科学、经济、合理的规划安排，使建设项目能够连续、均衡、协调地进行施工，同时满足建设项目对工期、质量及投资方面的各项要求；又由于建筑产品的单件性，没有固定不变的施工组织设计适用于任何建设项目。所以，如何根据不同工程的特点编制相应的施工组织设计则成为施工组织管理中的重要一环。

1.3.1 施工组织设计的概念和任务

施工组织设计是我国长期工程建设实践中形成的一项管理制度，目前仍继续贯彻执行。根据现行《建设工程项目管理规范》（GB/T 50326—2006）的规定：“大中型项目应单独编制项目管理实施规划；承包人的项目管理实施规划可以用施工组织设计项目或质量计划代替，但应能够满足项目管理实施规划的要求”。这里需要说明的是“承包人的项目管理实施规划可以用施工组织设计项目或质量计划代替，”即是指施工项目管理实施规划可以用施工组织设计代替。当承包人以编制施工组织设计代替项目管理规划时，或者在编制投标文件中的施工组织设计时，应根据施工项目管理的需要，增加相关的内容，使施工组织设计满足施工项目管理规划的要求，满足投标竞争的需要。这样，当施工组织设计满足施工项目管理的需要时，用于投标的施工组织设计也可称作施工项目管理规划大纲，中标后编制的施工组织设计也可称施工项目管理实施规划。

1. 施工组织设计的概念

施工组织设计是指导拟建工程项目进行施工准备和正常施工的技术经济管理文件，是对拟建工程在人力和物力、时间和空间、技术和组织等方面所做的全面、合理的安排。施工组织设计作为指导拟建工程项目的全局性文件，应尽量适应施工安装过程的复杂性和具体施工项目的特殊性，并且尽可能保持施工生产的连续性、均衡性和协调性，以实现生产活动的最佳经济效果。

(1) 施工过程的连续性是指施工过程的各阶段、各工序之间，在时间上具有紧密衔接的特性。保持生产过程的连续性，可以缩短施工周期、保证产品质量和减少流动资金占用。

(2) 施工过程的均衡性是指项目的施工单位及其各施工生产环节，具有在相等的时段内产出相等或稳定递增的特性，即施工生产各环节不出现前松后紧、时松时紧的现象。保持施工过程的均衡性，可以充分利用设备和人力，减少浪费，可以保证生产安全和产品质量。

(3) 施工过程的协调性，也称施工过程的比例性，是指施工过程的各阶段、各环节、各工序之间，在施工机具、劳动力的配备及工作面积的占用上保持适当比例关系的特性。施工过程的协调性是施工过程连续性的物质基础。

施工过程只有按照连续生产、均衡生产和协调生产的要求去组织，才能顺序地进行。

2. 施工组织设计的任务

施工组织设计的基本任务是根据业主对建设项目的各项要求，选择经济、合理、有效的施工方案；确定合理、可行的施工进度；拟定有效的技术组织措施；采用最佳的劳动组织，确定施工中劳动力、材料、机械设备等需要量；合理布置施工现场的空间，以确保全面高效地完成最终建筑产品。

1.3.2 施工组织设计的作用

施工组织设计是用以指导施工组织与管理、施工准备与实施、施工控制与协调、资源的配置与使用等全面性的技术经济文件，是对施工活动的全过程进行科学管理的重要手段。其作用具体表现在以下方面：

(1) 施工组织设计是施工准备工作的重要组成部分，同时又是做好施工准备工作的依据和保证。

(2) 施工组织设计是根据工程各种具体条件拟定的施工方案、施工顺序、劳动组织和技术组织措施等，是指导开展紧凑、有序施工活动的技术依据。

(3) 施工组织设计所提出的各项资源需要量计划，直接为组织材料、机具、设备、劳

动力需要量的供应和使用提供数据。

(4) 通过编制施工组织设计，可以合理利用和安排为施工服务的各项临时设施，可以合理地部署施工现场，确保文明施工、安全施工。

(5) 通过编制施工组织设计，可以将工程的设计与施工、技术与经济、施工全局性规律和局部性规律、土建施工与设备安装、各部门之间、各专业之间有机结合，统一协调。

(6) 通过编制施工组织设计，可充分考虑施工中可能遇到的困难与障碍，主动调整施工中的薄弱环节，事先予以解决或排除，从而提高了施工的预见性，减少了盲目性，使管理者和生产者做到心中有数，为实现建设目标提供了技术保证。

(7) 施工组织设计是统筹安排施工企业生产的投入与产出过程的关键和依据。工程产品的生产和其他工业产品的生产一样，都是按要求投入生产要素，通过一定的生产过程，而后生产出成品，而中间转换的过程离不开管理。施工企业也是如此，从承接工程任务开始到竣工验收交付使用为止的全部施工过程的计划、组织和控制的基础就是科学的施工组织设计。

(8) 施工组织设计可以指导投标与签订工程承包合同，并作为投标书的内容和合同文件的一部分。施工组织设计作为技术标书的重要组成内容，其编制水平及质量高低对投标企业能否中标将产生重要的作用。

1.3.3 施工组织设计的分类

施工组织设计是一个总的概念，根据建设项目的类别、工程规模、编制阶段、编制对象和范围的不同，在编制的深度和广度上也有所不同。

1.3.3.1 按编制阶段分类

施工组织设计按照编制阶段的不同，分为投标阶段施工组织设计（简称标前设计）和实施阶段施工组织设计（简称标后设计）。在实际操作中，编制投标阶段施工组织设计，强调的是符合招标文件要求，以中标为目的；编制实施阶段施工组织设计，强调的是可操作性。

两类施工组织设计的区别见表1.1。

表1.1　标前、标后施工组织设计的特点

种类	服务范围	编制时间	编制者	主要特征	追求主要目标
标前设计	投标和签约	投标书编制前	经营管理层	规划性	中标和经济效益
标后设计	施工准备至验收	签约后开工前	项目管理层	作业性	施工效率和效益

1.3.3.2 按编制对象分类

施工组织设计按编制对象可分为施工组织总设计、单位工程施工组织设计和（分部分项工程）施工方案3种。

1. 施工组织总设计

施工组织总设计是以一个建筑群或一个建设项目为编制对象，用以指导整个建筑群或建设项目施工全过程的各项施工活动的综合技术经济性文件。施工组织总设计一般在初步设计或扩大初步设计被批准之后，在总承包企业的总工程师主持下进行编制。

2. 单位工程施工组织设计

单位工程施工组织设计是以一个单位工程为编制对象，用以指导其施工全过程的各项施工活动的综合性技术经济文件。单位工程施工组织设计一般在施工图设计完成后，在拟建工程开工之前，由工程处的技术负责人主持进行编制。

3. （分部分项工程）施工方案

（分部分项工程）施工方案在某些时候也被称为分部（分项）工程或专项工程施工组织设计，它是以分部（或分项）工程为编制对象，由单位工程的技术人员负责编制，用以具体实施其分部（或分项）工程施工全过程各项施工活动的技术、经济和组织的综合性文件。一般地，对于工程规模大、技术复杂或施工难度大的建筑物或构筑物，在编制单位工程施工组织设计之后，常需对某些重要的，但又缺乏经验的分部（或分项）工程再深入编制施工组织设计（如深基础工程、大型结构安装工程、高层钢筋混凝土主体结构工程、地下防水工程等）。通常情况下（分部分项工程）施工方案是施工组织设计的进一步细化，是施工组织设计的补充，施工组织设计的某些内容在（分部分项工程）施工方案中不需赘述。

施工组织总设计、单位工程施工组织设计和（分部分项工程）施工方案，是同一工程项目，不同广度、深度和作用的3个层次。施工组织总设计是对整个建设项目管理的总体构想（全局性战略部署），其内容和范围比较概括；单位工程施工组织设计是在施工组织总设计的控制下，以施工组织总设计为依据且针对具体的单位工程编制的，是施工组织总设计的深化与具体化；（分部分项工程）施工方案是以施工组织总设计，单位工程施工组织设计为依据且针对具体的分部分项工程编制的，它是单位工程施工组织设计的深化与具体化，是专业工程组织管理施工的具体设计。

1.3.4 施工组织设计的基本内容

施工组织设计的内容可分为常规内容和附加内容，见表1.2。

表1.2　施工组织设计的内容

分类	常规内容	附加内容
主要内容	1. 编制依据； 2. 工程概况； 3. 施工部署； 4. 施工进度计划； 5. 施工准备和资源配置计划； 6. 主要施工方法或施工方案； 7. 施工现场平面布置； 8. 主要施工管理计划	1. 施工风险防范； 2. 其他管理计划

一般地，施工组织设计的内容应符合如下要求：①施工组织设计的内容应具有真实性，能够客观反映实际情况；②施工组织设计的内容应涵盖项目的施工全过程，作到技术先进、部署合理、工艺成熟，针对性、指导性、可操作性强；③施工组织设计中大型施工方案的可行性在投标阶段应经过初步论证，在实施阶段应进行细化并审慎详细论证；④施工组织设计中分部分项工程施工方法应在实施阶段细化，必要时可单独编制；⑤施工组织

设计涉及的新技术、新工艺、新材料和新设备应用，应通过有关部门组织的鉴定；⑥施工组织设计的内容应根据工程实际情况和企业素质适时调整。

根据《建筑施工组织设计规范》（GB/T 50502—2009），施工组织设计的内容由它的任务和作用决定。因此，它必须能够根据不同建筑产品的特点和要求，决定所需人工、机具、材料等的种类与数量及其取得的时间与方式；能够根据现有的和可能争取到的施工条件，从实际出发，决定各种生产要素在时间和空间关系上的基本结合方式。否则，就不可能进行任何生产。由此可见，任何施工组织设计必须具有以下相应的基本内容：

（1）主要施工方法或施工方案。

（2）施工进度计划。

（3）施工现场平面布置。

（4）各种资源需要量及其供应。

在这四项基本内容中，第（1）、（2）两项内容主要指导施工过程的进行，规定整个的施工活动；第（3）、（4）项主要用于指导准备工作的进行，为施工创造物质技术条件。人力、物力的需要量是决定施工平面布置的重要因素之一，而施工平面布置又反过来指导各项物质的因素在现场的安排。施工的最终目的是要按照国家和合同规定的工期，优质、低成本地完成基本建设工程，保证按期投产和交付使用。进度计划在组织设计中具有决定性的意义，是决定其他内容的主导因素，其他内容的确定首先要满足其要求、为需要服务，因此，进度计划是施工组织设计的中心内容。从设计的顺序上看，施工方案又是根本，是决定其他所有内容的基础。它虽以满足进度的要求作为选择的首要目标，但进度最终也仍然要受到其制约，并建立在这个基础之上。另一方面也应该看到，人力、物力的需要与现场的平面布置也是施工方案与进度得以实现的前提和保证，并对施工方案和进度产生影响。因为进度安排与方案的确定必须从合理利用客观条件出发，进行必要的选择。所以，施工组织设计的 4 项内容是有机地联系在一起的，互相促进、互相制约、密不可分。

至于每个施工组织设计的具体内容，将因工程的情况和使用的目的之差异，而有多寡、繁简与深浅之分。比如，当工程处于城市或原有的工业基地时，则施工的水、电、道路与其他附属生产等临时设施将大为减少，现场准备工作的内容就少；当工程在离城市较远的新开拓地区时，施工现场所需要的各种设施必须都考虑到，准备工作内容就多。对于一般性的建筑，组织设计的内容较简单。对于复杂的民用建筑和工业建筑或规模较大的工程，施工组织设计的内容较为复杂；为群体建筑作战略部署时，重点解决重大的原则性问题，涉及面也较广，组织设计的深度就较浅；为单体建筑的施工作战略部署时，需要能具体指导建筑安装活动，涉及面也较窄，其施工组织设计深度就要求深一些。除此以外，施工单位的经验和组织管理水平也可能对内容产生某些影响。比如对某些工程，如施工单位已有较多的施工经验，其组织设计的内容就可简略一些，对于缺乏施工经验的工程对象，其内容就应详尽一些、具体一些。所以，在确定每个组织设计文件的具体内容与章节时，都必须从实际出发，以适用为主，做到各具特点，且应少而精。

1.3.4.1 施工方案

施工方案是指工、料、机等生产要素的有效结合方式。确定一个合理的结合方式，也就是从若干方案中选择一个切实可行的施工方案。这个问题不解决，施工就根本不可能进行。它是编制施工组织设计首先要确定的问题，是决定其他内容的基础。施工方案的优劣，在很大程度上决定了施工组织设计的质量和施工任务完成的好坏。

1. 制订和选择施工方案的基本要求

(1) 兼顾可行性与先进性。制订施工方案必须从实际出发，一定要切合当前的实际情况，有实现的可能性。选定方案在人力、物力、技术上所提出的要求，应该是当前已有的条件或在一定的时期内有可能争取到的条件，否则任何方案都是不足取的。这就要求在制订方案之前，深入细致地做好调查研究工作，掌握主客观情况，进行反复的分析比较。方案的优劣，并不首先取决于它在技术上是否最先进，或工期是否最短，而是首先取决于它是否切实可行，只能在切实可行的范围内力求其先进和快速。两者须统一起来，但“切实”应是主要的、决定的方面。

(2) 施工期限满足国家要求。保证工程特别是重点工程按期和提前投入生产或交付使用，迅速发挥投资的效果。因此，施工方案必须保证在竣工时间上符合国家提出的要求，并争取提前完成。这就要求在制订方案时，从施工组织上统筹安排，在照顾到均衡施工的同时，在技术上尽可能动用先进的施工经验和技术，力争提高机械化和装配化的程度。

(3) 确保工程质量和生产安全。基本建设是百年大计，要求质量第一，保证安全生产。因此，在制订施工方案时就要充分考虑工程的质量和生产的安全。在提出施工方案的同时要提出保证工程质量和生产安全的技术组织措施，使方案完全符合技术规范与安全规程的要求。如果方案不能确保工程质量与生产安全，则其他方面再好也是不可取的。

(4) 经济性。施工方案在满足其他条件的同时，也必须使方案经济合理，以增加盈利。这就要求在制订方案时，尽力采用降低施工费用的一切正当的、有效的措施，从人力、材料、机具和间接费等方面找出节约的因素，发掘节约的潜力，最大限度地降低工料消耗和施工费用。

以上几点是一个统一的整体，是不可分的，在制订施工方案时应进行通盘的考虑。现代施工技术的进步，组织经验的积累，每项工程的施工都可以用多种不同的方法来完成、存在着多种可能的方案供我们选择。这就要求在确定方案时，要以上述几点作为衡量的标准。经过多方面的分析比较，全面权衡，选出最好的方案。

2. 施工方案的基本内容

施工方案包括的内容很多，但概括起来，主要有以下4项：

(1) 施工方法的确定。

(2) 施工机具的选择。

(3) 施工顺序的安排。

(4) 流水施工的组织。

前两项属于施工方案的技术内容，后两项属于施工方案的组织内容。机械的选择中也含有组织问题，如机械的配套；在施工方法中也有顺序问题，如根据技术要求不可变换的顺序，而施工顺序则专指可以灵活安排的施工顺序。技术方面是施工方案的基础，但它同时又必须满足组织方面的要求，同时也把整个的施工方案同进度计划联系起来，从而反映进度计划对于施工方案的指导作用，两方面是互相联系而又互相制约着的。为把各项内容

的关系更好地协调起来，使之更趋完善，为施工方案的实施创造更好的条件，施工技术组织措施也就成为施工方案各项内容必不可少的延续和补充，成了施工方案有机的组成部分。

1.3.4.2 施工进度计划

施工进度计划是施工组织设计在时间上的体现。进度计划是组织与控制整个工程进展的依据，是施工组织设计中关键的内容。因此。施工进度计划的编制要采用先进的组织方法（如立体交叉流水施工）、计划理论（如网络计划、横道图计划等）以及计算方法（如各项参数、资源量、评价指标计算等），综合平衡进度计划，规定施工的步骤和时间，以期达到各项资源在时间、空间上的合理利用，并满足既定的目标。

施工进度计划包括划分施工过程、计算工程量、计算劳动量、确定工作天数和工人人数或机械台班数，编排进度计划表及检查与调整等工作。为了确保进度计划的实现，还必须编制与其相适应的各项资源需要量计划。

1.3.4.3 施工现场平面布置

施工现场平面布置是根据拟建项目各类工程的分布情况，对项目施工全过程所投入的各项资源（材料、构件、机械、运输和劳力等）和工人的生产、生活活动场地作出统筹安排，通过施工现场平面布置图或总布置图的形式表达出来，它是施工组织设计在空间上的体现。施工场地是施工生产的必要条件，应合理安排施工现场。绘制施工现场平面布置图应遵循方便、经济、高效、安全的原则，以确保施工顺利进行。

1.3.4.4 资源需要量及其供应

资源需要量是指项目施工过程中所必要消耗的各类资源的计划用量，它包括：劳动力、建筑材料、机械设备以及施工用水、电、动力、运输、仓储设施等的需要量。各类资源是施工生产的物质基础，必须根据施工进度计划，按质、按量、按品种规格、按工种、按型号有条不紊地进行准备和供应。

1.3.5 组织施工的基本原则

根据我国建筑施工长期积累的经验和建筑施工的特点，编制施工组织设计以及在组织建筑施工的过程中，一般应遵循以下几项基本原则。

1. 认真执行基本建设程序

经过多年的基本建设实践，明确了基本建设的程序主要是计划、设计和施工等几个主要阶段，它是由基本建设工作客观规律所决定的。基本建设经验表明，凡是遵循上述程序时，基本建设就能顺利进行，当违背这个程序时，不但会造成施工的混乱、影响工程质量，而且还可能造成严重的浪费或工程事故。因此，认真执行基本建设程序，是保证建筑安装工程顺利进行的重要条件。

2. 保证重点与统筹安排

建筑施工企业和建设单位的根本目的是尽快完成拟建工程的建设任务，使其早日投产或交付使用，尽快发挥基本建设投资的效益。施工企业的计划决策人员必须根据拟建工程项目的重要程度和工期要求等，进行统筹安排，分期排队，把有限的资源优先用于国家和建设单位急需的重点工程项目，使其早日建成、投产或使用。同时，也应该安排好一般工程项目，注意处理好主体工程项目和配套工程项目、准备工程项目、施工项目和收尾项目

之间施工力量的分配问题，从而获得总体的最佳效果。

3. 遵循建筑施工工艺和技术规律

建筑施工工艺及其技术规律是建筑工程施工固有的客观规律。分部（或分项）工程施工中的任何一道工序都不能省略或颠倒。因此，在组织建筑施工中必须严格遵循建筑施工工艺及其技术规律。

建筑施工程序和施工顺序是建筑产品生产过程中阶段性的固有规律和分部（或分项）工程的先后次序。建筑产品生产活动是在同一场地的不同空间同时交叉搭接地进行，前面的工作不完成，后面的工作就不能开始。这种前后顺序必须符合建筑施工程序和施工顺序。交叉施工有利于合理利用时间和空间，加快施工进度。

在建筑安装工程施工中，一般合理的施工程序和施工顺序主要有以下几个方面：

(1) 先进行准备工作，后正式施工。准备工作是为后续生产活动的正常进行创造必要的条件。准备工作不充分就贸然施工，不仅会引起施工混乱，而且还会造成资源浪费，甚至中途停工。

(2) 先进行全场性工程施工，后进行分项工程施工。平整场地、敷设管网、修筑道路和架设线路等全场性工程施工先进行，为施工中的供电、供水和场内运输创造条件，并有利于文明施工，节省临时设施费用。

(3) 先地下后地上，地下工程先深后浅的顺序；主体结构工程在前，装饰工程在后的顺序；管线工程先场外后场内的顺序；在安排工种顺序时，要考虑空间顺序等。

4. 采用流水作业组织施工

国内外实践经验证明，采用流水施工方法组织施工，不仅能使拟建工程的施工有节奏、均衡和连续地进行，而且还会带来显著的技术、经济效益。

网络计划技术是当代计划管理的最新方法。它是应用网络图形表达计划中各项工作的相互关系，具有逻辑严密、层次清晰、关键问题明确，可以进行计划方案优化、控制和调整，有利于计算机在计划管理中的应用等优点，它在各种计划管理中得到广泛地应用，实践证明，施工企业在建筑工程施工计划管理中，采用网络计划技术，可以缩短工期和节约成本。

5. 科学地安排冬季、雨期施工项目

建筑施工一般都是露天作业，易受气候影响，严寒和下雨的天气都不利于建筑施工的正常进行。如不采取相应的技术措施，冬期和雨期就不能连续施工。随着施工技术的发展，目前已经有成功的冬季、雨期施工措施，保证施工正常进行，但会增加施工费用。科学地安排冬季、雨期施工项目，就是要求在安排施工进度计划时，根据施工项目的具体情况，将适合在冬季、雨期施工的、不会过多增加施工费用的工程安排在冬季、雨期进行施工，这样可增加全年的施工天数，尽量做到全面、均衡、连续地施工。

6. 提高建筑产品工业化程度

建筑技术进步的重要标志之一是建筑产品工业化，建筑产品工业化的前提条件是建筑施工中广泛采用预制装配式构件。扩大预制装配程度是走向建筑产品工业化的必由之路。

在选择预制构件加工方法时，应根据构件的种类、运输和安装条件以及加工生产的水

平等因素进行技术经济比较，合理地决定工厂预制和现场预制构件的种类，贯彻工厂预制和现场预制相结合的方针，以取得最佳的效果。

7. 充分利用现有机械设备，提高机械化程度

建筑产品生产需要消耗巨大的体力劳动。在建筑施工过程中，尽量以机械化施工代替手工操作，这是建筑技术进步的另一重要标志。尤其是大面积的平整场地、大型土石方工程、大批量的装卸和运输、大型钢筋混凝土构件或钢结构构件的制作和安装等繁重施工过程的机械化施工，对于改善劳动条件、减轻劳动强度和提高劳动生产率以及经济效益都很显著。

目前，我国建筑施工企业的技术装备现代化程度还不高，满足不了生产的需要。因此在组织工程项目施工时，要结合当地和工程情况，充分利用现有的机械设备。在选择施工机械的过程中，要进行技术经济比较，使大型机械和中、小型机械结合起来，使机械化和半机械化结合起来，尽量扩大机械化施工范围，提高机械化施工程度。同时，要充分发挥机械设备的生产率，保持其作业的连续性，提高机械设备的利用率。

8. 尽量采用国内外先进的施工技术和科学管理方法

先进的施工技术与科学的施工管理手段相结合，是改善建筑施工企业和建筑施工项目经理部的生产经营管理素质，提高劳动生产率，保证工程质量，缩短工期，降低工程成本的重要途径。因此，在编制施工组织设计时应广泛地采用国内外先进的施工技术和科学的施工管理方法。

9. 科学地布置施工平面图

暂设工程在施工结束之后就要拆除，其投资有效时间是短暂的。因此，在组织工程项目施工时，对暂设工程和大型临时设施的用途、数量和建造方式等方面，要进行技术经济的可行性研究，在满足施工需要的前提下，使其数量最少和造价最低。这对于降低工程成本和减少施工用地都是十分重要的。

建筑产品生产所需要的建筑材料、构（配）件、制品等种类繁多。数量庞大，各种物资的储存数量、储存方式都必须科学合理。对物资库存采用 ABC 分类法和经济订购批量法，在保证正常供应的前提下，其储存数额要尽可能地减少。这样可以大量减少仓库、堆场的占地面积，对于降低工程成本、提高工程项目的经济效益，都是事半功倍的好办法。

建筑材料的运输费在工程成本中所占的比例也是相当可观的。因此，在组织工程项目施工时，要尽量采用当地资源，减少运输量。同时，应该选择最优的运输方式、工具和线路，使运输费用最低。

减少暂设工程的数量和物资储备的数量，对于合理地布置施工平面图提供了有利条件。施工平面图在满足施工需要的情况下，尽可能使其紧凑、合理，减少施工用地，有利于降低工程成本。

综合上述原则，建筑施工组织既是建筑产品生产的客观需要，又是加快施工速度、缩短工期、保证工程质量、降低工程成本、提高建筑施工企业和工程项目建设单位的经济效益的需要。所以，必须在组织工程项目施工的过程中认真地贯彻执行。

本 章 小 结

本章主要介绍了建筑工程施工组织与管理的研究对象和任务、建设项目的建设程序、建筑施工组织设计概念、作用、主要内容等，其要点为：

1. 施工组织的任务是从施工的全局出发，根据具体的条件以最优的方式解决生产要素的施工组织问题，对施工的各项活动作出全面的、科学的规划和部署，使人力、物力、财力以及技术资源得以充分合理地利用，确保优质、高效、低耗、安全地完成施工任务。

2. 建筑施工程序的5个步骤：①承接施工任务，签订施工合同；②全面统筹安排，作好施工规划；③落实施工准备，提出开工报告；④精心组织施工，加强科学管理；⑤进行工程验收，交付生产使用。

3. 施工组织设计的分类按照编制阶段的不同，分为投标阶段施工组织设计（简称标前设计）和实施阶段施工组织设计（简称标后设计）。按编制对象可分为施工组织总设计、单位工程施工组织设计和（分部分项工程）施工方案3种。

4. 施工组织设计的内容一般应包括编制依据、工程概况、施工部署、施工进度计划、施工准备和资源配置计划、主要施工方法或施工方案、施工现场平面布置、主要施工管理计划。

（1）建筑施工组织研究的对象和任务是什么？
（2）建筑施工程序有哪些？
（3）试述施工组织设计的概念及任务。
（4）施工组织设计的分类是怎样的？
（5）试述施工组织设计的基本内容。
（6）组织施工的基本原则是什么？

第2章 施 工 准 备 工 作

学习目标： 掌握施工准备工作的相关基本知识；熟悉技术经济资料准备及原始资料的调查分析；了解施工现场准备、施工队伍及物资准备、季节施工准备等工作。

2.1 概 述

2.1.1 施工准备工作的意义

施工准备工作是指为了保证建筑工程施工能够顺利进行，从组织、技术、经济、劳动力、物资等各方面应事先做好的各项工作，是为拟建工程的施工创造必要的技术、物资条件，统筹安排施工力量和部署施工现场，确保工程施工顺利进行。它是建设程序中的重要环节，不仅存在于开工之前，而且贯穿在整个施工过程之中。建筑施工是一项十分复杂的生产劳动，它不但需要耗用大量人力物力，还要处理各种复杂的技术问题，也需要协调各种协作配合关系。实践证明，凡是重视施工准备工作，开工前和施工中都能认真细致地为施工生产创造一切必要的条件，则该工程的施工任务就能顺利地完成；反之，忽视施工准备工作，仓促上马，虽然有着加快工程进度的良好愿望，但往往造成事与愿违的客观结果，不做好施工准备工作，在工程中将导致缺材料，少构件、施工机械不能配套、工种劳动力不协调，使施工过程中做做停停，延误工期，有的甚至被迫停工，最后不得不返工，补救各项准备工作。如果违背施工工艺的客观要求，违反施工顺序而主观施工，势必影响工程质量，发生质量安全事故，造成巨大损失。而全面细致地做好施工准备工作，则对于调动各方面的积极因素，合理组织人力、物力、财力，加快施工进度，提高工程质量，节约建设资金，提高经济效益，都起着重要的作用。

2.1.2 施工准备工作的分类

1. 按准备工作的范围及规模

(1) 施工总准备也称全场性施工准备，它是以一个建设项目为对象而进行的各项施工准备，其目的和内容都是为全场性施工服务的，它不仅要为全场性的施工活动创造有利条件，而且要兼顾单项工程施工条件的准备。

(2) 单项（单位）工程施工条件准备，它是以一个建筑物或构筑物为对象而进行的施工准备，其目的和内容都是为该单项（单位）工程服务的，它既要为单项（单位）工程做好开工前的一切准备，又要为其分部（分项）工程施工进行作业准备。

(3) 分部分项工程作业准备，它是以一个分部分项工程或冬季、雨季施工工程为对象而进行的作业条件准备。

2. 按工程所处施工阶段

(1) 开工前的施工准备，它是在拟建工程正式开工之前所进行的一切施工准备工作，其目的是为工程正式开工创造必要的施工条件。

（2）开工后的施工准备也称为各施工阶段前的施工准备，它是在拟建工程开工之后，每个施工阶段正式开始之前所进行的施工准备，为每个施工阶段创造必要的施工条件，因此，必须做好每个施工阶段施工前的相应的施工准备工作。

2.1.3　施工准备工作的任务和范围

1．施工准备工作的任务

按施工准备的要求分阶段地，有计划地全面完成施工准备的各项任务，保证拟建工程能够连续、均衡地有节奏、安全地顺利进行，从而在保证工程质量和工期的条件下能够做到降低工程成本和提高劳动生产效率。

（1）取得工程施工的法律依据：包括城市规划、环卫、交通、电力、消防、市政、公用事业等部门批准的法律依据。

（2）通过调查研究，分析掌握工程特点、要求和关键环节。

（3）调查分析施工地区的自然条件、技术经济条件和社会生活条件。

（4）从计划、技术、物资、劳动力、设备、组织、场地等方面为施工创造必备的条件，以保证工程顺利开工和连续进行。

（5）预测可能发生的变化，提出应变措施，作好应变准备。

2．施工准备工作的范围

施工准备工作的范围包括两个方面：一是阶段性的施工准备，是指开工前的各项准备工作，带有全局性。没有这个阶段工程既不能顺利开工，更不能连续施工；二是作业条件的施工准备，它是指开工之后，为某一施工阶段、某分部分项工程或某个施工环节做准备，具有局限性和经常性。一般地说，冬季与雨季施工准备工作都属于这个施工准备。

2.1.4　施工准备工作的要求

为了做好施工准备工作，应注意以下几个问题：

（1）编制详细的施工准备工作计划一览表。提出具体项目、内容、要求、负责单位、完工日期等。其形式见表2.1。

表2.1　施工准备工作计划表

序号	项目	施工准备内容	要求	负责单位	负责人	配合单位	起止时间	备注
1								
2								

（2）建立严格的施工准备工作责任制与检查制度。各级技术负责人应明确自己在施工准备工作中应负的责任，各级技术负责人应是各施工准备工作的负责人，负责审查施工准备工作计划和施工组织计划，督促各项准备工作的实施，及时总结经验教训。

（3）施工准备工作应取得建设单位、设计单位及各有关协作单位的大力支持，相互配合、互通情况，为施工准备工作创造有利的条件。

（4）严格遵守建设程序，执行开工报告制度。必须遵守基本建设程序，坚持没有做好施工准备不准开工的原则，当施工准备的各项内容已完成，满足开工条件，已办理施工许

可证，项目经理部应申请开工报告，报上级批准后方可开工。实行监理的工程，还应将开工报告送监理工程师审批，由监理工程师签发开工通知书。

（5）施工准备必须贯穿在整个施工过程中，应做好以下4个结合：①设计与施工相结合；②室内准备与室外准备相结合；③土建工程与专业工程相结合；④前期准备与后期准备相结合。

2.2 建筑施工信息收集

调查研究、收集有关施工资料，是施工准备工作的重要内容之一。同时获得原始资料，以便为解决各项施工组织问题提供正确的依据。尤其是当施工单位进入一个新的城市或地区，此项工作显得更重要，它关系到施工单位全局的部署与安排。

2.2.1 原始资料的收集

原始资料的收集主要是对工程条件、工程环境特点和施工条件等施工技术与组织的基础资料进行调查，以此作为项目准备工作的依据。

1. 施工现场的调查

这项调查包括工程的建设规划图、建设地区区域地形图、场地地形图、控制桩与水准点的位置及现场地形、地貌特征等资料。这些资料一般可作为设计施工平面图的依据。

2. 工程地质、水文的调查

这项调查包括工程钻孔布置图、地质剖面图、地基各项物理力学指标实验报告、地质稳定性资料、暗河及地下水水位变化、流向、流速及流量和水质等资料。这些资料一般可作选择基础施工方法的依据。

3. 气象资料的调查

这项调查包括全年、各月平均气温，最高与最低气温，5℃及0℃以下气温的天数和时间；雨季起始时间，月平均降水量及雷暴时间；主导风向及频率，全年大风的天数及时间等资料。这些资料一般可作为冬、雨期季节施工的依据。

4. 周围环境及障碍物的调查

这项调查包括施工区域现有建筑物、构筑物、沟渠、水井、古墓、文物、树木、电力架空线路、人防工程、地下管线、枯井等资料。这些资料可作为布置现场施工平面的依据。

2.2.2 给排水、供电等资料收集

1. 给排水资料收集

调查施工现场用水与当地现有水源连接的可能性、供水能力、接管距离、地点、水压、水质及水费等资料。若当地现有水源不能满足施工用水要求，则要调查附近可作施工生产、生活、消防用水的地面或地下水源的水质、水量、取水方式、距离等条件。还要调查利用当地排水的可能性、排水距离、去向等资料。这些可作为选用施工给排水方式的依据。

2. 供电资料收集

调查可供施工使用的电源位置、引入工地的路径和条件，可以满足的容量、电压及电

源等资料或建设单位、施工单位自有的发变电设备、供电能力。这些资料可作为选择施工用电方式的依据。

3. 供热、供气资料收集

调查冬季施工时附近蒸汽的供应量、接管条件和价格；建设单位自有的供热能力以及当地或建设单位可以提供的煤气、压缩空气、氧气的能力与至工地的距离等资料。这些资料是确定施工供热、供气的依据。

4. 三材、地方材料及装饰材料等资料收集

一般情况下应摸清三材（即钢材、木材、水泥）市场行情，了解地方材料如砖、砂、灰、石等材料的供应能力、质量、价格、运费情况；当地构件制作、木材加工、金属结构、钢木门窗、商品混凝土、建筑机械供应与维修、运输等情况；提供脚手架、定型模板和大型工具租赁等服务的项目、能力、价格等条件；收集装饰材料、特殊灯具、防水、防腐材料等市场情况。这些资料用作确定材料的供应计划、加工方式、储存和堆放场地及建造临时设施的依据。

5. 社会劳动力和生活条件的调查

建设地区的社会劳动力和生活条件调查主要是了解当地可提供的劳动力人数、技术水平、来源和生活安排；能提供作为施工用的现有房屋情况；当地主副食产品供应、日用品供应、文化教育、消防治安、医疗单位的基本情况以及能为施工提供的支援能力。这些资料是拟定劳动力安排计划，建立职工生活基地，确定临时设施的依据。

6. 建设地区的交通调查

建筑施工中的主要交通运输方式一般有铁路、公路、水路、航空等，交通资料可向当地铁路、交通运输和民航等管理局的业务部门进行调查。收集交通运输资料是调查主要材料及构件运输通道的情况，包括道路、街巷、途经的桥涵宽度、高度，容许载重量和转弯半径限制等资料。有超长、超高、超宽或超重的大型构件、大型起重机械和生产工艺设备需整体运输时还要调查沿途架空电线、天桥宽度，并与有关部门商议避免大件运输对正常交通产生干扰的路线、时间及解决措施。这些收集的资料主要可作为组织施工运输业务、选择运输方式、提供经济分析比较的依据。

2.3 建筑施工准备内容

为使建筑施工能多、快、好、省地完成，从施工全局出发，确定开工前的各项准备工作、选择施工方案和组织流水施工、各工种工程在施工中的搭接与配合，劳动力的安排和各种技术物资的组织与供应，施工进度的安排和现场的规划与布置等，用以全面安排和正确指导施工的顺利进行，达到工期短、质量好、成本低的目标。可将施工准备工作分为两个阶段。第一个阶段是全局性的准备，做好整个施工现场施工规划准备工作，包括编制施工组织总设计在内；第二阶段是局部性的准备，做好单位工程或一些大的复杂的分部分项工程开工前的准备工作，包括编制施工组织设计和施工方案，是贯穿于整个施工过程中的准备工作。施工准备工作包括以下内容：

(1) 熟悉和会审施工图纸，主要为编制施工组织设计提供各项依据。熟悉图纸，要求

参加建筑施工的技术和经营管理人员充分了解和掌握设计意图、结构与构造的特点及技术要求，能按照设计图纸的要求，做到心中有数，从而生产出符合设计要求的建筑产品。熟悉和审查施工图纸通常按照图纸自审、会审和现场签证三个阶段进行。

（2）调查研究搜集必要资料，主要是对工程条件、工程环境特点和施工条件等施工技术与组织的基础资料进行调查，以此作为施工准备工作的依据。原始资料调查工作应有计划、有目的地进行，且事先要拟定明确、详细的调查提纲。调查的范围、内容、要求等应根据拟建工程的规模、性质、复杂程度、工期及对当地熟悉了解程度而定。原始资料调查内容一般包括建设场址的勘察和技术经济资料的调查。

（3）施工现场的准备，主要是为了给拟建工程的施工创造有利的施工条件，是保证工程按计划开工和顺利进行的重要环节。其工作按施工组织设计的要求划分为拆除障碍物、“三通一平”、施工测量和搭设临时设施等。

（4）物资及劳动力的准备，指在施工中必须的劳动力组织和物质资源的准备，它是一项较为复杂而又细致的工作，其主要内容为主要材料的准备，地方材料的准备，模板、脚手架的准备，施工机械、机具的准备，研究施工项目组织管理模式，组建项目部；规划施工力量的集结与任务安排，建立健全质量管理体系和各项管理制度；完善技术检测措施；落实分包单位，审查分包单位资质，签订分包合同。

（5）季节施工准备，由于建筑工程施工的时间长，且绝大部分工作是露天作业，所以施工过程中受季节性影响，特别是冬季、雨季的影响较大。为保证按期保质完成施工任务，必须做好冬季、雨季施工准备工作，其主要包括拟定和落实冬季、雨季施工措施。

2.4 施工准备工作实施

2.4.1 技术经济资料的准备

技术准备就是通常所说的内业技术工作，它是现场准备工作的基础和核心工作，其内容一般包括：熟悉与会审施工图纸、签订分包合同、编制施工组织计划、编制施工图预算和施工预算。

1. 熟悉与会审施工图

施工技术管理人员，对设计施工图等应该非常熟悉，深入了解设计意图和技术要求，在此基础上，才能做好施工组织设计。

在熟悉施工图纸的基础上，由建设、施工、设计、监理等单位共同对施工图纸组织会审。一般先由设计人员对设计施工图纸的设计意图、工艺技术要求和有关问题作设计说明，对可能出现的错误或不明确的地方作出必要的修改或补充说明。然后其余各方根据对图纸的了解，提出建议和疑问，对于各方提出的问题，经协商将形成“图纸会审纪要”，参加会议各单位一致会签盖章，作为与设计图纸同时使用的技术文件。

在熟悉图纸过程中，对发现的问题应做出标记，做好记录，以便在图纸会审时提出。图纸会审主要内容包括以下几个方面：

（1）建筑的设计是否符合国家的有关技术规范。

（2）设计说明是否完整、齐全、清楚；图纸的尺寸、坐标、轴线、标高、各种管线和

道路交叉连接点是否正确；一套图纸的设备施工图与建筑及结构施工图是否一致，是否矛盾；地下与地上的设计是否矛盾。

(3) 技术装备条件能否满足工程设计的有关技术要求；采用新结构、新工艺、新技术或工程的工艺设计与使用功能对土建、设备、管道、动力、电器安装有无要求；在要求采取特殊技术措施时，施工单位技术上有无困难；能否确保施工质量和施工安全。

(4) 所选用的各种材料、配件、构件（包括特殊的、新型的），在组织采购供应时，其品种、规格、性能、质量、数量等方面能否满足设计规定的要求。

(5) 图中不明确或有疑问处，请设计人员解释清楚。

(6) 有关的其他问题，并对其提出合理化建议。

2. 签订分包合同

包括建设单位（甲方）和施工单位（乙方）签订工程承包合同；与分包单位（机械施工工程、设备安装工程、装饰工程等）签订总分包合同；物资供应合同，构件半成品加工订货合同。

3. 编制施工组织计划

施工组织设计是施工准备工作的主要技术经济文件，是指导施工的主要依据，是根据拟建工程的工程规模、结构特点和建设单位要求，编制的指导该工程施工全过程的综合性文件。它结合所收集的原始资料、施工图纸和施工预算等相关信息，综合建设单位、监理单位、设计单位的具体要求进行编制，以保证工程施工好、快、省并且安全、顺利地完成。

4. 编制施工图预算和施工预算

施工图预算是施工单位依据施工图纸所确定的工程量、施工组织设计拟定的施工方案、建筑工程预算定额和相关费用定额等编制的建筑安装工程造价和各种资源需要量的经济文件。施工预算是施工单位根据施工图纸、施工组织设计和施工方案、施工定额等文件进行编制的企业内部经济文件。编制单位工程施工图预算和施工预算，以确定人工、材料和机械费用的支出，并确定人工数量、材料消耗数量及机械台班使用量等。

2.4.2 施工现场准备

施工现场的准备工作主要是为了给拟建工程的施工创造有利的施工条件，是保证工程按计划开工和顺利进行的重要环节。一项工程开工之前，除了做好各项技术经济的准备工作外，还必须做好现场的各项施工准备工作，其工作按施工组织设计的要求划分为拆除障碍物、“三通一平”、测量放线和搭设临时设施等。

1. 拆除障碍物

施工现场内的一切地上、地下障碍物，都应在开工前拆除。这项工作一般由建设单位来完成，但也有委托施工单位来完成的。

对于房屋的拆除，一般只要把水源、电源切断后即可进行拆除。若房屋较大、较坚固，需要采用爆破的方法时，必须经有关部门批准，由专业的爆破作业人员来承担。架空电线（电力、通信）、地下电缆（电力、通信）的拆除，以及燃气、热力、供水、排污等管线的拆除，要与相关部门联系并办理有关手续后方可进行。场内若有树木，需报林业部门批准后方可砍伐。

2. 三通一平

在工程用地的施工现场，应该通施工用水、用电、道路、通信及燃气，做好施工现场排水及排污和平整场地的工作，但是最基本还是通水、通电、通路和场地平整工作，这些工作简称为“三通一平”。

(1) 通水。专指给水，包括生产、生活和消防用水。在拟建工程开工之前，必须接通给水管线，尽可能与永久性的给水结合起来，并且尽量缩短管线的长度，以降低工程的成本。

(2) 通电。包括施工生产用电和生活用电。在拟建工程开工之前，必须按照安全和节能的原则，接通电力和电信设施。电源首先应考虑从建设单位给定的电源上获得，如其供电能力不能满足施工用电需要，则应考虑在现场建立自备发电系统，确保施工现场动力设备和通信设备的正常运行。

(3) 通路。指施工现场内临时道路与场外道路连接，满足车辆出入的条件。在拟建工程开工之前，必须按照施工总平面图的要求，修好施工现场的永久性道路（包括场区铁路、场区公路）以及必要的临时性的道路，以便确保施工现场运输和消防用车等的行驶畅通。

(4) 场地平整。指在建筑场地内，进行厚度在300mm以内的挖、填土方及找平工作。其根据建筑施工总平面图规定的标高，通过测量，计算出填挖土方工程量，设计土方调配方案，组织人力或机械进行平整工作。

“三通一平”工作一般都是由建设单位完成的，也可以委托施工单位来完成，其不仅仅要求在开工前完成，而且要保障在整个施工过程中都要达到要求。

3. 测量放线

为了使建筑物或构筑物的平面位置和高程符合设计要求，施工前应按总平面图设置永久的经纬坐标桩及水平坐标桩，建立工程测量控制网，以便建筑物在施工前的定位放线。建筑物定位、放线，一般通过设计定位图中平面控制轴线来确定建筑物四周的轮廓位置。测定经自检合格后，提交有关技术部门和甲方验线，以保证定位的准确性。沿红线建的建筑物放线后还要由城市规划部门验线，以防止建筑物压红线或超红线。

在测量放线时，应校验和校正经纬仪、水准仪、钢尺等测量仪器；校核接桩线与水准点，制定切实可行的测量方案，包括平面控制、标高控制、沉降观测和竣工测量等工作。

4. 搭设临时设施

施工企业的临时设施是指企业为保证施工和管理的进行而建造的生产、生活所用的临时设施，包括各种仓库、搅拌站、预制厂、现场临时作业棚，机具棚、材料库、办公室、休息室、厕所、蓄水池等设施；临时道路、围墙；临时给排水、供电、供热等设施；临时简易周转房，以及现场临时搭建的职工宿舍、食堂、浴室、医务室、托儿所等临时性福利设施。

所有生产和生活临时设施，必须合理选址、正确用材，确保满足使用功能和安全、卫生、环保、消防要求；并尽量利用施工现场或附近原有设施和在建工程本身供施工使用的部分用房，尽可能减少临时设施的数量，以便节约用地、节省投资。现场所需的临时设施，应报请规划、市政、消防、交通、环保等有关部门审查批准。

2.4.3　施工队伍及物资准备

2.4.3.1　施工队伍的准备

一项工程完成的好坏，很大程度上取决于承担这一工程的施工人员的素质。现场施工人员包括施工的组织指挥者和具体操作者两大部分。这些人员的组合，将直接关系到工程质量、施工进度及工程成本。因此，施工现场人员的准备是开工前施工准备的一项重要内容。

1. 项目组的组建

施工组织机构的建立应遵循以下原则：根据工程规模、结构特点和复杂程度，确定施工组织的领导机构名额和人选；坚持合理分工与密切协作相结合的原则；把有经验、有创新精神、工作效率高的人选入领导机构；认真执行因事设职，因职选人的原则。对于一般单位工程可设项目经理一名，施工员（即工长）一名，技术员、材料员、预算员各一名；对于大中型施工项目工程，则需配备完整的领导班子，包括各类管理人员。

2. 建立施工队组，组织劳动力进场

施工队组的建立要考虑专业、工种的配合，技工、普工的比例要满足合理的劳动组织，符合流水施工组织方式的要求；要坚持合理、精干的原则，建立相应的专业或混合工作队组，按照开工日期和劳动力需要量计划，组织劳动力进场。

3. 做好技术，安全交底和岗前培训

施工前，应将设计图纸内容、施工组织设计、施工技术、安全操作规程和施工验收规范等要求向施工队组和工人讲解交代，以保证工程严格地按照设计图纸、施工组织设计等要求进行施工。同时，企业要对施工队伍进行安全、防火和文明等方面的岗前教育和培训，并安排好职工的生活。

4. 建立各项管理制度

为了保证各项施工活动的顺利进行，必须建立、健全工地的管理制度。如工程质量检查与验收制度，工程技术档案管理制度，建筑材料（构件、配件、制品）的检查验收制度，材料出入库制度，技术责任制、职工考勤、考核制度，安全操作制度等。

2.4.3.2　施工物资的准备

施工物资准备是指施工中必须的劳动手段（施工机械、工具、临时设施）和劳动对象（材料、配件、构件）等的准备。它是一项较为复杂而又细致的工作，一般考虑以下几个方面的内容：

1. 建筑材料的准备

建筑材料的准备主要是根据施工预算、施工进度计划、材料储备定额和消耗定额来确定材料的名称、规格、使用时间等，汇总后编制出材料需要量计划，并依据工程进度，分别落实货源厂家进行合同评审与订货，安排运输储备，以满足开工之后的施工生产需要。建筑材料的准备包括：三材、地方材料、装饰材料的准备。

材料的储备应根据施工现场分期分批使用材料的特点，按照以下原则进行材料储备：

（1）应按工程进度分期分批进行。现场储备的材料多了会造成积压，增加材料保管的负担，同时，也多占用了流动资金；储备少了又会影响正常生产。所以材料的储备应合

理、适量。

（2）做好现场保管工作，以保证材料的原有数量和原有的使用价值。

（3）现场材料的堆放应合理。现场储备的材料应严格按照平面布置图的位置堆放，以减少二次搬运，且应堆放整齐，标明标牌，以免混淆。此外，亦应做好防水、防潮、易碎材料的保护工作。

（4）应做好技术试验和检验工作，对于无出厂合格证明和没有按规定测试的原有材料一律不得使用。不合格的建筑材料和构件，一律不准出厂和使用，特别对于没有使用过的材料或进口原材料、某些再生材料更要严格把关。

2. 预制构件和混凝土的准备

工程项目施工需要大量的预制构件、门窗、金属构件、水泥制品以及卫生洁具等，对这些构件、配件必须优先提出定制加工单。对于采用商品混凝土现浇的工程，则先要到生产单位签订供货合同，注明品种、规格、数量、需要时间及送货地点等。

3. 施工机械的准备

施工选定的各种土方机械、混凝土、砂浆搅拌设备、垂直及水平运输机械、吊装机械、动力机具、钢筋加工设备、木工机械、焊接设备、打夯机、抽水设备等应根据施工方案和施工进度，确定数量和进场时间。需租赁机械时，应提前签约。

4. 模板和脚手架的准备

模板和脚手架是施工现场使用量大、堆放占地大的周转材料。模板及其配件规格多、数量大，对堆放场地要求比较高，一定要分规格、型号整齐堆放，以利于使用与维修。大钢模一般要求立放，并防止倾倒，在现场也应规划出必要的存放场地。钢管脚手架、桥式脚手架、吊栏脚手架等都应按指定的平面位置堆放整齐，扣件等零件还应防雨，以防锈蚀。

2.4.4 季节施工准备

由于建筑工程施工的时间长，且绝大部分工作是露天工作，所以施工过程中受到季节性影响，特别是冬季、雨季的影响较大。为保证按期、保障完成施工任务，必须做好冬季、雨季施工准备工作，做好周密的施工计划和充分的施工准备。

1. 冬季施工的准备工作

根据《混凝土结构工程施工质量验收规范》（GB 50204—2002），当室外平均气温连续 5 天低于 5℃，或者最低气温降到 0℃或 0℃以下时，进入冬季施工阶段。

（1）明确冬季施工项目，编制进度安排。由于冬季气温低，施工条件差，技术要求高，费用增加等原因，所以应把便于保证施工质量，且费用增加较少的施工项目安排在冬季施工。

（2）做好冬季测温工作。冬季昼夜温差大，为保证工程施工质量，应制定专人负责收听气象预报及预测工作，及时采取措施防止大风、寒流和霜冻袭击而导致冻害和安全事故。

（3）做好物资的供应、储备和机具设备的保温防冻工作。根据冬季施工方案和技术措施做好防寒物资的准备工作。冬天来临之前，对冬季紧缺的材料要抓紧采购并入场储备，各种材料根据其性质及时入库或覆盖，不得堆存在坑洼积水处。及时做好机具设备的防冻

工作，搭设必要的防寒棚，把积水放干，严防积水冻坏设备。

(4) 施工现场的安全检查。对施工现场进行安全检查，及时整修施工道路，疏通排水沟，加固临时工棚、水管、水龙头，灭火器要进行保温。做好停止施工部位的保温维护和检查工作。

(5) 加强安全教育，严防火灾发生。准备好冬季施工用的各种热源设备，要有防火安全技术措施，并经常检查落实，同时做好职工培训及冬季施工的技术操作和安全施工的教育，确保施工质量，避免事故发生。

2. 雨季施工准备工作

雨季施工主要以预防为主，采用防雨措施及加强排水手段确保雨季正常地进行生产，保证雨季施工不受影响。

(1) 施工场地的排水工作。场地排水：对施工现场及车间等应根据地形对排水系统进行合理疏通以保证水流畅通，不积水，并防止相邻地区地面雨水倒排入场内。

道路：现场内主要行车道路两旁要做好排水沟，保证雨季道路运输畅通。

(2) 机电设备的保护。对现场的各种机电设施、机具等的电闸、电箱要采取防雨、防潮措施，并安装接地保护装置，特别是脚手架、垂直运输设施等，要采取防倒塌、防雷击、防漏电等一系列技术措施。

(3) 原材料及半成品的防护。对怕雨淋的材料及半成品应采取防雨措施，可放入防护棚内，垫高并保持通风良好以防淋雨浸水而变质。在雨季到来前，材料、物资应多储存，减少雨季运输量，以节约费用。

(4) 临时设施的检修。对现场的临时设施，如工人宿舍、办公室、食堂、库房等应进行全面检查与维修，四周要有排水沟渠，对危害建筑物应进行翻修加固或拆除。

(5) 落实雨季施工任务和计划。一般情况下，在雨季到来之前，应争取提前完成不宜在雨季施工的任务，如基础、地下工程、土方工程、室外装修及屋面等工程，而多留些室内工作在雨季施工。

(6) 加强施工管理，做好雨季施工安全教育。组织雨季施工的技术、安全教育，严格岗位职责，学习并执行雨季施工的操作规范、各项规定和技术要点，做好对班组的交底，确保工程质量和安全。

本 章 小 结

本章主要介绍了施工准备工作的内容等，其要点为：

1. 施工准备工作是指为了保证建筑工程施工能够顺利进行，事先应全面做好各项工作，为拟建工程的施工创造必要的技术、物资条件，统筹安排施工力量和部署施工现场，它是建设程序中的重要环节，贯穿在整个施工过程之中。

2. 施工准备工作要求编制详细的施工准备工作计划，建立严格的施工准备工作责任制与检查制度，应取得建设单位与设计单位及各有关协作单位的大力支持，严格遵守建设程序、执行开工报告。施工准备应做好设计与施工相结合、室内准备与室外准备相

结合、土建工程与专业工程相结合、前期准备与后期准备相结合。

3. 做好原始资料、给排水、供电等施工信息的收集。

4. 施工准备工作应包括熟悉和会审施工图纸、调查研究搜集必要资料、施工现场的准备、物资及劳动力的准备、季节施工准备等内容。

5. 施工准备工作的实施。

训　练　题

（1）简述施工准备工作的种类和主要内容。

（2）物资准备包括哪些内容？

（3）原始资料的调查包括哪些内容？各方面的主要内容有哪些？

（4）技术经济资料的准备工作包括哪些内容？

（5）施工现场准备的有哪些工作？

（6）季节施工准备应注意哪些工作？

第3章 施工作业组织

学习目标：了解施工组织的基本方式；熟悉流水施工的基本原理，以利于合理组织流水施工；熟悉流水施工的几种方式及特点，能够进行流水施工组织；掌握组织流水施工的技巧，具备根据工程项目的实际情况、科学合理、有效地组织施工的关键能力。

3.1 流水施工概述

3.1.1 流水施工方式

流水施工或流水作业法，是组织产品生产的科学理想的方法。生活中采用流水作业的例子很常见。比如我们在学校里打扫教室卫生就是一例。假如班级教室共有3个房间，每次安排1名男生和1名女生两位值日生，洒水和扫地的作业时间均为3min/(人·间)，要求女生洒水男生扫地（为了避免扬尘，对应房间应洒过水之后再扫地），试组织作业。

通常的作业方式为女生先洒水之后男生开始扫地，这样的组织方式非常简单易于操作，整个教室打扫完毕需要的时间为：3×3＋3×3＝18(min)，如图3.1所示，此类组织方式称为顺序作业。

此外，我们还可以采取如图3.2所示作业方式，即女生在房间①洒水完成之后到房间②去洒水，而男生到房间①去扫地，等女生在房间②洒水完成后男生又可以到房间②去扫地，女生在房间②洒水完成后到房间③洒水，等女生在房间③洒水完成后男生又可以到房间③去扫地。这里虽然没有增加人手，也没有工作量变化，但是，打扫完整个教室却节省了不少时间，这种组织方式称为流水作业。可见不同的组织作业方式，效果差别很明显，因此，应对组织作业方式予以重视。

施工过程	施工进度计划(min)					
	3	6	9	12	15	18
洒水						
扫地						

图3.1　顺序作业

施工过程	施工进度计划(min)			
	3	6	9	12
洒水	①	②	③	
扫地		①	②	③

图3.2　流水作业

进一步研究，可以发现，如果具有足够的人手，还可采用第三种作业方式，如图3.3所示，称之为平行作业。采用平行作业完成整个教室的打扫，所需时间大大缩短，但是人手需增加到原来的3倍。除了人手或作业队伍条件具备外，组织平行作业还须具备相应的资源、工具等。因此通常条件下不易组织平行作业。

以上是学习生活中的组织作业方式，那么在工程中该怎样组织施工作业呢？下面通过例子进行阐述。

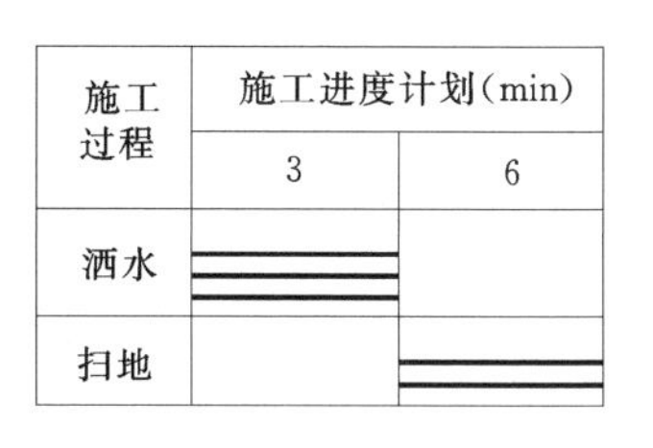

图 3.3 平行作业

现有 3 幢相同的建筑物的基础部分施工，其施工过程为挖土、垫层、基础混凝土和回填土。每个施工过程在每幢楼的作业时间均为 1d，每个施工过程所对应的施工人数分别为 6 人、10 人、10 人、8 人。试分别采用顺序作业、平行作业和流水作业方式组织施工。

1. 顺序作业

顺序作业在工程施工中即为依次施工，是指各施工队依次开工、依次完工的一种作业方式。

如图 3.4、图 3.5 所示，依次施工是按照单一的顺序组织施工，单位时间内投入的劳动力等物资资源比较少，有利于资源供应的组织工作，现场管理也比较简单。采用依次施工方式组织施工要么是各专业施工队的作业不连续，要么是工作面有间歇，时空关系没有处理好，工期拉得很长。因此，依次施工方式适用于规模较小、工作面有限和工期不紧的工程。

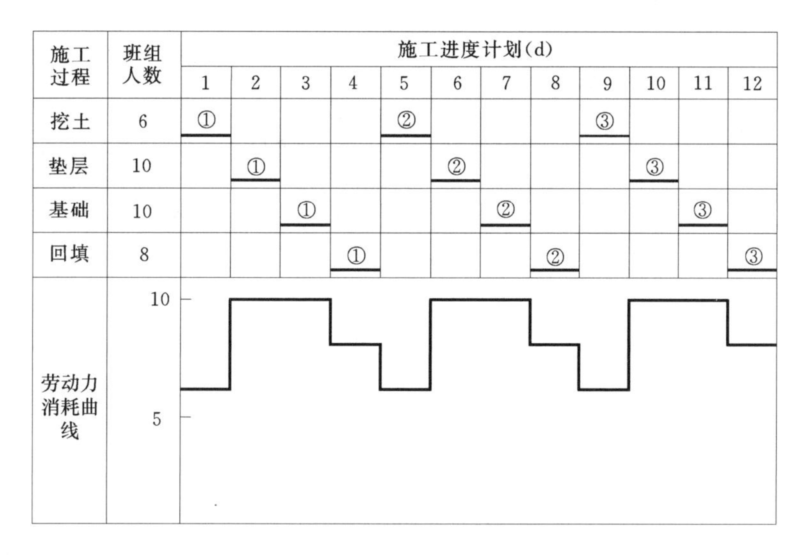

图 3.4 按幢（或施工段）依次施工

2. 平行作业

平行作业在工程施工中即为平行施工，是指所有的三幢房屋的同一施工过程，同时开工、同时完工的一种作业方式。

如图 3.6 所示，平行施工的总工期大大缩短，但是各专业施工队的数目成倍增加，单位时间内投入的劳动力等资源以及机械设备也大大增加，资源供应的组织工作难度剧增，现场组织管理相当困难。因此，该方法通常只用于工期十分紧迫的施工项目，并且资源供应有保证以及工作面能满足要求。

3. 流水作业

流水作业在工程施工中即为流水施工是将三幢房屋按照一定的时间依次搭接（如挖土

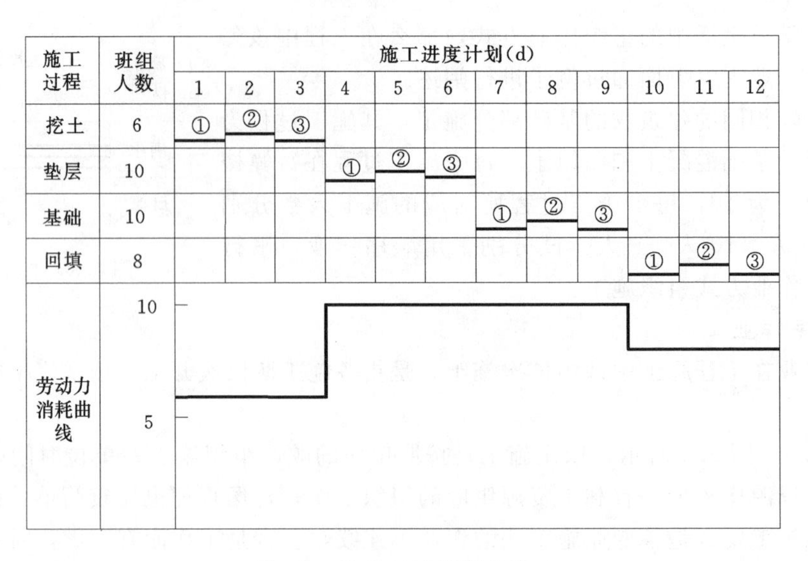

图 3.5 按施工过程依次施工

②和垫层①两者搭接，挖土③、垫层②、基础①三者搭接等)，各施工段上陆续开工、陆续完工的一种作业方式，如图 3.7 所示。流水施工强调专业施工队伍的作业要连续，工作面要充分合理地利用，少停歇。

图 3.6 平行施工

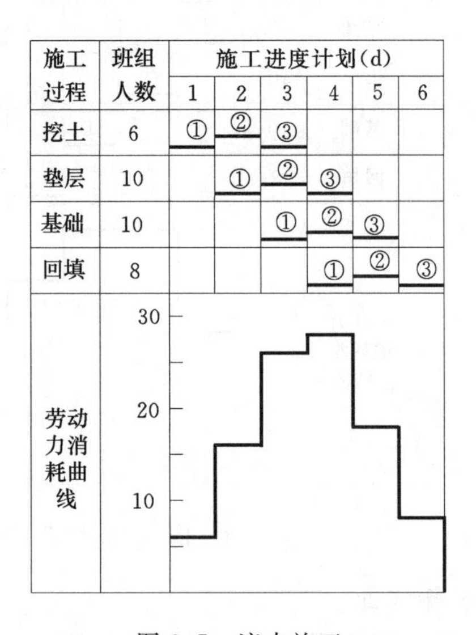

图 3.7 流水施工

如图 3.7 所示可以看出，流水施工方式具有以下特点：

(1) 恰当地利用了工作面，争取了时间，节省了工期，工期比较合理。

(2) 各专业施工队的施工作业连续，避免或减少了间歇、等待时间。

(3) 不同施工过程尽可能地进行搭接，时空关系处理得比较理想。

(4) 各专业施工队实现了专业化施工，能够更好地保证质量和提高劳动生产率。

(5) 资源消耗较为均衡，有利于资源供应的组织工作。

3.1.2 流水施工的组织及表达方式

1. 流水施工的组织

(1) 划分施工段。和工厂流水生产线生产大批量产品一样，建筑工程流水施工也需要具备批量产品，倘若是只有1幢建筑物（即单件产品）的施工生产，如何实现批量产品的流水施工或生产呢？这时应将单件产品（如基础）在平面上或空间上划分为若干个大致相等的部分（即划分施工段）从而实现批量生产。

(2) 划分施工过程。工厂流水生产线上的产品需经过若干个生产过程（即多道生产工序）。同样，建筑产品的生产过程也需要经过若干个生产工序（即施工过程）。因此，流水施工的实现需要划分若干施工过程。

(3) 每个施工过程应组织独立的施工班组。每个施工过程组织独立的施工班组方能保证各个施工班组能够按照施工顺序依次、连续均衡地从一个施工段转移到下一个施工段进行相同的专业化施工。

(4) 主导施工过程的施工作业要连续。有时，由于条件限制，不能够做到所有施工过程均能进行连续施工。此时，应保证工程量（劳动量）大、施工作业时间长的施工过程（即主导施工过程）能够进行连续施工，其他的施工过程可以考虑从充分利用工作面、缩短工期的角度来组织间断施工。

(5) 相关施工过程之间应尽可能地进行搭接。按照施工顺序要求，在工作面许可的条件下，除必要的间歇时间外，应尽可能地组织搭接施工，以利于缩短工期。

2. 流水施工的表达形式

(1) 横道图。横道图亦称甘特图或水平图表，如图3.1～图3.7所示。横道图的优点是简单、直观、清晰明了。

(2) 斜线图。斜线图亦称垂直图表，如图3.8所示。斜线图以斜率形象地反映各施工过程的施工节奏性（速度）。

(3) 网络图。网络图的优点在于逻辑关系表达清晰，能够反映出计划任务的主要矛盾和关键所在，并可利用计算机进行全面的管理。

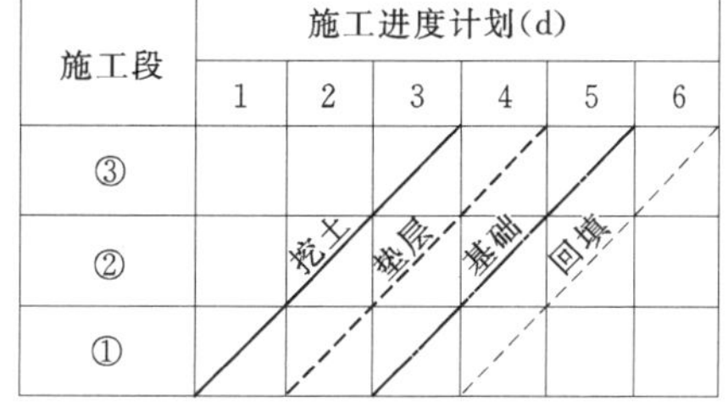

图3.8 用斜线图表达的流水施工进度计划

3.1.3 流水施工参数

为了清晰地表达或描述流水施工方式在施工工艺、空间布置和时间安排上所处的状态，仅仅依靠图形是不能解决问题的。此时，需引入一些参数，通过借助参数将其量化，使之明晰。此类参数称为流水施工参数，包括工艺参数、空间参数和时间参数。

3.1.3.1 工艺参数

1. 施工过程数（n）

施工过程是指用来表达流水施工在工艺上开展层次的相关过程。一幢建筑物的建造过程，是由许多施工过程（如挖土、做基础、浇筑混凝土等）所组成的。一般情况下，一幢建筑物的施工过程数n的多少，与建筑物的复杂程度、施工方法等有直接关系；工业建筑

的施工过程数要多一些。在组织流水施工时，施工过程数要取得恰当：若取得过多、过细，会给计算增添麻烦，也会带来主次不分的缺点；若取得过少，又会使计划过于笼统，失去指导施工的作用。施工过程划分的数目多少和粗细程度，一般与下列因素有关：

(1) 施工计划的性质和作用。对于长期计划和建筑群体及规模大、结构复杂、工期长的工程施工控制性进度计划，其施工过程划分可以粗一些、综合性大一些，如划分为基础工程、主体结构工程、装饰工程等。对于中小型单位工程及工期不长的工程施工实施性计划，其施工过程划分可以细一些、具体一些，一般可划分至分项工程，如挖土方、钢筋混凝土基础、回填土等。对于月度作业性计划，有些施工过程还可以分解至工序，如支模板、绑扎钢筋、浇筑混凝土等。

(2) 施工方案。施工方案确定了施工顺序和施工方法，不同的施工方案就有不同的施工过程划分，如框架结构采用的模板不同，其施工过程划分的数目就不同。

(3) 劳动力的组织与工程量的大小。施工过程的划分与施工队伍施工习惯有一定的关系。例如，安装玻璃、油漆的施工，可以将它们合并为一个施工过程即玻璃油漆施工过程，它的施工队就是一个混合队伍，也可以将它们分为两个施工过程，即玻璃安装施工过程和油漆施工过程，这时的施工队为单一工种的施工队伍。

同时，施工过程的划分还与工程量的大小有关。对于工程量小的施工过程，当组织流水施工有困难时，可以与其他施工过程合并。例如，对于地面工程，如果做垫层的工程量较小，可以与混凝土面层相结合，合并为一个施工过程，这样就可以使各个施工过程的工程量大致相等，便于组织流水施工。

2. 流水强度（V）

流水强度是指某施工过程在单位时间内所完成的工程数量。

人工操作或机械施工施工过程的流水强度为

$$V=\sum N_i P_i$$

式中　N_i——投入施工过程的专业工作队人数或某种机械台数；

P_i——投入施工过程的工人的产量定额或某种机械产量定额。

3.1.3.2　空间参数

空间参数是用以表达流水施工在空间上开展状态的参数，一般包括工作面、施工段和施工层。

1. 工作面（a）

工作面是指某专业工种进行施工作业所必须的活动空间。主要工种工作面的参考数据，见表3.1。

2. 施工段（m）

为了实现流水施工，通常将施工项目划分为若干个劳动量大致相等的部分，即施工段（用 m 表示）。每一个施工段在某一段时间内，只能供一个施工过程的专业工作队使用。

划分施工段的目的，就在于保证不同的工作队能在不同的工作面上同时进行作业，从而使各施工队伍能够按照一定的时间间隔从一个施工段转移到另一个施工段进行连续施工。这样，消除了由于各工作队不能依次连续进入同一工作面上作业而产生互等、停歇现象，为流水施工创造了条件。因此，施工段划分的合理与否将直接影响流水施工的效果。

施工段的划分应遵守以下原则：

表 3.1　　主要工种工作面的参考数据

工作项目	工作面大小	工作项目	工作面大小
砌砖墙	8.5m/人	预制钢筋混凝土柱、梁	$3.6m^3$/人
现浇钢筋混凝土墙	$5m^3$/人	预制钢筋混凝土平板、空心板	$1.91m^3$/人
现浇钢筋混凝土柱	$2.45m^3$/人	卷材屋面	$18.5m^2$/人
现浇钢筋混凝土梁	$3.2m^3$/人	门窗安装	$11m^2$/人
现浇钢筋混凝土楼板	$5.3m^3$/人	内墙抹灰	$18.5m^2$/人
混凝土地坪及面层	$40m^2$/人	外墙抹灰	$16m^2$/人

(1) 施工段的数目及分界要合理。施工段的数目划分过少，则每段上的工程量较大，会引起劳动力、机械、材料供应的过分集中，有时会造成供应不足的现象，使工期拖长；若划分过多，则施工段有空闲得不到充分利用，工期长。施工段的分界应尽可能与施工对象的结构界限相一致，或设在对结构整体性影响较小的部位，如温度缝、沉降缝或单元界线等，如果必须将其设在墙体中间时，可将其设在门窗洞口处，以减少施工留槎，确保工程质量。

(2) 各施工段上的劳动量应大致相等。为了保证流水施工的连续、均衡，各专业工种在各施工段上所消耗的劳动量应大致相等，其相差幅度不宜超过10%～15%。

(3) 工作面应满足施工要求。为了充分发挥专业工人和机械设备的生产效率，应考虑施工段的机械台班、劳动力容量大小，满足各专业工种对工作面的空间要求，尽量做到劳动力资源的优化组合。

(4) 分层施工时，施工段的划分应能确保主导施工过程的施工连续。划分施工段时，应能保证主导施工过程连续施工。主导施工过程是指劳动量较大或技术复杂、对总工期起控制作用的施工过程，如多层全现浇钢筋混凝土结构的混凝土工程就是主导施工过程。

3. 施工层 (r)

对于多层的建筑物和构筑物，为组织流水施工，应既分施工段，又分施工层。施工层是指在组织多层建筑物的竖向流水施工时，将施工项目在竖向上划分为若干个作业层，这些作业层称为施工层。通常以建筑物的结构层作为施工层，有时为了满足专业工种对操作高度和施工工艺的要求，也可以按一定高度划分施工层，如单层工业厂房砌筑工程一般按1.2～1.4m（即一步脚手架的高度）划分为一个施工层。

3.1.3.3 时间参数

1. 流水节拍 (t)

各专业施工班组在某一施工段上的作业时间称为流水节拍，用 t_i 表示。流水节拍的大小可以反映施工速度的快慢、节奏感的强弱和资源消耗的多少。

(1) 流水节拍的确定，通常可以采用以下方法。

1) 定额计算法。

$$t_i = Q_i / S_i R_i N_i = P_i / R_i N_i$$

式中　Q_i——施工过程 i 在某施工段上的工程量；

S_i——施工过程 i 的人工或机械产量定额；

R_i——施工过程 i 的专业施工队人数或机械台班；

N_i——施工过程 i 的专业施工队每天工作班次；

P_i——施工过程 i 在某施工段上的劳动量。

2）经验估算法。

$$t_i=(a+4c+b)/6$$

式中 a——最长估算时间；

b——最短估算时间；

c——正常估算时间。

3）工期计算法。

a. 根据工期倒排进度，确定某施工过程的工作持续时间 D_i。

b. 确定某施工过程在某施工段上流水节拍 t_i，其计算公式为

$$t_i=D_i/m$$

（2）确定流水节拍时应考虑以下几点。

1）专业工作队人数要符合最小劳动组合的人数要求和工作面对人数的限制条件。最小劳动组合就是指某一施工过程进行正常施工所必需的最低限度的班组人数及其合理组合。如砌砖墙施工技工与普工要按2∶1的比例配置，技工过多，会使个别技工去干技术含量低的工作，造成人才浪费；普工过多，主导工序操作人员不足，影响工期，多余普工不能发挥效力，使技工的工作不能保证质量和速度。

2）工作班制要适当。工作班制是某一施工过程在一天内轮流安排的班组次数。有一班制、两班制、三班制。工作班制应根据工期、工艺等要求而定。当工期不紧迫，工艺上无连续施工的要求时，可采用一班制；当工期紧迫，工艺上要求连续施工，或为了充分发挥设备效率时，可安排两班制，甚至三班制。如现浇混凝土楼板，为了满足工艺上的要求，常采用两班制或三班制施工。需要指出的是，安排两班制或三班制施工，涉及夜间施工，要考虑到照明、安全、扰民以及后勤辅助方面的成本支出。

3）机械台班效率或机械台班产量的大小是确定机械数量和专业工作队人数的依据。由于机械设备数量变化程度较小，确定人数时要考虑人机配套，使机械达到相应的产量定额。

4）先确定主导施工过程的流水节拍。主导施工过程的流水节拍值大小对工期的影响比重很大，因此，应先确定主导施工过程的流水节拍。

5）为了便于现场管理和劳动安排，流水节拍值一般取整数，必要时保留0.5d（或台班）的整数倍。

2. 流水步距（K）

流水步距是指相邻两个施工过程开始施工的时间间隔，用 $K_{i,i+1}$ 表示。流水步距可反映出相邻专业施工过程之间的时间衔接关系。通常，当有 n 个施工过程，则有（$n-1$）个流水步距值。流水步距在确定时，需注意以下几点：

（1）要满足相邻施工过程之间的相互制约关系。

（2）保证各专业施工班组能够连续施工。

（3）以保证质量和安全为前提，对相邻施工过程在时间上进行最大限度地、合理地搭接。

3. 间歇时间（Z）

根据工艺、技术要求或组织安排，而留出的等待时间。按其性质，分为技术间歇 t_j 和组织间歇 t_z。技术间歇时间按其部位，又可分为施工层内技术间歇时间 t_{j1}、施工层间技术间歇时间 t_{j2} 和施工层内技术组织时间 t_{z1}、施工层间组织间歇时间 t_{z2}。

4. 搭接时间（t_d）。

前一个工作队未撤离，后一施工队即进入该施工段。两者在同一施工段上同时施工的时间称为平行搭接时间，用 t_d 表示。

5. 流水工期（T_L）

自参与流水的第一个队组投入工作开始，至最后一个队组撤出工作面为止的整个持续时间。

$$T_L=\sum K+T_n$$

式中　K——流水步距；

T_n——最后一个施工过程的作业时间。

3.1.4　与流水施工有关的术语

1. 分项工程流水

分项工程流水又称细部流水、内部流水，即在分项工程内部或专业工种内部组织的流水施工，是指某一个专业工作队依次在各个施工段上进行的流水施工，如浇筑混凝土工作队在各施工段连续完成混凝土浇筑工作的流水施工。分项工程流水是范围最小的流水施工，也是组织流水施工的基本单元。反映在项目施工进度计划表上，它是一条标有施工段或专业工作队编号的进度指示线段。

2. 分部工程流水

分部工程流水又称为专业流水，是在一个分部工程内部，各分项工程之间组织的流水。由若干专业工作队各自连续地完成各个施工段的施工任务，工作队之间组织流水作业，如现浇混凝土工程中由安装模板、绑扎钢筋、浇筑混凝土、养护混凝土、拆模板等专业工种组织的流水施工。在项目施工进度计划表上，分项工程流水由一组标有施工段或专业工作编号的进度指示线段来表示。

3. 单位工程流水

单位工程流水又称为综合流水，是一个单位工程内部，各分部工程之间组织的流水施工，如多层全现浇钢筋混凝土框架结构房屋的土建工程部分由土方工程、基础工程、主体结构工程、围护结构工程、装饰工程等分部工程之间组成的流水施工。在项目施工进度计划表上，单位工程流水由若干组分部工程的进度指示线段表示，并由此构成一张单位工程施工进度计划表。

4. 群体工程流水

群体工程流水又称为大流水，它是在若干单位工程之间组织的流水施工，如建设一个住宅小区，在若干幢住宅楼之间组织的流水施工。反映在项目施工进度计划表上，群体工程流水是一个项目的施工总进度计划。

5. 分别流水法

分别流水法是指将若干个分别组织的分部工程流水，按照施工工艺顺序和要求搭接起来，组织成一个单位工程或建筑群体的流水施工，如由土方工程流水、基础工程流水、主体结构工程流水、围护结构工程流水、装饰工程流水等分部工程流水按照一定的要求组织成多层框架结构房屋的土建工程流水。分别流水法是编制施工进度计划的一种重要方法。

3.2　流水施工的基本方式

根据流水节拍的特征，可将流水施工方式划分为有节奏流水施工和无节奏流水施工。其中，有节奏流水施工方式又可分为全等节拍流水施工、成倍节拍流水施工和异节拍流水施工。

3.2.1　全等节拍流水

顾名思义，所有施工过程在任意施工段上的流水节拍均相等，也称固定节拍流水。根据其有无间歇时间，而将全等节拍流水分为无间歇全等节拍流水和有间歇全等节拍流水。

1. 无间歇全等节拍流水施工

（1）无间歇全等节拍流水施工方式的特点。

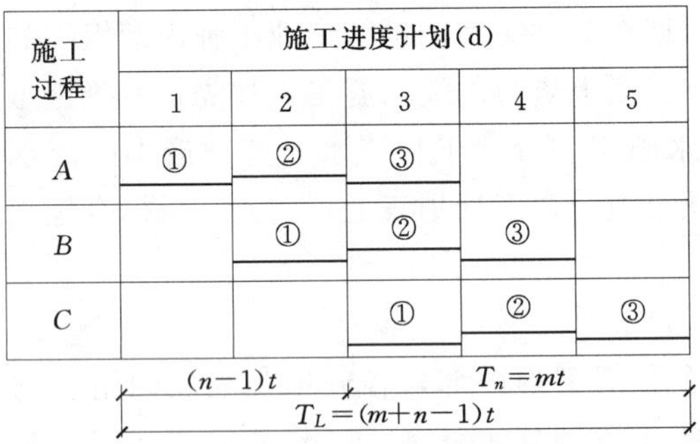

施工过程	施工进度计划(d)				
	1	2	3	4	5
A	①	②	③		
B		①	②	③	
C			①	②	③

$(n-1)t$　　$T_n=mt$

$T_L=(m+n-1)t$

图3.9　不分层施工进度计划

1）各施工过程流水节拍均相等，为一常数 t，即 $t_i=t$ 。

2）流水步距均相等，且与流水节拍相等，即 $K_{i,i+1}=t_i=t$。

3）专业工作队的数目 N 与施工过程数 n 相等，即 $N=n$。

4）各专业工作队均能连续施工，工作面没有停歇。

（2）无间歇全等节拍流水施工方式的工期计算。

1）不分层施工（图3.9）。

$$T_L=\sum K+T_n=(n-1)t+mt$$
$$=(m+n-1)t$$

式中　T_L——流水施工工期；

m——施工段数；

n——施工过程数；

t——流水节拍。

2）分层施工（图3.10、图3.11）。

$$T_L=(mr+n-1)t$$

或

$$T_L=(m+nr-1)t$$

式中　r——施工层数；

其他符号含义同前。

施工过程	施工进度计划(d)							
	1	2	3	4	5	6	7	8
A	Ⅰ—①	Ⅰ—②	Ⅰ—③	Ⅱ—①	Ⅱ—②	Ⅱ—③		
B		Ⅰ—①	Ⅰ—②	Ⅰ—③	Ⅱ—①	Ⅱ—②	Ⅱ—③	
C			Ⅰ—①	Ⅰ—②	Ⅰ—③	Ⅱ—①	Ⅱ—②	Ⅱ—③

$(n-1)t$　　mrt

$T_L=(mr+n-1)t$

图 3.10　分层施工进度计划（横向排列）
Ⅰ、Ⅱ——两相邻施工层编号

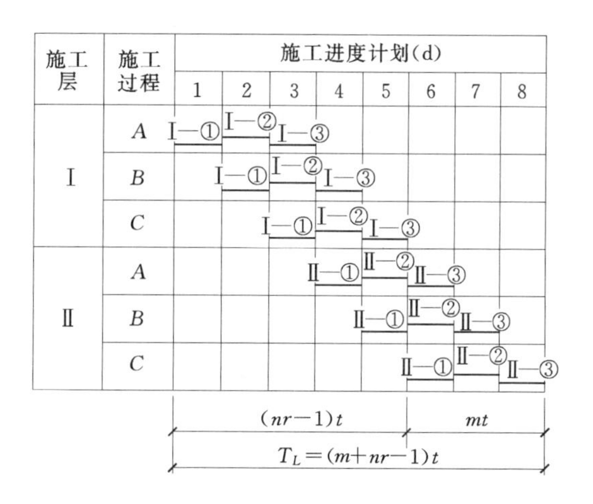

施工层	施工过程	施工进度计划(d)							
		1	2	3	4	5	6	7	8
Ⅰ	A	Ⅰ—①	Ⅰ—②	Ⅰ—③					
	B		Ⅰ—①	Ⅰ—②	Ⅰ—③				
	C			Ⅰ—①	Ⅰ—②	Ⅰ—③			
Ⅱ	A				Ⅱ—①	Ⅱ—②	Ⅱ—③		
	B					Ⅱ—①	Ⅱ—②	Ⅱ—③	
	C						Ⅱ—①	Ⅱ—②	Ⅱ—③

$(nr-1)t$　　mt

$T_L=(m+nr-1)t$

图 3.11　分层施工进度计划（竖向排列）
Ⅰ、Ⅱ—两相邻施工层编号

2. 有间歇全等节拍流水施工

(1) 特点。

1) 各施工过程流水节拍均相等，为一常数 t，即 $t_i=t$。

2) 流水步距 $K_{i,i+1}$ 与流水节拍 t_i 未必相等。

3) 专业工作队的数目 N 与施工过程数 n 相等，即 $N=n$。

4) 有间歇时间或同时有搭接时间。

(2) 有间歇全等节拍流水施工方式的工期计算。

施工过程	施工进度计划(d)									
	2	4	6	8	10	12	14	16	18	20
A	①	②	③	④	⑤	⑥				
B		①	②	③	④	⑤	⑥			
C			①	②	③	④	⑤	⑥		
D				t_{z1}	①	②	③	④	⑤	⑥

$(n-t)t+\sum t_{j1}+\sum t_{z1}$　　mt

$T_L=(m+n-1)t+\sum t_{j1}+\sum t_{z1}$

图 3.12　有间歇不分层施工进度计划

1) 不分层施工（图 3.12）。

$$T_L=\sum K+T_n$$
$$=(n-1)\ t+Z_1+m\ t$$
$$=(m+n-1)\ t+Z_1$$

其中

$$Z_1=\sum t_{j1}+\sum t_{z1}$$

式中　Z_1——层内间歇时间之和；

其他符号意义同前。

一般不存在搭接时间，倘若有搭接时间应从工期中减去，此处略。

2) 分层施工（图 3.13、图 3.14）。

$$T_L=\sum K+T_n=(n-1)\ t+Z_1+m\ r\ t$$
$$=(m\ r+n-1)\ t+Z_1$$

或

$$T_L=(n\ r-1)\ t+r\ Z_1+Z_2+m\ t$$

$$= (m+nr-1)\ t+rZ_1+Z_2$$

其中
$$Z_1=\sum t_{j1}+\sum t_{z1}$$

式中　Z_1——某层内间歇时间之和；

Z_2——某相邻两层间的间歇时间；

其他符号意义同前。

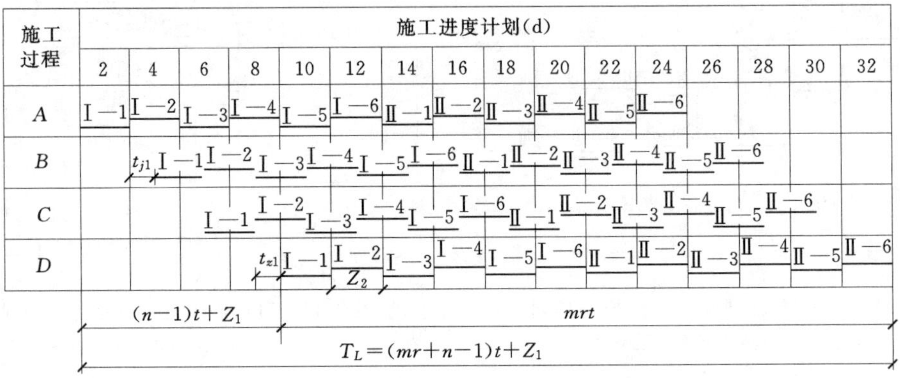

施工过程	施工进度计划(d)															
	2	4	6	8	10	12	14	16	18	20	22	24	26	28	30	32
A	Ⅰ—1	Ⅰ—2	Ⅰ—3	Ⅰ—4	Ⅰ—5	Ⅰ—6	Ⅱ—1	Ⅱ—2	Ⅱ—3	Ⅱ—4	Ⅱ—5	Ⅱ—6				
B		t_{j1} Ⅰ—1	Ⅰ—2	Ⅰ—3	Ⅰ—4	Ⅰ—5	Ⅰ—6	Ⅱ—1	Ⅱ—2	Ⅱ—3	Ⅱ—4	Ⅱ—5	Ⅱ—6			
C			Ⅰ—1	Ⅰ—2	Ⅰ—3	Ⅰ—4	Ⅰ—5	Ⅰ—6	Ⅱ—1	Ⅱ—2	Ⅱ—3	Ⅱ—4	Ⅱ—5	Ⅱ—6		
D				t_{z1}	Ⅰ—1	Ⅰ—2 Z_2	Ⅰ—3	Ⅰ—4	Ⅰ—5	Ⅰ—6	Ⅱ—1	Ⅱ—2	Ⅱ—3	Ⅱ—4	Ⅱ—5	Ⅱ—6

$(n-1)t+Z_1$　　mrt

$T_L=(mr+n-1)t+Z_1$

图 3.13　有间歇分层施工进度计划（横向排列）

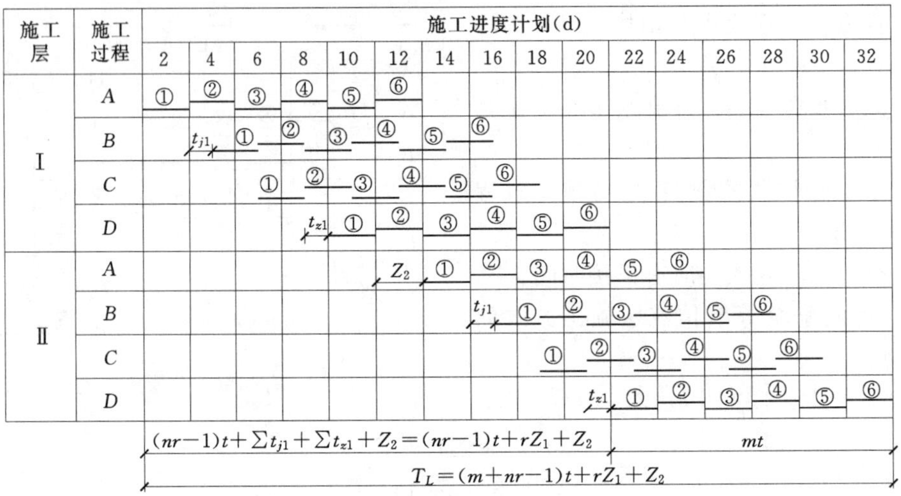

施工层	施工过程	施工进度计划(d)															
		2	4	6	8	10	12	14	16	18	20	22	24	26	28	30	32
Ⅰ	A	①	②	③	④	⑤	⑥										
	B		t_{j1}	①	②	③	④	⑤	⑥								
	C			①	②	③	④	⑤	⑥								
	D				t_{z1}	①	②	③	④	⑤	⑥						
Ⅱ	A						Z_2	①	②	③	④	⑤	⑥				
	B								t_{j1}	①	②	③	④	⑤	⑥		
	C									①	②	③	④	⑤	⑥		
	D										t_{z1}	①	②	③	④	⑤	⑥

$(nr-1)t+\sum t_{j1}+\sum t_{z1}+Z_2=(nr-1)t+rZ_1+Z_2$　　mt

$T_L=(m+nr-1)t+rZ_1+Z_2$

图 3.14　有间歇分层施工进度计划（竖向排列）

(3) 分层施工时，m 与 n 之间的关系讨论。如图 3.13 和图 3.14 所示，当 $r=2$ 时，有

$$T_L=(mr+n-1)\ t+Z_1=(2m+n-1)\ t+t_{j1}+t_{z1}$$

或
$$T_L=(m+nr-1)\ t+rZ_1+Z_2=(m+2n-1)\ t+2t_{j1}+2t_{z1}+Z_2$$

联立两式，可得

$$(2m+n-1)\ t+t_{j1}+t_{z1}=(m+2n-1)\ t+2t_{j1}+2t_{z1}+Z_2$$

$$(m-n)\ t=t_{j1}+t_{z1}+Z_2=Z_1+Z_2$$

$$m=n+\frac{Z_1+Z_2}{t}$$

因为
$$\frac{Z_1+Z_2}{t}\geqslant 0$$
所以
$$m\geqslant n$$

$m\geqslant n$ 为全等节拍流水施工中专业工作队连续施工时需满足的关系式。若有间歇时间，则 $m>n$（图 3.14）；若没有任何间歇，则 $m=n$（图 3.10、图 3.11）。

3. 全等节拍流水适用范围

全等节拍流水方式比较适用于施工过程数较少的分部工程流水，主要见于施工对象结构简单、规模较小的房屋工程或线性工程。其对于流水节拍要求较严格，组织起来较困难，故实际应用不是很广泛。

3.2.2 成倍节拍流水

成倍节拍流水是指同一个施工过程的流水节拍全都相等，不同施工过程之间的流水节拍不全等，但均为其中最小流水节拍的整数倍。

【例 3.1】 某分部工程施工，施工段为 6，流水节拍为：$t_A=6\text{d}$；$t_B=2\text{d}$；$t_C=4\text{d}$。请在施工队伍有限的条件下，组织流水作业。

解：本例所述施工组织方式，可有如下几种：

（1）考虑充分利用工作面（图 3.15）。该流水施工方式能够充分利用工作面，但是有些施工过程的施工作业不连续。由于工作面利用充分，使得工期相对较短。

施工过程	施工进度计划(d)																				
	2	4	6	8	10	12	14	16	18	20	22	24	26	28	30	32	34	36	38	40	42
A		①			②			③			④			⑤			⑥				
B				①			②			③			④			⑤			⑥		
C					①			②			③			④			⑤			⑥	

图 3.15 工作面不停歇施工进度计划（间断式）

（2）考虑施工队施工连续（图 3.16）。使用该流水施工方式时，各施工过程的施工作业连续，但是工作面利用不充分。由于工作面利用不充分，导致工期较长。

施工过程	施工进度计划(d)																									
	2	4	6	8	10	12	14	16	18	20	22	24	26	28	30	32	34	36	38	40	42	44	46	48	50	52
A		①			②			③			④			⑤			⑥									
B														①	②	③	④	⑤	⑥							
C															①		②		③		④		⑤		⑥	

图 3.16 施工队不停歇施工进度计划（连续式）

（3）考虑工作面及施工均连续（图 3.17）。

该流水施工方式通过增加班次将其组织成为全等节拍流水施工，既实现了各施工过程的施工作业连续，也实现了工作面的充分利用。由于工作面利用充分、施工过程施工作业连续，使得该施工组织方式的工期最短。

如果有足够的施工队伍，也可采用如图3.18所示流水施工方式。该施工组织方式实质上也是全等节拍流水施工方式，其同样实现了施工过程的施工作业连续和工作面的充分利用，工期较图3.17所示施工方式稍长。但是，如图3.17所示流水施工方式非属传统意义上的概念。因此，本书后面内容如非特别说明，则不再涉及该施工组织方式，以免造成冲突。

施工过程	施工班次	施工进度计划(d)							
		2	4	6	8	10	12	14	16
A	3	①	②	③	④	⑤	⑥		
B	1		①	②	③	④	⑤	⑥	
C	2			①	②	③	④	⑤	⑥

—— ---- —·—·— —第一、二、三班

图3.17 增加班次后的成倍节拍流水施工进度计划

1. 成倍节拍流水施工方式的特点

由［例3.1］可得出成倍节拍流水施工方式具有以下特点：

(1) 同一个施工过程的流水节拍全都相等。

(2) 各施工过程之间的流水节拍不全等，但为其中最小的流水节拍的整数倍。

(3) 若无间歇和搭接时间流水步距K彼此相等，且等于各施工过程流水节拍的最大公约数K_b（即最小流水节拍t_{min}）。

施工过程	施工班组	施工进度计划(d)										
		2	4	6	8	10	12	14	16	18	20	22
A	A_1	①	②	③	④	⑤	⑥					
	A_2		①	②	③	④	⑤	⑥				
	A_3			①	②	③	④	⑤	⑥			
B	B				①	②	③	④	⑤	⑥		
C	C_1					①	②	③	④	⑤	⑥	
	C_2						①	②	③	④	⑤	⑥

图3.18 增加工作队后的成倍节拍流水施工进度计划

(4) 需配备的施工班组数目（$N=\sum t_i/t_{min}$）大于施工过程数，即$N>n$。

(5) 各专业施工队能够连续施工，施工段没有间歇。

2. 成倍节拍流水施工的计算

(1) 不分层施工如图3.18所示。流水工期的计算公式为

$$T=(m+N-1)\ t_{min}$$

此处没有考虑间歇时间和搭接时间，倘若存在以上时间应予以加上或减去。

(2) 分层施工如图3.19所示。

$$T=(m\,r+N-1)\ t_{min}+Z_1-\sum t_d$$

其中

$$m_{min}=N+\frac{Z_1+Z_2-t_d}{K}$$

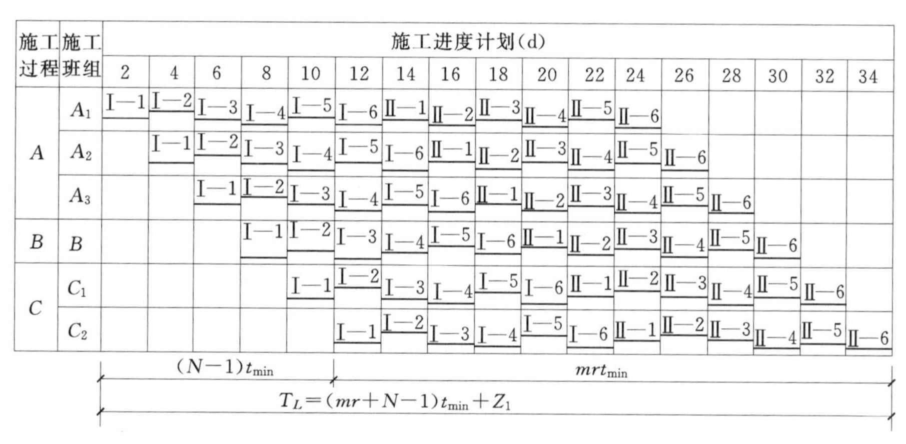

图 3.19 成倍节拍流水施工进度计划（分层且不考虑搭接时间）

式中 m——施工段数；

Z_1——层内间歇时间；

Z_2——层间间歇时间；

t_d——搭接时间。

3. 示例

【例 3.2】 题目要求同［例 3.1］，请在施工队伍不受限制的条件下，组织流水作业。

解：根据题意可组织成倍节拍流水。

（1）计算流水步距。

$$K=K_b=t_{min}=2\text{d}$$

（2）计算专业工作队数。

$$N_A=\frac{t_A}{t_{min}}=\frac{6}{2}=3\text{ 个}$$

$$N_B=1\text{ 个}$$

$$N_C=2\text{ 个}$$

$$N=\frac{\sum t_i}{t_{min}}=3+2+1=6(\text{个})$$

（3）计算工期。

$$T=(m+N-1)t_{min}+Z-\sum t_d=(6+6-1)\times 2=22(\text{d})$$

（4）绘制施工进度计划表，如图 3.18 所示。

4. 成倍节拍流水施工方式的适用范围

从理论上讲，很多工程均具备组织成倍节拍流水施工的条件，但实际工程若不能划分成足够的流水段或配备足够的资源，则不能采用该施工方式。

成倍节拍流水施工方式比较适用于线性工程（如管道工程、道路工程等）的施工。

3.2.3 异节拍流水

【例 3.3】 某分部工程有 A、B、C、D 4 个施工过程，分 3 段施工，每个施工过程的节拍值分别为 3d、2d、3d、2d。试组织流水施工。

解：由流水节拍的特征可以看出，既不能组织全等节拍流水施工也不能组织成倍节拍

流水施工。

（1）考虑施工队施工连续的施工计划，如图 3.20 所示。

（2）考虑充分利用工作面的施工计划，如图 3.21 所示。

施工过程	施工进度计划(d)								
	2	4	6	8	10	12	14	16	18
A	①		②	③					
B			①	②	③				
C					①	②		③	
D							①	②	③

$K_{i,i+1}$　$(m-1)t_{i+1}$

mt_i

图 3.20　异节拍流水施工进度计划（连续式）

施工过程	施工进度计划(d)							
	2	4	6	8	10	12	14	16
A	①		②	③				
B		①		②	③			
C				①	②		③	
D					①	②		③

图 3.21　异节拍流水施工进度计划（间断式）

1．异节拍流水施工方式的特点

［例 3.3］中，各施工过程的流水节拍均相等，但不同的施工过程其流水节拍不全等且也不为其中最小的流水节拍的整数倍，即该种情况下流水施工组织方式既不同于全等节拍流水施工方式，也不同于成倍节拍流水施工方式，我们称之为异节拍流水施工方式。异节拍流水施工方式的特点如下：

（1）同一施工过程流水节拍值相等。

（2）不同施工过程之间流水节拍值不完全相等，且相互间不完全成倍比关系（即不同于成倍节拍）。

（3）专业工程队数与施工过程数相等（即 $N=n$）。

2．流水步距的确定

如图 3.21 所示间断式异节拍流水施工方式的流水步距确定比较简单，此处略。而如图 3.20 所示连续式异节拍流水施工方式，其流水步距的确定相对复杂，可分两种情形进行：

（1）当 $t_i \leqslant t_{i+1}$ 时，$K_{i,i+1}=t_i$。

（2）当 $t_i > t_{i+1}$ 时，$K_{i,i+1}=m\,t_i-(m-1)\,t_{i+1}$。

3．流水工期的确定

连续式　$$T=\sum K_{i,i+1}+m\,t_n$$

间断式　$$T=(m-1)t_{\max}+\sum t$$ 。

以上所说的流水步距和工期的确定均不含间歇时间和搭接时间的情形，若有间歇时间和搭接时间则需将它们考虑进去（加上间歇时间，减去搭接时间），此处从略。

4．示例

【例 3.4】 题意同［例 3.3］。

解一：根据题意知该施工组织方式为异节拍流水施工方式，组织连续式流水施工步骤如下。

（1）确定流水步距。

$$K_{A,B}=m\,t_A-(m-1)t_B=3\times3-2\times2=5(\text{d})$$

$$K_{B,C}=t_B=2(\mathrm{d})$$

$$K_{C,D}=3\times3-2\times2=5(\mathrm{d})$$

（2）确定流水工期。

$$T=(5+2+5)+3\times2=18(\mathrm{d})$$

（3）绘制施工计划如图 3.20 所示。

解二：根据题意知该施工组织方式为异节拍流水施工方式，组织间断式流水施工步骤如下：

（1）确定流水步距。

$$K_{A,B}=t_A=3(\mathrm{d})$$

$$K_{B,C}=t_B=2(\mathrm{d})$$

$$K_{C,D}=t_C=3(\mathrm{d})$$

（2）确定流水工期。

$$T=(m-1)t_{\max}+\sum t_i=(3-1)\times3+(3+2+3+2)=16(\mathrm{d})$$

（3）绘制施工计划如图 3.21 所示。

比较两图可以发现，组织间断式异节拍流水施工方式相对节省工期，实际中应用更为广泛。当有层间关系时，间断式异节拍流水施工方式的组织详见 3.3 节实例。

5. 异节拍流水施工方式的适用范围

异节拍流水施工方式对于不同施工过程的流水节拍限制条件较少，因此在计划进度的组织安排上比全等节拍和成倍节拍流水施工灵活得多，实际应用最为广泛。

3.2.4 无节奏流水

【例 3.5】 某 A、B、C 3 个施工过程，分 3 段施工，流水节拍值见表 3.2。试组织流水施工。

表 3.2　流 水 节 拍 值

施工过程 \ 施工段	①	②	③
A	1	4	3
B	3	1	3
C	5	1	3

解：由流水节拍的特征可以看出，不能组织有节奏流水施工。只好组织图 3.22 所示流水施工进度计划。

1. 无节奏流水施工方式的特点

例 3.5 中，各施工过程的流水节拍不全等，不同的施工过程其流水节拍必不全等，流水节拍无规律性，此种流水施工方式我们称之为无节奏流水施工方式。通过上述示例可以发现无节奏流水的特点如下：

施工过程	施工进度计划(d)							
	2	4	6	8	10	12	14	16
A	①	②		③				
B			①	②	③			
C					①		②	③

图 3.22　无节奏流水施工进度计划

（1）同一施工过程的流水节拍值未必全等。

（2）不同施工过程之间的流水节拍值不完全相等。

（3）专业工程队数目与施工过程数相等（即 $N=n$）。

（4）各专业施工队能够连续施工，但工作面可能有闲置。

2. 流水步距的确定

无节奏流水施工方式的流水步距采用“潘特考夫斯基法”求解，“潘特考夫斯基法”即“累加—斜减—取大差”法，为求解流水步距的通用公司，下面以［例 3.5］为例介绍其操作方法。

（1）累加。将流水节拍值逐段累加，累加结果见表 3.3。

表 3.3　　流 水 节 拍 累 加 值

施工段 / 施工过程	①	②	③
A	1	5	8
B	3	4	7
C	5	6	9

（2）斜减。斜减也称错位相减，即将上述相邻的累加数列错位相减，如图 3.23 所示。

A—*B*

1	5	8	
—	3	4	7
1	2	4	−7

B—*C*

3	4	7	
—	5	6	9
3	−1	1	−9

图 3.23　斜减示意图

（3）取大差。由上述各组数列斜减结果取最大值，即可得出对应的流水步距 K 值，结果如下：

$$K_{A,B}=\max\{1,2,4,-7\}=4\text{d}$$

$$K_{B,C}=\max\{3,-1,1,-9\}=3\text{d}$$

以上为不考虑间歇时间和搭接时间的情形，如有间歇或搭接时间应对相应的 K 值进行调整。

3. 流水工期的确定

以［例 3.5］为例，进行求解。

$$\begin{aligned}T&=\sum K_{i,i+1}+T_n\\&=(4+3)+9\\&=16\text{d}\end{aligned}$$

可以绘出流水施工进度计划如图 3.22 所示。

4. 无节奏流水施工方式的使用范围

无节奏流水施工方式的流水节拍没有时间约束，在施工计划安排上比较自由灵活，因

此能够适应各种结构各异、规模不等、复杂程度不同的工程，具有广泛的应用性。在实际施工中，该施工方式较常见。

3.3 流水施工的应用

流水施工是一种科学的、有效的施工组织方法，在建筑工程施工中应尽量采取流水施工的组织方式，尽可能连续地、均衡地进行施工，加快施工速度。实际上，每个建筑工程各有特色，不可能按同一定式进行流水施工。为了合理地组织流水施工，就要按照一定的程序进行组织安排。

3.3.1 流水施工的组织程序

合理组织流水施工，就是要结合各个工程的具体特点，根据实际工程的施工条件和施工内容，合理确定流水施工的各项参数。通常按照下列工作程序进行。

1. 确定施工流水线，划分施工过程

施工流水线是指不同工种的施工队按照施工过程的先后顺序，沿着建筑产品的一定方向相继对其进行加工而形成的一条工作路线。由于建筑产品体型庞大和整体难分，在施工流水线终端所生产出来的常常并非一个完整的建筑产品，而只是一个或大或小的部分，即一个分部（项）工程，因此包含在一条流水线中的施工过程（专业施工队）的数目就并非固定的。通常按分部（项）工程这种假想的建筑“零件”分别组织多条流水线，然后再将这些流水线联系起来，例如一般民用住宅的建筑施工中，可以组织基础、主体结构、内装修、外装修等几条流水线。当然，流水线也可以划分得更细一些。总之，各流水线要适当地连接起来，等前一条流水线提供了一定的工作面后，后一条流水线即可插入平行施工。

流水线中的所有施工活动，划分为若干个施工过程。制备类施工过程和运输类施工过程不占用施工对象的空间，不影响工期的长短，因此可以不列入施工进度计划。结构施工与安装类施工过程占用施工对象的空间且影响工期，所以划分施工过程时主要按照结构施工与安装类施工过程来划分。

在实际工程中，如果某一施工过程工程量较少，并且技术要求也不高时，可以将它与相邻的施工过程合并，而不单列为一个施工过程。例如某些工程的垫层施工过程有时可以合并到挖土方施工过程中，由一个专业施工队完成，这样既可以减少挖土方和做垫层两个施工过程之间的流水步距，还可以避免开挖后基槽长时间的暴露、日晒雨淋，既缩短了工期，又保证了工程质量。

确定施工过程数目 n 的主要依据是工程的性质和复杂程度、所采用的施工方案、对建设工期的要求等因素。为了合理组织流水施工，施工过程数目 n 要确定的适当，施工过程划分得过粗或过细，都达不到良好的流水效果。

2. 划分施工层，确定施工段

为了合理组织流水施工，需要按照建筑的空间情况和施工过程的工艺要求，确定施工层数量 r，以便在平面上和空间上组织连续均衡的流水施工。划分施工层时，要求结合工程的具体情况，主要根据建筑物的高度和楼层来确定。例如砌筑工程的施工高度一般为1.2～1.4m，因此可按1.2～1.4m划分，而室内抹灰、木装饰、油漆和水电安装等装饰施工，可按结构楼层划分施工层。

合理划分施工段的原则前面已经介绍了。不同的施工流水线中，可以采取不同的划分方法，但在同一流水线中最好采用统一的划分方法。在划分施工段时，施工段数目要适当，过多或过少都不利于合理组织流水施工。

需要注意的是，组织划分施工层的流水施工时，为了保证专业施工队不但能够在本层的各个施工段上连续作业，而且在转入下一个施工层的施工段时，也能够连续作业，对于全等节拍流水施工方式而言，划分的施工段数目应满足 $m \geqslant n$。当无层间关系或无施工层时，施工段划分不受此限制。

3. 计算各施工过程在各个施工段上的流水节拍

施工层和施工段划分以后，就可以计算各施工过程在各个施工段上的流水节拍了。流水节拍的大小可以反映出流水施工速度的快慢、节奏的强弱和资源消耗的多少。若某些施工过程在不同的施工层上的工程量不尽相同，则可按其工程量分层计算。流水节拍的计算方法前面已经介绍，此处不再赘述。

4. 确定流水施工组织方式和专业施工队数目

根据计算出的各个施工过程的流水节拍的特征、施工工期要求和资源供应条件，确定流水施工的组织方式，究竟是全等节拍流水施工或成倍节拍流水施工，还是异节拍流水施工或无节奏流水施工。

按照确定的流水施工组织方式，得出各个施工过程的专业施工队数目。有节奏流水施工和无节奏流水施工这两种组织方式，均按每个施工过程成立一个专业施工队。成倍节拍流水施工中，各施工过程对应的专业施工队数目是按照其流水节拍之间的比例关系来确定的。一般而言，分工协作是流水施工的基础，因此各个施工过程都有其对应的专业施工队。但是在可能的条件下，同一专业施工队在同一条流水线中，可以担任两个或多个施工过程的施工任务。例如在普通砖基础工程的流水线中，承担挖土或回填土的专业施工队在时间上能够连续时，可以接着去完成回填土的施工任务，支模板的木工队组也可以去完成拆模的工作。

在确定各专业施工队的人数时，可以根据最小施工段上的工作面情况来计算，一定要保证每一个工人都能够占据能充分发挥其劳动效率所必需的最小工作面，施工段上可容纳的工人数为：

$$\text{施工段上可容纳的工人数}=\frac{\text{最小施工段上的工作面}}{\text{每个工人所需最小工作面}}$$

需要注意的是，最小施工段上可能容纳的工人数并非是决定专业施工队人数的唯一依据，它只决定了最多可以有多少人数，即使在劳动力不受限制的情况下，也还要考虑合理组织流水施工对每段作业时间的要求，从而适当分配人数。

这样决定的人数可能会比最多人数为少，但不能少到破坏合理劳动组织的程度，因为一旦破坏了这种合理的组织，就会大大降低劳动效率甚至根本无法正常工作。例如吊装工作，除了指挥以外，上下都需要摘钩和挂钩的工人，砌砖和抹灰除了技工以外，还必须配备供料的辅助工，否则就难以正常工作。

5. 确定各施工过程之间的流水步距

根据施工方案和施工工艺的要求，按照不同流水施工组织方式的特点，采用相应的公

式计算各施工过程之间的流水步距。

6. 计算流水施工工期

按照不同流水施工组织方式的特点和相关时间参数计算流水施工的工期。

7. 绘制施工进度计划表

按照各施工过程的顺序、流水节拍、专业施工队数目、流水步距和相关时间参数，绘制施工进度计划表。实际工程中，应注意在某些主导施工过程之间穿插和配合的施工过程，将其适时地、合理地编入施工进度计划表。例如砖混结构主体砌筑流水施工中的安装门窗框、过梁和搭脚手架等施工过程，按砌筑施工过程的进度计划适时地将其编入施工进度计划表。

在组织流水施工时，其基本程序如图3.24所示。为了合理地组织好流水施工，还需要结合具体工程的特点，进行调整和优化。可能会对以下程序进行反复，从而组织最为合理的流水施工计划。

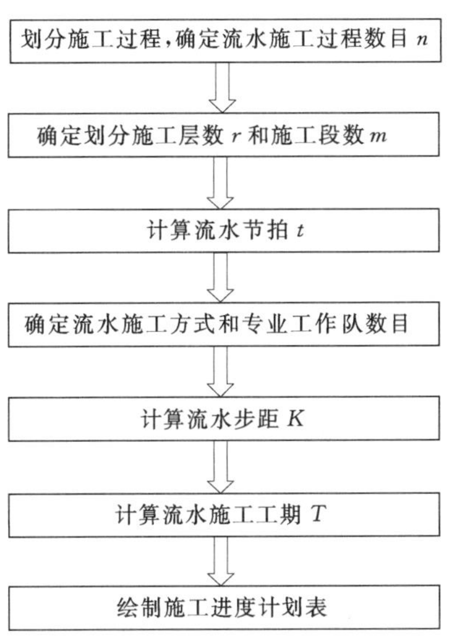

图3.24　流水施工的组织程序图

3.3.2　流水施工的合理组织方法

3.3.2.1　组织单位工程综合流水施工

建筑产品的单件性特点，说明各单位工程的建筑物和构筑物施工过程各不相同。但是就其整体而言，都是由若干个分项工程组成的。通常，单位工程流水施工组织工作主要是按照一般流水施工的方法，组织各分部（项）工程内部的流水施工，然后将各分部（项）工程之间的相邻的分项工程，按流水施工的方法或根据工作面、资源供应、施工工艺情况以及对施工工期的要求，使其尽可能的搭接起来，组成单位工程的综合流水施工。其组织工作步骤如下。

1. 组织各分部（项）工程流水施工

结合各分部（项）工程的特点，确定各自流水施工的组织方式，按照合理组织流水施工的方法和步骤，分别组织各个分部（项）工程的流水施工，计算出各个分部（项）工程的流水施工工期。

2. 平衡流水施工速度

由于各个施工过程的复杂程度不同，流水施工组织方式不同，所以各自的施工速度很难统一，有快有慢。为了缩短单位工程的总工期，可以采取平衡其中某些分部（项）工程的流水施工速度的方法。例如，对于成倍节拍流水施工，如果增加专业施工队的数目，某些流水节拍较长的施工过程的流水施工速度会加快；对于流水节拍较长的施工过程，还可以增加专业施工队的各自班次，使其流水施工速度加快。

当然，并不是所有施工过程的施工速度都可以调整、平衡，这需要结合各个施工过程的特点，以及相邻施工过程之间的工艺技术搭接要求。

【例3.6】 某分部工程包括 A、B、C 3个施工过程，其流水节拍各自相等，流水节拍为：$t_A=6$d；$t_B=2$d；$t_C=4$d，划分为5个施工段进行施工，由此得出的流水施工进度计划表如图3.25所示，工期为48d。若在无其他条件限制的情况下，要将工期缩短到原工期一半之内，应该如何平衡其流水施工速度？

施工过程	施工进度计划(d)																							
	2	4	6	8	10	12	14	16	18	20	22	24	26	28	30	32	34	36	38	40	42	44	46	48
A		①			②			③			④			⑤										
B														①	②	③	④	⑤						
C															①		②		③		④		⑤	

图3.25　［例3.6］原方案流水施工进度计划表

解：(1) 增加施工过程A、C的专业施工队（方案1）。将施工过程A、C分别设计为由3个和2个专业施工班组进行的成倍节拍流水施工，从而平衡其流水施工速度，工期缩短为20d，其施工进度计划表如图3.26所示。

(2) 增加施工过程A、C的专业施工班组的工作班次（方案2）。施工过程A、C分别采用3班和2班作业，由此工期缩短为14d，其施工进度计划表如图3.27所示。2班制或3班制作业，对于人工操作一般不宜采用，对于机械作业则可以采用。

施工过程	施工班组	施工进度计划(d)									
		2	4	6	8	10	12	14	16	18	20
A	A_1	①	②	③	④	⑤					
	A_2		①	②	③	④	⑤				
	A_3			①	②	③	④	⑤			
B	B				①	②	③	④	⑤		
C	C_1					①	②	③	④	⑤	
	C_2						①	②	③	④	⑤

图3.26　［例3.6］按方案1平衡后的流水施工进度计划表（增加工作队）

施工过程	施工班次	施工进度计划(d)						
		2	4	6	8	10	12	14
A	1	①	②	③	④	⑤		
	2	①	②	③	④	⑤		
	3	①	②	③	④	⑤		
B	1		①	②	③	④	⑤	
C	1			①	②	③	④	⑤
	2			①	②	③	④	⑤

图3.27　［例3.6］采用多班制作业平衡后的流水施工进度计划表

3. 各分部工程间相邻的分项工程最大限度地搭接

当条件允许时，可以根据实际资源的供应情况和相邻施工过程之间的工艺技术搭接要求，对各分部工程间相邻的分项工程进行最大限度地、合理地搭接，尽可能地缩短工期。例如砖混结构建筑的基础分部工程中的回填土施工过程与主体分部工程中的砌筑施工过程之间往往采用搭接施工的方法。

4. 设置流水施工的平衡区段

设置流水施工的平衡区段，就是在进行流水施工的施工对象范围之外，同时开工某个小型工程或设置制备场地，使流水施工中的一些穿插的施工过程和劳动量很少的施工过程，在不能流水施工的间断时间里，或因某种原因不能按计划连续地进入下一个施工段

时，专业施工队进入该平衡区段，从事本专业施工队的有关制备工作或同类工程的施工工作。例如，安装门窗框施工过程和钢筋混凝土圈梁工程的施工过程，在完成一个施工段或一个施工层的任务之后，必然出现作业中断现象，有计划地安排他们进入平衡区段进行支模板、钢筋的加工制备或钢筋混凝土工程的施工，可以使其不产生窝工现象，并充分发挥专业特长。

3.3.2.2 组织群体工程大流水施工

在类似住宅小区的建筑工程施工中，往往存在建筑结构形式相同的同类建筑工程，将这些同类的建筑物组织成为群体工程大流水施工，是一种科学、合理的施工方法，能够取得较好的经济技术效果。它是以一幢建筑物为一个施工段，在各幢建筑物之间组织流水施工。

1. 合理组织群体工程大流水施工

群体工程大流水施工的组织步骤如下：

（1）编制一幢建筑物的施工进度计划。按照编制单位工程施工进度计划的方法，将一幢建筑物作为一个施工段，编制其施工进度，并使各施工过程的持续时间为某一个数的倍数，以便按成倍节拍流水施工组织群体工程大流水施工。

（2）计算一幢建筑物的计划工期。按编制的一幢建筑物的施工进度计划计算其工期，即从第一个施工过程开始到最后一个施工过程完成的总持续时间。

（3）确定每组流水施工的建筑物的数量。在给定了整个建筑群的施工期限，并计算出每幢建筑物的计划工期后，确定按组进行流水施工的各组中的建筑物数量，计算公式为

$$m=T/K_b-N+1=(T-T_1)/K_b+1$$

式中 m——每组流水施工所包含的建筑物数量；

T——整个建筑群的施工期限；

K_b——每组流水施工的流水步距，即为各施工过程中最小的流水节拍；

N——施工班组数之和；

T_1——每幢建筑物的施工工期。

（4）确定流水施工的组数。由每组流水施工的建筑物数目，可以得出整个群体大流水施工所分的流水施工组数为

$$a=N_0/m$$

式中 a——群体大流水施工所分组的数量；

N_0——整个建筑群中同类建筑物的数量；

m——每组流水施工所包含的建筑物数量。

如果 N_0 不是 m 的整数倍时，应取整，所余部分不参与大流水施工（作为流水施工的平衡区段）。

（5）编制一组流水施工的进度计划表。按照以上方法进行的流水施工，实际上是施工段数目为 m，流水节拍的最大公约数为 K_b 的成倍节拍流水施工。因此，可按成倍节拍流水施工方式编制施工进度计划表。

（6）编制群体工程大流水施工的总进度计划。按照所分组的数目，编制群体工程大流水施工的总进度计划。

2. 示例

【例 3.7】 某住宅小区内有 12 幢同类型的建筑物，每个单体建筑物的基础工程由挖基槽、砌基础和回填土 3 个施工过程构成，要求所有基础工程在 21d 内完成，试组织群体工程大流水施工，编制施工进度计划。

解：(1) 编制一幢建筑物的施工进度计划。根据工程量和合理施工的要求，确定各施工过程的持续时间和施工进度计划表，如图 3.28 所示。

(2) 计算一幢建筑物的基础工程的施工工期。

$$T_1=6+6+3=15\text{d}$$

$$K=\min\{6,6,3\}=3\text{d}$$

施工过程	施工进度(d)														
	1	2	3	4	5	6	7	8	9	10	11	12	13	14	15
挖基础	—	—	—	—	—	—									
砌基础							—	—	—	—	—	—			
回填土													—	—	—

图 3.28 ［例 3.7］所述工程的施工进度计划表

(3) 确定每组流水施工的建筑物的数量。

$$m=(T-T_1)/K+1=(21-15)/3+1=3\text{ 幢}$$

(4) 确定流水组数。

$$a=N_0/m=12/3=4\text{ 组}$$

(5) 编制一组基础工程流水施工进度计划表。按照施工段数目为 3，流水节拍分别为 6d、6d、3d，组织成倍节拍流水施工，各施工过程需成立的专业施工队数目分别为 2 个、2 个、1 个，即 $N=5$。于是，可得每一组基础工程流水施工工期为

$$\begin{aligned} T &=(m+N-1)k \\ &=(3+5-1)\times 3 \\ &=21\text{d} \end{aligned}$$

每一组建筑物基础工程流水施工进度计划表如图 3.29 所示。

(6) 编制群体工程大流水施工的总进度计划。按照组数为 4，每组流水施工工期为 21d，组织群体工程大流水施工，其总进度计划表如图 3.30 所示。

3.3.3 流水施工应用实例

某四层学生公寓，建筑面积为 3278m^2。基础为钢筋混凝土独立基础，主体采用全现浇框架结构。装修采用铝合金窗、胶合板门、外墙贴面砖，内墙为普通抹灰、普通涂料刷白；底层顶棚吊顶，楼地面贴地板砖；屋面用 200mm 厚加气混凝土块做保温层，上做 SBS 改性沥青防水层，其劳动量一览表见表 3.2。

由于本工程各分部的劳动量差异较大，因此先分别组织各分部工程的流水施工，然后

施工过程	专业队编号	施工进度(d)																				
		1	2	3	4	5	6	7	8	9	10	11	12	13	14	15	16	17	18	19	20	21
挖基础	挖 1		①			②			③													
	挖 2					①			②			③										
砌基础	砌 1								①			②			③							
	砌 2											①			②			③				
回填土	填 1														①			②			③	

图 3.29 [例 3.7] 每一组建筑物基础工程的流水施工进度计划表

大流水组数	建筑物编号	施工进度(d)																				
		1	2	3	4	5	6	7	8	9	10	11	12	13	14	15	16	17	18	19	20	21
第一组	1																					
	2																					
	3																					
第二组	1																					
	2																					
	3																					
第三组	1																					
	2																					
	3																					
第四组	1																					
	2																					
	3																					

图 3.30 [例 3.7] 群体基础工程大流水施工的施工总进度计划表

再考虑各分部之间的相互搭接施工。具体组织方法如下：

1. 基础工程

基础工程包括基槽挖土、混凝土垫层、绑扎基础钢筋、支设基础模板、浇筑基础混凝土、回填土等施工过程。其中基础挖土采用机械开挖，考虑到工作面及土方运输的需要，将机械挖土与其他手工操作的施工过程分开考虑，不纳入流水。混凝土垫层劳动量较小，为了不影响其他施工过程的流水施工，将其安排在挖土施工过程完成之后，也不纳入流水。

表 3.4　　某幢四层框架结构公寓楼劳动量一览表

序号	分项工程名称	劳动量（工日或台班）	序号	分项工程名称	劳动量（工日或台班）
基础工程			14	砌空心砖墙（含门窗框）	1095
1	机械开挖基础土方	6	屋面工程		
2	混凝土垫层	30	15	加气混凝土保温隔热层（含找坡）	236
3	绑扎基础钢筋	59	16	屋面找平层	52
4	基础模板	73	17	屋面防水层	49
5	基础混凝土	87	装饰工程		
6	回填土	150	18	顶棚墙面中级抹灰	1648
主体工程			19	外墙面砖	957
7	脚手架	313	20	楼地面及楼梯地砖	929
8	柱筋	135	21	顶棚龙骨吊顶	148
9	柱、梁、板模板（含楼梯）	2263	22	铝合金窗扇安装	68
10	柱混凝土	204	23	胶合板门	81
11	梁、板筋（含楼梯）	801	24	顶棚墙面涂料	380
12	梁、板混凝土（含楼梯）	939	25	油漆	69
13	拆模	398	26	水、电	

基础工程在平面上划分两个施工段组织流水施工（$m=2$），在 6 个施工过程中，参与流水的施工过程有 4 个，即 $n=4$，组织全等节拍流水施工如下：

基础绑扎钢筋劳动量为 59 个工日，施工班组人数为 10 人，采用一班制施工，其流水节拍为

$$t_{筋}=\frac{59}{2\times10\times1}=3(\mathrm{d})$$

尝试组织全等节拍流水施工，即各施工过程的流水节拍均取 3d，施工班组人数选择如下：基础支模板施工班组人数 $R_{木}=\frac{73}{2\times3}=12$（人），可行；浇筑混凝土施工班组人数为 $R_{混凝土}=\frac{87}{2\times3}=15$（人），可行；回填土施工班组人数 $R_{回填}=\frac{150}{2\times3}=25$（人），可行。

于是，可以计算流水工期为

$$T=(m+n-1)t=(2+4-1)\times3=15(\mathrm{d})$$

考虑另外两个不纳入流水施工的施工过程——基槽挖土和混凝土垫层，其组织如下：

基槽挖土劳动量为 6 个台班，用 1 台机械 2 班制施工，则作业持续时间为：6/2=3(d)；

混凝土垫层劳动量为 30 个工日，15 人采用 1 班制施工，其作业持续时间为：30/15=2(d)。

于是，可得基础工程的工期为：$T_{基础}=3+2+15=20(\mathrm{d})$。

2. 主体工程

主体工程包括立柱子钢筋，安装柱、梁、板模板，浇筑柱子混凝土，梁、板、楼梯钢筋绑扎，浇筑梁、板、楼梯混凝土，拆模板，砌空心砖墙等施工过程。具体流水节拍计算见表3.5。

表3.5　主体工程流水节拍

施工过程	劳动量（工日）	班组人数	班制	施工层数	施工段数	流水节拍（d）
柱筋	135	17	1	4	2	1
柱、梁、板模板（含楼梯）	2263	25	2	4	2	6
柱混凝土	204	14	2	4	2	1
梁、板筋（含楼梯）	801	25	2	4	2	2
梁、板混凝土（含楼梯）	939	20	3	4	2	2
拆模	398	25	1	4	2	2
砌空心砖墙（含门窗框）	1095	25	1	4	2	3

注　拆模施工过程计划须在梁、板混凝土浇捣养护12d后进行。

根据流水节拍特征，宜组织异节拍流水施工。由于主体工程有层间关系，此时要使（主导）施工过程能够实现连续施工，须满足主导施工过程流水节拍不小于与之相关联的其他施工过程流水节拍之和。主导施工过程组织流水施工，其他施工过程应根据施工工艺要求，尽量搭接施工即可，不纳入流水施工。

主体工程的工期为

$$T_{主体}=1+6\times8+1+2+2+12+2+3=71(\mathrm{d})$$

3. 屋面工程

屋面工程包括屋面保温隔热层、找平层和防水层3个施工过程。考虑屋面防水要求高，因此，施工时不分段，采用依次施工的组织方式，具体流水节拍计算列表见表3.6。

表3.6　屋面工程流水节拍

施工过程	劳动量（工日）	班组人数	班制	施工段数	流水节拍（d）
屋面保温层（含找坡）	236	40	1	1	6
屋面找平层	52	18	1	1	3
屋面防水层	49	10	1	1	5

注　屋面找平层完成后，安排分别7d的养护和干燥时间，之后方可进行屋面防水层的施工。

屋面工程流水施工工期为

$$T_{屋面}=6+3+5+7\times2=28(\mathrm{d})。$$

4. 装饰工程

装饰工程包括顶棚墙面抹灰、外墙面砖、楼地面及楼梯地砖、一层顶棚龙骨吊顶、铝合金窗扇安装、胶合板门安装、顶棚墙面涂料、油漆等施工过程。装修工程采用自上而下的施工流向。结合装修工程的特点，把每一楼层视为一个施工段，共4个施工段（$m=4$）。具体流水节拍计算见表3.7。

通过流水节拍值的计算，可以看出装饰工程施工除一层顶棚龙骨吊顶宜组织穿插施工，不参与流水作业外，其余施工过程宜组织异节拍流水施工。

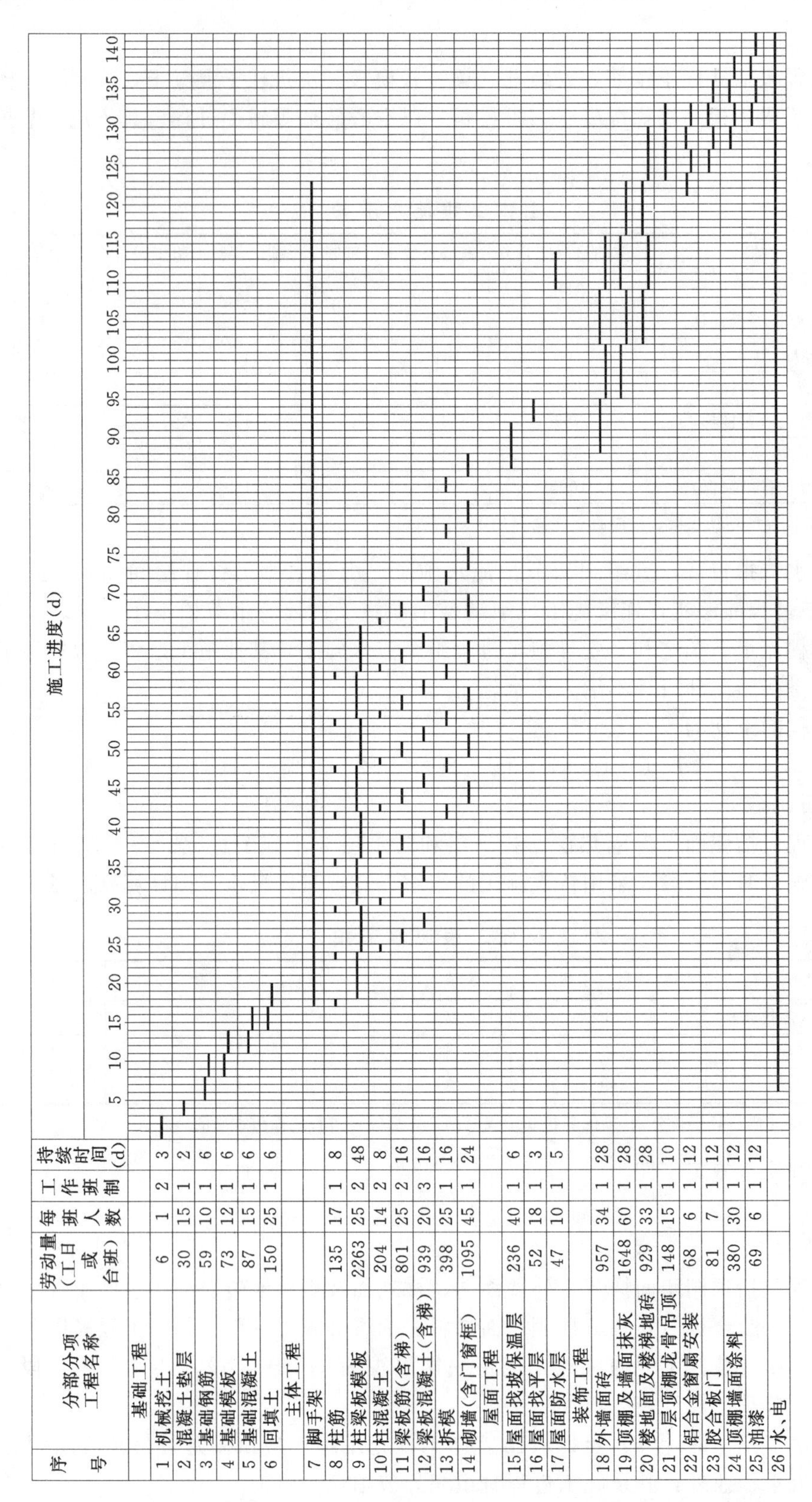

序号	分部分项工程名称	劳动量（工日或台班）	每班人数	工作班制	持续时间(d)
	基础工程				
1	机械挖土	6	1	2	3
2	混凝土垫层	30	15	1	2
3	基础钢筋	59	10	1	6
4	基础模板	73	12	1	6
5	基础混凝土	87	15	1	6
6	回填土	150	25	1	6
	主体工程				
7	脚手架				
8	柱筋	135	17	1	8
9	柱梁板模板	2263	25	2	48
10	柱混凝土	204	14	2	8
11	梁板筋（含梯）	801	25	2	16
12	梁板混凝土（含梯）	939	20	3	16
13	拆模	398	25	1	16
14	砌墙（含门窗框）	1095	45	1	24
	屋面工程				
15	屋面找坡保温层	236	40	1	6
16	屋面找平层	52	18	1	3
17	屋面防水层	47	10	1	5
	装饰工程				
18	外墙面砖	957	34	1	28
19	顶棚及墙面抹灰	1648	60	1	28
20	楼地面及楼梯地砖	929	33	1	28
21	一层顶棚龙骨吊顶	148	15	1	10
22	铝合金窗扇安装	68	6	1	12
23	胶合板门	81	7	1	12
24	顶棚墙面涂料	380	30	1	12
25	油漆	69	6	1	12
26	水、电				

图 3.31 某4层框架结构公寓楼施工进度计划

表 3.7 装饰工程流水节拍

施工过程	劳动量（工日）	班组人数	班制	施工段数	流水节拍(d)
顶棚墙面中级抹灰	1648	60	1	4	7
外墙面砖	957	34	1	4	7
楼地面及楼梯地砖	929	33	1	4	7
一层顶棚龙骨吊顶	148	15	1	1	10
铝合金窗扇安装	68	6	1	4	3
胶合板门	81	7	1	4	3
顶棚墙面涂料	380	30	1	4	3
油漆	69	6	1	4	3

装饰分部流水施工工期计算如下：

$$K_{外墙、抹灰}=K_{抹灰、地面}=7\ (d)$$

$$K_{地面、窗扇}=4\times7-(4-1)\times3=19\ (d)$$

$$K_{窗扇、门}=K_{门、涂料}=K_{涂料、油漆}=3\ (d)$$

装饰工程的施工工期为

$$T_{装饰}=(7+7+19+3+3+3)+4\times3=54(d)$$

将以上 4 个分部工程进行合理穿插搭接，将脚手架及水电视作辅助工作配合进行，即可完成本工程的流水施工进度计划安排，施工进度计划表如图 3.31 所示。

本 章 小 结

本章主要介绍了施工作业组织等内容，其要点为：

1. 施工组织的基本方式有依次施工、平行施工和流水施工。

2. 流水施工的组织条件为：①划分施工段；②划分施工过程；③每个施工过程应组织独立的施工班组；④主导施工过程的施工作业要连续；⑤相关施工过程之间应尽可能地进行搭接。

3. 流水施工的表达形式主要为：①横道图；②网络图。

4. 流水施工参数包括工艺参数（施工过程数等）、空间参数（施工段数等）和时间参数（流水节拍、流水步距、间歇时间、搭接时间、流水工期等）。

5. 流水施工方式划分有节奏流水施工（全等节拍流水施工、成倍节拍流水施工和异节拍流水施工）和无节奏流水施工。

训 练 题

1. 简答题

(1) 组织施工的方式有哪几种？各有什么特点？

(2) 流水施工的含义是什么?

(3) 组织流水施工的条件是什么?

(4) 组织流水施工中的主要参数有哪些?分别叙述各自的含义。

(5) 施工段划分的基本要求是什么?

(6) 流水施工的时间参数如何确定?

(7) 流水节拍的确定应考虑哪些因素?

(8) 流水施工的基本方式可以分为哪些?各有什么特点?

(9) 如何组织全等节拍流水施工?

(10) 如何组织成倍节拍流水施工?

(11) 如何组织异节拍流水施工?

(12) 如何组织无节奏流水施工?

(13) 试述"潘特考夫斯基"法求解流水步距的步骤。

(14) 试述施工进度计划的表达方式有哪些?

(15) 组织无节奏流水施工流水时如果遇到了间歇时间或搭接时间该如何处理?

(16) 流水施工不提倡间断式施工,请问是不是几乎没有可能采用间断式施工?

2. 计算题

(1) 某工程有 A、B、C 3 个施工过程,分 4 个施工段组织施工。如果流水节拍值均为 3d,试分别组织依次施工、平行施工及流水施工,计算工期并绘出横道施工进度计划。

(2) 某分部工程有 A、B、C 3 个施工过程,若分为 4 个施工段施工,每段流水节拍值均为 2d。请组织流水施工,计算工期并绘出横道图。

(3) 某分部工程有甲、乙、丙 3 个施工过程,若分为 4 个施工段施工,每段流水节拍值分别为 $t_{甲}=4$d、$t_{乙}=2$d、$t_{丙}=2$d。请组织成倍节拍流水施工,计算工期并绘出横道图。

(4) 某分部工程有 A、B、C 3 个施工过程,若分为 3 个施工段施工,每段流水节拍值分别为 $t_A=2$d、$t_B=1$d、$t_C=1$d。请组织异节拍流水施工,求出流水步距和工期并绘出横道图。

(5) 某建筑工程经设计确定的施工过程为 A、B、C、D,施工段数为 4,每段流水节拍值分别为 4d、1d、2d 和 1d,试分别绘出连续式和间断式施工方式的施工进度计划表,并进行比较。

(6) 时间参数见表 3.8,试计算流水步距并绘制施工进度计划表。

表 3.8　　施工时间参数　　单位:d

施工段	施工过程			
	A	B	C	D
①	3	3	4	3
②	3	4	3	3
③	4	3	3	2
④	4	4	3	2

(7) 时间参数见表 3.8,若施工过程 B 与 C 之间至少应间歇 2d,试组织施工并绘制施工进度计划表。

第4章　网络计划技术

学习目标：了解网络计划技术的基本内容、应用原理和特点；熟悉网络图的绘制规则，能够顺利绘制网络图；熟悉网络计划时间参数的计算方法，能够正确计算时间参数；掌握时标网络图的绘制技术，能够识读时标网络图；掌握网络计划的优化方法；掌握网络计划技术的应用技巧，能够根据实际工程情况进行网络优化与动态调整，具备施工管理的关键能力。

4.1　网络计划技术概述

4.1.1　网络计划技术的概念

网络计划技术是指用网络计划对任务的工作进度进行安排和控制，以保证实现预定目标的科学的计划管理技术。其中，网络计划是指用网络图表达任务构成、工作顺序并加注工作时间参数的施工进度计划。而网络图是指由箭线和节点组成，用来表达工作流程的有向、有序的网状图形，包括单代号网络图和双代号网络图，如图4.1所示。

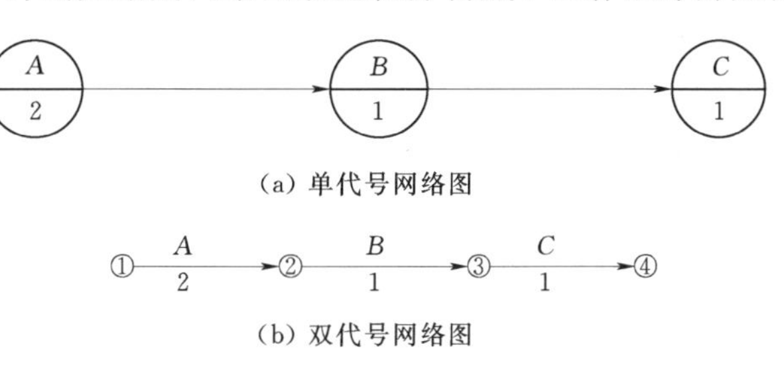

图4.1　单代号、双代号网络图

顾名思义，单代号网络图是指以一个节点及其编号（即一个代号）表示工作的网络图；双代号网络图是指以两个代号表示工作的网络图。由于工程中最为常见的是双代号网络图，因此，以下所述网络图如无特别说明均指双代号网络图。

4.1.2　网络计划技术的基本内容与应用原理

4.1.2.1　网络计划技术的基本内容

1. 网络图

网络图是指网络计划技术的图解模型，是由节点和箭线组成的，用来表示工作流程的有向、有序网状图形。网络图的绘制是网络计划技术的基础工作。

2. 时间参数

在实现整个工程任务过程中，需要借助时间参数反映人、事、物的运动状态，包括各项工作的作业时间、开工与完工的时间、工作之间的衔接时间、完成任务的机动时间及工期等。

通过计算网络图中的时间参数，求出工程工期并找出关键路径和关键工作。关键工作

完成的快慢直接影响着整个计划的工期，在计划执行过程中关键工作是管理的重点。

3. 网络优化

网络优化是指根据关键路线法，通过利用时差，不断改善网络计划的初始方案，在满足一定的约束条件下，寻求管理目标达到最优化的计划方案。网络优化是网络计划技术的主要内容之一，也是较之其他计划方法优越的主要方面。

4. 实施控制

前面所述计划方案毕竟只是计划性的东西，在计划执行过程中往往由于种种因素的影响，需要对原有网络计划进行有效的监督与控制，并不断地进行适时调整、完善，保证合理地使用人力、物力和财力，以最小的消耗取得最大的经济效果。

4.1.2.2 网络计划技术的应用原理

(1) 理清某项工程中各施工过程的开展顺序和相互制约、相互依赖的关系，正确绘制出网络图。

(2) 通过对网络图中各时间参数进行计算，找出关键工作和关键线路。

(3) 利用最优化原理，改进初始方案，寻求最优网络计划方案。

(4) 在计划执行过程中，通过信息反馈进行监督与控制，以保证达到预定的计划目标，确保以最少的消耗，获得最佳的经济效果。

4.2 双代号网络计划

4.2.1 双代号网络图的构成

双代号网络图由节点、箭线以及线路构成。

1. 节点

节点用圆圈或其他形状的封闭图形画出，表示工作或任务的开始或结束，起连接作用，不消耗时间与资源。根据节点位置的不同，分为起点节点、终点节点和中间节点。

(1) 起点节点。起点节点是网络图的第一个节点，表示一项任务的开始。

(2) 终点节点。终点节点是网络图的最后一个节点，表示一项任务的完成。

(3) 中间节点。中间节点又包括箭尾节点和箭头节点。箭尾节点和箭头节点是相对于一项工作（不是任务）而言的，若节点位于箭线的箭尾即为箭尾节点；若节点位于箭线的箭头即为箭头节点。箭尾节点表示本工作的开始、紧前工作的完成，箭头节点表示本工作的完成、紧后工作的开始。

2. 箭线

箭线与其两端节点表示一项工作，有实箭线和虚箭线之分。实箭线表示的工作有时间的消耗或同时有资源的消耗，被称为实工作（图 4.2）；虚箭线表示的是虚工作（图 4.3），它没有时间和资源的消耗，仅用以表达逻辑关系。

图 4.2 实工作　　　图 4.3 虚工作

网络图中的工作可大可小，可以是单位工程也可以是分部（分项）工程。网络图中，工作之间的逻辑关系分为工艺逻辑关系和组织逻辑关系两种，具体表现为：紧前、紧后关系，先行、后续关系以及平行关系，如图 4.4 所示。

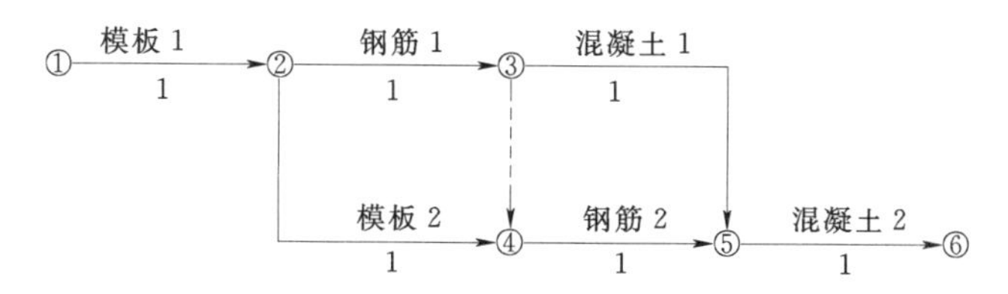

图 4.4　某混凝土工程双代号网络图

相对于某一项工作（称其为本工作）来讲，紧挨在其前边的工作称为紧前工作（如钢筋 1 是混凝土 1 的紧前工作，同时钢筋 1 也是钢筋 2 的紧前工作）；紧挨在其后边的工作称为紧后工作（如混凝土 1 是钢筋 1 的紧后工作，同时，钢筋 2 也是钢筋 1 的紧后工作）；与本工作同时进行的工作称为平行工作（如钢筋 1 和支模 2 互为平行工作）；从网络图起点节点开始到达本工作之前为止的所有工作，称为本工作的先行工作；从紧后工作到达网络图终点节点的所有工作，称为本工作的后续工作。

3. 线路

网络图中，由起点节点出发沿箭头方向顺序通过一系列箭线与节点，到达终点节点的通路称为线路。其中，线路上总的工作持续时间最长的线路称为关键线路，关键线路上的工作称为关键工作，用粗箭线、红色箭线或双箭线画出。关键线路上的各工作持续时间之和，代表整个网络计划的工期。

4.2.2 双代号网络图的绘制（非时标网络计划）

1. 要正确表达逻辑关系

各工作之间逻辑关系的表示方法见表 4.1。

表 4.1　各工作之间逻辑关系的表示方法

序号	各工作之间的逻辑关系	双代号表示方法
1	*A*、*B*、*C* 依次进行。	*A* *B* *C*
2	*A* 完成后进行 *B* 和 *C*。	*A* *B* *C*
3	*A* 和 *B* 完成后进行 *C*。	*A* *B* *C*
4	*A* 完成后同时进行 *B*、*C*，*B* 和 *C* 完成后进行 *D*。	*A* *B* *C* *D*

续表

序号	各工作之间的逻辑关系	双代号表示方法
5	A、B 完成后进行 C 和 D。	A B C D
6	A 完成后，进行 C；A、B 完成后进行 D。	① A ② C ③ B D ④
7	A、B 活动分 3 段进行流水施工	① A_1 ② A_2 ③ A_3 B_1 ④ B_2 ⑤ B_3 ⑥

2. 遵守网络图的绘制规则

（1）在同一网络图中，工作或节点的字母代号或数字编号，不允许重复，如图 4.5 所示。

（2）在同一网络图中，只允许有一个起点节点和一个终点节点，如图 4.6 所示。

（3）在网络图中，不允许出现循环回路，如图 4.7 所示。

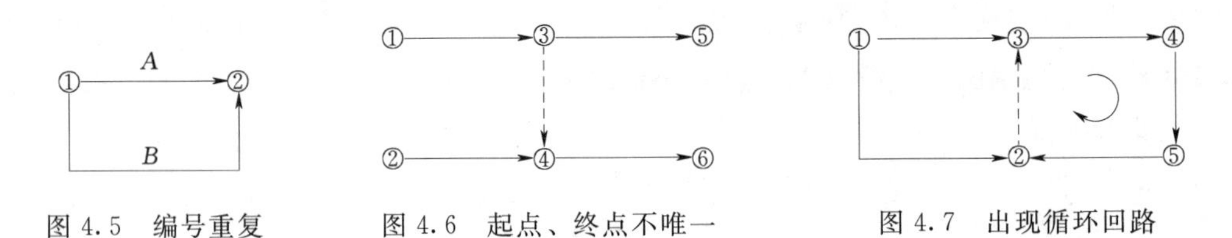

图 4.5 编号重复　　图 4.6 起点、终点不唯一　　图 4.7 出现循环回路

（4）网络图的主方向是从起点节点到终点节点的方向，绘制时应尽量做到横平竖直。

（5）严禁出现无箭头和双向箭头的连线，如图 4.8 所示。

（6）代表工作的箭线，其首尾必须有节点，如图 4.9 所示。

（7）绘制网络图时，应尽量避免箭线交叉。如有箭线交叉可采用过桥法处理，如图 4.10 所示。

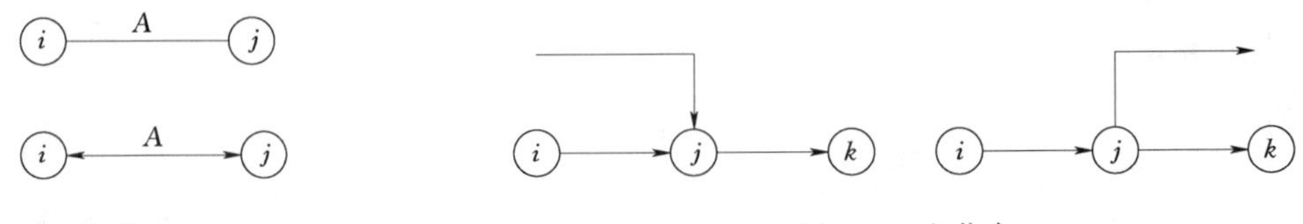

图 4.8 无箭头和双向箭头　　图 4.9 少节点

（8）当某一节点与多个（≥4 个）内向或外向箭线相连时应采用母线法绘制，如图 4.11 所示。

（9）网络图中不应出现不必要的虚箭线，如图 4.12 所示。

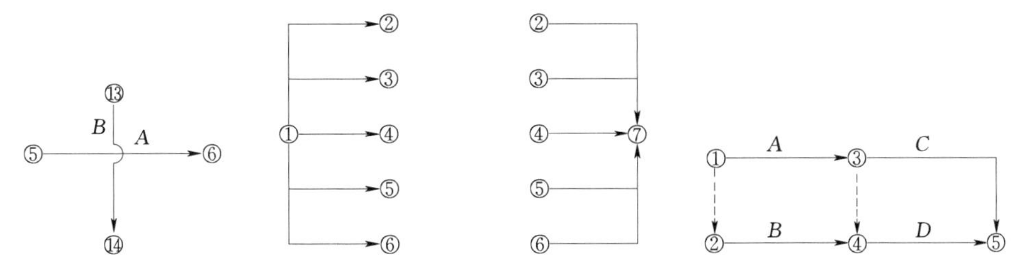

图 4.10　过桥法　　图 4.11　母线法　　图 4.12　①→②间有多余虚箭线

3. 双代号网络图绘制方法与步骤

(1) 按网络图的类型，合理确定排列方式与布局。

(2) 从起始工作开始，自左至右依次绘制，直到全部工作绘制完毕为止。

(3) 检查工作和逻辑关系有无错漏并进行修正。

(4) 按网络图绘图规则的要求完善网络图。

(5) 按箭尾节点小于箭头节点的编号要求对网络图各节点进行编号。

4. 虚箭线的判定

(1) 若 A、B 两工作的紧后工作中既有相同的又有不同的，那么 A、B 工作之间须用虚箭线连接。且虚箭线的个数为：①当只有一方有区别于对方的紧后工作时，用 1 个虚箭线，如图 4.13 所示；②当双方均有区别于对方的紧后工作时，用 2 个虚箭线，如图 4.13 所示。

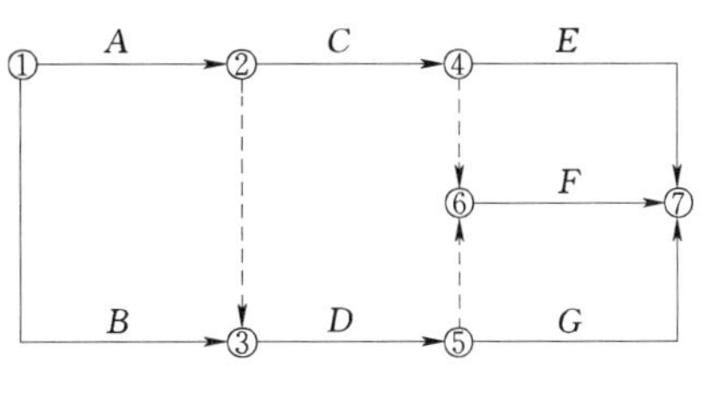

图 4.13　[例 4.1] 网络图绘制结果

(2) 若有 n 个工作同时开始、同时结束（即为并行工作），那么这 n 个工作之间须用 $n-1$ 个虚箭线连接，如图 4.14、图 4.15 所示。

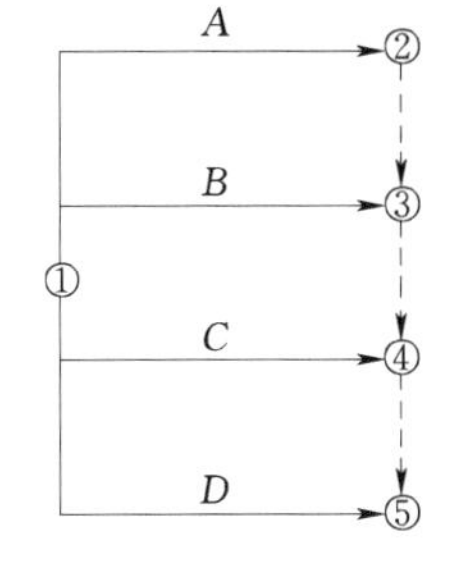

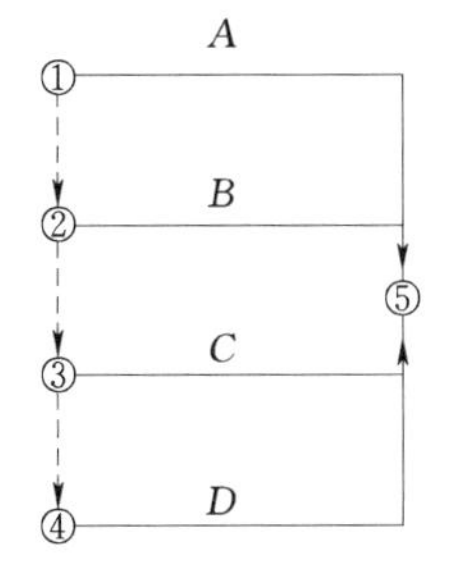

图 4.14　[例 4.2] 双代号网络图（一）　　图 4.15　[例 4.2] 双代号网络图（二）

5. 双代号网络图绘制示例

【例 4.1】 工作关系明细表见表 4.2，试绘制双代号网络图。

表 4.2　工作关系明细表（一）

本工作	A	B	C	D	E	F	G
紧前工作	—	—	A	A、B	C	C、D	D
紧后工作	C、D	D	E、F	F、G	—	—	—

解：由虚箭线的判定（1）可以判断工作 A、B 间有 1 个虚箭线，工作 C、D 间有 2 个虚箭线，于是可画出网络图如图 4.13 所示。

【例 4.2】 工作关系明细表见表 4.3，试绘制双代号网络图。

表 4.3　　工作关系明细表（二）

本工作	A	B	C	D
紧前工作	—	—	—	—
紧后工作	—	—	—	—

解：由虚箭线的判定（2）可以画出网络图如图 4.14、图 4.15 所示。

4.2.3 双代号网络图的时间参数计算

4.2.3.1 基本时间参数

1. 工作持续时间（duration）

工作持续时间是指一项工作从开始到完成的时间，用 D_{i-j} 表示。工作持续时间 D_{i-j} 的计算，可采用公式计算法、三时估计法、倒排计划法等方法计算。

（1）公式计算法。公式计算法为单一时间计算法，主要是根据劳动定额、预算定额、施工方法、投入的劳动力、机具和资源量等资料进行确定的。计算公式如下

$$D_{i-j}=\frac{Q}{SRn}$$

式中　D_{i-j}——完成 $i-j$ 工作需要的持续时间；

Q——该项工作的工程量；

R——投入 $i-j$ 工作的人数或机械台数；

S——产量定额（机械为台班产量）；

n——工作班制。

（2）三时估计法。由于网络计划中各项工作的可变因素多，若不具备一定的时间消耗统计资料，则不能确定出一个肯定的单一时间值。此时需要根据概率计算方法，首先估计出三个时间值，即最短、最长和最可能持续时间，再加权平均算出一个期望值作为工作的持续时间。这种计算方法叫做“三时估计法”，其计算公式如下

$$m=\frac{a+4c+b}{6}$$

式中　m——工作的平均持续时间；

a——最短估计时间（也称乐观估计时间）；

b——最长估计时间（也称悲观估计时间）；

c——最可能估计时间（完成某项工作最可能的持续时间）。

2. 工期

（1）计算工期（calculated project duration）是指通过计算求得的网络计划的工期，用 T_c 表示。

（2）要求工期（required project duration）是指任务委托人所提出的指令性工期，用

T_r 表示。

(3) 计划工期 (planned project duration) 是指根据要求工期和计算工期所确定的作为实施目标的工期，用 T_p 表示。

通常，$T_p \leqslant T_r$ 或 $T_p = T_c$。

4.2.3.2 工作的时间参数

(1) 工作的最早开始时间 (earliest start time) 是指各紧前工作全部完成后，本工作有可能开始的最早时刻，用 ES_{i-j} 表示。

(2) 工作的最早完成时间 (earliest finish time) 是指各紧前工作全部完成后，本工作有可能完成的最早时刻，用 EF_{i-j} 表示。

(3) 工作的最迟开始时间 (latest start time) 是指在不影响整个任务按期完成的前提下，工作必须开始的最迟时刻，用 LS_{i-j} 表示。

(4) 工作的最迟完成时间 (latest finish time) 是指在不影响整个任务按期完成的前提下，工作必须完成的最迟时刻，用 LF_{i-j} 表示。

(5) 工作的自由时差 (free float) 是指在不影响其紧后工作最早开始时间的前提下，本工作可以利用的机动时间，用 FF_{i-j} 表示。

(6) 工作的总时差 (total float) 是指在不影响总工期的前提下，本工作可以利用的机动时间，用 TF_{i-j} 表示。

说明：以上所说工作均指的是实工作，由于虚工作本身不是工作，因此，不需要做时间参数计算。

4.2.3.3 节点的时间参数

(1) 节点的最早时间 (earliest event time) 是指双代号网络计划中，以该节点为开始节点的各项工作的最早开始时间，用 ET_i 表示。

(2) 节点的最迟时间 (latest event time) 是指双代号网络计划中，以该节点为完成节点的各项工作的最迟完成时间，用 LT_i 表示。

4.2.3.4 非时标网络计划时间参数计算

1. 按工作计算法计算时间参数

按工作计算法是指以网络计划中的工作为对象计算工作的 6 个时间参数。下面以图 4.16 为例介绍按工作计算法计算时间参数的过程，并将计算结果标示于图 4.17。

(1) 计算工作的最早时间。工作的最早时间即最早开始时间和最早完成时间。计算时应从网络计划的起点节点开始，顺箭线方向逐个进行计算。具体计算步骤为：

1) 最早开始时间。

a. 以起点节点为开始节点的工作，其最早开始时间若未规定则为零。

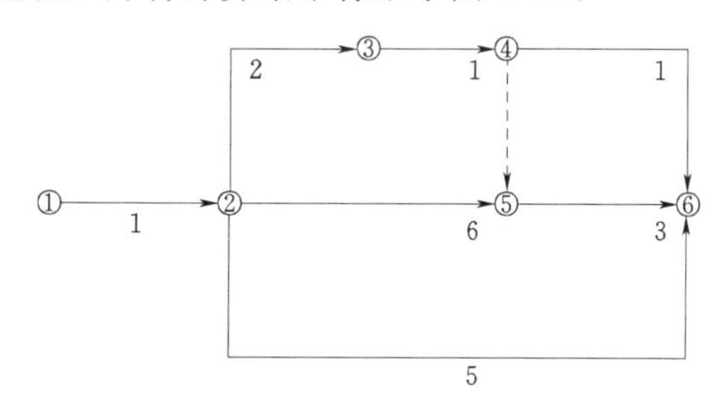

图 4.16 双代号网络计划

b. 其他工作的最早开始时间。

(a) 若其紧前工作只有 1 个时，$ES_{i-j} = EF_{h-i} = ES_{h-i} + D_{h-i}$；

(b) 若其紧前工作有两个或两个以上时，$ES_{i-j} = \max\{EF_{紧前}\} = \max\{ES_{紧前} + D_{紧前}\}$。

式中　EF_{h-i}、$EF_{紧前}$——工作 $i-j$ 的紧前工作的最早完成时间；

ES_{h-i}、$ES_{紧前}$——工作 $i-j$ 的紧前工作的最早开始时间；

$D_{紧前}$——工作 $i-j$ 的紧前工作对应的持续时间。

以上求解工作最早开始时间的过程可以概括为"顺线累加，逢内取大"。

2）最早完成时间。

$$EF_{i-j}=ES_{i-j}+D_{i-j}$$

$T_c=\max\{EF_{x-n}\}=10$，通常（$T_p=T_c$）。

式中　x——与终点节点 n 所对应的工作的开始节点。

（2）计算工作的最迟时间。

1）计算工作的最迟完成时间。

a. 以终点节点为结束节点的工作的最迟完成时间。

$$LF_{x-n}=T_p$$

式中　x——以终点节点为结束节点的对应工作的开始节点。

b. 其他工作的最迟完成时间。

(a) 若只有1个紧后工作时，$LF_{i-j}=LF_{紧后}-D_{紧后}=LS_{紧后}$。

(b) 若有两个或两个以上紧后工作时，$LF_{i-j}=\min\{LF_{紧后}-D_{紧后}\}=\min\{LS_{紧后}\}$。

以上求解工作最迟完成时间的过程可以概括为"逆线递减，逢外取小"。其意思为逆着箭线方向将依次经过的工作的持续时间逐步递减，若是遇到外向节点（即有两个或两个以上箭线流出的节点，如图4.16所示的节点②和节点④），则应取经过各外向箭线的所有线路上工作的持续时间的最小值，作为本工作的最迟完成时间。

可以看出：求解工作的最迟完成时间与求解工作的最早开始时间其过程是相反的。

2）计算工作的最迟开始时间。

$$LS_{i-j}=LF_{i-j}-D_{i-j}$$

（3）计算工作的自由时差。

1）对于有紧后工作（紧后工作不含虚工作）的工作，其自由时差为

$$FF_{i-j}=ES_{紧后}-EF_{i-j}=ES_{紧后}-ES_{i-j}-D_{i-j}=LAG_{i-j,紧后}。$$

若该工作有两个或两个以上紧后工作时，则应为 $FF_{i-j}=\min\{LAG_{i-j,紧后}\}$。

式中　$LAG_{i-j,紧后}$——工作 $i-j$ 与其紧后工作之间的时间间隔。

紧前、紧后两个工作之间的时间间隔等于紧后工作的最早开始时间减去本工作的最早完成时间，即 $LAG_{i-j,紧后}=ES_{紧后}-EF_{i-j}$。

2）对于无紧后工作的工作，即以终点节点为结束节点的工作，其自由时差为

$$FF_{x-n}=T_p-EF_{x-n}=T_p-ES_{x-n}-D_{x-n}$$

以终点节点为结束节点的工作的自由时差含义同其总时差，即 $FF_{x-n}=TF_{x-n}$。

（4）计算工作的总时差。

$$TF_{i-j}=LF_{i-j}-EF_{i-j}=LS_{i-j}-ES_{i-j}$$

（5）确定关键工作和关键线路。总时差为0的工作为关键工作如工作①→②、②→⑤、⑤→⑥。由关键工作形成的线路即为关键线路，如图4.17所示。线路①→②→⑤→⑥为关键线路。

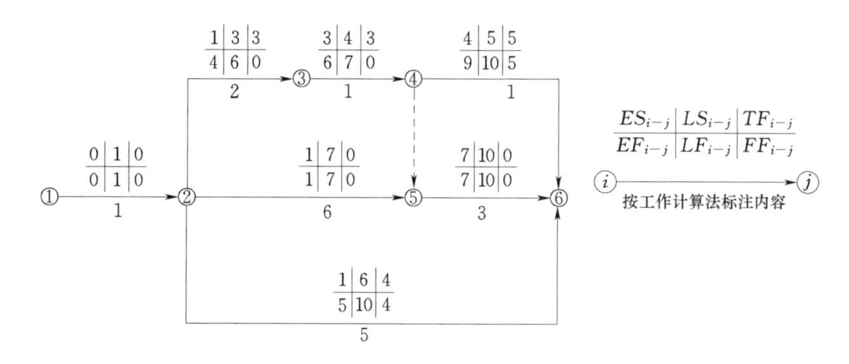

图 4.17 双代号网络计划计算结果

2. 按节点计算法

(1) 计算节点的最早时间和最迟时间。

1) 节点最早时间。节点最早时间是指该节点具有代表性的最早时刻。

a. 起点节点最早时间 $ET_1=0$。

b. 其他节点最早时间为

$$ET_j=ET_i+D_{i-j}$$

若该节点是内向节点，则

$$ET_j=\max\{ET_i+D_{i-j}\}$$

式中 ET_j——工作 $i-j$ 的完成节点 j 的最早时间；

ET_i——工作 $i-j$ 的开始节点 i 的最早时间；

D_{i-j}——工作 $i-j$ 的持续时间（若为虚工作，则持续时间为 0）。

可见，计算节点的最早时间可按照前面的方法——“顺线累加，逢内取大”进行计算。需要强调的是终点节点的最早时间应等于计划工期即 $ET_n=T_p$。

2) 节点最迟时间。节点最迟时间是指该节点具有代表性的最迟时刻。若迟于这个时刻，紧后工作就要推迟开始或直接影响工期，最终整个网络计划的工期就要延迟。

a. 终点节点的最迟时间。由于终点节点代表整个网络计划的结束，因此要保证计划总工期，终点节点的最迟时间应等于此工期即 $LT_n=T_p$。

b. 其他节点的最迟时间为

$$LT_i=LT_j-D_{i-j}$$

若该节点是外向节点，则

$$LT_i=\min\{LT_x-D_{i-j}\}$$

。

式中 LT_i——工作 $i-j$ 的开始节点 i 的最迟时间；

LT_j——工作 $i-j$ 的完成节点 j 的最迟时间；

D_{i-j}——工作 $i-j$ 的持续时间（若为虚工作，则持续时间为 0）；

x——与 i 节点所对应（虚）工作的箭头节点。

计算节点的最迟时间可按照前面的方法——“逆线递减，逢外取小”进行。节点时间参数计算结果如图 4.18 所示。

(2) 采用节点的时间参数计算工作的时间参数。

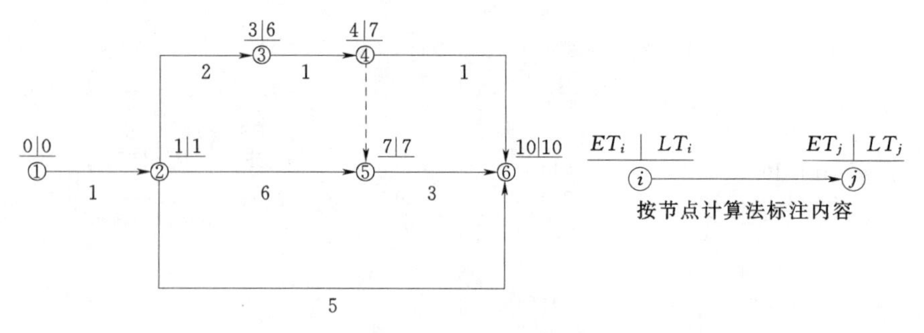

图 4.18　节点时间参数计算

1）利用节点计算工作的最早开始时间和最早完成时间。

$$ES_{i-j}=ET_i$$

$$EF_{i-j}=ES_{i-j}+D_{i-j}=ET_i+D_{i-j}$$

2）利用节点计算工作的最迟完成时间和最迟开始时间。

$$LF_{i-j}=LT_j$$

$$LS_{i-j}=LF_{i-j}-D_{i-j}=LT_j-D_{i-j}$$

3）利用节点计算工作的自由时差。

$$FF_{i-j}=\min\{LAG_{i-j,紧后}\}=\min\{ES_{紧后}-ES_{i-j}-D_{i-j}\}=\min\{ES_{紧后}\}-ES_{i-j}-D_{i-j}$$
$$=ET_j-ET_i-D_{i-j}$$

当 $i-j$ 无紧后工作时即 j 为终点节点，上式仍然成立，此处证明从略。

4）利用节点计算工作的总时差。

$$TF_{i-j}=LF_{i-j}-EF_{i-j}=LT_j-(ES_{i-j}+D_{i-j})$$
$$=LT_j-ET_i-D_{i-j}$$

3. 图上计算法

利用节点时间和工作时间以及工作时差之间的位置关系直接从图上计算，计算方法如图 4.19 所示。

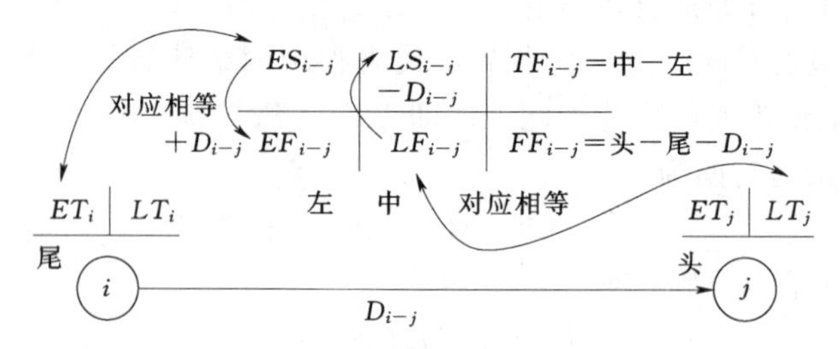

图 4.19　“图上计算法”直接计算工作时间参数

4.3　单代号网络计划

4.3.1　单代号网络图的构成

单代号网络图又称工作节点网络图，是网络计划的另一种表示方法。同双代号网络图一样，单代号网络图也是由节点、箭线以及线路构成。

1. 节点

单代号网络图中的每一个节点表示一项工作，节点宜用圆圈或矩形等封闭图形表示。节点所表示的工作名称、持续时间和工作代号等应标注在节点内，如图 4.20 所示。

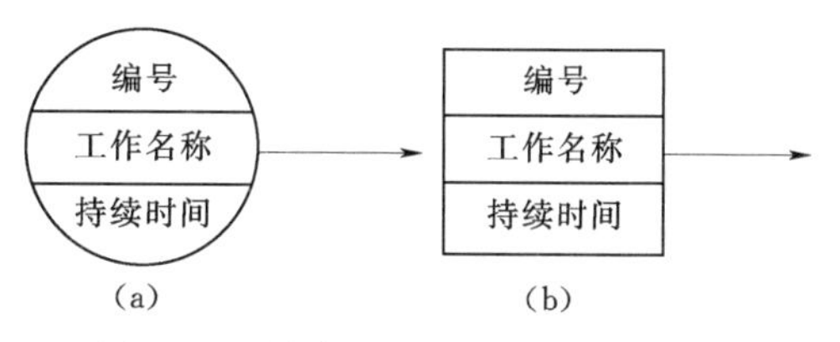

图 4.20　单代号网络图中节点表示法

单代号网络图中一般的工作节点，有时间或资源的消耗。但是，当网络图中出现多项没有紧前工作的工作节点或多项没有紧后工作的工作节点时，应在网络图的两端分别设置虚拟的起点节点（S_t）或虚拟的终点节点（F_{in}）。

单代号网络图中的节点必须编号。编号标注在节点内，其号码可间断，但严禁重复，箭线的箭尾节点编号应小于箭头节点的编号，一项工作必须有唯一的一个节点及相应的一个编号。

2. 箭线

单代号网络图中箭线仅用于表达逻辑关系，且绘制时无虚箭线。

由于单代号网络图绘制时没有虚箭线，所以单代号网络图绘制比较简单。

3. 线路

和双代号网络图一样，单代号网络图自起点节点向终点节点形成若干条通路。同样，持续时间最长的线路是关键线路。

4.3.2 单代号网络图的绘制

1. 绘制规则

单代号网络图的绘图规则与双代号网络图的绘图规则基本相同，但也有不同，主要区别如下：

(1) 起点节点和终点节点。当网络图中有多项开始工作时，应增设一项虚拟工作（S_t），作为该网络图的起点节点，当网络图中有多项结束工作时，应增设一项虚拟工作（F_{in}），作为该网络图的终点节点。

(2) 无虚工作。单代号网络图中，紧前工作和紧后工作直接用箭线表示，其逻辑关系不需要引入虚工作来表达。

2. 绘图方法

(1) 正确表达逻辑关系，常见的逻辑关系表示方法见表 4.4。

表 4.4　单代号网络图常见的逻辑关系表示方法

序号	工作间的逻辑关系	单代号网络图
1	A 完成后进行 B；B 完成后进行 C	A B C
2	A 完成后进行 B 和 C	A B C
3	A 和 B 完成后进行 C	A C B

续表

序号	工作间的逻辑关系	单代号网络图
4	A、B完成后进行C和D	
5	A完成后，进行C；A、B完成后进行D	
6	A、B完成后，进行D；A、B、C完成后，进行E；D、E完成后，进行F	
7	A、B活动分成3段组织流水作业	
8	A完成后，进行B；B、C完成后，进行D	

（2）箭线不宜交叉，否则采用过桥法。

（3）其他同双代号网络图绘图方法。

【例4.3】 根据提供的工作及逻辑关系见表4.5，试绘制单代号网络图。

表4.5　　工作及逻辑关系

工　作	A	B	C	D	E	F	G
紧后工作	B、C、D	E	G	—	F	—	—

绘制结果如图4.21所示。

4.3.3　单代号网络计划时间参数计算

单代号网络计划时间参数的计算方法基本上与双代号网络计划时间参数的计算相同，单代号网络计划图上计算法时间参数的标注形式如图4.22所示。

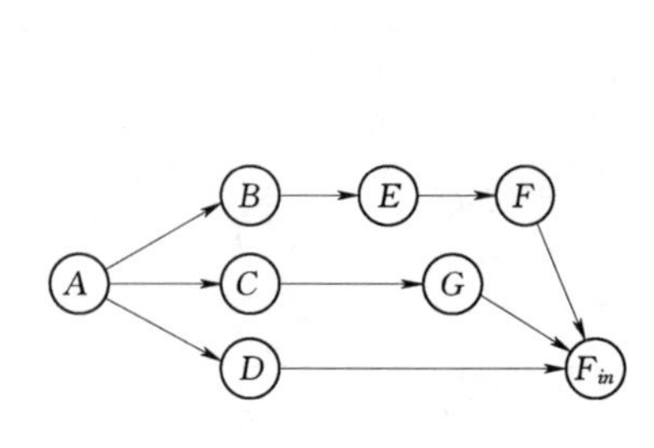

图4.21　单代号网络图

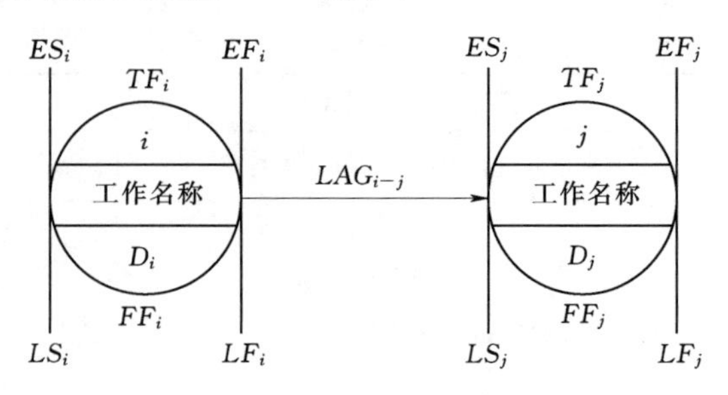

图4.22　单代号网络图时间参数标注形式

4.3.3.1 单代号网络计划时间参数的计算

1. 工作最早开始时间与最早完成时间的计算

工作最早开始时间和最早完成时间的计算应从网络计划的起点节点开始，顺箭线的方向按节点的编号从小到大的顺序依次进行。其步骤如下：

（1）起点节点的最早开始时间 ES_i 未规定时取值为零，即

$$ES_i=0$$

（2）其他工作的最早开始时间 ES_j 为

$$ES_j=\max\{EF_i\}=\max\{ES_i+D_i\}$$

式中 ES_j——工作 j 的最早开始时间；

EF_i——工作 j 的紧前工作 i 的最早完成时间；

ES_i——工作 j 的紧前工作 i 的最早开始时间；

D_i——工作 i 的持续时间。

（3）工作的最早完成时间等于本工作的最早开始时间与其持续时间之和，即

$$EF_i=ES_i+D_i$$

2. 网络计划计算工期 T_c 的计算

网络计划的计算工期等于其终点节点所代表工作的最早完成时间，即

$$T_c=EF_n$$

式中 EF_n——终点节点 n 的最早完成时间。

3. 相邻两工作 i 和 j 之间的时间间隔计算

相邻两工作之间的时间间隔是指其紧后工作的最早开始时间与本工作最早完成时间的差值，即

$$LAG_{i-j}=ES_j-EF_i$$

式中 LAG_{i-j}——工作 i 与工作 j 之间的时间间隔；

ES_j——工作 i 的紧后工作 j 的最早开始时间；

EF_i——工作 i 的最早完成时间。

4. 确定网络计划的计划工期

（1）当已规定了要求工期时。

$$T_p\leqslant T_r$$

（2）当未规定要求工期时。

$$T_p=T_c$$

5. 工作总时差的计算

工作总时差的计算应从网络计划的终点节点开始，逆箭线的方向按节点编号从大到小的顺序依次进行。当部分工作为分期完成时，有关工作的总时差必须从分期完成的节点开始逆箭线方向逐项计算。

（1）网络计划终点节点 n 所代表工作的总时差应等于计划工期与计算工期之差，即

$$TF_n=T_p-T_c$$

当计划工期等于计算工期时，该工作的总时差为零。

（2）其他工作的总时差 TF_i 应等于本工作与其各紧后工作之间的时间间隔加上该紧

后工作的总时差所得之和的最小值，即

$$TF_i=\min\{LAG_{i-j}+TF_j\}$$

式中 TF_j——工作 i 紧后工作 j 的总时差。

当已知各项工作的最迟完成时间 LF_i 或最迟开始时间 LS_i 时，工作的总时差 TF_i 计算也可按下式进行计算：

$$TF_i=LS_i-ES_i$$

或
$$TF_i=LF_i-EF_i$$

6. 工作自由时差的计算

(1) 网络计划终点节点 n 所代表工作的自由时差等于计划工期与本工作的最早完成时间之差，即

$$FF_n=T_p-EF_n$$

式中 FF_n——终点节点 n 所代表的工作的自由时差；

T_p——网络计划的计划工期；

EF_n——终点节点 n 所代表工作的最早完成时间（即计算工期）。

(2) 其他工作的自由时差等于本工作与其紧后工作之间时间间隔的最小值，即

$$FF_i=\min\{LAG_{i-j}\}$$

7. 工作最迟完成时间和最迟开始时间的计算

工作最迟完成时间和最迟开始时间的计算应从网络计划的终点节点开始，逆箭线的方向按节点编号从大到小的顺序依次进行。当部分工作为分期完成时，有关工作的最迟完成时间应从分期完成的节点开始逆箭线方向逐项计算。

(1) 网络计划终点节点 n 所代表的工作的最迟完成时间等于该网络计划的计划工期，即

$$LF_n=T_p$$

分期完成工作的最迟完成时间应等于分期完成的时刻。

(2) 其他工作的最迟完成时间等于该工作的各紧后工作最迟开始时间的最小值，即

$$LF_i=\min\{LS_j\}=\min\{LF_j-D_j\}$$

式中 LS_j——工作 i 的紧后工作 j 的最迟开始时间；

LF_j——工作 i 的紧后工作 j 的最迟完成时间；

D_i——工作 i 的紧后工作 j 的持续时间。

(3) 工作的最迟开始时间等本工作的最迟完成时间与其持续时间之差，即

$$LS_i=LF_i-D_i$$

8. 关键工作和关键线路的确定

(1) 关键工作的确定。网络计划中机动时间最少的工作称为关键工作。因此，网络计划中工作总时差最小的工作也就是关键工作。当计划工期等于计算工期时，总时差为零的工作就是关键工作；当计划工期小于计算工期时，关键工作的总时差为负值，说明应研究更多措施以缩短计算工期；当计划工期大于计算工期时，关键工作的总时差为正值，说明计划已留有余地，进度控制变主动了。

(2) 关键线路的确定。单代号网络计划中将相邻两项关键工作之间的间隔时间为零的

工作连接起来，形成的自起点节点到终点节点的通路就是关键线路。

1）利用关键工作确定关键线路。如前所述，总时差最小的工作为关键工作。将这些关键工作相连，并保证两项关键工作之间的时间间隔为零而构成的线路就是关键线路。

2）利用相邻两项工作之间的时间间隔确定关键线路。从网络计划的终点节点开始，沿箭线的方向依次找出相邻两项工作之间时间间隔为零的线路就是关键线路。

4.3.3.2 单代号网络计划时间参数计算示例

【例 4.4】 试计算如图 4.23 所示的单代号网络计划的时间参数。

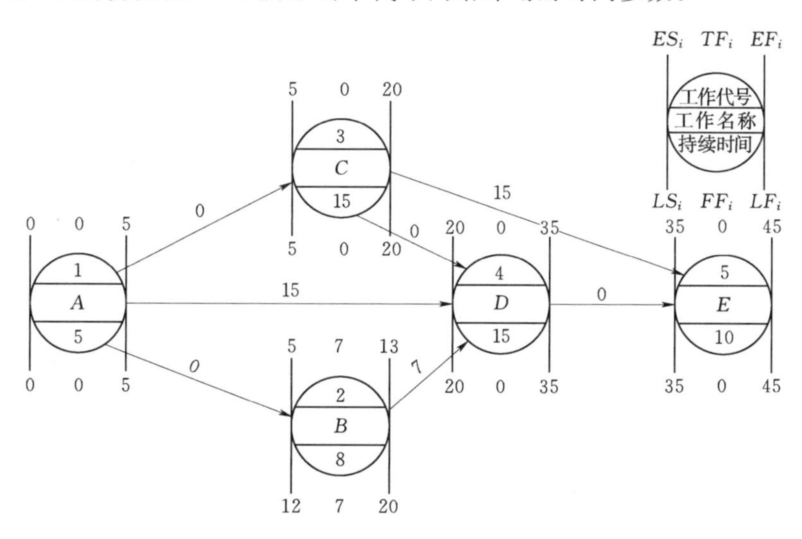

图 4.23 单代号网络计划时间参数标注

解：(1) 计算工作的最早开始时间，并标注于网络图上。工作的最早开始时间从网络图的起点节点开始，顺箭线方向自左至右，一次逐个计算。因起点节点的最早开始时间未作规定，故

$$ES_1=0$$

其后续工作的最早开始时间是其各紧前工作的最早开始时间与其持续时间之和，并取最大值，其计算公式为

$$ES_j=\max\{EF_i\}=\max\{ES_i+D_i\}$$

$$ES_2=ES_1+D_1=0+5=5$$

$$ES_3=ES_1+D_1=0+5=5$$

$$ES_4=\max\{ES_1+D_1,ES_2+D_2,ES_3+D_3\}=\max\{0+5,5+8,5+15\}=20$$

$$ES_5=\max\{ES_3+D_3,ES_4+D_4\}=\max\{5+15,20+15\}=35$$

(2) 计算工作最早完成时间，并标注于网络图上。工作的最早完成时间等于该工作的最早开始时间与其持续时间之和，其计算公式为

$$EF_i=ES_i+D_i$$

$$EF_1=ES_1+D_1=0+5=5$$

$$EF_2=ES_2+D_2=5+8=13$$

$$EF_3=ES_3+D_3=5+15=20$$

$$EF_4 = ES_4 + D_4 = 20 + 15 = 35$$

$$EF_5 = ES_5 + D_5 = 35 + 10 = 45$$

（3）计算网络计划的计算工期。网络计划的计算工期 T_c 按公式 $T_c = EF_n$ 计算。

$$T_c = EF_5 = 45$$

由于本计划没有要求工期，故 $T_p = T_c = 45$。

（4）计算相邻两工作间的时间间隔。相邻两工作间的时间间隔，是指后项工作的最早开始时间与前项工作的最早完成时间的差值，它表示相邻两项工作之间有一段时间间隔，相邻两工作 i 与 j 之间的时间间隔 LAG_{i-j} 按公式 $LAG_{i-j} = ES_j - EF_i$ 计算。

$$LAG_{1-2} = ES_2 - EF_1 = 5 - 5 = 0$$

$$LAG_{1-3} = ES_3 - EF_1 = 5 - 5 = 0$$

$$LAG_{1-4} = ES_4 - EF_1 = 20 - 5 = 15$$

$$LAG_{2-4} = ES_4 - EF_2 = 20 - 13 = 7$$

$$LAG_{3-4} = ES_4 - EF_3 = 20 - 20 = 0$$

$$LAG_{3-5} = ES_5 - EF_3 = 35 - 20 = 15$$

$$LAG_{4-5} = ES_5 - EF_4 = 35 - 35 = 0$$

（5）计算工作的总时差。工作的总时差是该工作在不影响计划工期的前提下所具有的机动时间。它的计算应从网络图的终点节点开始，逆箭线的方向依次计算。本例中，由于没有给出规定工期，所以终点节点所代表的工作总时差值应为零，即

$$TF_n = 0$$

$$TF_5 = 0$$

其他工作的总时差可按公式 $TF_i = \min\{LAG_{i-j} + TF_j\}$ 计算。当已知各项工作的最迟完成时间 LF_i 或最迟开始时间 LS_i 时，工作的总时差 TF_i 也可按公式 $TF_i = LS_i - ES_i$ 或公式 $TF_i = LF_i - EF_i$ 计算。

按公式 $TF_i = \min\{LAG_{i-j} + TF_j\}$ 计算的结果是：

$$TF_4 = LAG_{4-5} + TF_5 = 0 + 0 = 0$$

$$TF_3 = \min\{LAG_{3-4} + TF_4, LAG_{3-5} + TF_5\} = \min\{0 + 0, 0 + 15\} = 0$$

$$TF_2 = LAG_{2-4} + TF_4 = 7 + 0 = 7$$

$$TF_1 = \min\{LAG_{1-2} + TF_2, LAG_{1-3} + TF_3, LAG_{1-4} + TF_4\} = \min\{0 + 7, 0 + 0, 15 + 0\} = 0$$

（6）计算工作的自由时差。工作 i 的自由时差 FF_i 可按公式 $FF_i = \min\{LAG_{i-j}\}$ 计算，由此可得

$$FF_5 = 0$$

$$FF_4 = LAG_{4-5} = 0$$

$$FF_3 = \min\{LAG_{3-4}, LAG_{3-5}\} = \min\{0, 15\} = 0$$

$$FF_2 = LAG_{2-4} = 7$$

$$FF_1 = \min\{LAG_{1-2}, LAG_{1-3}, LAG_{1-4}\} = \min\{0, 0, 15\} = 0$$

（7）计算工作最迟完成时间。工作 i 最迟完成时间 LF_i 应从网络计图的终点节点开始，逆箭线的方向依次逐项计算。终点节点 n 所代表的工作的最迟完成时间按公式 $LF_n = T_p$ 计算，即

$$LF_5 = T_p = 45$$

其他工作 i 的最迟完成时间 LF_i 按公式 $LF_i = \min\{LF_j - D_j\}$ 计算，即

$$LF_4 = LF_5 - D_5 = 45 - 10 = 35$$

$$LF_3 = \min\{LF_4 - D_4, LF_5 - D_5\} = \min\{35 - 15, 45 - 10\} = 20$$

$$LF_2 = LF_4 - D_4 = 35 - 15 = 20$$

$$LF_1 = \min\{LF_2 - D_2, LF_3 - D_3, LF_4 - D_4\} = \min\{20 - 8, 20 - 15, 35 - 15\} = 20$$

（8）计算工作的最迟开始时间。工作 i 的最迟开始时间 LS_i 按公式 $LS_i = LF_i - D_i$ 进行计算。

$$LS_5 = LF_5 - D_5 = 45 - 10 = 35$$

$$LS_4 = LF_4 - D_4 = 35 - 15 = 20$$

$$LS_3 = LF_3 - D_3 = 20 - 15 = 5$$

$$LS_2 = LF_2 - D_2 = 20 - 8 = 12$$

$$LS_1 = LF_1 - D_1 = 5 - 5 = 0$$

4.3.4 单代号搭接网络计划

1. 基本概念

在上述单代号网络图中，工作之间的关系都是前面工作完成后，后面工作才能开始，这也是一般网络计划的正常连接关系。而在实际施工中，为充分利用工作面，前一工序完成一个施工段后，后一工序就可与前一工序搭接施工，称为搭接关系，如图 4.24 所示。

要表示这一搭接关系，一般单代号网络图如 4.25 所示。如果施工段和施工过程较多时，这样绘制出的网络图的节点，箭线会更多，计算也较为麻烦。为了简单直接地表达这种搭接关系，使编制网络计划得以简化，以节点表示工作、时距箭线表达工作间的逻辑关系，形成单代号搭接网络计划，如图 4.26 所示。

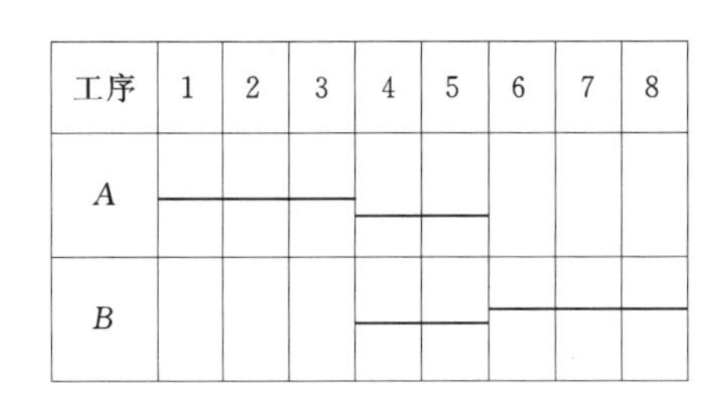

图 4.24 横道图

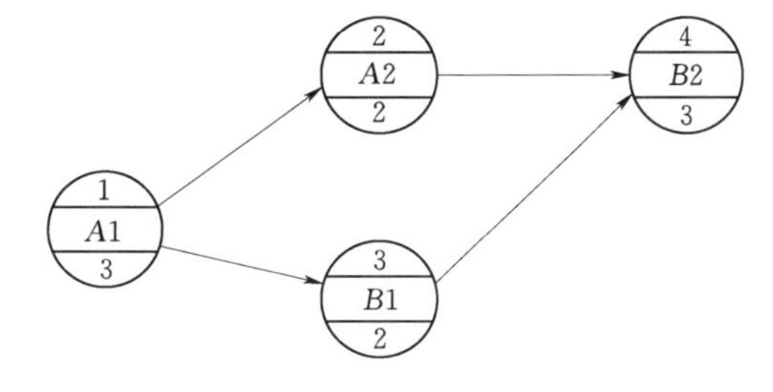

图 4.25 一般单代号网络图

2. 搭接关系

在单代号搭接网络图中，绘制方法、绘制规则同一般单代号网络图相同，不同的是工作间的搭接关系用时距关系表达。时距就是前后工作的开始或结束之间的时间间隔，可表达出 5 种搭接关系。

（1）开始到开始的关系（STS_{i-j}）。前面工作的开始到后面工作开始之间的时间间隔，表示前项工作开始后，要经过 STS 时距后，后项工作才能开始。如图 4.26（a）所示，某基坑挖土（A 工作）开始 3d 后，完成了一个施工段，垫层（B 工作）才可开始。

（2）结束到开始的关系（FTS_{i-j}）。前面工作的结束到后面工作开始之间的时间间隔，表示前项工作结束后，要经过 *FTS* 时距后，后项工作才能开始。如图 4.26（b）所示，某工程窗油漆（*A* 工作）结束 3d 后，油漆干燥了，再安装玻璃（*B* 工作）。

当 *FTS* 时距等于零时，即紧前工作的完成到本工作的开始之间的时间间隔为零，这就是一般单代号网络图的正常连接关系，所以，我们可以将一般单代号网络图看成是单代号搭接网络图的一个特殊情况。

(3) 开始到结束的关系（STF_{i-j}）。前面工作的开始到后面工作结束之间的时间间隔，表示前项工作开始后，经过 *STF* 时距后，后项工作必须结束。如图 4.26（c）所示，某工程梁模板（*A* 工作）开始后，钢筋加工（*B* 工作）何时开始与模板没有直接关系，只要保证在 10d 内完成即可。

(4) 结束到结束的关系（FTF_{i-j}）。前面工作的结束到后面工作结束之间的时间间隔，表示前项工作结束后，经过 *FTF* 时距后，后项工作必须结束。如图 4.26（d）所示，某工程楼板浇筑（*A* 工作）结束后，模板拆除（*B* 工作）安排在 15d 内结束，以免影响上一层施工。

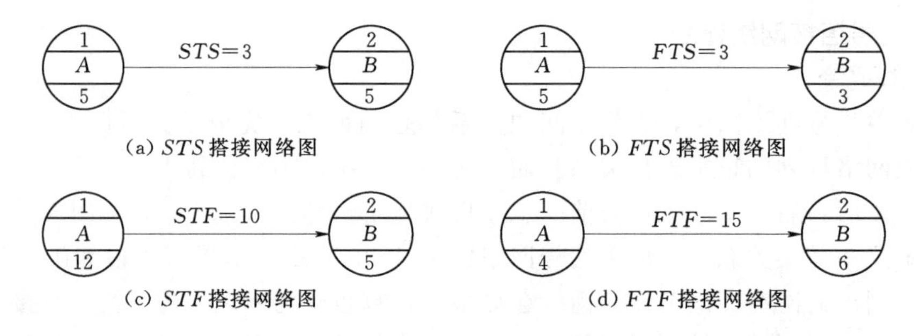

图 4.26　单代号搭接网络图

(5) 混合连接关系。在搭接网络计划中除了上面的 4 种基本连接关系之外，还有一种情况，就是同时由 *STS*、*FTS*、*STF*、*FTF* 4 种基本连接关系中两种以上来限制工作间的逻辑关系。

4.4　双代号时标网络计划

4.4.1　双代号时标网络计划的绘制

1. 双代号时标网络计划的概念

双代号时标网络计划是吸取了横道计划的优点，以时间坐标（工程标尺）为尺度绘制的网络计划。在时标网络图中，用工作箭线的水平投影长度表示其持续时间的多少，从而使网络计划具备直观、明了的特点，更加便于使用。

2. 时标网络计划的绘制

常见时标网络图为早时标网络计划，宜采用标号法绘制。采用标号法可以迅速确定节点的标号值（即坐标或位置），同时还可以迅速地确定关键线路和计算工期，确保能够快速、正确地完成时标网络图的绘制。

节点标号的格式为（源节点，标号值）。下面仍以如图 4.16 所示的网络图为例说明标

号法的操作步骤（结果如图 4.27 所示），具体过程如下：

（1）起点节点的标号值。起点节点的标号值为零。本例中节点①的标号值为零，即 $b_1=0$。

（2）其他节点的标号值根据下式按照节点编号由小到大的顺序逐个计算，原则是：（顺线累加，逢内取大）。

$$b_j=\max\{b_i+D_{i-j}\}$$

式中 b_j——工作 $i-j$ 的完成节点的标号值；

b_i——工作 $i-j$ 的开始节点的标号值；

D_{i-j}——工作 $i-j$ 的持续时间。

求解其他节点标号值的过程，可用“顺线累加，逢内取大”8 个字来概括，即顺着箭线方向将流向待求节点的各个工作的持续时间累加在一起，若是该节点为内向节点（有 2 个或 2 个以上箭线流入的节点称为内向节点，如节点⑤和节点⑥），则应取各线路工作持续时间累加结果的最大值。

本例中，各节点的标号值为：$b_2=b_1+D_{1-2}=0+1=1$；$b_3=b_2+D_{2-3}=1+2=3$；$b_4=b_3+D_{3-4}=3+1=4$；$b_5=\max\{b_2+D_{2-5}，b_4+D_{4-5}\}=\max\{1+6,4+0\}=7$；$b_6=\max\{b_2+D_{2-6}，b_4+D_{4-6}，b_5+D_{5-6}\}=10$ 。

（3）终点节点的标号值。终点节点的标号值即为网络计划的计算工期。本例中终点节点⑥的标号值 10 即为该网络计划的计算工期。

（4）确定网络计划的关键线路。通过标号计算，逆着箭线根据源节点，还可以确定网络计划的关键线路。如本例中，可以找出关键线路：①→②→⑤→⑥，如图 4.27 所示。

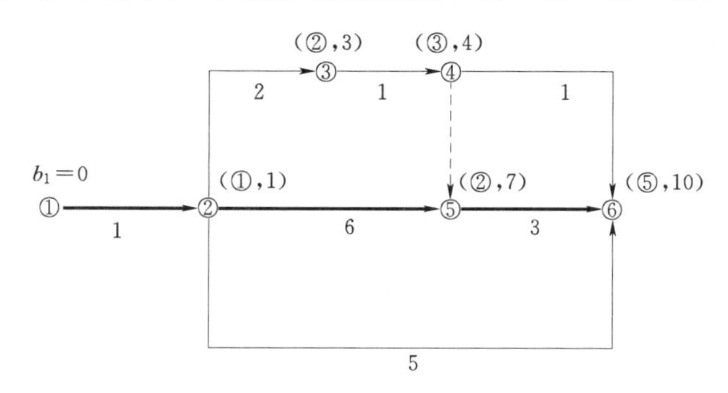

图 4.27 某双代号网络图的标号值

（5）绘制时标网络图。通过采用标号法计算出各节点的标号值之后，根据标号值将各节点定位在时间坐标上，然后根据关键线路画出关键工作。非关键工作在连接时应根据其工作持续时间连接开始与结束节点，除去工作持续时间之后，时间刻度如有剩余则划波形线。绘图结果如图 4.28 所示。

3. 网络计划的绘制技巧

（1）双代号搭接网络计划。在编制网络计划的过程中，常常会遇到搭接施工，此时可能很多人会认为应采用单代号网络计划来表达，但是若是要编制时标网络计划，则不能采用单代号网络计划这时便会无从入手。下面介绍一些用双代号网络计划表达的搭接关系，

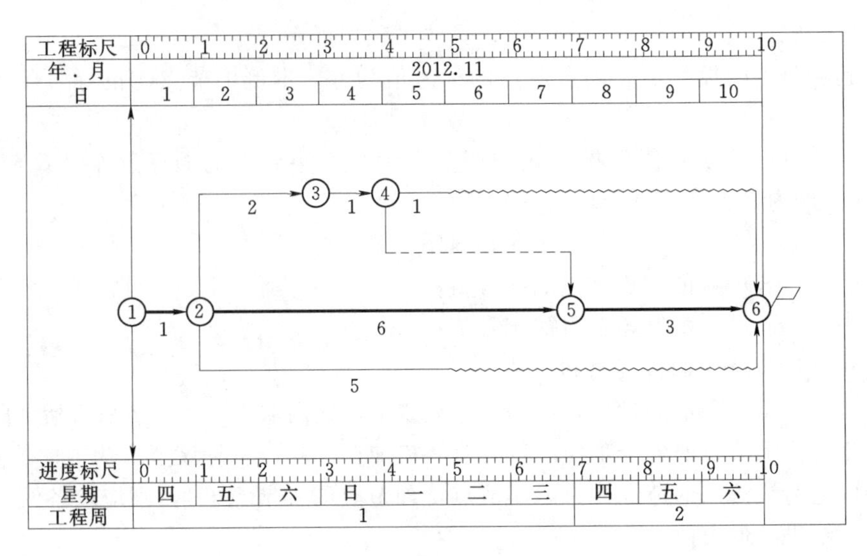

图 4.28　某双代号网络图之早时标网络图

见表 4.6。

(2) 分层分段流水施工网络计划。在多层建筑的主体结构施工中，手工绘制流水施工网络计划几乎不可能，倘若是高层及超高层建筑则更不可能。此时，通常需要借助专业软件进行绘制。如图 4.29 所示为采用软件绘制的某流水施工网络计划。限于纸张大小，这里所画流水施工网络计划为 2 层 3 段施工网络计划，实际上，对于任意层任意段流水施工网络计划都可以用同样的方法进行绘制，只不过是流水段数和流水层数不同而已，建议读者自己尝试进行绘制。

表 4.6　　双代号网络计划表达的搭接关系

横道图	施工过程 / 施工进度(d) 1 2 3 4 5 6 7 A B	施工过程 / 施工进度(d) 1 2 3 4 5 6 7 A B
双代号网络图	工程标尺 0 2 4 6 年．月 2012.11 日 1 2 3 4 5 6 7 工作 A　3　工作 B　5 进度标尺 0 2 4 6 星期 四 五 六 日 一 二 三 工程周 1	工程标尺 0 2 4 6 年．月 2012.11 日 1 2 3 4 5 6 7 工作 A　7　间歇　3　工作 B　3 进度标尺 0 2 4 6 星期 四 五 六 日 一 二 三 工程周 1

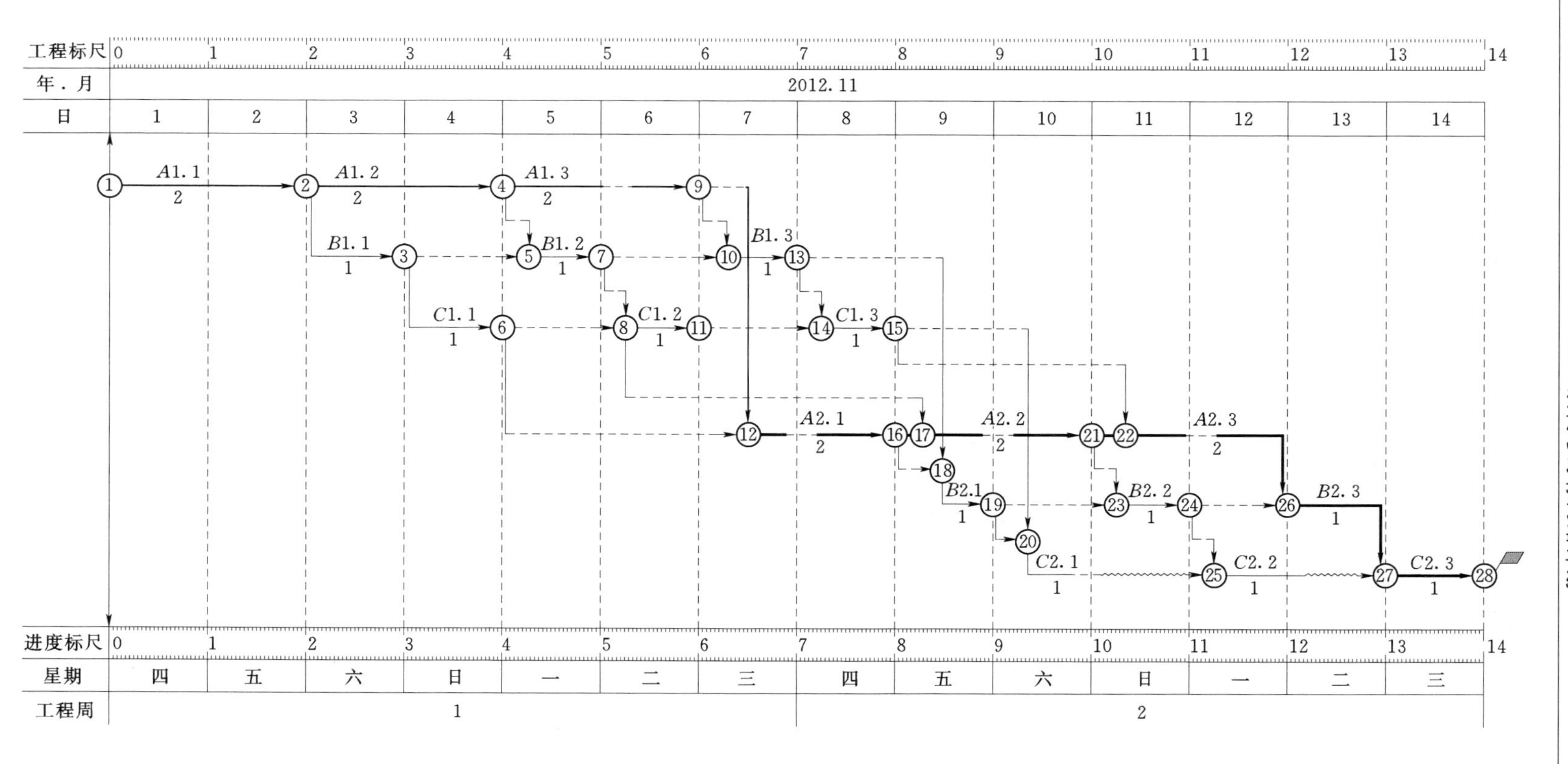

图 4.29 某分层分段流水施工网络计划

注 箭线上方字母表示工作名称，字母后第一个数字表示楼层号，圆点后数字表示施工段号。

4.4.2 时标网络计划的时间参数计算

实际工程上所用网络计划为时标网络计划，因此切不可忽视时标网络计划的时间参数计算。以图4.16为例，进行时间参数计算。

1. 工作最早开始时间和最早完成时间

如图4.28所示的时标网络图为早时标网络图，早时标网络图即是以工作的最早时间进行绘制的。因此，工作箭线左端节点中心所对应的时标值（工程标尺）即为该工作的最早开始时间。工作箭线实线部分右端点所对应的时标值即为该工作的最早完成时间。各工作（不包括虚工作）的最早开始时间和最早完成时间见表4.7。

2. 工作自由时差的确定

工作的自由时差可由计算确定，但是，对于早时标网络图工作的自由时差，也可以不进行计算，由图即可确定。工作的自由时差应为该工作箭线中波形线的水平投影长度。各工作的自由时差见表4.7。

表4.7 时间参数表

工作	时间参数						
	D	ES	EF	FF	TF	LS	LF
①—②	1	0	1	0	0	0	1
②—③	2	1	3	0	3	4	6
②—⑤	6	1	7	0	0	1	7
②—⑥	5	1	6	4	4	5	10
③—④	1	3	4	0	3	6	7
④—⑥	1	4	5	5	5	9	10
⑤—⑥	3	7	10	0	0	7	10

3. 工作总时差的确定

工作总时差的判定应从网络计划的终点节点开始，逆着箭线方向依次进行。

以终点节点为箭头节点的工作，其总时差应等于计划工期与本工作最早完成时间之差，即

$$TF_{x-n}=T_P-EF_{x-n}$$

式中 TF_{x-n}——以网络计划终点节点为完成节点的工作的总时差；

T_P——网络计划的计划工期；

EF_{x-n}——以网络计划终点节点n为箭头节点的工作的最早完成时间。

其他工作的总时差等于其紧后工作的总时差加本工作与该紧后工作之间的时间间隔所得之和的最小值，即

$$TF_{i-j}=\min\{TF_{紧后}+LAG_{i-j,紧后}\}$$

式中 $TF_{紧后}$——工作$i-j$的紧后工作的总时差。

各工作的总时差见表4.7。

4. 工作最迟开始时间和最迟完成时间的确定

工作的最迟开始时间与最迟完成时间可以通过绘制迟时标网络图来确定。此外，也可

以通过计算确定。

(1) 工作的最迟开始时间。其值等于本工作的最早开始时间与其总时差之和，即 $LS_{i-j}=ES_{i-j}+TF_{i-j}$。

(2) 工作的最迟完成时间。其值等于本工作的最早完成时间与其总时差之和，即 $LF_{i-j}=EF_{i-j}+TF_{i-j}$。

各工作的最迟开始时间和最迟完成时间计算结果见表 4.8。

表 4.8　　各工作的最迟时间参数表

工 作	①—②	②—③	②—⑤	②—⑥	③—④	④—⑥	⑤—⑥
最迟开始时间 (LS)	0	4	1	5	6	9	7
最迟完成时间 (LF)	1	6	7	10	7	10	10

4.5 网络计划优化

网络计划的优化是指在一定的约束条件下，按照既定目标对网络计划进行不断地完善与调整，直到寻找出满意的结果。根据既定目标的不同，网络计划优化的内容分为工期优化、费用优化和资源优化 3 个方面。

4.5.1 工期优化

1. 工期优化的基本原理

工期优化就是通过压缩计算工期，以达到既定工期目标，或在一定约束条件下，使工期最短的过程。

工期优化一般是通过压缩关键线路（关键工作）的持续时间来满足工期要求的。在优化过程中要保证被压缩的关键工作不能变为非关键工作，使之仍能够控制工期。当出现多条关键线路时，如需压缩关键线路支路上的关键工作，必须将各支路上对应关键工作的持续时间同步压缩某一数值。

2. 工期优化的方法与步骤

(1) 找出关键线路，求出计算工期 T_c。

(2) 根据要求工期 T_r，计算出应缩短的时间 $\Delta T=T_c-T_r$。

(3) 缩短关键工作的持续时间，在选择应优先压缩工作持续时间的关键工作时，须考虑下列因素：

1) 该关键工作的持续时间缩短后，对工程质量和施工安全影响不大。

2) 该关键工作资源储备充足。

3) 该关键工作缩短持续时间后，所需增加的费用最少。

通常，优先压缩优选系数最小或组合优选系数最小的关键工作或其组合。

(4) 将应优先压缩的关键工作的持续时间压缩至某适当值，并找出关键线路，计算工期。

(5) 若计算工期不满足要求，重复上述过程直至满足要求工期或工期无法再缩短

为止。

3. 工期优化示例

【例 4.5】 已知网络计划如图 4.30 所示。箭线下方括号外数据为该工作的正常持续时间，括号内数据为该工作的最短持续时间，各工作的优选系数见表 4.9。根据实际情况并考虑选择优选系数（或组合优选系数）最小的关键工作，缩短其持续时间。假定要求工期为 $T_r=19$d，试对该网络计划进行工期优化。

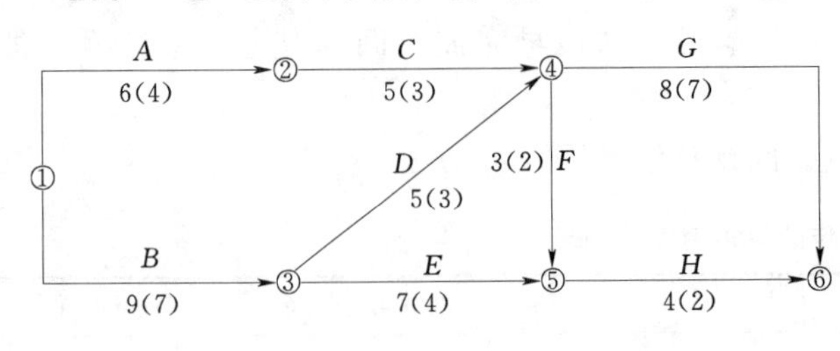

图 4.30　原始网络计划

表 4.9　　**各工作的优选系数表**

工作	A	B	C	D	E	F	G	H
优选系数	7	8	5	2	6	4	1	3

解：(1) 确定关键线路和计算工期。原始网络计划的关键线路和工期 $T_c=22$d，如图 4.31 所示。

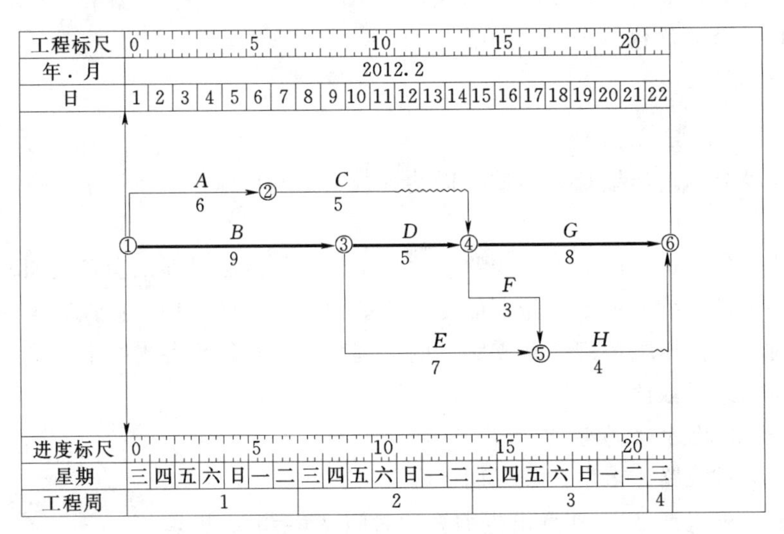

图 4.31　原始网络计划的关键线路和工期

(2) 计算应缩短工期。

$$\Delta T=T_c-T_r=22-19=3\text{d}。$$

(3) 确定工作 G 的持续时间压缩 1d，压缩后的关键线路和工期，如图 4.32 所示。

(4) 压缩关键工作 D。

将工作 D 压缩 1d，网络计划如图 4.33 所示。

(5) 继续压缩关键工作。

将工作 D、H 同步压缩 1d，此时计算工期为 20－1＝19，满足要求工期。最终优化结果如图 4.34 所示。

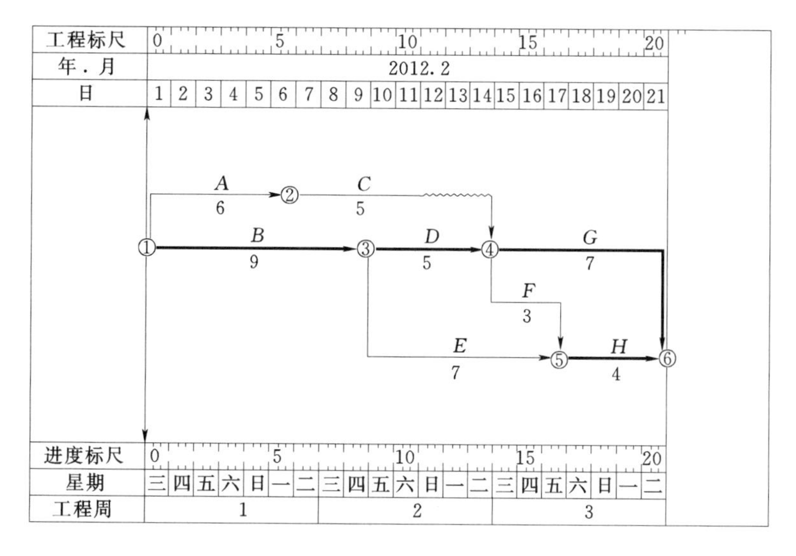

图 4.32 工作 G 压缩 1d 后的关键线路和工期

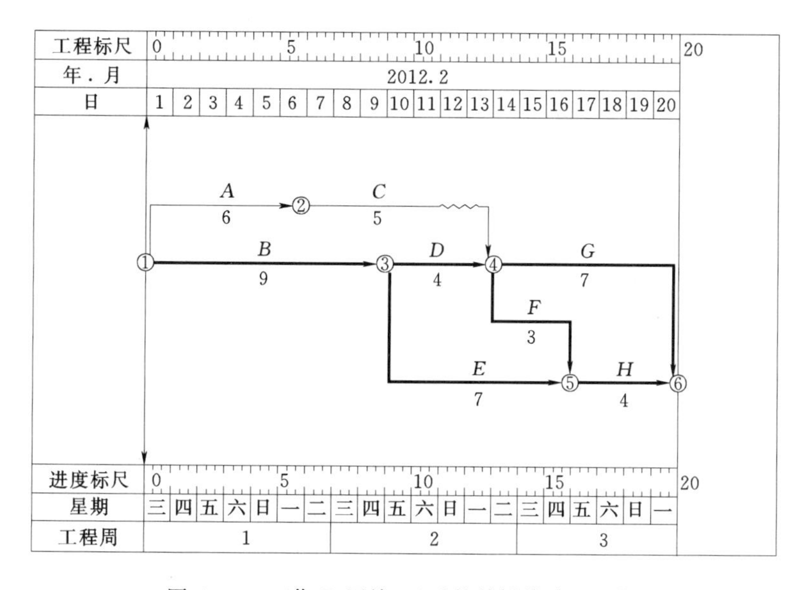

图 4.33 工作 D 压缩 1d 后的关键线路和工期

4.5.2 资源优化

计划执行过程中，所需的人力、材料、机械设备和资金等统称为资源。资源优化的目标是通过调整计划中某些工作的开始时间，使资源分布满足要求。

1. 资源有限—工期最短的优化

资源有限—工期最短的优化是指在满足有限资源的条件下，通过调整某些工作的作业开始时间，使工期不延误或延误最少。

(1) 优化步骤与方法。

1) 按照各项工作的最早开始时间安排进度计划，并计算网络计划每个时间单位的资

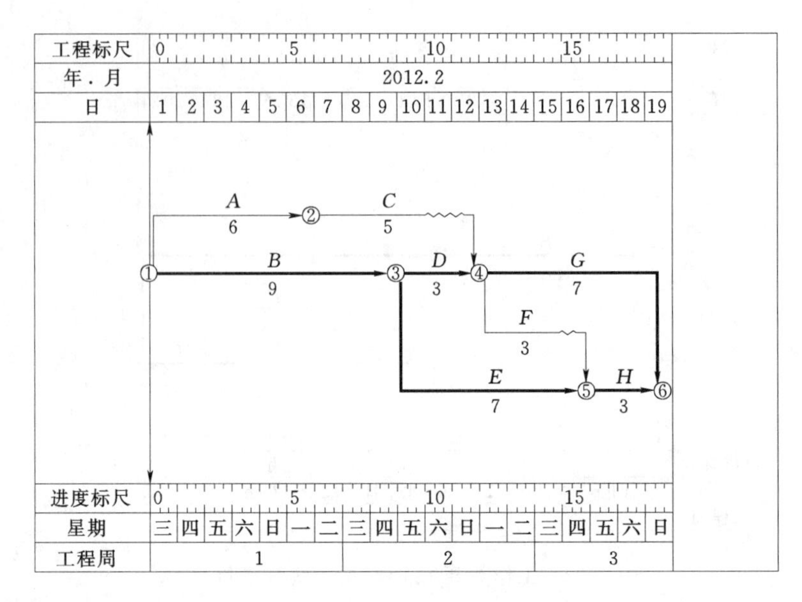

图 4.34 工作 D、H 同步压缩 1d 后的关键线路和工期（最终结果）

源需用量。

2）从计划开始日期起，逐个检查每个时段（每个时间单位资源需用量相同的时间段）资源需用量是否超过资源限量。如果某个时段的资源需用量超过资源限量，则须进行计划的调整。

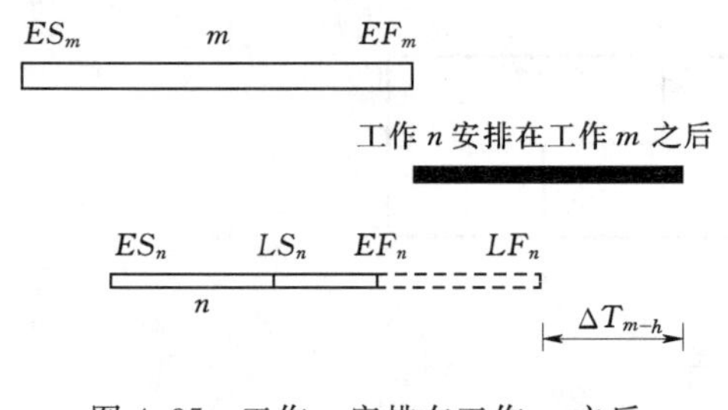

图 4.35 工作 n 安排在工作 m 之后

3）分析超过资源限量的时段。如果在该时段内有几项工作平行作业，则采取将一项工作安排在与之平行的另一项工作之后进行的方法，以降低该时段的资源需用量。

对于两项平行作业的工作 m 和工作 n 来说，为了降低相应时段的资源需用量，现将工作 n 安排在工作 m 之后进行，如图 4.35 所示，则网络计划的工期增量为

$$\Delta T_{m-n}=EF_m+D_n-LF_n=EF_m-(LF_n-D_n)=EF_m-LS_n$$

这样，在有资源冲突的时段中，对平行作业的工作进行两两排序，即可得出若干个 ΔT_{m-n}，选择其中最小的 ΔT_{m-n}，将相应的工作 n 安排在工作 m 之后进行，既可降低该时段的资源需用量，又使网络计划的工期增量最小。

4）对调整后的网络计划安排重新计算每个时间单位的资源需用量。

5）重复上述 2）～4)，直至网络计划任意时间单位的资源需用量均不超过资源限量。

（2）优化示例。

【例 4.6】 已知某工程双代号网络计划如图 4.36 所示，图中箭线上方【】内数字为工作的资源强度，箭线下方数字为工作持续时间。假定资源限量 $R_a=12$，试对其进行“资源有限—工期最短”的优化。

解：

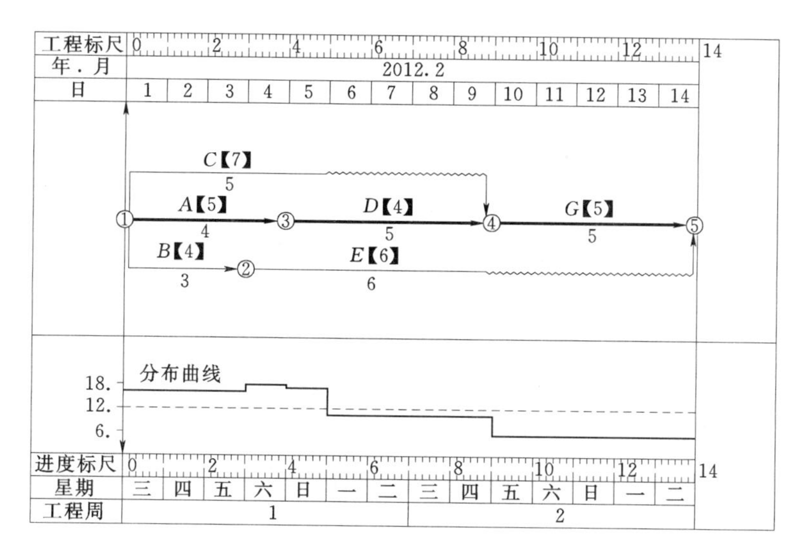

图 4.36 初始网络计划

(1) 计算网络计划每个时间单位的资源需用量，绘出资源需用量分布曲线，如图 4.36 所示的下方曲线。

(2) 从计划开始日期起，经检查发现第一个时段 [1，3] 存在资源冲突，即资源需用量超过资源限量，故应首先对该时段进行调整。

(3) 在时段 [1，3] 有工作 C、工作 A 和工作 B3 项工作平行作业，利用式 $\Delta T_{m-n}=EF_m-LS_n$ 计算 ΔT 值，其计算结果见表 4.10。工期增量 $\Delta T_{2-3}=\Delta T_{3-1}=-1$ 最小，说明将 3 号工作（工作 B）安排在 2 号工作（工作 A）之后或将 1 号工作（工作 C）安排在 3 号工作（工作 B）之后工期不延长。但从资源强度来看，应以选择将 3 号工作（工作 B）安排在第 2 号工作（工作 A）之后进行为宜。因此将工作 B 安排在工作 A 之后，调整后的网络计划如图 4.37 所示，工期不变。

表 4.10　　在时段 [1，3] 中计算 ΔT 值

工作名称	工作序号	EF	LS	ΔT_{1-2}	ΔT_{1-3}	ΔT_{2-1}	ΔT_{2-3}	ΔT_{3-1}	ΔT_{3-2}
C	1	5	4	5	0				
A	2	4	0			0	−1		
B	3	3	5					−1	3

(4) 重新计算调整后的网络计划每个时间单位的资源需用量，绘出资源需用量分布曲线如图 4.37 所示的下方曲线。在第 2 个时段【5】存在资源冲突，故应该调整该时段。工作序号与工作代号见表 4.11。

(5) 在时段【5】有工作 C、D 和工作 B 3 项工作平行作业。对平行作业的工作进行两两排序，可得出 ΔT_{m-n} 的组合数为 3×2＝6 个，见表 4.11。选择其中最小的 ΔT_{m-n}，即 $\Delta T_{1-3}=0$，故将相应的工作 B 移到工作 C 后进行，因 $\Delta T_{1-3}=0$，工期不延长，如图 4.38 所示。

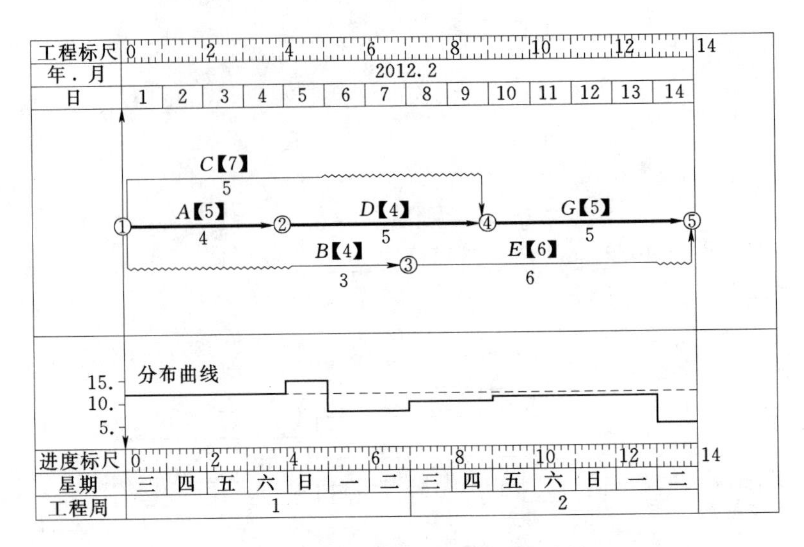

图 4.37　第 1 次调整后的网络计划

表 4.11　　时段【5】的 ΔT_{m-n} 表

工作代号	工作序号	EF	LS	ΔT_{1-2}	ΔT_{1-3}	ΔT_{2-1}	ΔT_{2-3}	ΔT_{3-1}	ΔT_{3-2}
C	1	5	4	1	0				
D	2	9	4			5	4		
B	5	7	5					3	3

（6）重新计算调整后的网络计划每个时间单位的资源需要量，并绘出资源需用量分布曲线，如图 4.38 所示的下方曲线。由于此时整个工期范围内的资源需用量均未超过资源限量，因此如图 4.38 所示网络计划即为优化后的最终网络计划，其最短工期为 14d。

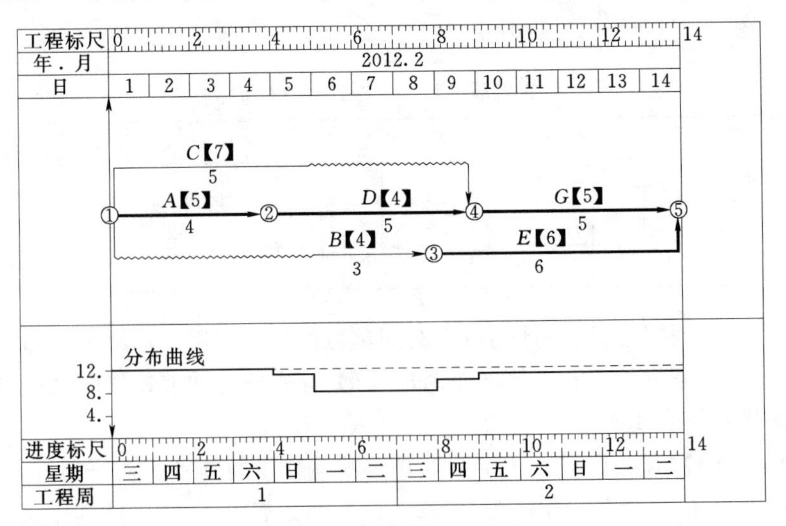

图 4.38　第 2 次调整后的网络计划（最终优化结果）

2. 工期固定—资源均衡的优化

在工期不变的条件下，尽量使资源需用量保持均衡。这样既有利于工程施工组织与管理，又有利于降低工程施工费用。

“工期固定—资源均衡”的优化方法有多种，这里仅介绍方差值最小法。

(1) 方差值最小法。对于某已知网络计划的资源需用量，其方差为

$$\sigma^2 = \frac{1}{T}\sum_{t=1}^{T}(R_t - R_m)^2$$

式中 σ^2——资源需用量方差；

T——网络计划的计算工期；

R_t——第 t 个时间单位的资源需用量；

R_m——资源需用量的平均值。

对上式进行简化可得：

$$\sigma^2 = \frac{1}{T}\sum_{t=1}^{T}(R_t - R_m)^2$$

$$= \frac{1}{T}\sum_{t=1}^{T}R_t^2 - R_m^2$$

若要使资源需用量尽可能地均衡，必须使 σ^2 为最小。而工期 T 和资源需用量的平均值 R_m 均为常数，故而可以得出应为 $\sum_{t=1}^{T}R_t^2$ 为最小。

对于网络计划中某项工作 K 而言，其资源强度为 r_k。在调整计划前，工作 K 从第 i 个时间单位开始，到第 j 个时间单位完成，则此时网络计划资源需用量的平方和为

$$\sum_{t=1}^{T}R_{t0}^2 = R_1^2 + R_2^2 + \cdots + R_i^2 + R_{i+1}^2 + \cdots + R_j^2 + R_{j+1}^2 + \cdots + R_T^2$$

若将工作 K 的开始时间右移一个时间单位，即工作 K 从第 $i+1$ 个时间单位开始，到第 $j+1$ 个时间单位完成，则第 i 天的资源需用量将减少，第 $j+1$ 天的资源需用量将增加。此时网络计划资源需用量的平方和为

$$\sum_{t=1}^{T}R_{t1}^2 = R_1^2 + R_2^2 + \cdots + (R_i - r_k)^2 + R_{i+1}^2 + \cdots + R_j^2 + (R_{j+1} + r_k)^2 + \cdots + R_T^2$$

将右移后的 $\sum_{t=1}^{T}R_{t1}^2$ 减去移动前的 $\sum_{t=1}^{T}R_{t0}^2$ 得

$$\sum_{t=1}^{T}R_{t1}^2 - \sum_{t=1}^{T}R_{t0}^2 = (R_i - r_k)^2 - R_i^2 + (R_{j+1} + r_k)^2 - R_{j+1}^2 = 2r_k(R_{j+1} + r_k - R_i)$$

如果上式为负值，说明工作 K 的开始时间右移一个时间单位能使资源需用量的平方和减小，也就使资源需用量的方差减小，从而使资源需用量更均衡。因此，工作 K 的开始时间能够右移的判别式为

$$\sum_{t=1}^{T}R_{t1}^2 - \sum_{t=1}^{T}R_{t0}^2 = 2r_k(R_{j+1} + r_k - R_i) \leqslant 0$$

由于 $r_k>0$，因此上式可简化为 $\Delta=(R_{j+1}+r_k-R_i)\leqslant 0$

式中　Δ——资源变化值。

$$\Delta=(\sum_{t=1}^{T}R_{t1}^2-\sum_{t=1}^{T}R_{t0}^2)/2r_k$$

在优化过程中，使用判别式 $\Delta=(R_{j+1}+r_k-R_i)\leqslant 0$ 的时候应注意以下几点：

1）如果工作右移 1d 的资源变化值 $\Delta\leqslant 0$，即 $(R_{j+1}+r_k-R_i)\leqslant 0$，说明可以右移。

2）如果工作右移 1d 的资源变化值 $\Delta>0$，即 $(R_{j+1}+r_k-R_i)>0$，并不说明工作不可以右移，可以在时差范围内尝试继续右移 n 天。

a. 当右移第 n 天的资源变化值 $\Delta_n<0$，且总资源变化值 $\sum\Delta\leqslant 0$，即满足下式时，可以右移 n 天。

$$(R_{j+1}+r_k-R_i)+(R_{j+2}+r_k-R_{i+1})+\cdots+(R_{j+n}+r_k-R_{i+n-1})\leqslant 0$$

b. 当右移 n 天的过程中始终是总资源变化值 $\sum\Delta>0$，即 $\sum\Delta>0$ 时，不可以右移。

(2)“工期固定一资源均衡”优化步骤和方法。

1）绘制时标网络计划，计算资源需用量。

2）计算资源均衡性指标，用均方差值来衡量资源均衡程度。

3）从网络计划的终点节点开始，按非关键工作最早开始时间的后先顺序进行调整。

4）绘制调整后的网络计划。

(3) 工期固定—资源均衡优化示例。初始时标网络图如图 4.39 所示。

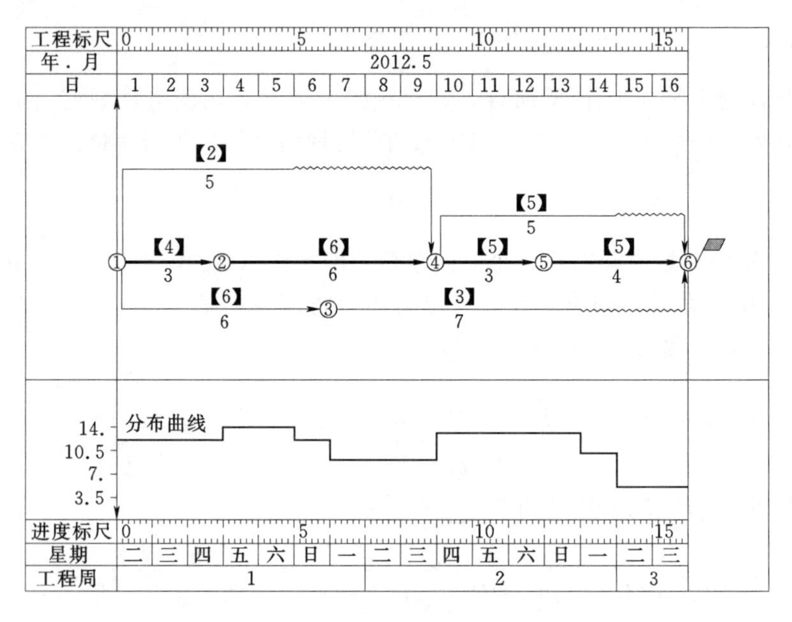

图 4.39　初始时标网络图

为了清晰地说明工期固定—资源均衡优化的应用方法，这里通过表格来反映优化过程，对于工作 4—6，判别结果及优化过程见表 4.12。

工作 4－6 右移 2d 后的优化结果，如图 4.40 所示。

对于工作 3－6，判别结果及优化过程见表 4.13。

表 4.12　　**工期固定—资源均衡法优化工作 4—6**

工作	计算参数	判别式结果	能否右移
4—6	$R_{j+1}=R_{14+1}=5$ $r_{4-6}=5$ $R_i=R_{10}=13$	$\Delta_1=5+5-13<0$	可右移 1d
	$R_{j+1}=R_{15+1}=5$ $r_{4-6}=5$ $R_i=R_{11}=13$	$\Delta_2=5+5-13<0$	可右移 1d
结论	该工作可右移 2d		

表 4.13　　**工期固定—资源均衡法优化工作 3—6**

工作	计算参数	判别式结果	能否右移
3—6	$R_{j+1}=R_{13+1}=10$ $r_{3-6}=3$ $R_i=R_7=9$	$\Delta_1=10+3-9>0$	暂不明确， 继续往右看 1d
	$R_{j+1}=R_{14+1}=10$ $r_{3-6}=3$ $R_i=R_8=9$	$\Delta_2=10+3-9>0$	不可右移
	$R_{j+1}=R_{15+1}=10$ $r_{3-6}=3$ $R_i=R_9=9$	$\Delta_3=10+3-9>0$	不可右移
结论	该工作不可右移		

由于工作 3—6 不可移动，原网络计划不变化，仍如图 4.40 所示。

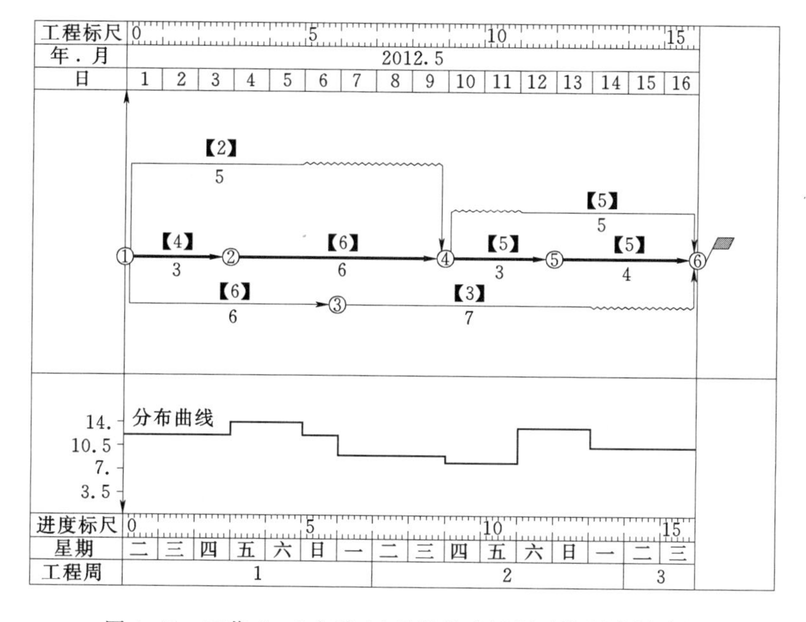

图 4.40　工作 4—6 右移 2d 后的进度计划及资源消耗计划

对于工作 1—4，判别结果及优化过程见表 4.14。

表 4.14 工期固定—资源均衡法优化工作 1—4

工作	计算参数	判别式结果	能否右移
1—4	$R_{j+1}=R_{5+1}=12$ $r_{1-4}=2$ $R_i=R_1=12$	$\Delta_1=12+2-12=2$	暂不明确，继续往右看 1d
	$R_{j+1}=R_{6+1}=9$ $r_{1-4}=2$ $R_i=R_2=12$	$\Delta_2=9+2-12$ $=-1<0$	$\Delta_1+\Delta_2=1>0$，继续往右看 1d
	$R_{j+1}=R_{7+1}=9$ $r_{1-4}=2$ $R_i=R_3=12$	$\Delta_3=9+2-12$ $=-1<0$	$\Delta_1+\Delta_2+\Delta_3=0$，可右移 3d
	$R_{j+1}=R_{8+1}=9$ $r_{1-4}=2$ $R_i=R_4=14$	$\Delta_4=9+2-14$ $=-3<0$	$\Delta_1+\Delta_2+\Delta_3+\Delta_4<0$，可右移 4d
结论	该工作可右移 4d		

工作 1—4 右移 4d 后的结果，如图 4.41 所示。

第一轮优化结束后，可以判断不再有工作可以移动，优化完毕，最终优化结果如图 4.41 所示。

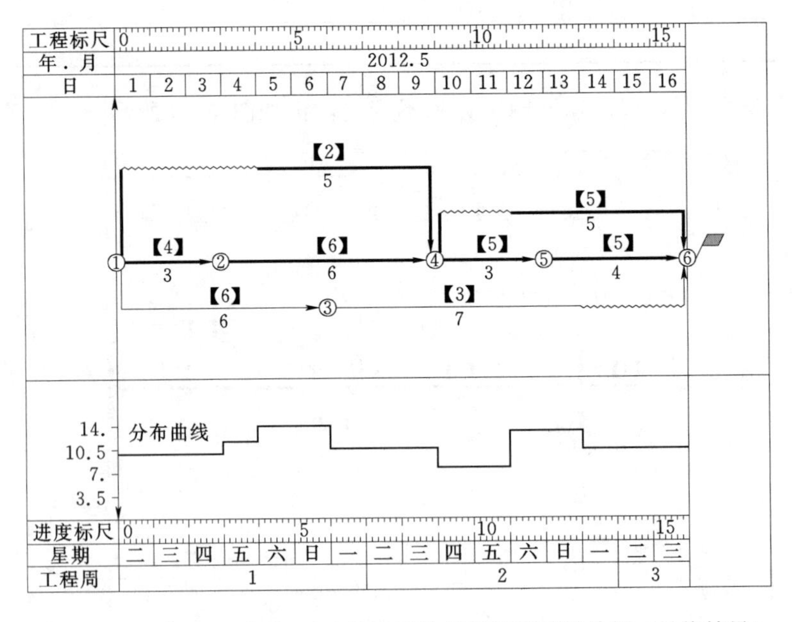

图 4.41 工作 1—4 右移 4d 后的进度计划及资源消耗计划（最终结果）

最后，比较优化前、后的方差值。

$$R_m=\frac{1}{16}(12\times3+14\times2+12\times1+9\times3+13\times4+10\times1+5\times2)=10.9$$

优化前：

$$\sigma^2=\frac{1}{T}\sum_{t=1}^{T}R_t^2-R_m^2$$

$$=\frac{1}{16}(12^2\times3+14^2\times2+12^2\times1+9^2\times3+13^2\times4+10^2\times1+5^2\times2)-10.9^2=8.5$$

优化后：

$$\sigma^2=\frac{1}{T}\sum_{t=1}^{T}R_t^2-R_m^2$$

$$=\frac{1}{16}(10^2\times3+12^2\times1+14^2\times2+11^2\times3+8^2\times2+13^2\times2+10^2\times3)-10.9^2$$

$$=122.81-118.81$$

$$=4.0$$

方差降低率为：

$$\frac{8.5-4.0}{8.5}\times100\%=52.9\%$$

4.5.3 费用优化

1. 费用优化的概念

一项工程的总费用包括直接费用和间接费用。在一定范围内，直接费用随工期的延长而减少，而间接费用则随工期的延长而增加，总费用最低点所对应的工期（T_0）就是费用优化所要追求的最优工期，如图4.42所示。

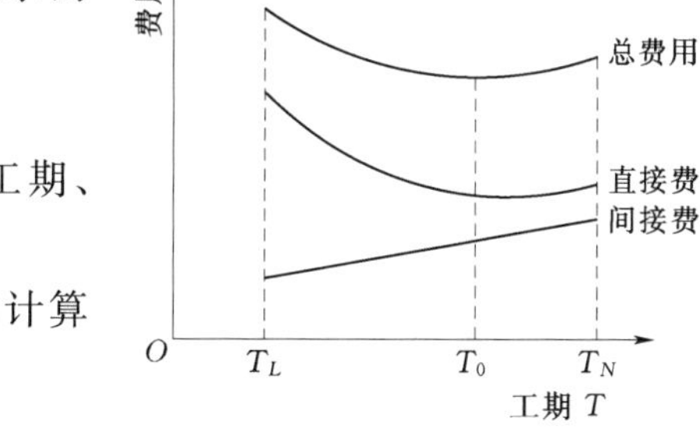

图4.42 工期—费用关系图

2. 费用优化的步骤和方法

（1）确定正常作业条件下工程网络计划的工期、关键线路和总直接费、总间接费及总费用。

（2）计算各项工作的直接费率。直接费率的计算公式可按下式计算：

$$\Delta D_{i-j}=\frac{CC_{i-j}-CN_{i-j}}{DN_{i-j}-DC_{i-j}}$$

式中 ΔD_{i-j}——工作 $i-j$ 的直接费率；

CC_{i-j}——工作 $i-j$ 的持续时间为最短时，完成该工作所需直接费用；

CN_{i-j}——在正常条件下，完成工作 $i-j$ 所需直接费；

DC_{i-j}——工作 $i-j$ 的最短持续时间；

DN_{i-j}——工作 $i-j$ 的正常持续时间。

（3）选择直接费率（或组合直接费率）最小并且不超过工程间接费率的关键工作作为被压缩对象。

（4）将被压缩关键工作的持续时间适当压缩，当被压缩对象为一组工作（工作组合）时，将该组工作压缩同一数值，并找出关键线路。

（5）重新确定网络计划的工期、关键线路和总直接费、总间接费、总费用。

（6）重复上述（3）～（5）步骤，直至找不到直接费率或组合直接费率不超过工程间接费率的压缩对象为止。此时即求出总费用最低的最优工期。

（7）绘制出优化后的网络计划。

3. 费用优化示例

【例 4.7】 已知网络计划如图 4.43 所示，图中箭线下方括号外数字为工作的正常持续时间（单位：d），括号内数字为最短持续时间；箭线上方括号外数字为工作按正常持续时间完成时所需直接费（单位：万元），括号内数字为按最短持续时间完成时所需直接费。该工程的间接费率为 1 万元/d。试进行网络计划费用优化。

解： （1）首先根据工作的正常持续时间，用标号法确定工期和关键线路（见图 4.43）。计算工期为 22d，关键线路①→③→④→⑥。

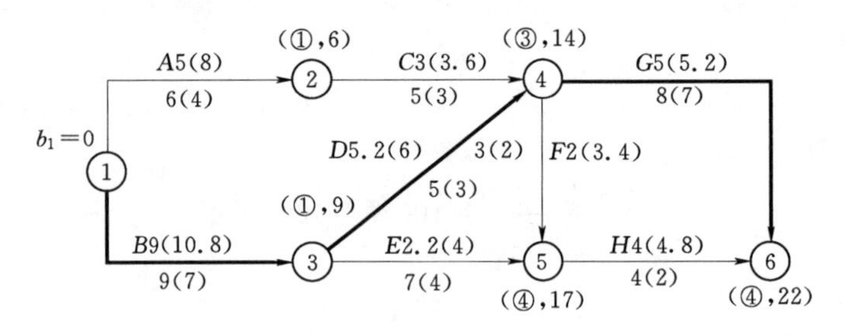

图 4.43 费用优化网络图

（2）计算各工作的直接费率，见表 4.15。

表 4.15 **各工作的直接费率**

工 作	A	B	C	D	E	F	G	H
直接费率	1.5	0.9	0.3	0.4	0.6	1.4	0.2	0.4

（3）计算总费用。

1）直接费总和为

$$5+9+3+5.2+2.2+2+5+4=35.4(万元)$$

2）间接费总和为

$$22\times1=22(万元)$$

3）工程总费用为

$$35.4+22=57.4(万元)$$

（4）费用优化。

1）网络图费用如图 4.43 所示，优化方案见表 4.16。

表 4.16 **优化方案表（一）**

序号	压缩工作	费率或组合费率	压缩时间	方案选取结果
1	B	0.9	2	
2	D	0.4	2	
3	G	0.2	1	√

工作 G 压缩 1d 后的网络图，如图 4.44 所示。

2）第 1 次优化后，可求出工期为 22－1＝21（d），关键线路如图 4.44 所示。压缩关

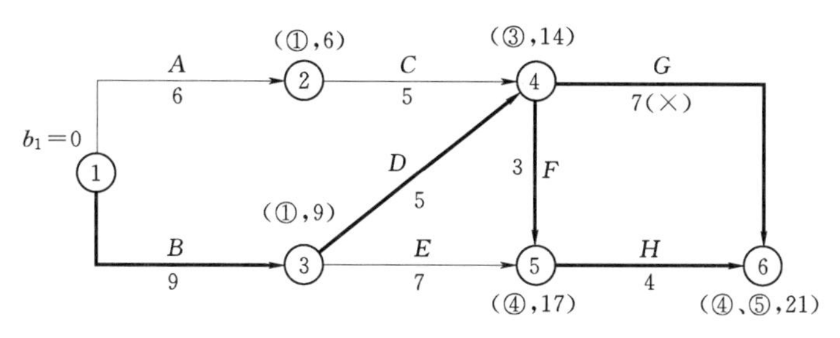

图 4.44 第 1 次优化后的网络图

键工作后优化方案见表 4.17。

表 4.17 **优化方案表(二)**

序号	压缩工作	费率或组合费率	压缩时间	方案选取结果
1	*B*	0.9	1	
2	*D*	0.4	1	√

工作 D 压缩 1d 后的网络图，如图 4.45 所示。

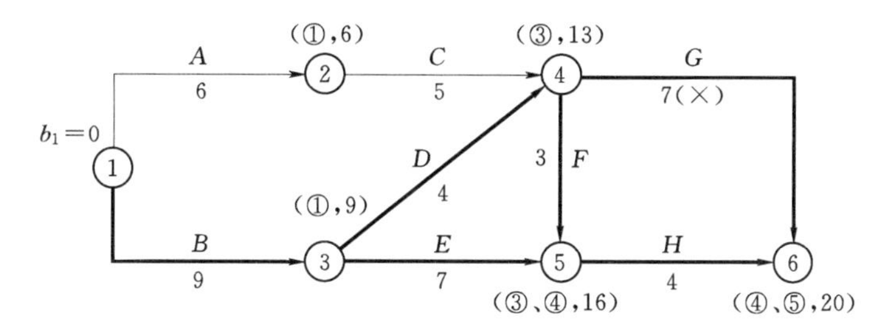

图 4.45 第 2 次优化后的网络图

3）第 2 次优化后，可求出工期为 21－1＝20（d），关键线路如上图所示。压缩关键工作后，优化方案见表 4.18。

表 4.18 **优化方案表(三)**

序号	压缩工作	费率或组合费率	压缩时间	方案选取结果
1	*B*	0.9	2	
2	*D* 和 *E*	0.4＋0.6	1	
3	*D* 和 *H*	0.4＋0.4	1	√

工作 D 和 H 组合压缩 1d 后的网络图如图 4.46 所示。

4）第 3 次优化后，可求出工期为 20－1＝19（d），关键线路如图 4.46 所示。压缩关键工作后，优化方案见表 4.19。

表 4.19 **优化方案表(四)**

序号	压缩工作	费率或组合费率	压缩时间	方案选取结果
1	*B*	0.9	1	√

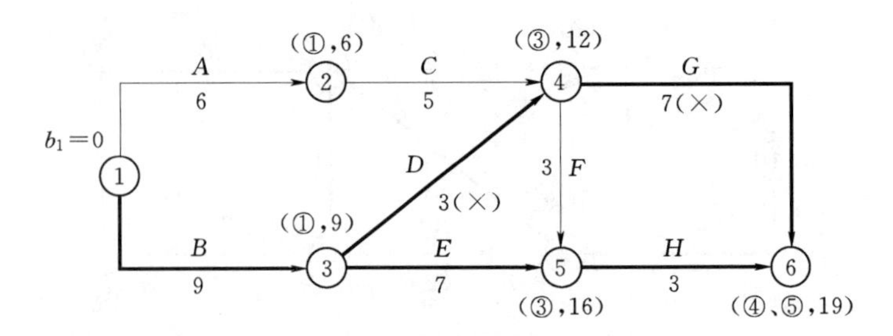

图 4.46 第3次优化后的网络图

工作 D 压缩 1d 后的网络图，如图 4.47 所示。

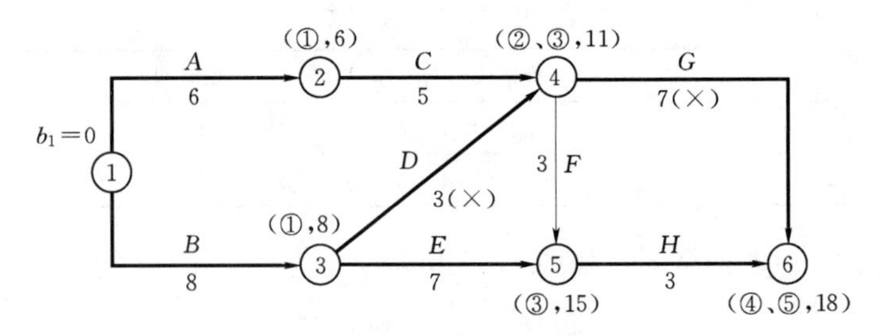

图 4.47 第4次优化后的网络图（最终结果）

5）第4次优化后，可求出工期为 19－1＝18（d），关键线路如图 4.47 所示。通过查找关键线路可以看出没有可供选择的优化方案，优化过程结束，最终的优化结果如图 4.47 所示。

主要优化过程见表 4.20。

表 4.20　　主要优化过程表

压缩次数	被压工作	直接费率或组合费率（万元/d）	费率差	缩短时间（d）	费用减少值（万元）	总工期（d）	总费用（万元）
0	—	—	—	—	—	22	57.4
1	G	0.2	0.8	1	0.8	21	56.6
2	D	0.4	0.6	1	0.6	20	56.0
3	D 和 H	0.4＋0.4＝0.8	0.2	1	0.2	19	55.8
4	B	0.9	0.1	1	0.1	18	55.7

通过费用优化可以得出最终优化方案比原方案节省费用 57.4－55.7＝1.7（万元）；节省工期 22－18＝4（d）。

本 章 小 结

本章主要介绍了网络计划技术的原理及应用等内容，其要点为：

1. 网络计划技术的基本内容包括网络图、时间参数、网络优化、实施控制。

2. 网络计划技术的应用原理为：①理清某项工程中各施工过程的开展顺序和相互制约、相互依赖的关系，正确绘制出网络图；②通过对网络图中各时间参数进行计算，找出关键工作和关键线路；③利用最优化原理，改进初始方案，寻求最优网络计划方案；④在计划执行过程中，通过信息反馈进行监督与控制（详见第 8 章），以保证达到预定的计划目标，确保以最少的消耗，获得最佳的经济效果。

3. 网络图有单代号网络图和双代号网络图，网络图由节点、箭线以及线路构成，网络图的绘制需遵循绘制规则，网络图的时间参数包括工作的时间参数（如工作的持续时间、工期、工作的最早时间、工作的最迟时间、自由时差、总时差）和节点的时间参数（如节点的最早时间、节点的最迟时间），因此时间参数计算可按工作计算也可按节点进行计算。

4. 双代号时标网络计划具备直观、明了、便于使用的特点，其绘制应采用标号法。

5. 网络计划优化的内容分为工期优化、费用优化和资源优化 3 个方面。

训　练　题

1. 简答题

(1) 何谓网络图？何谓网络计划？

(2) 什么是双代号网络图？什么是单代号网络图？

(3) 网络图中的节点表示什么？箭线表示什么？

(4) 虚箭线与实箭线有什么区别？虚箭线有什么作用？

(5) 网络计划中有哪两种逻辑关系？有何区别？

(6) 简述网络图的绘制规则。

(7) 双代号网络图中工作的时间参数有哪些？分别表示什么意思？

(8) 如何理解关键工作和关键线路？

(9) 节点的最早时间、最迟时间是什么？

(10) 通常我们所用时标网络图为哪一种时标网络图？如何绘制？

(11) 如何用网络图表达搭接施工？

2. 判断题

(1)（　　）若两工作既有相同的又有不同的紧后工作，则这两个工作间须用虚箭线连接。

(2)（　　）若网络图中某条线路为关键线路，则这条线路上的工作为关键工作。

(3)（　　）双代号网络图中，可以允许出现反向箭头。

(4)（　　）只有通过网络图的时间参数计算才能确定关键线路。

(5)（　　）单代号网络图中，表达逻辑关系时可用虚箭线。

(6)（　　）时标网络图中，自始至终都没有出现波形线的线路为关键线路。

(7)（　　）双代号网络图中的实工作占用时间，但未必消耗资源。

(8)（　　）成倍节拍流水施工实际上是变相的全等节拍流水施工。

(9)（　　）横道图又称甘特图，同网络图相比具有简单、直观、便于优化等特点。

(10)（　　）用双代号网络可以表达搭接关系。

(11)（　　）与网络图相比，横道图具有简单、明了的优点。

3. 单选题

(1) 时标网络计划的基本符号不包括（　　）。

A. 箭线　　B. 波形线　　C. 虚箭线　　D. 点划线

(2) 双代号网络计划中，某节点 j 的最早时间为 6d，以其为终点节点的工作 $i—j$ 的总时差 $TF_{i-j}=5$d、自由时差 $FF_{i-j}=3$d，则该节点的最迟时间为（　　）。

A. 8d　　B. 9d　　C. 11d　　D. 14d

(3) 若有 n 个工作同时开始，同时结束，则此 n 个工作之间须用（　　）个虚箭线连接。

A. 0　　B. $n-1$　　C. n　　D. $n+1$

(4) 某工程时标网络图如图 4.48 所示，则工作 C 的最早开始时间和最迟开始时间分别为（　　）。

A. 2 和 3　　B. 2 和 4　　C. 2 和 5　　D. 3 和 5

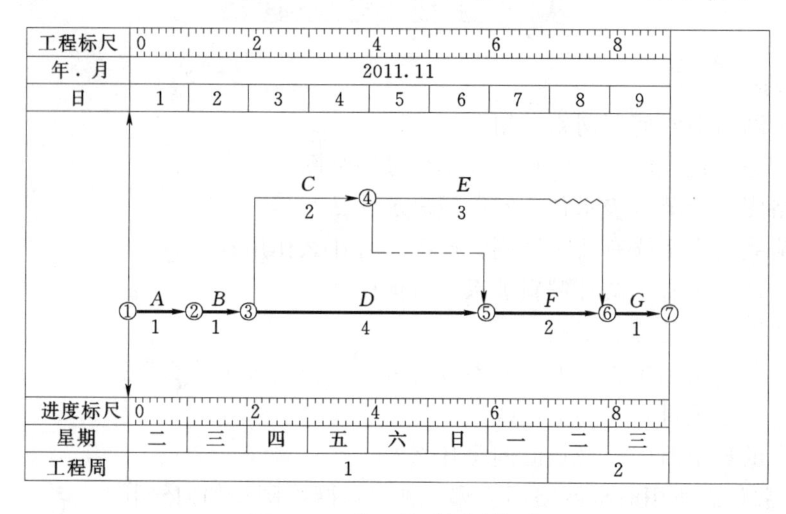

图 4.48　某工程时标网络图

(5) 某工作的自由时差 FF_m 与其紧后工作之间的时间间隔 LAG_{m-x} 的关系为（　　）。

A. $FF_m > LAG_{m-x}$　　B：$FF_m < LAG_{m-x}$

C. $FF_m \geqslant LAG_{m-x}$　　D：$FF_m \leqslant LAG_{m-x}$

(6) 网络优化的目标中没有（　　）。

A. 工期　　B. 费用　　C. 资源　　D. 工程量

4. 计算题

(1) 根据表 4.21，计算工期并绘出双代号时标网络图。

(2) 某分部工程有 A、B、C 3 个施工过程，若分为 3 个施工段施工，流水节拍值分别为 $t_A=4$d、$t_B=1$d、$t_C=2$d。请组织流水施工，计算工期，并分别绘出横道图和对应时标网络图。

表 4.21 逻辑关系明细表

本工作	A	B	C	D	E	G	H
持续时间	9	4	2	5	6	4	5
紧前工作	—	—	—	B	B、C	D	D、E
紧后工作	—	D、E	E	G、H	H	—	—

(3) 某施工网络计划如图 4.49 所示，在施工过程中发生以下的事件：

1) 工作 A 因业主原因晚开工 5d。

2) 工作 B 承包商用了 21d 才完成。

3) 工作 H 由于不可抗力影响晚开工 3d。

4) 工作 G 由于业主方指令延误晚开工 4d。

试问，承包商可索赔的工期为多少天？

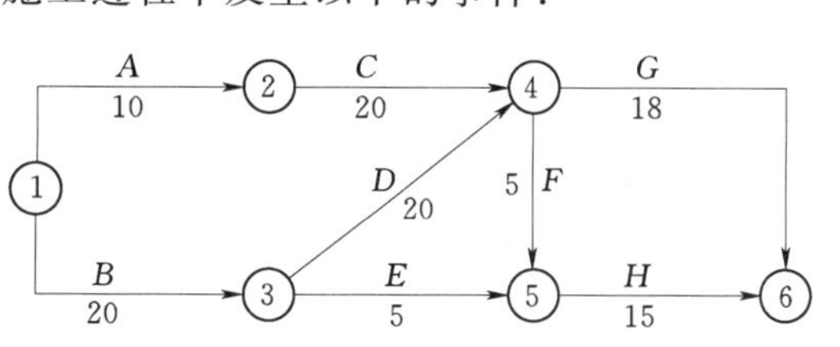

图 4.49 某施工网络计划图（一）

(4) 已知网络计划如图 4.50 所示。箭线下方括号外数据为该工作的正常持续时间，括号内数据为该工作的最短持续时间，各工作的优选系数见表 4.22。根据实际情况并考虑选择优选系数（或组合优选系数）最小的关键工作，缩短其持续时间。假定要求工期为 $T_r=19$d，试对该网络计划进行工期优化。

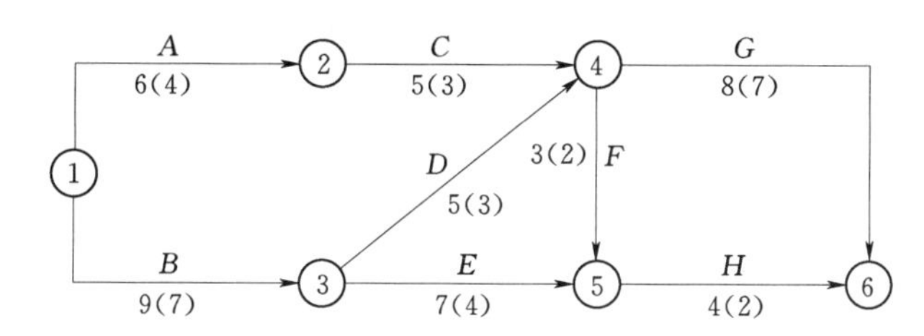

图 4.50 某施工网络计划图（二）

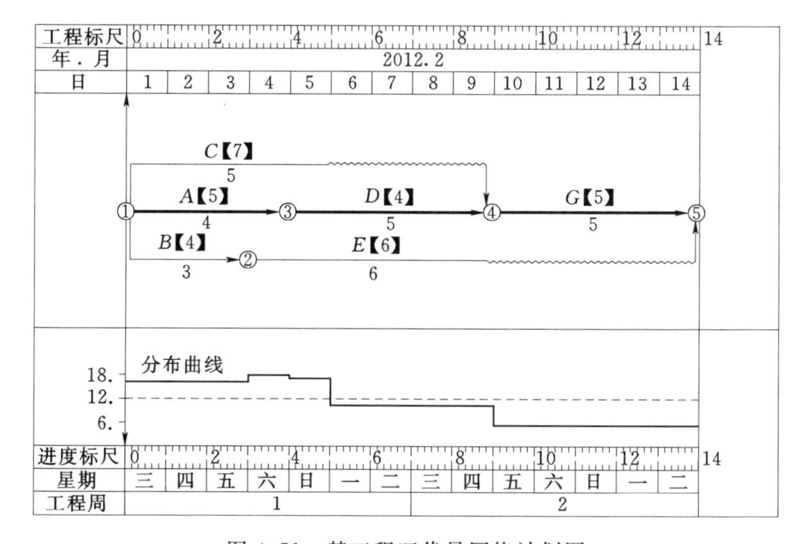

图 4.51 某工程双代号网络计划图

表4.22　　各工作的优选系数表

工作	A	B	C	D	E	F	G	H
优选系数	7	8	5	2	6	4	1	3

(5) 已知某工程双代号网络计划如图4.51所示，图中箭线上方【】内数字为工作的资源强度，箭线下方数字为工作持续时间。假定资源限量 $R_a=12$，试对其进行“资源有限—工期最短”的优化。

(6) 已知网络计划如图4.52所示，图中箭线下方括号外数字为工作的正常持续时间(单位：d)，括号内数字为最短持续时间；箭线上方括号外数字为工作按正常持续时间完成时所需直接费（单位：万元)，括号内数字为按最短持续时间完成时所需直接费。该工程的间接费率为1万元/d。试对该网络计划进行费用优化。

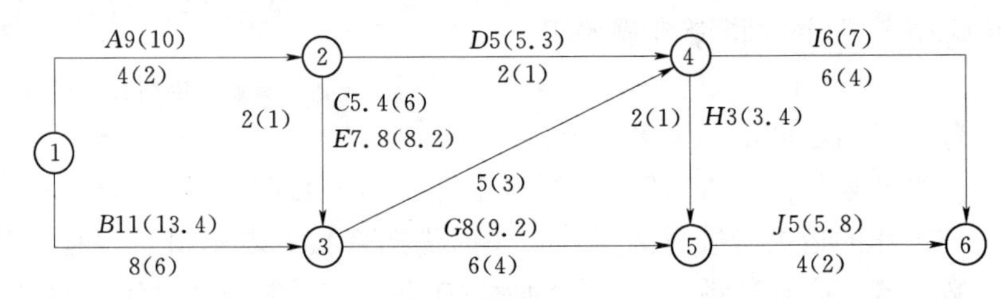

图4.52　某施工网络计划图（三）

(7) 初始时标网络图如图4.53所示，试进行“工期固定—资源均衡”优化。

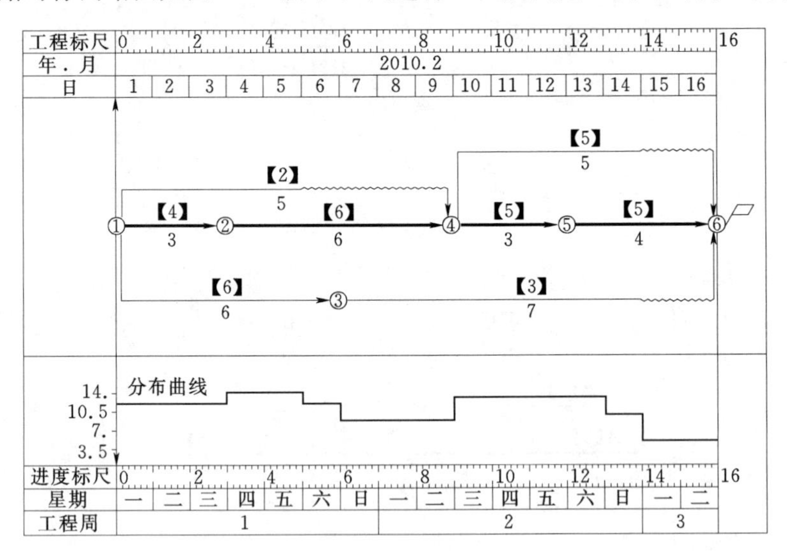

图4.53　初始时标网络图

第 5 章　施工组织总设计

学习目标：熟悉施工组织总设计的编制原则、编制依据、编制程序、编制内容和要求，掌握施工宏观部署和主要建筑物施工方案的确定；掌握施工总进度计划的编制和施工总平面图设计的原则、方法和步骤，初步具备施工组织总设计编制的基本技能。

5.1 概　　述

施工组织设计是指以施工项目为对象编制的，用以指导施工的技术、经济和管理的综合性文件。施工组织设计按编制对象，可分为施工组织总设计、单位工程施工组织设计和施工方案。施工组织总设计是以若干单位工程组成的群体工程或特大型项目为主要对象编制的施工组织设计，对整个项目的施工过程起统筹规划、重点控制的作用。从全局出发，为整个项目的施工作出全面的宏观部署，进行全工地性的施工准备工作，并为整个工程的施工建立必要的施工条件、组织施工力量和技术、保证物资资源供应、进行现场生产与临时生活设施规划。同时，为建设单位编制工程建设计划、施工企业编制施工计划和单位工程施工组织设计提供依据。施工组织总设计一般在初步设计或扩大初步设计被批准之后，由总承包单位的总工程师负责，会同建设、设计和分包单位的工程师共同编制。

5.1.1　施工组织总设计的编制内容

施工组织总设计的主要内容包括：编制依据、建设项目的工程概况、总体施工部署、施工总进度计划、总体施工准备与主要资源配置计划、主要施工方法、施工总平面图布置。

5.1.2　施工组织总设计的编制程序

施工组织总设计通常遵循如图 5.1 所示的编制程序。

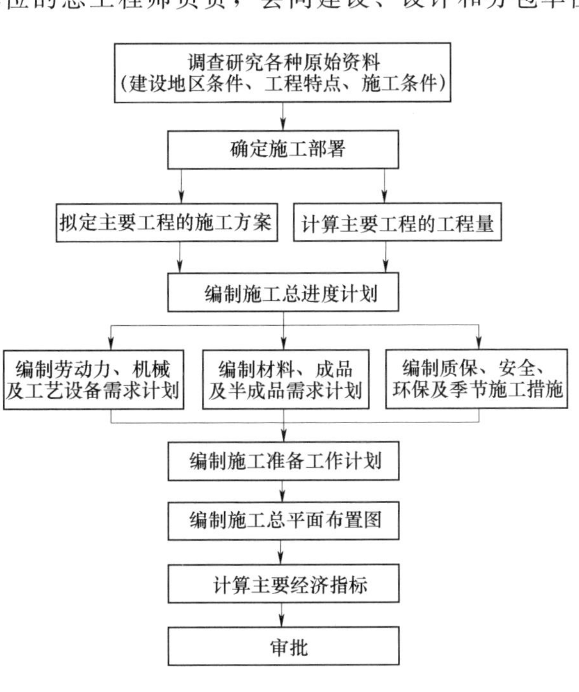

图 5.1　施工组织总设计编制程序

在应用上述编制程序时，应注意：①只有拟订施工方案后，方可进行施工进度计划的编制，因为施工进度的安排须依据施工方案而行；②编制施工总进度计划后才可编制资源需求量计划，因为资源需求量计划要反映各种资源在时间上的需求；③在确定施工总体部署和拟定施工方案时，两者联系紧密，往往可以交叉进行。

5.1.3　施工组织总设计的编制原则

（1）遵守现行有关法律、法规、规范和标准。

（2）符合施工合同或招标文件中有关工程进度、质量、安全、环境保护、造价等方面的要求。

（3）积极开发、使用新技术和新工艺，推广应用新材料和新设备，科学地确定施工方案，制定措施，提高质量，确保安全，缩短工期，降低成本。

（4）坚持科学的施工程序和合理的施工顺序，采用流水施工和网络计划等方法，科学配置资源，合理布置现场，采取季节性施工措施，实现均衡施工，达到合理的经济技术指标。

（5）采取技术和管理措施，推广建筑节能和绿色施工。

（6）科学地安排季节性施工项目，采取季节性施工措施，保证全年施工的连续性和均衡性。

（7）与质量、环境和职业健康安全3个管理体系有效结合。

5.1.4　施工组织设计的编制依据

施工组织设计的编制依据主要有：

（1）与工程建设有关的法律、法规和文件。

（2）国家现行有关标准和技术经济指标。

（3）工程所在地区行政主管部门的批准文件，建设单位对施工的要求。

（4）工程施工合同或招标投标文件。

（5）工程设计文件。

（6）工程施工范围内的现场条件，工程地质及水文地质、气象等自然条件。

（7）与工程有关的资源供应情况。

（8）施工企业的生产能力、机具设备状况、技术水平等。

5.1.5　施工组织设计的编制和审批应符合的规定

（1）施工组织设计应由项目负责人主持编制，可根据需要分阶段编制和审批。

（2）施工组织总设计应由总承包单位技术负责人审批；单位工程施工组织设计应由施工单位技术负责人或技术负责人授权的技术人员审批；施工方案应由项目技术负责人审批；重点、难点分部（分项）工程和专项工程施工方案应由施工单位技术部门组织相关专家评审，施工单位技术负责人批准。

（3）由专业承包单位施工的分部（分项）工程或专项工程的施工方案，应由专业承包单位技术负责人或技术负责人授权的技术人员审批；有总承包单位时，应由总承包单位项目技术负责人核准备案。

（4）规模较大的分部（分项）工程和专项工程的施工方案应按单位工程施工组织设计进行编制和审批。

5.2 工 程 概 况

工程概况是对整个建设项目或建筑群体的总说明和总分析，是对拟建建设项目或建筑群体所作的一个简明扼要的文字介绍，还可附建设项目设计的总平面图、主要建筑的平面、立面、剖面示意图及辅助表格等作为文字介绍不足的补充。

工程概况应包括项目主要情况和项目主要施工条件等内容。

5.2.1 项目主要情况

(1) 项目名称、性质、地理位置和建设规模。主要说明：建设项目名称、性质和建设地点；占地总面积和建设总规模；建安工作量和设备安装总吨数；生产工艺流程及其特点；以及每个单项工程占地面积、建筑面积、建筑层数、建筑体积、结构类型和复杂程度。通常以表格形式表达。

(2) 项目的建设、勘察、设计和监理等相关单位的情况。主要说明：建设项目的建设、勘察、设计、总承包和分包单位名称，以及建设单位委托的建设监理单位名称及其监理班子组织状况。

(3) 项目设计概况。

(4) 项目承包范围及主要分包工程范围。

(5) 施工合同或招标文件对项目施工的重点要求。

(6) 其他应说明的情况。

5.2.2 项目主要施工条件

(1) 项目建设地点气象状况。

(2) 项目施工区域地形和工程水文地质状况。

(3) 项目施工区域地上、地下管线及相邻的地上、地下建（构）筑物情况。

(4) 与项目施工有关的道路、河流等状况。

(5) 当地建筑材料、设备供应和交通运输等服务能力状况。主要说明：地方建筑生产企业及其产品供应状况；主要材料和生产工艺设备供应状况；地方建筑材料品种及其供应状况；地方交通运输方式及其服务能力状况；地方供水、供电、供热和电信服务能力状况；社会劳动力和生活服务设施状况；以及承包单位信誉、能力、素质和经济效益状况。

(6) 当地供电、供水、供热和通信能力状况。

(7) 其他与施工有关的主要因素。

5.2.3 工程概况编写的常见形式

1. 建设项目的特点

它是对拟建工程项目的主要特征的描述，其内容包括：

(1) 建设地点、工程性质、建设规模、总占地面积、总建筑面积、总投资额、总工期、分期分批施工的项目和施工期限。

(2) 主要工种工程量、设备安装及其吨位；建筑安装工作量、工厂区与生活区的工程量。

(3) 生产流程和工艺特点。

(4) 建筑结构类型与特点，新技术与新材料的应用情况。

2. 建设地区特征

主要介绍建设地区的自然条件和技术经济条件，其内容包括：

(1) 地形、地貌、水文、地质和气象等自然条件。

(2) 建设地区的施工能力、劳动力、生活设施和机械设备情况。

(3) 交通运输及当地能提供给工程施工使用的水、电供应和其他动力供应情况。

(4) 地方资源供应情况。

3. 施工条件及其他

(1) 施工条件主要是指建设项目开工所应具备的条件，主要说明：施工企业的生产能力，技术装备和管理水平，主要设备、材料、特殊物质等的供应情况，征地拆迁情况等。

(2) 其他方面情况主要包括有关建设项目的决议和协议，上级主管部门或建设单位对施工的某些要求，土地的征用范围、数量和居民搬迁时间等与建设项目施工有关的重要情况。

在编写好工程概况之后，即可针对施工组织总设计中的施工部署、施工总进度计划及施工总平面图设计等需要解决的重大问题进行编写。

5.3 总体施工部署

总体施工部署是对整个建设项目从全局上进行的统筹规划和全面安排，它主要解决工程施工中的重大战略问题，是施工组织总设计的核心，也是编制施工总进度计划、设计施工总平面图以及各种供应计划的基础。总体施工部署在时间上体现为施工总进度计划、在空间上体现为施工总平面图。因此，总体施工部署正确与否，是直接影响建设项目进度、质量和成本三大目标能否实现的关键。

施工组织总设计应对项目总体施工作出下列宏观部署：

(1) 确定项目施工总目标，包括进度、质量、安全、环境和成本等目标。

(2) 根据项目施工总目标的要求，确定项目分阶段（期）交付的计划。

(3) 确定项目分阶段（期）施工的合理顺序及空间组织。

5.3.1 确定工程开展程序

根据建设项目总目标的要求，确定合理的工程建设项目开展程序，主要应考虑以下几个方面。

(1) 在保证工期的前提下，实行分期分批建设。这样既可使各具体项目迅速建成，尽早投入使用，又可在全局上取得施工的连续性和均衡性，减少暂设工程数量，降低工程成本，充分发挥基本建设投资的效果。

一般大中型工业建设项目（如冶金联合企业、化工联合企业、火力发电厂等）都是由许多工厂或车间组成的，每一个车间不是孤立的，它们分别组成若干个生产系统，应在保证工期的前提下分期分批建设。在建造时，需要分几期施工，各期工程包括哪些项目，要根据生产工艺要求、建设部门要求、工程规模大小和施工难易程度、资金状况、技术资源

情况等确定。同一期工程应是一个完整的系统，以保证各生产系统能够按期投入生产。对于大中型民用建设项目（如居民小区），一般也应按年度分批建设。

（2）在分期分批施工项目划分上应统筹安排、保证重点、兼顾其他，确保工程项目按期投产。

应优先考虑的项目有：①按生产工艺要求，需先期投入生产或起主导作用的工程项目；②工程量大、施工难度大、工期长的项目；③运输系统、动力系统，如厂内外道路、铁路和变电站等；④供施工使用的工程项目，如各种加工厂、混凝土搅拌站等施工附属企业和其他为施工服务的临时设施；⑤生产上需先期使用的机修车间、办公楼、家属宿舍及生活设施等。

（3）在安排工程顺序时，所有工程项目均应按先地下、后地上；先深后浅；先干线后支线的原则进行安排。如地下管线和筑路的程序，应先铺管线，后筑路。

（4）应考虑季节对施工的影响。如大规模土方工程和深基础施工应尽量避开雨季；寒冷地区应尽量使房屋在入冬前封闭，最好在冬季转入室内作业和设备安装。

5.3.2 拟定主要项目的施工方案

施工组织总设计中要拟定一些主要工程项目和特殊分项工程项目的施工方案。这些项目通常是建设项目中工程量大、施工难度大、工期长，在整个建设项目中起关键控制性作用的单位工程项目以及影响全局的特殊分项工程。其目的是为了进行技术和资源的准备工作，同时也为了施工顺利开展和现场的合理布置。其重点内容包括：

（1）施工方法和工艺流程的确定，要兼顾技术上的先进性和经济上的合理性，兼顾各工种和各施工段的合理搭接，尽量采用工厂化和机械化，重点解决单项工程中的关键分部工程（如深基坑支护结构）和主要工种的施工方法。

（2）主要施工机械设备的选择，既能使主导机械满足工程需要，发挥其效能，在各个工程上实现综合流水作业，又能使辅助配套机械与主导机械相适。

（3）划分施工段时，要兼顾工程量与资源的合理安排，以利于连续均衡施工。

5.3.3 明确施工任务划分与组织安排

在明确施工项目的管理机构和体制的条件下，划分各参与施工单位的工作任务，明确各承包单位之间的关系，建立施工现场统一的组织领导机构及其职能部门，确定综合的和专业的施工队伍，明确各单位之间的分工合作关系，划分施工阶段，确定各施工单位分期分批的主攻项目和穿插项目。

5.3.4 编制施工准备工作计划

施工准备工作是顺利完成项目建设任务的保证和前提，必须从思想上、组织上、技术上和物资供应等方面做好充分准备，编制好全场性的施工准备工作计划。其主要内容有：

（1）安排好场内外运输，施工用主干道、水、电来源及其引入方案。

（2）安排好场地平整方案和全场性的排水、防洪。

（3）安排好生产、生活基地，在充分掌握该地区情况和施工单位情况的基础上，规划混凝土构件预制，钢、木结构制品及其他构配件的加工、机修厂及职工生活设施等。

（4）安排好各种材料的库房、堆场用地和材料货源供应及运输。

（5）安排好冬雨季施工的特殊准备工作。

（6）做好现场测量控制网。

（7）编制新工艺、新结构、新技术与新材料的试制试验计划和培训计划。

5.4 施工总进度计划

施工进度计划是指为实现项目设定的工期目标，对各项施工过程的施工顺序、起止时间和相互衔接关系所作的统筹策划和安排。而施工总进度计划是以整个拟建项目交付使用的时间为目标而确定的控制性施工进度计划，是施工组织总设计的中心工作，也是施工部署在时间上的体现，对资源需要量计划的编制、全场性暂设工程的组织及施工总平面图的设计具有重要的决定作用。正确编制施工总进度计划是保证各个建设工程以及整个建设项目按期交付使用，充分发挥投资效益，降低建筑工程成本的重要条件。

施工总进度计划是施工组织总设计应重点编好的第二项内容，其编制的关键是如何合理、得当地组织好各工程项目的“顺序和时间”，并力求达到优化。“组织”工作的得力，主要看“时间”利用是否合理，“顺序”是否得当。施工总进度计划的主要内容应包括：编制说明，施工总进度计划表（图），分期（分批）实施工程的开、竣工日期、工期一览表等。施工总进度计划应按照项目总体施工部署的安排进行编制，可采用网络图或横道图表示，并附必要说明。施工总进度计划宜优先采用网络计划，网络计划应按国家现行标准《网络计划技术》（GB/T 13400.1～13400.3）及行业标准《工程网络计划技术规程》（JGJ/T 121—99）的要求编制。

施工总进度计划应依据施工合同、施工进度目标、有关技术经济资料，并按照总体施工部署确定的施工顺序和空间组织等进行编制。

5.4.1 列出工程项目一览表并计算工程量

施工总进度计划主要起控制总工期的作用，因此在列工程项目一览表时，项目划分不宜过细。通常按分期分批投产顺序和工程开展程序列出工程项目，一些附属项目、辅助工程及临时设施可以合并列出。

根据批准的总承建工程项目一览表，按工程的开展顺序和单位工程计算主要实物工程量。此时计算工程量的目的是为了选择施工方案和主要的施工、运输机械；初步规划主要施工过程的流水施工；估算各项目的完成时间；计算劳动力及技术物资的需要量。因此，工程量只需粗略地计算即可。

计算工程量，可按初步（或扩大初步）设计图纸并根据各种定额手册进行计算：

（1）万元、十万元投资工程量、劳动力及材料消耗扩大指标。这种定额规定了某一种结构类型建筑，每万元或10万元投资中劳动力和主要材料消耗量。根据图纸中的结构类型，即可估算出拟建工程各分项需要的劳动力和主要材料消耗量。

（2）概算指标或扩大结构定额。这两种定额都是预算定额的进一步扩大（概算指标是

以建筑物的每 $100m^3$ 体积为单位；扩大结构定额是以每 $100m^2$ 建筑面积为单位)。查定额时，分别按建筑物的结构类型、跨度、高度分类，查出这种建筑物按拟定单位所需的劳动力和各项主要材料消耗量，从而推出拟建项目所需要的劳动力和材料消耗量。

(3) 已建房屋、构筑物的资料。在缺少定额手册的情况下，可采用已建类似工程实际材料、劳动力消耗量，按比例估算。由于和拟建工程完全相同的已建工程毕竟是少见的，因此，在利用已建工程的资料时，一般都应进行必要的调整。

除建设项目本身外，还必须计算主要的全工地性工程的工程量，例如铁路及道路长度、地下管线长度、场地平整面积。这些数据可以从建筑总平面图上求得。

按上述方法计算出的工程量填入统一的工程量汇总表，见表 5.1。

表 5.1　　工程项目一览表

工程分类	工程项目名称	结构类型	建筑面积(m^2)	幢数(个)	概算投资(万元)	主要实物工程量									
						场地平整(m^2)	土方工程(m^3)	铁路铺设(km)	道路(km)	地下管线(km)	……	砖石工程(m^3)	……	装饰工程(m^2)	……
全工地性工程															
主体项目															
辅助项目															
临时建筑															
……															
合计															

5.4.2 确定各单位工程的施工期限

影响单位工程施工期限的因素很多，如：施工技术、施工方法、建筑类型、结构特征、施工管理水平、机械化程度、劳动力和材料供应情况、现场地形、地质条件、气候条件等。由于施工条件的不同，各施工单位应根据具体条件对各影响因素进行综合考虑，确定工期的长短。此外，也可参考有关的工期定额来确定各单位工程的施工期限。

5.4.3 分期（分批）实施工程的开、竣工日期和相互搭接关系

在确定了施工期限、施工程序和各系统的控制期限后，就需要对每一分期（分批）实施工程的开工、竣工时间进行具体确定。通常通过对各分期（分批）实施工程的工期进行分析之后，应结合下列因素确定开工、竣工时间以及相互搭接关系。

(1) 保证重点，兼顾一般。同一时期进行的项目不宜过多，以免人力、物力的分散。

(2) 满足连续性、均衡性施工的要求。尽量使劳动力和技术物资消耗量在施工全程上均衡，以避免出现使用高峰或低谷；组织好大流水作业，尽量保证各施工段能同时进行作业，达到施工的连续性，以避免施工段的闲置。为实现施工的连续性和均衡性，需留出一些后备项目，如宿舍、附属或辅助项目、临时设施等，作为调节项目，穿插在主要项目的流水中。

(3) 综合安排，一条龙施工。做到土建施工、设备安装、试生产三者在时间上的综合

安排，每个项目和整个建设项目的安排上合理化，争取一条龙施工，缩短建设周期，尽快发挥投资效益。

(4) 分期分批建设，发挥最大效益。在第一期工程投产的同时，安排好第二期以及后期工程的施工，在有限条件下，保证第一期工程早投产，促进后期工程的施工进度。

(5) 认真考虑施工总平面图的空间关系。建设项目的各单位工程的分布，一般在满足规范的要求下，为了节省用地，布置比较紧凑，从而也导致了施工场地狭小，使场内运输、材料堆放、设备拼装、机械布置等产生困难。故应考虑施工总平面的空间关系，对相邻工程的开工时间和施工顺序进行调整，以免互相干扰。

(6) 认真考虑各种条件限制。在考虑各单位工程开工、竣工时间和相互搭接关系时，还应考虑现场条件、施工力量、物资供应、机械化程度以及设计单位提供图纸等资料的时间、投资等情况，同时还应考虑季节、环境的影响。总之，全面考虑各种因素，对各单位工程的开工时间和施工顺序进行合理调整。

5.4.4　安排施工进度

施工总进度计划可以用横道图表达，也可以用网络图表达。由于施工总进度计划只起控制作用，因此不必搞得过细。一般常用的施工进度计划表，见表5.2。

表5.2　　施工总进度计划表

序号	工程名称	建筑面积(m^2)	施工进度																				
			2011年										2012年										
			3	4	5	6	7	8	9	10	11	12	1	2	3	4	5	6	7	8	9	10	11
1	主厂房	1860																					
2	控制楼	540																					
3	储料仓	415																					
⋮																							
n	单身宿舍	2700																					

施工总进度计划完成后，把各项工程的工作量加在一起，即可确定某时间建设项目总工作量的大小，工作量大的高峰期，资源需求就多，可根据情况，调整一些单位工程的施工速度或开工、竣工时间，以避免高峰时的资源紧张，也能保证整个工程建设时期工作量达到均衡。

5.4.5　总进度计划的调整与修正

施工总进度计划表绘制完后，将同一时期各项工程的工作量加在一起，用一定的比例画在施工总进度计划的底部，即可得出建设项目工作量动态曲线。若曲线上存在较大的高峰或低谷，则表明在该时间里各种资源的需求量变化较大，需要调整一些单位工程的施工速度或竣工时间，以便消除高峰或低谷，使各个时期的工作量尽可能达到均衡。

在编制了各个单位工程的施工进度以后，有时也需要对施工总进度计划进行必要的调整；在实施过程中，也应随着施工的进展及时作必要的调整；对于跨年度的建设项目，还应根据年度国家基本建设投资情况，对施工进度计划予以调整。

5.5　总体施工准备与主要资源配置计划

总体施工准备应包括技术准备、现场准备和资金准备等。其中技术准备、现场准备和资金准备应满足项目分阶段（期）施工的需要。主要资源配置计划应包括劳动力配置计划和物资配置计划等。

5.5.1　劳动力配置计划

劳动力配置计划应包括下列内容：

（1）确定各施工阶段（期）的总用工量。

（2）根据施工总进度计划确定各施工阶段（期）的劳动力配置计划。劳动力需要量计划是规划临时建筑和组织劳动力进场的依据。编制时根据各单位工程分工种工程量，查预算定额或有关资料即可求出各单位工程重要工种的劳动力需要量。将各单位工程所需的主要劳动力汇总，即可得出整个建筑工程项目劳动力需要量计划，填入指定的劳动力需要量表，见表5.3。

表5.3　建设项目施工劳动力汇总表

<table>
<tr><th rowspan="3">序号</th><th rowspan="3">工种名称</th><th rowspan="3">劳动量（工日）</th><th colspan="6">全工地性工程</th><th colspan="2">生活用房</th><th rowspan="3">仓库、加工厂等暂设工程</th><th colspan="14">用工时间</th></tr>
<tr><th rowspan="2">主厂房</th><th rowspan="2">辅助车间</th><th rowspan="2">道路</th><th rowspan="2">铁路</th><th rowspan="2">给水排水管道</th><th rowspan="2">电气工程</th><th rowspan="2">永久性住宅</th><th rowspan="2">临时性住宅</th><th colspan="8">年</th><th colspan="6">年</th></tr>
<tr><th>5</th><th>6</th><th>7</th><th>8</th><th>9</th><th>10</th><th>11</th><th>12</th><th>1</th><th>2</th><th>3</th><th>4</th><th>5</th><th>6</th></tr>
<tr><td></td><td>瓦工、木工、钢筋工……</td><td></td><td></td><td></td><td></td><td></td><td></td><td></td><td></td><td></td><td></td><td></td><td></td><td></td><td></td><td></td><td></td><td></td><td></td><td></td><td></td><td></td><td></td><td></td><td></td></tr>
</table>

5.5.2　物资配置计划

物资配置计划应包括下列内容：

（1）根据施工总进度计划确定主要工程材料和设备的配置计划。

（2）根据总体施工部署和施工总进度计划确定主要施工周转材料和施工机具的配置计划。

1）材料、构件及半成品需要量计划。根据工种工程量汇总表和总进度计划的要求，查概算指标即可得出各单位工程所需的物资需要量，从而编制出物资需要量计划，见表5.4。

2）施工机具需要量计划。主要施工机械的需要量，根据施工进度计划，主要建筑物施工方案和工程量，套用机械产量定额，即可得到主要机械需要量，辅助机械可根据安装工程概算指标求得，从而编制出机械需要量计划，见表5.5。

表 5.4 建设项目各种物资需要量计划

序号	类别	材料名称	单位	全工地性工程						生活设施		其他暂设工程	需要量计划												
				主厂房	辅助车间	道路	铁路	给排水管道工程	电气工程	永久性住宅	临时性住宅		年								年				
													5	6	7	8	9	10	11	12	1	2	3	4	5
1	构件类	预制桩 预制梁 ……																							
2	主要材料	钢筋 水泥 ……																							
3	半成品类	砂浆 混凝土 ……																							

表 5.5 施工机械需要量计划

序号	机械名称	型号	生产效率	数量	需要量计划															
					年								年							
					5	6	7	8	9	10	11	12	1	2	3	4	5	6	7	8

5.6 主要施工方法

施工组织总设计要制定一些单位（子单位）工程和主要分部（分项）工程所采用的施工方法，这些工程通常是建筑工程中工程量大、施工难度大、工期长，对整个项目的完成起关键作用的建（构）筑物以及影响全局的主要分部（分项）工程。

制定主要工程项目施工方法的目的是为了进行技术和资源的准备工作，同时也为了施工进程的顺利开展和现场的合理布置，对施工方法的确定要兼顾技术工艺的先进性和可操作性以及经济上的合理性。

主要施工方法是指单位工程中主要分部分项工程或专项工程的施工手段和工艺，属于施工方案的技术方面的内容。

5.6.1 主要施工方法的内容

拟订主要的操作过程和方法，包括施工机械的选择、提出质量要求和达到质量要求的技术措施，制订切实可行的安全施工措施等。

5.6.2 确定主要施工方法的重点

确定主要施工方法应从单位工程施工全局出发，着重考虑影响整个工程施工的主要分

部分项工程的施工方法。而对于一般的、常见的、工人熟悉的、工程量小的以及对施工全局和工期无多大影响的分部分项工程，只要提出若干注意事项和要求就可以了，不必详细拟订施工方法。对于下列一些项目的施工方法则应详细、具体拟订。

（1）工程量大，在单位工程中占重要地位，对工程质量起关键作用的分部分项工程。如基础工程、钢筋混凝土工程等隐蔽工程。

（2）施工技术复杂、施工难度大或采用新技术、新工艺、新材料、新结构的分部分项工程。如大体积混凝土结构施工、早拆模体系、无粘结预应力混凝土等。

（3）施工人员不太熟悉的特殊结构，专业性很强、技术要求很高的工程。如仿古建筑、大跨度空间结构、大型玻璃幕墙、薄壳、悬索结构等。

5.6.3 确定主要施工方法应遵循的原则

（1）要反映主要分部分项工程或专项工程拟采用的施工手段和工艺，具体反映施工中的工艺方法、工艺流程、操作要点和工艺标准以及对机具的选择与质量检验等内容。

（2）施工方法的确定应体现先进性、经济性和适用性。施工方法的确定应着重于各主要施工方法的技术经济比较，力求达到技术上先进、施工上方便可行、经济上合理的目的。

（3）在编写深度方面，要对每个分项工程的施工方法进行宏观的描述，要体现宏观指导性、原则性，其内容应表达清楚，决策要简练。

5.6.4 确定主要施工方法的要点

单位工程施工的主要施工方法不但包括各主要分部分项工程施工方法的内容（如土方工程、基础、砌体、模板、钢筋、混凝土、结构安装、装饰、垂直运输和设备安装等），还包括测量放线、脚手架和季节性施工等专项施工方法。

1. 测量放线

施工测量是建筑工程施工中的基础工作，是各施工阶段中的先导性工序，是保证工程的平面位置、高程、竖向和几何形状符合设计要求和施工要求的依据。

（1）平面控制测量。说明轴线控制的依据及引至现场的轴线控制点位置；确定地下部分平面轴线的投测方法；确定地上部分平面轴线的投测方法。

（2）高程控制测量。建立高程控制网，说明标高引测的依据及引至现场的标高的位置；确定高程传递的方法；明确垂直度控制的方法。

（3）说明对控制桩的保护要求。

（4）明确测量控制精度。

（5）沉降观测。当设计或相关标准有明确要求时，或当施工中需要进行沉降观测时，应确定观测部位、观测时间及精度要求。沉降观测工作一般由建设单位委托有资质的专业测量单位完成。由施工单位配合。

（6）质量保证要求。提出保证施工测量质量的要求。

2. 土石方工程

（1）挖土方法。根据土方量大小，确定采用人工挖土还是机械挖土。当采用人工挖土

时，应按进度要求确定劳动力人数，分区分段施工。当采用机械挖土时，应选择机械挖土的方式，再确定挖土机的型号、数量，机械开挖方向与路线，人工如何配合修整基底、边坡。

（2）地面水、地下水的排除方法。确定排水沟渠、集水井、井点的布置及所需设备的型号、数量。

（3）挖深基坑方法。应根据土质类别及场地周围情况确定边坡的放坡坡度或土壁的支撑形式和打设方法，确保安全。

（4）石方施工。确定石方的爆破方法及所需机具材料。

（5）地形较复杂的场地平整。进行土方平衡计算，绘制平衡调配表。

（6）确定运输方式、运输机械型号及数量。

（7）土方回填的方法、填土压实的要求及机具选择。

（8）地基处理的方法（换填地基、夯实地基、挤密桩地基、注浆地基等）及相应的材料、机具、设备。

3. 基础工程

（1）浅基础。垫层、钢筋混凝土基础施工的技术要求。

（2）地下防水工程。应根据防水方法（混凝土结构自防水、水泥砂浆抹面防水、卷材防水、涂料防水），确定用料要求和相关技术措施等。

（3）桩基。明确施工机械型号、入土方法和入土深度控制、检测、质量要求等。

（4）当基础的深浅不同时，应确定基础施工的先后顺序、标高控制、质量与安全措施等。

（5）各种变形缝。确定留设方法及注意事项。

（6）混凝土基础施工缝。确定留置位置及技术要求。

4. 钢筋混凝土工程

（1）模板的类型和支模方法的确定。根据不同的结构类型、现场施工条件和企业实际施工设备，确定模板种类、支撑方法和施工方法，并分别列出采用的项目、部位、数量，明确加工制作的分工，对于复杂工程还需进行模板设计及绘制模板放样图。

（2）钢筋的加工、运输和安装方法的确定。明确构件厂或现场加工的范围；明确除锈、调直、切断、弯曲成型方法；明确钢筋张拉、施加预应力方法；明确焊接方法或机械连接方法；明确钢筋运输和安装方法；明确相应机具设备型号、数量。

（3）混凝土搅拌和运输方法的确定。若当地有预拌混凝土供应时，首先应采用预拌混凝土，否则，应根据混凝土工程量大小，合理选用搅拌方式，是集中搅拌还是分散搅拌；选用搅拌机型号、数量；进行配合比设计；确定掺合料、外加剂的品种数量；确定砂石筛选、计量和后台上料方法；确定混凝土运输方法。

（4）混凝土的浇筑。确定浇筑顺序、施工缝位置、分层高度、工作班制、浇捣方法、养护制度及相应机械工具的型号、数量。

（5）冬期或高温条件下浇筑混凝土。应制订相应的防冻或降温措施，落实测温工作，明确外加剂品种、数量和控制方法。

（6）浇筑大体积混凝土。应制订防止温度裂缝的措施，落实测量孔的设置和测温记录

等工作。

（7）有防水要求的特殊混凝土工程。应事先做好防渗等试验工作，明确用料和施工操作等要求，加强检测控制措施，保证质量。

（8）装配式单层工业厂房的牛腿柱和屋架等大型的在现场预制的钢筋混凝土构件，应事先确定柱与屋架现场预制平面布置图。

5. 砌体工程

（1）砌体的组砌方法和质量要求，皮数杆的控制要求，施工段和劳动组合形式等。

（2）砌体与钢筋混凝土构造柱、梁、楼板、阳台、楼梯等构件的连接要求。

（3）配筋砌体工程的施工要求。

（4）砌筑砂浆的配合比计算，原材料要求及拌制和使用时的要求。

6. 结构安装工程

（1）选择吊装机械的类型和数量。需根据建筑物外形尺寸，所吊装构件外形尺寸、位置、重量、起重高度，工程量和工期，现场条件，吊装工地拥挤的程度与吊装机械通向建筑工地的可能性，工地上可能获得吊装机械的类型等条件来确定。

（2）确定吊装方法。安排吊装顺序、机械位置和行驶路线以及构件拼装办法及场地。

（3）有些跨度大的建筑物的构件吊装，应认真制订吊装工艺，设定构件吊点位置，确定吊索的长短及夹角大小、起吊和扶正时的临时稳固措施、垂直度测量方法等。

（4）构件运输、装卸、堆放办法以及所需的机具设备型号、数量和对运输道路的要求。

（5）吊装工程准备工作内容，起重机行走路线压实加固；各种吊具临时加固，电焊机等要求以及吊装有关技术措施。

7. 屋面工程

（1）屋面各个分项工程（如卷材防水屋面一般有找坡找平层、隔汽层、保温层、防水层、保护层或使用面层等分项工程，刚性防水屋面一般有隔离层、刚性防水层等分项工程）的各层材料，特别是防水材料的质量要求、施工操作要求。

（2）屋盖系统的各种节点部位及各种接缝的密封防水施工。

（3）屋面材料的运输方式。

8. 外墙保温工程

（1）说明采用外墙保温类型及部位。

（2）主要的施工方法及技术要求。

（3）明确外墙保温施工完成后的现场试验要求。

（4）明确保温材料进场要求和材料性能要求。

9. 装饰工程

（1）明确装饰工程进入现场施工的时间、施工顺序和成品保护等具体要求，结构、装修、安装穿插施工，缩短工期。

（2）较高级的室内装修应先做样板间，通过设计、业主、监理等单位联合认定后，再全面开展工作。

（3）对于民用建筑需提出室内装饰环境污染控制办法。

（4）室外装修工程应明确脚手架设置，饰面材料应有防止渗水、防止坠落及金属材料防锈蚀的措施。

（5）确定分项工程的施工方法和要求，提出所需的机具设备的型号、数量。

（6）提出各种装饰装修材料的品种、规格、外观、尺寸、质量等要求。

（7）确定装修材料逐层配套堆放的数量和平面位置，提出材料储存要求。

（8）保证装饰工程施工防火安全的方法。如材料的防火处理、施工现场防火、电气防火、消防设施的保护。

10．脚手架工程

（1）明确内外脚手架的用料、搭设、使用、拆除方法及安全措施，外墙脚手架若从地面开始搭设，应根据土质情况，采取防止脚手架不均匀下沉的措施。

（2）应明确特殊部位脚手架的搭设方案。如施工现场的主要出入口处，脚手架应留有较大空间，便于行人或车辆进出，空间两边和上边均应用双杆处理，并局部设置剪刀撑，加强与主体结构的拉结固定。

（3）室内施工脚手架宜采用轻型的工具式脚手架，装拆方便省工，成本低。较高、跨度较大的厂房屋顶的顶棚喷刷工程宜采用移动式脚手架，省工又不影响其他工程。

（4）脚手架工程还需确定安全网挂设方法、四口五临边防护方案。

11．现场水平垂直运输设施

（1）确定垂直运输量，有标准层的需确定标准层运输量。

（2）选择垂直运输方式及其机械型号、数量、布置、安全装置、服务范围、穿插班次，明确垂直运输设施使用中的注意事项。

（3）选择水平运输方式及其设备型号、数量。

（4）确定地面和楼面上水平运输的行驶路线。

12．特殊项目

特殊项目是指采用新技术、新材料、新结构的项目；大跨度空间结构、水下结构、基础、大体积混凝土施工、大型玻璃幕墙、软土地基等项目。

（1）选择施工方法，阐明施工技术关键所在（当难于用文字说清楚时，可配合图表进行描述）。

（2）拟订质量、安全措施。

13．季节性施工

当工程施工跨越冬期或雨期时，就必须制订冬期施工措施或雨期施工措施。施工措施应根据工程部位及施工内容和施工条件的不同进行制订。

（1）冬（雨）季施工部位。说明冬（雨）季施工的具体项目和所在的部位。

（2）冬期施工措施。根据工程所在地的冬季气温、降雪量不同，工程部分及施工内容不同，施工单位建筑施工组织的条件不同，制订不同的冬期施工措施。

（3）雨期施工措施。根据工程所在地的雨量、雨期及工程的特点（如深基础、大土方量、施工设备、工程部位）制订雨期施工措施。

有关季节性施工的内容应在季节性专项施工方案中细化。

5.7 施工总平面图设计

施工总平面图是对拟建项目施工现场的总体平面布置图，是施工组织总设计的关键性工作，也是施工部署在空间上的反映，对指导现场进行有组织、有计划的文明施工，节约施工用地，减少场内运输，避免相互干扰，降低工程费用具有重大的意义。

施工总平面图是施工组织总设计应重点编好的第三项内容，其编制的关键是如何从建设项目的全局出发，科学、合理地解决好施工组织的空间问题和施工“投资”问题。它的技术性、经济性都很强，还涉及许多政策和法规问题，如占地、环保、安全、消防、用电、交通等。施工总平面图的绘制比例为1：1000～1：2000。

5.7.1 施工总平面图设计的原则、依据和内容

施工总平面图设计的原则、依据和内容与单位工程施工平面图设计基本相同，但两者考虑的范围和深度不同，施工总平面图设计侧重于宏观和全局性，单位工程施工平面图设计则侧重于具体和细部。这里就施工总平面图设计的原则、依据和内容做简单阐述。

1. 施工总平面设计的原则

(1) 平面布置科学合理，施工场地占用面积少。

(2) 合理组织运输，减少二次搬运。

(3) 施工区域的划分和场地的临时占用应符合总体施工部署和施工流程的要求，减少相互干扰。

(4) 充分利用既有建（构）筑物和既有设施为项目施工服务，降低临时设施的建造费用。

(5) 临时设施应方便生产和生活，办公区、生活区和生产区宜分离设置。

(6) 符合节能、环保、安全和消防等要求。

(7) 遵守当地主管部门和建设单位关于施工现场安全文明施工的相关规定。

2. 施工总平面图设计的依据

施工总平面图设计的依据包括：设计资料；建设地区的自然条件和经济技术条件；建设项目的建设概况；物资需求资料；各构件加工厂、仓库、临时性建筑的位置和尺寸。

3. 施工总平面图设计的内容

(1) 项目施工用地范围内的地形状况。

(2) 全部拟建的建（构）筑物和其他基础设施的位置。

(3) 项目施工用地范围内的加工设施、运输设施、存储设施、供电设施、供水供热设施、排水排污设施、临时施工道路和办公、生活用房等。

(4) 施工现场必备的安全、消防、保卫和环境保护等设施。

(5) 相邻的地上、地下既有建（构）筑物及相关环境。

5.7.2 施工总平面图设计的步骤

设计全工地性施工总平面图，首先应解决大宗材料进入工地的运输方式。如铁路运输需将铁轨引入工地，水路运输需考虑增设码头、仓储和转运问题，公路运输需考虑运输路

线的布置问题等。

1. 场外交通的引入

（1）铁路运输。一般大型工业企业都设有永久性铁路专用线，通常将其提前修建，以便为工程项目施工服务。由于铁路的引入，将严重影响场内施工的运输和安全，因此，一般将铁路先引入到工地两侧，当整个工程进展到一定程度，工程可分为若干个独立施工区域时，才可以把铁路引到工地中心区。铁路对每个独立的施工区都不应有干扰，位于各施工区的外侧。

（2）水路运输。当大量物资由水路运输时，就应充分利用原有码头的吞吐能力。当原有码头能力不足时，应考虑增设码头，其码头的数量不应少于两个，且宽度应大于2.5m，一般用石或钢筋混凝土结构建造。

一般码头距工程项目施工现场有一定距离，故应考虑码头建仓储库房以及从码头运往工地的运输问题。

（3）公路运输。当大量物资由公路运进现场时，由于公路布置较灵活，一般将仓库、加工厂等生产性临时设施布置在最方便，最经济合理的地方，而后再布置通向场外的公路线。

2. 仓库与材料堆场的布置

仓库和堆场的布置应考虑下列因素：

（1）尽量利用永久性仓库，节约成本。

（2）仓库和堆场位置距使用地尽量接近，减少二次搬运。

（3）当有铁路时，尽量布置在铁路线旁边，并且留够装卸前线，而且应设在靠工地一侧，避免内部运输跨越铁路。

（4）根据材料用途设置仓库和堆场。

1）砂、石、水泥等在搅拌站附近。

2）钢筋、木材、金属结构等在加工厂附近。

3）油库、氧气库等布置在僻静、安全处。

4）设备尤其是笨重设备应尽量在车间附近。

5）砖、瓦和预制构件等直接使用材料，应布置在施工现场吊车半径范围之内。

3. 加工厂布置

加工厂类型一般包括：混凝土搅拌站、构件预制厂、钢筋加工厂、木材加工厂、金属结构加工厂等。布置这些加工厂时，应主要考虑来料加工和成品、半成品运往需要地点的总运输费用最小，且加工厂的生产和工程项目施工互不干扰。

（1）搅拌站布置。根据工程的具体情况可采用集中、分散或集中与分散相结合3种方式布置。当现浇混凝土量大时，宜在工地设置混凝土搅拌站，当运输条件好时，以采用集中搅拌最有利；当运输条件较差时，则宜采用分散搅拌。

（2）预制构件加工厂布置。一般建在空闲地带，既能安全生产，又不影响现场施工。

（3）钢筋加工厂。根据不同情况，采用集中或分散布置。对于冷加工、对焊、点焊的钢筋网等宜集中布置，设置中心加工厂，其位置应靠近构件加工厂；对于小型加工件，利用简单机具即可加工的钢筋，可在靠近使用地分散设置加工棚。

(4) 木材加工厂。根据木材加工的性质，加工的数量，采用集中或分散布置。一般原木加工批量生产的产品等加工量大的应集中布置在铁路、公路附近；简单的小型加工件可分散布置在施工现场，设几个临时加工棚。

(5) 金属结构、焊接、机修等车间的布置。应尽量集中布置在一起，以适应生产上相互间密切联系的需要。

4. 内部运输道路布置

根据各加工厂、仓库及各施工对象的相对位置，对货物周转运行图进行反复研究，区分主要道路和次要道路，进行道路的整体规划，以保证运输畅通，车辆行驶安全，造价低。在内部运输道路布置时应考虑：

(1) 尽量利用拟建的永久性道路。将它们提前修建，或先修路基，铺设简易路面，项目完成后再铺路面。

(2) 保证运输畅通。道路应设两个以上的进出口，避免与铁路交叉，一般厂内主干道应设成环形，其主干道应为双车道，宽度不小于 6m，次要道路为单车道，宽度不小于 3.5m。

(3) 合理规划拟建道路与地下管网的施工顺序。在修建拟建永久性道路时，应考虑路下的地下管网，避免将来重复开挖，尽量做到一次性到位，节约投资。

5. 临时性房屋布置

临时性房屋一般有办公室、汽车库、职工休息室、开水房、浴室、食堂、商店、俱乐部等。布置时应考虑：

(1) 全工地性管理用房（办公室、门卫等）应设在工地入口处。

(2) 工人生活福利设施（商店、俱乐部、浴室等）应设在工人较集中的地方。

(3) 食堂可布置在工地内部或工地与生活区之间。

(4) 职工住房应布置在工地以外的生活区，一般距工地 500～1000m 为宜。

6. 临时水电管网的布置

临时性水电管网布置时，尽量利用可用的水源、电源。一般排水干管和输电线沿主干道布置；水池、水塔等储水设施应设在地势较高处；总变电站应设在高压电入口处；消防站应布置在工地出入口附近，消火栓沿道路布置；过冬的管网要采取保温措施。

综上所述，外部交通、仓库、加工厂、内部道路、临时房屋、水电管网等布置应系统考虑，多种方案进行比较，当确定之后采用标准图例绘制在总平面图上。

5.8 主要技术经济指标计算

为了评价施工组织总设计各个方案的优劣，以便确定最优方案，通常采用以下技术经济指标进行评价。

1. 施工总工期

施工总工期是指项目从正式开工到全部投产使用所持续的时间。应计算的指标有：

(1) 施工准备期。从施工准备开始到主要项目开工为止的时间。

(2) 一期项目投产期。从主要项目开工到第一批项目投产的全部时间。

(3) 单位工程工期。指建筑群中各单位工程从开工到竣工为止的全部时间。

将上述三项指标与常规工期对比。

2. 项目施工总成本

(1) 项目降低成本总额。

降低成本总额=承包总成本-计划总成本

(2) 降低成本率。

$$降低成本率=\frac{降低成本总额}{承包总成本额} \tag{5.1}$$

3. 项目施工总质量

项目施工总质量是施工组织总设计中确定的质量控制目标。

$$质量优良品率=\frac{优良工程个数(或面积)}{施工项目总个数(或面积)} \tag{5.2}$$

4. 建筑项目施工安全指标

以发生安全事故的频率控制数表示。

5. 项目施工效率

(1) 全员劳动生产率 [元/(人·a)]。

(2) 单位竣工面积用工量。它反映劳动的使用和消耗水平 (工日/m^2)。

(3) 劳动力不均衡系数，其计算方法如下

$$劳动力不均衡系数=\frac{施工高峰期人数}{施工期平均人数} \tag{5.3}$$

6. 临时工程

(1) 临时工程投资比例。

$$临时工程投资比例=\frac{全部临时工程投资}{建筑安装工程总值} \tag{5.4}$$

(2) 临时工程费用比例。

$$临时工程费用比例=\frac{临时工程投资-回收量+租用费}{建筑安装工程总值} \tag{5.5}$$

7. 材料使用指标

(1) 主要材料节约量。利用施工组织措施，实现三大材料 (钢材、木材、水泥) 的节约量。

$$主要材料节约量=预算用量-施工组织设计计划用量 \tag{5.6}$$

(2) 主要材料节约率

$$主要材料节约率=\frac{主要材料节约量}{主要材料预算用量} \tag{5.7}$$

8. 综合机械化程度

$$综合机械化程度=\frac{机械化施工完成工作量}{总工作量} \tag{5.8}$$

9. 预制化程度

$$预制化程度=\frac{工厂及现场预制工作量}{总工作量} \tag{5.9}$$

将上述指标与同类型工程的技术经济指标比较，即可反映出施工组织总设计的实际效果，并作审批的依据。

5.9 施工组织总设计（纲要）实例

5.9.1 项目概况

本工程位于某市开发区内。工程占地面积 12500m²，总建筑面积 65090m²。其中，地上建筑面积 53090m²，为科技市场及科技研发产业用房；地下建筑面积 12000m²，为车库及设备用房。建筑物地上 30 层，总高度 110m。

基础为由 80cm 厚抗压板，30cm 厚混凝土板墙和 40cm 厚人防叠合板组成的箱形基础。基础以下为 1m 厚混凝土垫层，基础埋深 9.6m，外做 JIA 防水层。

主体为现浇柱、预制梁板框架—剪力墙结构，按地震烈度Ⅸ级设防。外墙为条形挂板。柱采用标准节点。现浇柱混凝土强度等级为 C30，达到 5MPa 时方能安装预制梁板；预制梁下须加临时支撑，待叠合梁混凝土强度达到设计要求 100%后方可拆除。现浇柱四角主筋连接采用电渣压力焊方式。外饰面采用白色和灰色仿古全瓷砖，1～5 层干挂花岗岩。室内柱、大厅墙面贴大理石。室内地面采用高档地面砖（地砖规格：走廊 800mm×800mm；房间内 500mm×500mm）。内隔墙大部分采用轻钢龙骨石膏板墙贴塑料壁纸，砖墙或混凝土墙抹灰后贴塑料壁纸或刷乳胶漆。顶棚大部分为轻钢龙骨石膏板吊顶，厕所、开水间等房间为白瓷砖墙裙。

5.9.2 施工目标

（1）工期目标。计划 2002 年 9 月 1 日开工，2004 年 11 月 30 日结束，工期为 2 年零 3 个月。

（2）质量目标。确保省优质工程；为争国家优质工程“鲁班奖”。

（3）成本目标。保证工程的成本比预期成本降低 3.8%。

（4）安全生产目标。坚持“安全第一，预防为主”的方针，保证一般事故频率小于 1.5‰，工亡率为零，在施工期间杜绝一切重大安全质量事故。

（5）文明施工和环保目标。强化施工现场科学管理，满足现场环保要求，创一流水平，建成市级文明样板工地。

（6）科技进步目标。将本工程列为本企业科技示范工程。科技进步效益率达 1.5‰。

（7）服务目标。建造业主满意工程。

5.9.3 管理组织

本工程根据其特点，在现场成立了项目经理部，实施总承包管理模式。由项目经理、项目主任工程师、项目经济师组成。负责对工程的领导、决策、指挥、协调、控制等事宜，对工程的进度、成本、质量、安全和现场文明等负全部责任。管理组织机构，如图5.2所示。

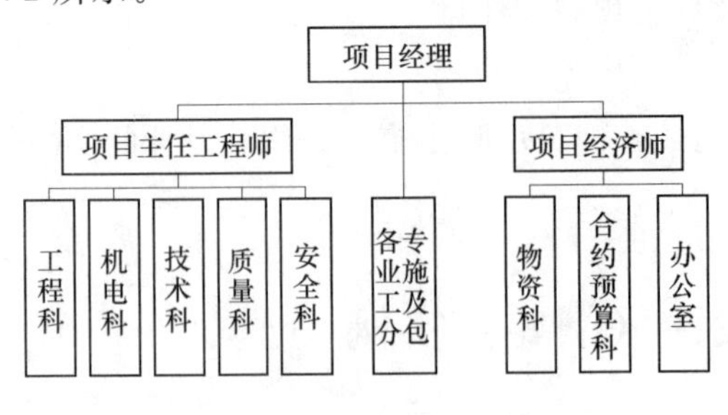

图5.2　组织机构图

1. 各科室职责

(1) 工程科，负责施工的全面过程控制，严格控制分项工程施工工序，落实技术交底，严把质量进度关，保证工程目标实现。

(2) 机电科，负责施工机械的选购和采用，施工用电线路的铺设以及机电安装工程等的施工。

(3) 技术科，编制施工组织设计，制定并监督实施技术措施和质量改进措施，负责并解决施工工程中发生的技术问题，负责办理设计变更和洽商，以及技术资料的整理归档。

(4) 质量科，负责制定质量保证体系，对施工中的工程质量进行严格控制，严格进行质量检查和质量状况分析。

(5) 安全科，负责工程安全保卫、消防工作，保证工程的顺利进行。

(6) 物资科，负责采购供应合格产品、半成品等材料，负责进场物资的验收保护和发放。

(7) 合约预算科，负责施工项目的合同管理以及该预算、索赔和核算等工作。

(8) 办公室，协调经理部各职能科室，质量体系综合管理和成本核算和管理。

2. 人员职责如下

(1) 项目经理职责。

1) 项目经理是工程项目总负责人，向上级主管负责。

2) 贯彻公司经营方针，制订项目目标，全面履行工程承包合同规范的责任。

3) 组织机构的建立和人员安排及确定职责范围。

4) 对公司质量保证手册和有关程序文件的贯彻执行。

5) 负责经理部内部责任状的签订。

6) 负责分包工程合同的签订。

7) 负责工程施工款项的审批，工程款的回收。

8) 负责工程的安全生产。

(2) 主任工程师职责。负责质量体系的运行和管理，审批“项目质量计划”，参与编制总进度计划，审定分部、分项计划，与业主或其代表协调解决工作中的问题，负责材料质量检验和试验，对施工工艺和工程质量进行检查和监督，对不合格处更正，主持有关工程技术、质量问题会议，负责对工程的最终检验和试验的组织工作。

(3) 经济师职责。负责项目经济事务，确定工程量，核定工程款项，对各分包单位和供货方签订经济合同，核定价格和数量，监督审查财务、材料部门的工作，并负责项目施工中的成本控制。

(4) 主要部门负责人员职责。主要部门负责人员职责，见表5.6。

表 5.6　　主要科室人员职责表

人　　员	主　要　职　责
技术科主管	1. 认真执行施工规范、操作规程和各项规章制度和有关规定； 2. 负责编制单位工程施工方案，制定技术措施和实施优质工程措施； 3. 负责图纸会审，组织技术人员、工长学习图纸，负责向工人班组进行技术交底； 4. 负责检查单位工程测量定位，抄平放线，沉降测量，参与隐蔽工程验收和分部分项工程评定； 5. 负责组织施工中的砂浆，混凝土的试块制作、养护、保管、送试、材料测定及二次化验； 6. 负责技术资料的积累与整理使资料齐全完备； 7. 负责质量安全有关技术事宜，及时处理不合格工程； 8. 负责检查材料是否合格
工程科主管	1. 在项目经理指导下，对单位工程所划分的工程的区段的管理工作负责； 2. 对单位的质量检查、安全、进度负责至班组； 3. 负责编制本单位施工组织设计，以及贯彻和监督； 4. 负责劳动力的管理工作，并提出每月的劳动力需要量计划，并负责分包管理工作
办公室主管	1. 协调各科室，进行综合管理； 2. 根据项目特点，以预算成本为项目基础，确定项目目标成本。并对目标成本进行有效的分解，编制工程成本降低计划，制定有效的工程成本预测控制方案； 3. 对降低成本措施的实施效果进行动态考评，负责组织对分阶段工程成本的经济活动进行分析，提出各阶段成本报告期的工程成本； 4. 在工程竣工后及时提供项目考核的全套资料与数据，并接受有关部门的审定
物资科主管	1. 负责按施工进度计划申报材料使用计划，落实材料半成品的对外加工定货的数量和供应时间； 2. 按材料技术要求，对材料的规格、数量和质量进行把关验收； 3. 统筹安排现场物资管理工作，按平面布置设计进行储存； 4. 落实机械设备进场计划，材料使用计划和构件供货计划，做好材料进场工作； 5. 加强材料管理，开展限额领料，降低消耗，节约材料

5.9.4 施工方案

1. 基础工程

(1) 土方工程。槽底标高－9.60m，室外自然地坪－1.0m，实际挖土深度 8.60m，分 2 层开挖，第 1 层挖深 3.60m，第 2 层挖深 5.00m。第 1 层土挖完后，在槽四周打钻孔护坡桩，养护至设计强度的 80%后挖第 2 层土方。挖土坡度 1：0.75。室外管网中距建筑物较近的管沟须与基槽同时开挖。

(2) 防水层。防水层施工顺序为先做立墙后做底板，立墙的砌砖、找平层和 JIA 防水层须一次做完，防水层为防水布外涂 2cm 厚 JIA 防水砂浆。

(3) 箱形基础。水平方向划分 4 个施工段组织流水施工，如图 5.3 所示。

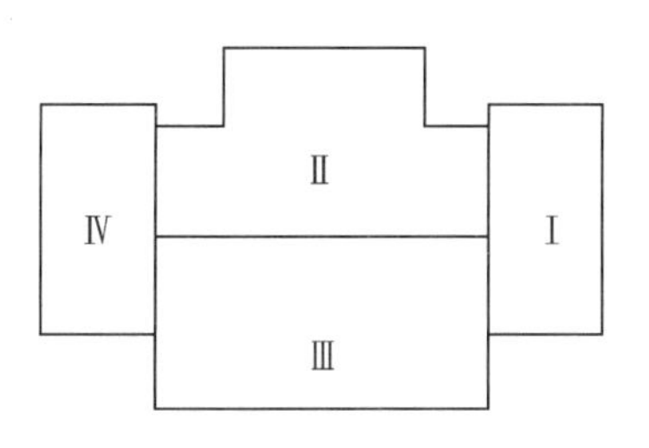

图 5.3　分区平面示意图

垂直方向划分 4 个施工层组织流水施工：第 1 施工层混凝土浇筑至底板斜面以下 3cm；第 2 施工层浇至架空层预制板下皮；第 3 施工层浇至人防叠合板下皮；第 4 施工层浇至技术层现浇框架。

混凝土为 C20，在一个施工段内要求连续浇筑，具体

浇筑顺序由施工队编制混凝土分项工程施工工艺卡确定。

2. 结构工程

(1) 模板工程。主要采用钢木组合式模板，板材采用18mm厚9层胶合板；龙骨采用5cm×10cm方木，紧固件采用ϕ12或ϕ14螺栓，配套用ϕ20PVC塑料管；支撑系统及包箍采用ϕ48钢管脚手架及活动钢管顶撑。模板边沿要求顺直方正，拼缝严密，板缝不大于1.5mm。立模前，板面应清理干净，并刷一道隔离剂。所有柱和剪力墙模板，在底部开20cm×20cm的检查口，以便在混凝土浇筑过程前检查模内，确保无杂物，无积水，方可封闭检查口。

(2) 钢筋工程。钢筋的做法在翻样图纸中注明，施工人员须遵照执行。钢筋采用现场制作，整体吊装就位绑扎。剪力墙钢筋就位绑扎，梁板钢筋现场制作，整体就位绑扎。

(3) 混凝土工程。本工程结构混凝土采用现捣，5层以下混凝土强度等级为C40，属于高强混凝土。

混凝土需要现场进行试块制作和试验。根据所选用的水泥品种、砂石级配、粒径、含泥量和外加剂等进行混凝土预配，最后得出优化配合比，试配结果通过项目经理部审核后，提前报送到工程管理方和监理工程师审查合格后，方准许进行混凝土生产和浇筑。

本工程顶板混凝土采用混凝土输送泵（现场常备2台混凝土泵）集中浇筑；墙体和柱混凝土主要利用混凝土泵浇筑，同时利用塔吊进行辅助浇筑。在进行墙柱混凝土浇筑时，严格控制浇筑厚度（每层浇筑厚度不得超过50cm）及混凝土捣制时间，杜绝蜂窝、孔洞。留置在梁部位的水平施工缝标高要严格准确控制，不得过低和超高，并形成一个水平面，以利于下一步梁板施工，同时保证质量。梁板混凝土浇筑方向平行于次梁方向推进，随打随抹。梁由一端开始，用赶浆法浇筑混凝土，标高控制用水准仪抄平，把楼面+0.5m标高线用红色油漆标注在柱、墙体钢筋上，用拉线、刮杆找平。为了避免发生离析现象，混凝土自上而下浇筑时，其自由落差不宜超过2m，如高度超过2m，应设串桶、溜槽。为了保证混凝土结构良好的整体性，应连续进行浇筑，如遇到意外，浇筑间隙时间应控制在上一次混凝土初凝前将混凝土灌注完毕。灌注每层墙柱结构混凝土时，为避免脚部产生蜂窝现象，混凝土浇筑前在底部应先铺一层5～10cm厚同强度等级混凝土的水泥砂浆。

混凝土浇筑后，应及时进行养护。混凝土表面压平后，先在混凝土表面洒少量水，然后覆盖一层塑料薄膜，在塑料薄膜上覆盖两层阻燃草帘（根据需要增减）进行养护，草帘要覆盖严密，防止混凝土暴露，确保混凝土与环境温差不大于25℃，养护过程设专人负责。

(4) 预制构件安装。由2台TQ60/80塔式起重机承担预制构件的安装。预制梁的焊接用1.8m高架子，标准层里脚手架采用金属提升架，非标准层里采用钢管脚手架。外脚手架采用插口架子。预制构件安装就位后，采取临时加固措施，主要是对构造柱和条形挂板的加固。

3. 装修工程

室内抹灰非标准层采用双排钢管里脚手架，标准层采用金属提升架。吊顶搭满堂红脚手架。室外装修，采用双排钢管架子与双层吊篮架子结合使用。垂直运输用高层龙门架和两台外用电梯。

柱子、剪力墙和预制梁板等混凝土表面抹灰前，应检查混凝土的表面。施工时先将混凝土表面凿平，清除油污。大面积抹灰前，应先进行试验，确认能保证质量后再施工，抹灰后注意浇水养护。

地面基层要清理干净履行验收手续后方可施工，有地漏的地面施工时须找好泛水。不同做法的地面在门扇下面接缝，接缝处要平整。

5.9.5 施工进度计划

1. 网络计划

工期采用四级网络进行控制。一级网络为总进度计划，二级网络为3个月滚动计划，二级网络最终要达到一级网络的目标，三级网络为月施工计划、按照二级网络的要求进行细化，四级网络为周计划，按照三级网络进行编制。对于总承包单位编制的三级网络计划，各主要分包单位还要编制进一步细化的施工网络计划，报总承包单位审批。根据扩大初步设计图纸及有关的资料，编制总控制性网络计划，如图5.4所示。

其电算打印的总控制计划图表，如图5.5所示。

2. 施工配套保证计划

此计划是完成专业工程计划与总控制计划的关键，牵涉到参与本工程的各个方面，其主要内容包括：

(1) 图纸计划。此计划要求设计单位提供分项工程施工所必须的图纸的最迟期限，这些图纸主要包括：结构施工图、建筑施工图、钢结构图、玻璃幕墙安装施工详图、机电预留预埋件详图、机电系统图、电梯图、智能化弱电系统图、精装修施工图以及室外总图等。其中施工详图、综合图和特殊专业图等由各专业分包商进行二次深化完成，并由设计方审批认可。

(2) 方案计划。此计划要求的是拟编制的施工组织设计或施工方案的最迟提供期限。“方案先行，样板引路”是保证工期和质量的法宝，通过方案和样板制订出合理的工序，有效的施工方法和质量控制标准。在进场后，编制各专业的系列化方案计划，与工程施工进度配套。

(3) 分供方和专业承包商计划。此计划要求的是在分项工程开工前所必需的供应商、专业分包商合约最迟签订期限。由于本工程的工期较短和专业承包商较多，所以对分供方和专业分包方的选择是极其重要的工作。在此计划中充分体现对分供方和专业分包商的发标、资质审查、考察、报审和合同签订期限。在进场后，我们将编制各分工方和专业承包商计划，与工程施工进度配套。

(4) 设备、材料及大型施工机械进出场计划。此计划主要是对各分项工程所必须使用的材料、机械设备的进出场期限进行编列。对于特殊加工制作和国外供应的材料和设备应充分考虑其加工周期和供应周期。为保证室外工程尽早插入，对塔吊以及部分临建设施等制订出最迟退场或拆除期限。为保证此项计划，进场后应编制细致可行的退场拆除方案，为现场创造良好的场地条件。

(5) 质量检验验收计划。分部分项工程验收是保证下一分部分项工程的前提，其验收必须及时，结构验收必须分段进行。此项验收计划需业主或业主代表、监理方、设计方和质量监督部门密切配合。

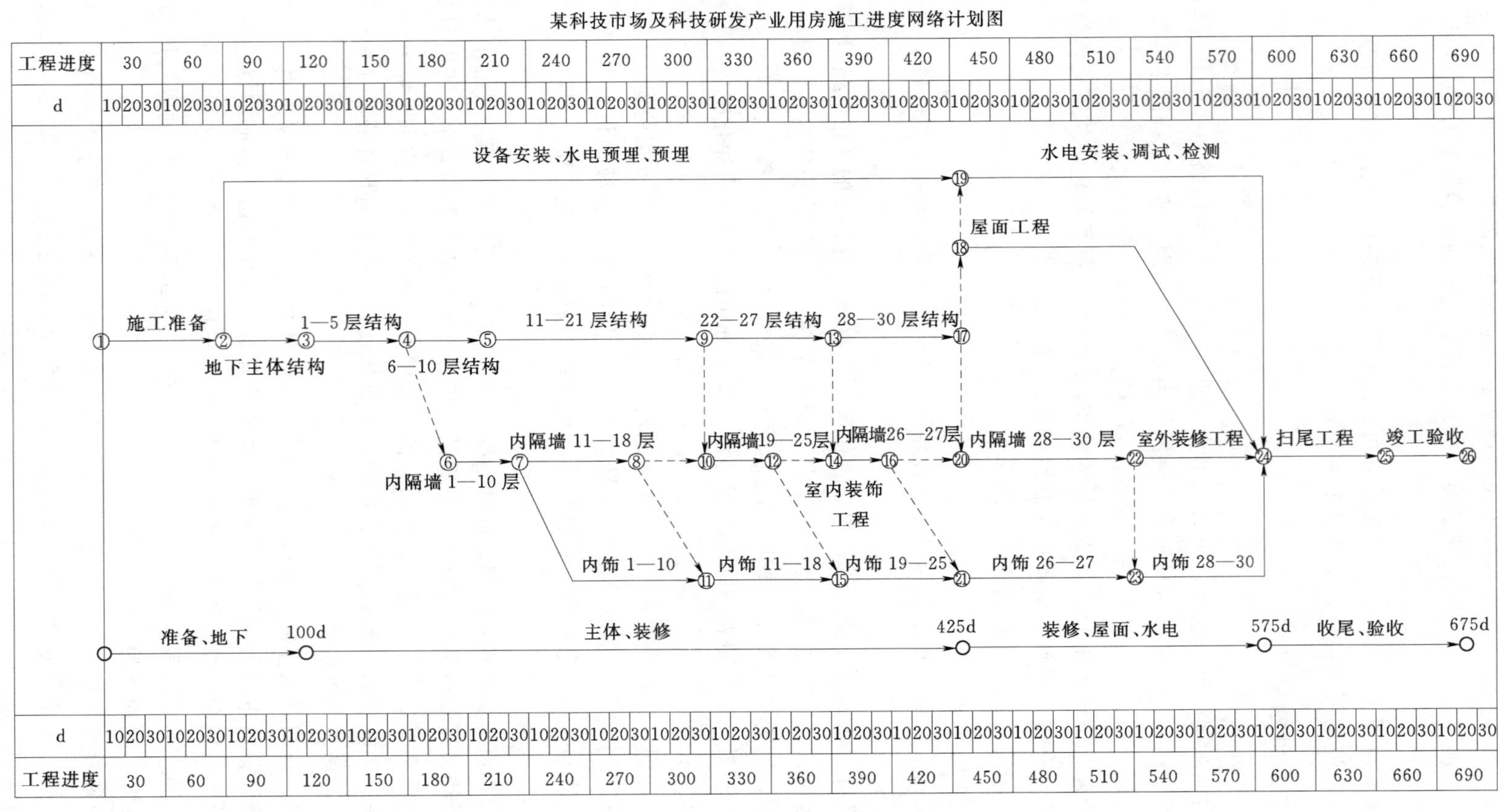

某科技市场及科技研发产业用房施工进度网络计划图
工程进度
30 60 90 120 150 180 210 240 270 300 330 360 390 420 450 480 510 540 570 600 630 660 690
d
设备安装、水电预埋、预埋
水电安装、调试、检测
屋面工程
施工准备
地下主体结构
1—5层结构
6—10层结构
11—21层结构
22—27层结构
28—30层结构
内隔墙1—10层
内隔墙11—18层
内隔墙19—25层
内隔墙26—27层
内隔墙28—30层
室外装修工程
扫尾工程
竣工验收
室内装饰
工程
内饰1—10
内饰11—18
内饰19—25
内饰26—27
内饰28—30
准备、地下
100d
主体、装修
425d
装修、屋面、水电
575d
收尾、验收
675d

图 5.4 控制性网络计划

年份	2002				2003												2004										
月份 / 项目名称	9	10	11	12	1	2	3	4	5	6	7	8	9	10	11	12	1	2	3	4	5	6	7	8	9	10	11
施工准备	—	—																									
基础工程			—	—																							
主体结构					—	—	—	—	—	—	—	—	—	—	—	—	—										
装饰工程												—	—	—	—	—	—	—	—	—	—	—	—				
扫尾工程																								—	—		
竣工验收																										—	—

图 5.5 施工总进度计划

5.9.6 施工质量计划

本工程围绕质量体系，强化工序质量，以确保工程达到预期质量目标。

1. 质量方针

本工程的质量方针是“质量就是生命，质量重于一切”。

2. 质量目标

本工程的质量目标是确保省优质工程，并力争获得国家优质工程“鲁班奖”。

3. 质量控制的指导原则

(1) 建立完善的质量保证体系，配备高素质的项目管理和质量管理人员，强化“项目管理，以人为本”。

(2) 严格过程控制和程序控制，开展全面质量管理，实现 ISO 9000 要求，树立创“过程精品”，“业主满意”的质量意识，使该工程成为具有代表性的优质工程。

(3) 制定质量目标，将目标层层分解，质量责任、权力彻底落实到位，严格奖罚制度。

(4) 建立严格而实用的质量管理和控制办法、实施细则，在工程项目上坚决贯彻执行。

(5) 严格样板制、三检制、工序交接制度、质量检查和审批等制度。

(6) 广泛深入开展质量职能分析、质量讲评，大力推行“一案三工序”的管理措施，即“质量设计方案、监督上工序、保证本工序、服务下工序”。

(7) 大力加强图纸会审、图纸深化设计、详图设计和综合配套图的设计和审核工作，通过确保设计图纸的质量来保证工程施工质量。

4. 质量管理组织机构设置

建立由项目经理领导，由主任工程师策划、组织实施，现场经理和安装经理中间控制，区域和专业责任工程师检查监督的管理系统，形成由项目经理部、各专业承包商、专业化公司和施工作业队组成的质量管理网络。

项目质量管理组织机构，如图 5.6 所示。

5.9.7 施工成本计划

施工成本控制，就是在其施工过程中，运用必要的技术与管理手段对物化劳动和活劳动消耗进行严格组织和监督的一个系统过程。

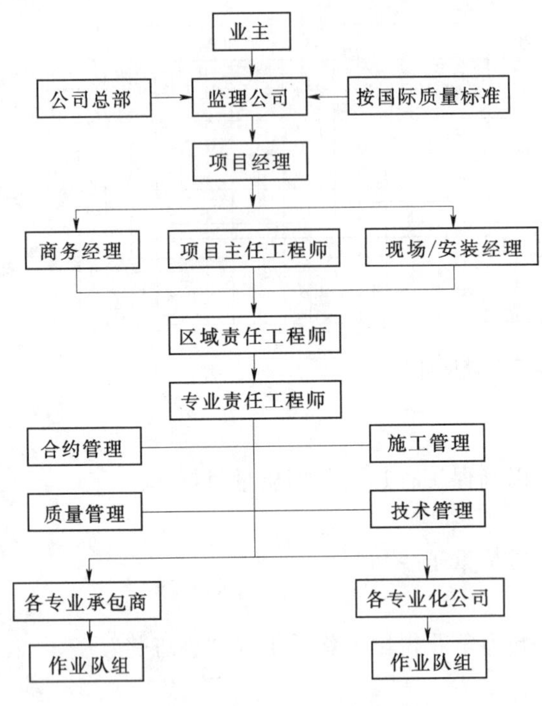

图5.6 项目质量管理组织机构

1. 成本计划的编制程序

施工项目成本计划编制的程序，有以下3个阶段：

(1) 准备阶段。在这一阶段里，除了要做好编制计划的思想上和组织上的准备外，还要收集和整理资料。编制成本计划所需要的资料有：上级主管部门下达的降低成本、利润指标；工程施工图预算；各种定额资料；降低成本的技术组织措施及其经济效果。

(2) 目标成本决策阶段。在预测施工项目目标利润的基础上确定目标成本。在确定目标成本的过程中既要确保项目的目标利润，又要考虑上级主管部门下达的降低成本指标和要求。

(3) 编制阶段。编制成本计划首先由项目经理部将目标成本和降低成本指标层层分解落实到科室和施工队，并组织各单位和全体职工挖掘内部潜力，落实降低成本的技术组织措施。然后进行汇总形成成本计划。最后，再将编好的计划正式下达。

2. 降低成本的依据

(1) 选择正确的施工方案合理优化施工方案。

(2) 劳动生产率可望进一步提高。

(3) 材料供应使用有待进一步改善，此处潜力很大，机械使用率可进一步提高。

3. 降低成本措施

采取以下措施，在保证工程的工期和质量的前提下，达到降低成本的目的：

(1) 挖土时，在场地内预留下要回填的土方量。

(2) 制定科学、合理的施工方案，采取小流水均衡施工法，科学划分施工区段，实现快节拍均衡流水施工，加快施工速度，最大限度地减少模板及支撑的投入量。

(3) 通过缩短工期，减少大型机械和架模工具的租赁费，降低成本。

(4) 加强现场管理，按照项目法严密组织施工，制订严格的材料加工、购买、进场计划、限额领料制度，既保证材料保质保量及时进场到位，又不造成积压和材料浪费，减少材料损耗，减少材料来回运输和二次搬运，降低成本。

(5) 从质量控制上，做到一次成优，避免返工，降低成本。

(6) 采用清水混凝土的措施：为使工程减少粗抹灰的工作量，节约材料、节约人工，并且混凝土平整度好，采用竹胶板整拼抹板施工，达到清水模板效果，顶板不允许抹灰，避免抹灰造成空鼓、灰层脱落，使材料费、人工费、管理费相应得到降低。

(7) 钢筋连接采用锥螺纹连接。

（8）混凝土内掺加掺和料（粉煤灰）以减少水泥用量。

5.9.8 施工安全计划

严格执行各项安全管理制度和安全操作规程，学习并实施 ISO18000 有关要求，并采取以下措施。

（1）建筑物首层四周必须支固定 5m 宽的双层水平安全网，网底距下方物体表面不得小于 5m。

（2）建筑物的出入口须搭设长 6m，宽于出入通道两侧各 1m 的防护栅，栅顶应满铺不小于 5cm 厚的脚手板，非出入口和通道两侧必须封严。

（3）高处作业，严禁投掷物料。

（4）塔式起重机的安装必须符合国家标准及生产厂使用规定，并办理验收手续，经检验合格后，方可使用。使用中，定期进行检测。

（5）塔式起重机的安全装置（四限位，两保险）必须齐全、灵敏、可靠。

（6）吊索具必须使用合格产品。钢丝绳应根据用途保证足够的安全系数。

（7）成立施工现场消防保卫领导小组，制订保卫、巡逻、门卫制度。

（8）由专人与气象台联系，及时作出大雨和大风预报，采取相应技术措施，防止发生事故。

5.9.9 施工环保计划

学习并实施 ISO14000 有关要求。

（1）防止大气污染。水泥和其他易飞扬的细颗粒散体材料，要在库房内存放或严密遮盖，运输时车辆要封闭，以防止遗撒、飞扬。施工现场垃圾应集中及时清运，适量洒水，在易产生扬尘的季节经常洒水降尘，减少扬尘。

（2）防止水污染。施工现场设置沉淀池，使废水经沉淀后再排入市政污水管线，食堂要设置简易有效的隔油池场配备洒水设备并指定专人负责，并加强管理，定期掏油，以免造成水污染。现场油库必须进行防渗漏处理，储存和使用都要采取措施，防止油料跑、冒、滴、漏而污染环境。

（3）防止噪声污染。对于木工车间等产生较大噪声的地方可能的情况下采取全封闭，以降低噪声。另外，在施工现场我们将严格遵照《建筑施工场界噪声限制》（GB 12523—2011）来控制噪声，最大限度地降低噪声扰民。

5.9.10 施工风险防范

项目施工过程周期长，进展中干扰因素多。因素的变化性、时间性、不定性要求我们进行动态管理，预先尽量预测风险并制订出预防措施，以保证项目的顺利进行。

本工程的风险事件预测与措施（略）。

5.9.11 施工平面布置

本工程地处市区，施工现场非常狭窄；在布置施工平面时，按照施工总平面布置原则和要求，通过几个可行方案论证，最后确定出最优方案。本工程施工总平面图布置，如图 5.7 所示。

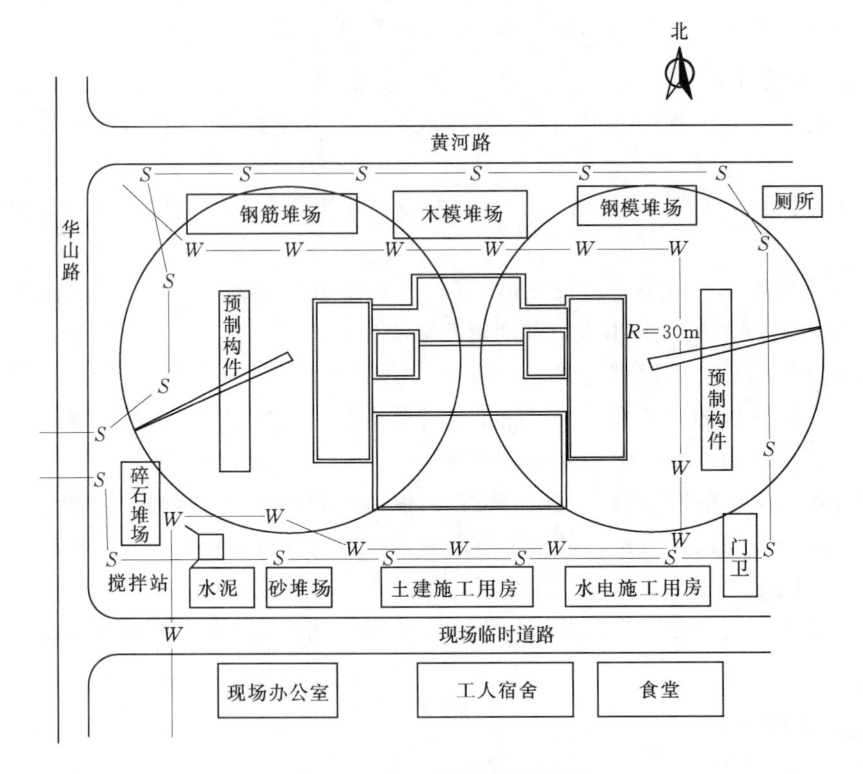

图 5.7　施工总平面布置图

本章小结

本章主要介绍了施工作业组织等内容，其要点为：

1. 施工组织总设计编制内容包括编制依据、建设项目的工程概况、总体施工部署、施工总进度计划、总体施工准备与主要资源配置计划、主要施工方法、施工总平面图布置。

2. 施工组织总设计编制程序、编制原则、编制依据和有关编制及审批规定。

3. 工程概况所包括项目主要情况内容和项目主要施工条件内容等。

4. 施工组织总设计对项目总体施工做出的宏观部署：①确定项目施工总目标，包括进度、质量、安全、环境和成本等目标；②根据项目施工总目标的要求，确定项目分阶段（期）交付的计划；③确定项目分阶段（期）施工的合理顺序及空间组织。

5. 施工总进度计划编制内容和方法等。

6. 总体施工准备所包括技术准备、现场准备和资金准备等。

7. 施工总平面图设计的原则、依据和内容。

8. 主要技术经济指标计算。

训练题

(1) 简述施工组织总设计的应包括哪些内容。

(2) 简述施工组织总设计的编制依据和编制原则有哪些。

(3) 施工部署包括哪些内容？选择主要工程项目的施工方案时应考虑哪些问题？

(4) 简述施工组织总设计与单位工程施工组织设计之间施工方案选择有何区别。

(5) 简述施工总进度计划的编制方法步骤。

(6) 试分析施工总进度计划与基本建设投资经济效益的关系。

(7) 如何根据施工总进度计划编制各种资源供应计划？

(8) 设计施工总平面图时应具备哪些资料？考虑哪些因素？

(9) 施工总用水量如何确定？临时给水管道的管径如何确定？

(10) 简述施工总平面图设计的方法步骤。

第6章　单位工程施工组织设计

学习目标： 了解单位工程施工组织设计的概念、内容；熟悉单位工程施工组织设计的编制程序；掌握单位工程施工组织设计核心内容的编制技术，能够根据工程项目的特点与要求合理编制单位工程施工组织设计，初步具备单位工程施工组织设计的编制能力。

6.1　单位工程施工组织设计概述

1. 单位工程施工组织设计的概念

单位工程施工组织设计是承包人为全面完成工程的施工任务而编制的，用以指导拟建工程从施工准备到竣工验收全过程施工活动的综合性文件。其目的是从整个建筑物或构筑物施工的全局出发，选择合理的施工方案，确定各分部分项工程之间科学合理的搭接、配合关系并设计出符合施工现场情况的平面布置图，从而以最少的投入，在规定的工期内，生产出质量好、成本低的建筑产品。

2. 编制单位工程施工组织设计的依据

单位工程施工组织设计的编制依据主要有施工合同、设计文件、建筑企业年度生产计

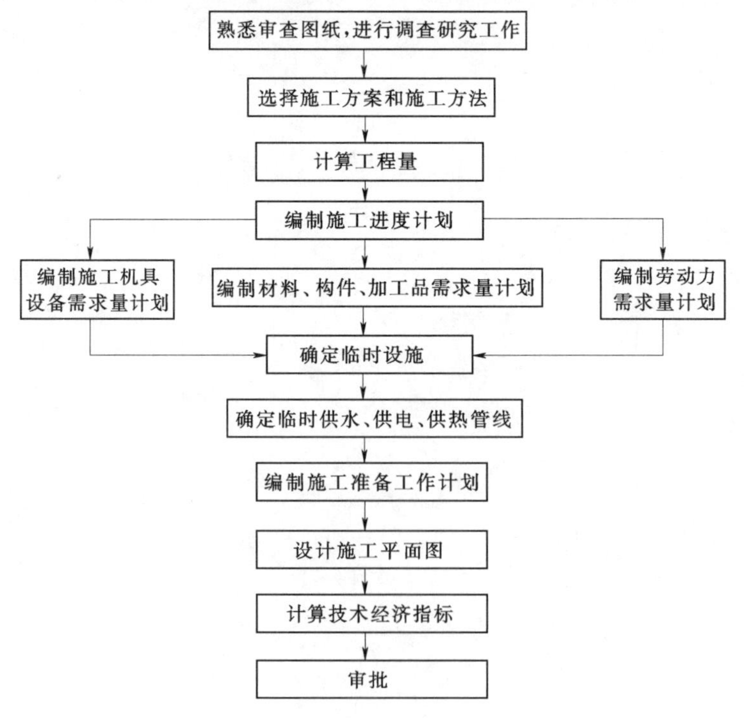

图6.1　单位工程施工组织设计的编制程序

划、施工组织总设计、施工现场自然条件、相关的国家规定和标准及类似工程施工组织设计实例和有关参考资料等。

3. 单位工程施工组织设计的内容

单位工程施工组织设计的内容一般应包括：编制依据、工程概况、施工部署、施工进度计划、施工准备与资源配置计划、主要施工方法、施工现场平面布置及主要施工管理计划等基本内容。根据工程的性质、规模、结构特点、技术复杂程度和施工条件的不同，对其内容和深广度要求也不同，但内容必须简明扼要，使其真正能起到指导现场施工的作用。

4. 单位工程施工组织设计的编制程序

单位工程施工组织设计的编制程序，是指对其各组成部分形成的先后次序及相互之间的制约关系的处理。单位工程施工组织设计的编制程序如图 6.1 所示。

6.2 编制依据及工程概况

6.2.1 单位工程施工组织设计的编制依据

单位工程施工组织设计的编制依据主要有：

(1) 上级主管单位和建设单位（或监理单位）对本工程的要求。如上级主管单位对本工程的范围和内容的批文及招投标文件，建设单位（或监理单位）提出的开竣工日期、质量要求、某些特殊施工技术要求、采用何种先进技术，施工合同中规定的工程造价，工程价款的支付、结算及交工验收办法，材料、设备及技术资料供应计划等。

(2) 经过会审的施工图。包括单位工程的全部施工图纸、会审记录及构件、门窗的标准图集等有关技术资料。对于较复杂的工业厂房，还要有设备、电器和管道的图纸。

(3) 建设单位对工程施工可能提供的条件。如施工用水、用电的供应量，水压、电压能否满足施工要求，可借用作为临时设施的房屋数量、施工用地等。

(4) 本工程的资源供应情况。如施工中所需劳动力、各专业工人数，材料、构件、半成品的来源，运输条件，运距、价格及供应情况，施工机具的配备及生产能力等。

(5) 施工现场的勘察资料。如施工现场的地形、地貌，地上与地下障碍物，地形图和测量控制网，工程地质和水文地质，气象资料和交通运输道路等。

(6) 工程预算文件及有关定额。应有详细的分部、分项工程量，必要时应有分层分段或分部位的工程量及预算定额和施工定额。

(7) 工程施工协作单位的情况。如工程施工协作单位的资质、技术力量、设备安装进场时间等。

(8) 有关的国家规定和标准。是指施工及验收规范、质量评定标准及安全操作规程等。如《建筑施工组织设计规范》(GB/T 50502—2009)、《混凝土结构工程施工规范》(GB 50666—2011)、《钢筋焊接及验收规程》(JGJ 18—2012)、《施工现场临时用电安全技术规范》(JGJ 46—2005) 等。

(9) 有关的参考资料及类似工程的施工组织设计实例。

6.2.2　工程概况

单位工程施工组织设计中的工程概况是对拟建工程的工程特点、建设地点特征和施工条件等所做的一个简要、突出重点的文字介绍或描述，在描述时也可加入图表进行补充说明。

工程概况及施工特点分析具体包括以下内容：

(1) 工程建设概况。主要介绍：拟建工程的建设单位，工程名称、性质、用途、作用和建设目的，资金来源及工程造价，开竣工日期，设计、监理、施工单位，施工图纸情况，施工合同及主管部门的有关文件等。

(2) 建筑设计特点。主要介绍：拟建工程的建筑面积、平面形状和平面组合情况，层数、层高、总高度、总长度和总宽度等尺寸及室内、外装饰要求的情况，并附有拟建工程的平、立、剖面简图。

(3) 结构设计特点。主要介绍：基础构造特点及埋置深度，桩基础的根数及深度，主体结构的类型，墙、柱、梁、板的材料及截面尺寸，预制构件的类型及安装位置，抗震设防情况等。

(4) 施工条件。主要介绍：拟建工程的水、电、道路、场地平整等情况，建筑物周围环境，材料、构件、半成品构件供应能力和加工能力，施工单位的建筑机械和运输能力、施工技术、管理水平等。

(5) 工程施工特点。主要介绍工程施工的重点所在。找出施工中的关键问题，以便在选择施工方案、组织各种资源供应和技术力量配备，以及在施工准备工作上采取相应措施。不同类型或不同条件下的工程施工，均有其不同的施工特点。砖混结构建筑的施工特点是砌砖的工程量大；框架结构建筑的施工特点是模板和混凝土工程量大。

6.3　施工部署及主要施工方案

6.3.1　施工部署

施工部署是对项目实施过程做出的统筹规划和全面安排，包括项目施工主要目标、施工顺序及空间组织、施工组织安排等。

6.3.1.1　施工部署的一般要求

单位工程施工组织设计应在施工组织总设计中已确定的总体目标的前提下，根据施工合同、招标文件以及本单位对工程管理目标的要求，进一步明确单位工程施工的进度、质量、安全、环境和成本等目标。对工程主要施工内容及其进度安排应明确说明，对于工程施工的重点和难点应进行分析，对于工程施工中开发和使用的新技术、新工艺应作出部署，对新材料和新设备的使用应提出技术及管理要求，对工程管理的组织机构形式、工作岗位设置及其职责划分应按照规范予以明确，对主要分包工程施工单位的选择要求及管理方式应进行简要说明。

6.3.1.2　项目管理组织机构

项目管理组织机构是施工单位内部的管理组织机构，是为某一具体施工项目而设定的

临时性组织机构。现场项目经理部的组织形式参见图6.2。

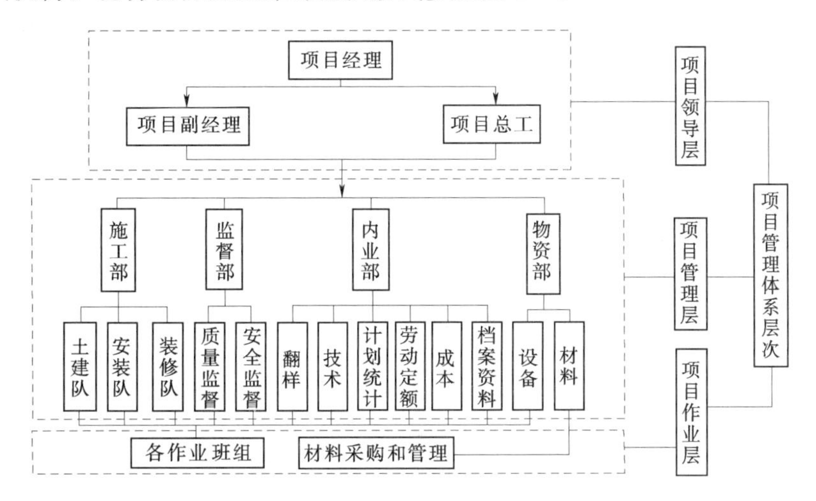

图6.2 项目经理部的组织形式

6.3.1.3 确定施工程序

施工程序是指单位工程中各分部工程或施工阶段的先后次序及其制约关系。单位工程的施工程序一般为：接受施工任务阶段→开工前准备阶段→全面施工阶段→交工前验收阶段。不同施工阶段有不同工作内容，按照其固有的先后次序循序渐进地向前开展。

(1) 严格执行开工报告制度。单位工程开工前必须做好一系列准备工作，在具备开工条件后，由施工企业写出书面开工申请报告，报上级主管部门审批后方可开工。实现社会监理的工程，施工企业还应将开工报告送监理工程师审批，由监理工程师发布开工通知书。

(2) 遵守建设原则。一般建筑的建设原则有：先地下，后地上；先主体，后围护；先结构，后装饰；先土建，后设备。但是，由于影响施工的因素很多，故施工程序并不是一成不变的。特别是随着科学技术和建筑工业化的不断发展，有些施工程序也将发生变化。如某些分部工程改变其常见的先后次序，或搭接施工，或同时平行施工。

(3) 合理安排土建施工与设备安装的施工程序。主要对于工业厂房，施工内容较复杂且多有干扰，除了要完成一般土建工程外，还要同时完成工艺设备和工业管道等安装工程。为了使工厂早日竣工投产，不仅要加快土建工程的施工速度，为设备安装提供工作面，而且应该根据设备性质、安装方法、厂房用途等因素，合理安排土建施工与设备安装之间的施工程序。一般有先土建后设备（封闭式施工）、先设备后土建（敞开式施工）和设备与土建同时施工三种施工程序。

6.3.1.4 确定施工起点流向

施工起点和流向是指单位工程在平面或竖向空间开始施工的部位和方向。对单层建筑应分区分段确定出平面上的施工流向；对多层建筑除了确定每层平面上的施工流向外，还需确定在竖向上的施工流向。确定单位工程的起点和流向，应考虑以下因素：

(1) 施工方法。这是确定施工流向的关键因素。如一幢建筑物要用逆作法施工地下两层结构，它的施工流向为：测量定位放线→进行地下连续墙施工→进行钻孔灌注桩施工→

±0.00 标高结构层施工→地下两层结构施工，同时进行地上一层结构施工→底板施工并做各层柱，完成地下室施工→完成上层结构。若采用顺作法施工地下两层结构，其施工流向为：测量定位放线→底板施工→换拆第二道支撑→地下两层结构施工→换拆第一道支撑→±0.00 顶板施工→上部结构施工。

（2）生产工艺或使用要求。一般考虑建设单位对生产或使用要求急切的工段或部位先施工。

（3）施工的繁简程度。一般对技术复杂、施工进度较慢、工期较长的工段或部位应先施工。例如，高层现浇钢筋混凝土结构房屋，主楼部分应先施工，裙楼部分后施工。

（4）房屋高低层、高低跨。当有高、低层或高、低跨并列时，应从高、低层或高、低跨并列处开始施工。如柱子的吊装应从高低跨并列处开始；屋面防水层施工应按先高后低的方向施工，同一屋面则由檐口到屋脊方向施工。

（5）工程现场条件和选用的施工机械。施工场地大小 、道路布置、所采用的施工方法和机械也是确定施工起点和流向的主要因素。如基坑开挖工程，不同的现场条件，可选择不同的挖掘机械和运输机械，这些机械的开行路线或位置布置便决定了基坑挖土的施工起点和流向。

（6）施工组织的分层、分段。划分施工层、施工段的部位，如伸缩缝、沉降缝、施工缝，也是决定其施工流向应考虑的因素。

（7）分部工程或施工阶段的特点。如基础工程由施工机械和方法决定其平面的施工流向，而竖向的流向一般是先深后浅；主体结构工程从平面上看，从哪一边先开始都可以，但竖向一般应自下而上施工；装饰工程竖向流向比较复杂，室外装饰一般采用自上而下的流程，室内装饰则有自上而下、自下而上及自中而下再自上而中三种流向。

6.3.1.5　确定施工顺序

施工顺序是指分项工程或工序之间施工的先后次序。它的确定既是为了按照客观的施工规律组织施工，也是为解决各工种之间在时间上的搭接和空间上的利用问题，在保证施工质量与安全的前提下，以求达到充分利用空间、争取时间、缩短工期的目的。合理地确定施工顺序也是编制施工进度计划的需要。

1. 确定施工顺序的基本原则

（1）遵循施工程序。施工程序确定了施工阶段或分部工程之间的先后次序。确定施工顺序时必须遵循施工程序，例如“先地下后地上”、“先主体后围护”等建设程序。

（2）符合施工工艺的要求。这种要求反映出施工工艺上存在的客观规律和相互间的制约关系，一般是不可违背的。如预制钢筋混凝土柱的施工顺序为：支模板→绑钢筋→浇混凝土→养护→拆模。

（3）和采用的施工方法和施工机械协调一致。如单层工业厂房结构吊装工程的施工顺序，当采用分件吊装法时，施工顺序为：吊柱→吊梁→吊屋盖系统；当采用综合吊装法时，施工顺序为：第一节间吊柱、梁和屋盖系统→第二节间吊柱、梁和屋盖系统→……→最后一节间吊柱、梁和屋盖系统。

（4）考虑施工组织的要求。当工程的施工顺序有几种方案时，应从施工组织的角度，进行综合分析和比较，选出最经济合理、有利于施工和开展工作的施工顺序。

(5) 考虑施工质量和施工安全的要求。确定施工顺序必须以保证施工质量和施工安全为前提。如为了保证施工质量，楼梯抹面应在全部墙面、地面和天棚抹灰完成之后，自上而下一次完成；为了保证施工安全，在多层砖混结构施工中，只有完成两个楼层板的铺设后，才允许在底层进行其他施工过程施工。

(6) 考虑当地气候条件的影响。如雨季和冬季到来之前，应先做完室外各项施工过程，为室内施工创造条件。如冬季室内施工时，应先安门窗扇和玻璃，后做其他装饰工程。

2. 钢筋混凝土框架结构房屋的施工顺序

钢筋混凝土框架结构多用于多层民用房屋和工业厂房，也常用于高层建筑。这种房屋的施工，一般可划分为基础工程、主体结构工程、围护工程、屋面和装饰工程等4个阶段。

(1) 基础工程的施工顺序。多层全现浇钢筋混凝土框架结构房屋的基础一般可分为有地下室和无地下室基础工程。若有地下室一层，且房屋建造在软土地基时，基础工程的施工顺序一般为：桩基→围护结构→土方开挖→破桩头及铺垫层→地下室底板→地下室墙、柱（防水处理）→地下室顶板→回填土。

若无地下室，且房屋建造在土质较好的地区时，基础工程的施工顺序一般为：挖土→垫层→基础（扎筋、支模、浇混凝土、养护、拆模）→回填土。

在多层框架结构房屋的基础工程施工之前，要先处理好基础下部的松软土、洞穴等，然后分段进行平面流水施工。施工时，应根据当地的气候条件，加强对垫层和基础混凝土的养护，在基础混凝土达到拆模要求时及时拆模，并提早回填土，从而为上部结构施工创造条件。

(2) 主体结构工程的施工顺序（假定采用木制模板）。主体结构工程即全现浇钢筋混凝土框架的施工顺序为：绑柱钢筋→安柱、梁、板模板→浇柱混凝土→绑扎梁、板钢筋→浇梁、板混凝土。柱、梁、板的支模、绑筋、浇混凝土等施工过程的工作量大，耗用的劳动力和材料多，而且对工程质量和工期也起着决定性作用。故需把多层框架在竖向上分成层，在平面上分成段，即分成若干个施工段，组织平面上和竖向上的流水施工。

(3) 围护工程的施工顺序。围护工程的施工主要包括墙体工程，墙体工程可与主体结构组织平行、搭接施工，也可在主体结构封顶后再进行墙体工程施工。

(4) 屋面和装饰工程的施工顺序。这个阶段具有施工内容多、劳动消耗量大、手工操作多、工期长等特点。屋面工程主要是卷材防水屋面和刚性防水屋面。卷材防水屋面的施工顺序一般为：找平层→隔汽层→保温层→找平层→结合层→防水层。对于刚性防水屋面，主要是现浇钢筋混凝土防水层，应在主体完成或部分完成后开始，并尽快分段施工，以便为室内装饰工程创造条件。一般情况下，屋面工程和室内装饰工程可以搭接或平行施工。

装饰工程可分为室内装饰（天棚、墙面、楼地面、楼梯等抹灰，门窗安装，做墙裙、踢脚线等）和室外装饰（外墙抹灰、勒脚、散水、台阶、明沟、水落管等）。室内、外装饰工程的施工顺序通常有先内后外、先外后内、内外同时进行三种顺序，具体确定为哪种顺序应视施工条件、气候条件和工期而定。当室内为水磨石楼面时，为避免楼面施工时水的渗漏对外墙面的影响，应先完成水磨石的施工；如果为了赶在冬、雨季到来之前完成室外装修，则应采取先外后内的顺序。

室外装饰施工顺序一般为：外墙抹灰（或其他饰面）→勒脚→散水→台阶→明沟，并由上而下逐层进行，同时安装落水斗、落水管和拆除外脚手架。

同一层的室内抹灰施工顺序有楼地面→天棚→墙面和天棚→墙面→楼地面两种。前一种顺序便于清理地面，地面质量易于保证，但由于地面需要预留养护时间及采取保护措施而影响工期。后一种顺序在做地面前必须将天棚和墙面上的落地灰和渣滓扫清净后再做面层，否则会引起地面起鼓。

底层地面一般多是在各层天棚、墙面、楼面做好之后进行。楼梯间和踏步抹面由于在施工期间易损坏，通常是在其他抹灰工程完成后，自上而下统一施工。门窗扇安装可在抹灰之前或之后进行，视气候和施工条件而定。例如，室内装饰工程若是在冬季施工，为防止抹灰层冻结和加速干燥，门窗扇和玻璃均应在抹灰前安装完毕。金属门窗一般采用框和扇在加工厂拼装好，运至现场在抹灰前或后进行安装。而门窗玻璃安装一般在门窗扇油漆之后进行，或在加工厂同时装好并在表面贴保护胶纸。

（5）水、电、暖、卫等工程的施工顺序。水、电、暖、卫等工程不同于土建工程，可以分成几个明显的施工阶段，它一般与土建工程中有关的分部（分项）工程进行交叉施工，紧密配合。配合的顺序和工作内容如下：①在基础工程施工时，先将相应的管道沟的垫层、地沟墙做好，然后回填土；②在主体结构施工时，应在墙体和现浇钢筋混凝土结构构件的同时，预留出上、下水管和暖气立管的孔洞、电线孔槽和预埋线盒及其他预埋件；③在装饰工程施工前，安设相应的各种管道和电器照明用的附墙暗管、接线盒等。水、暖、电、卫安装一般在楼地面和墙面抹灰前进行或穿插施工。若电线采用明线，则应在室内粉刷后进行。

6.3.2 主要施工方案

正确地选择施工方法和选择施工机械，是合理组织施工的重要内容，也是施工方案中的关键问题，它直接影响着工程的施工进度、工程质量、工程成本和施工安全。因此，在编制施工方案时，必须根据工程的结构特点、抗震烈度、工程量大小、工期长短、资源供应情况、施工现场条件、周围环境等，制订出可行的施工方案，并进行技术经济比较，确定施工方法和施工机械的最优方案。

1. 选择施工方法

选择施工方法时，应着重考虑影响整个单位工程施工的分部分项工程的施工方法。一个分部分项工程，可以采用多种不同的施工方法，也会获得不同的效果。但对于按常规做法和工人熟悉施工方法的分部分项工程，则不必详细拟定。需着重拟定施工方法的有：结构复杂的、工程量大且在单位工程中占重要地位的分部分项工程，施工技术复杂或采用新工艺、新技术、新材料的分部分项工程，不熟悉的特殊结构工程或由专业施工单位施工的特殊专业工程等，要求详细而具体，提出质量要求以及相应的技术措施和安全措施，必要时可编制单独的分部分项工程的施工作业设计。

通常，施工方法选择的内容有：

（1）土石方工程。包括：①各类基坑开挖方法、放坡要求或支撑方法，所需人工、机

械的型号及数量；②土石方平衡调配、运输机械类型和数量；③地下水、地表水的排水方法，排水沟、集水井、井点的布置方案。

（2）基础工程。包括：①地下室施工的技术要求；②浅基础的垫层、混凝土基础和钢筋混凝土基础施工的技术要求；③桩基础施工的施工方法以及施工机械选择。

（3）钢筋混凝土工程。包括：①模板类型、支模方法；②钢筋加工、运输、安装方法；③混凝土配料、搅拌、运输、振捣方法及设备，外加剂的使用，浇筑顺序，施工缝位置，工作班次，分层厚度，养护制度等；④预应力混凝土的施工方法、控制应力和张拉设备。

（4）砌筑工程。包括：①砌体的组砌方法和质量要求；②弹线及皮数杆的控制要求；③确定脚手架搭设方法及安全网的挂设方法；④选择垂直和水平运输机械。

（5）结构安装工程。包括：①构件尺寸、自重、安装高度；②吊装方法和顺序、机械型号及数量、位置、开行路线；③构件运输、装卸、堆放的方法；④吊装运输对道路的要求。

（6）垂直、水平运输工程。包括：①标准层垂直运输量计算表；②水平运输设备、数量和型号、开行路线；③垂直运输设备、数量和型号、服务范围；④楼面运输路线及所需设备。

（7）装饰工程。包括：①室内外装饰抹灰工艺的确定；②施工工艺流程与流水施工的安排；③装饰材料的场内运输，减少临时搬运的措施。

（8）特殊项目。包括：①对四新（新结构、新工艺、新材料、新技术）项目，高耸、大跨、重型构件，水下、深基础、软弱地基，冬季施工项目均应单独编制，内容包括：工程平面图、剖面图，工程量，施工方法，工艺流程，劳动组织，施工进度，技术要求与质量、安全措施，材料、构件及设备需要量等；②对大型土方、打桩、构件吊装等项目，无论内、外分包均应由分包单位提出单项施工方法与技术组织措施。

2. 选择施工机械

施工机械选择的内容主要包括机械的类型、型号与数量。机械化施工是当今的发展趋势，是改变建设业落后面貌的基础，是施工方法选择的中心环节。在选择施工机械时，应着重考虑以下几个方面：

（1）结合工程特点和其他条件，确定最合适的主导工程施工机械。例如，装配式单层工业厂房结构安装起重机械的选择，当吊装工程量较大且又比较集中时，宜选择生产率较高的塔式起重机；当吊装工程量较小或较大但比较分散时，宜选用自行式起重机较为经济。无论选择何种起重机械，都应当满足起重量、起重高度和起重半径的要求。

（2）各种辅助机械或运输工具，应与主导施工机械的生产能力协调一致，使主导施工机械的生产能力得到充分发挥。例如，在土方工程开挖施工中，若采用自卸汽车运土，汽车的容量一般应是挖掘机铲斗容量的整倍数，汽车的数量应保证挖掘机能连续工作。

（3）在同一建筑工地上，尽量使选择的施工机械的种类较少，以便利用、管理和维修。在工程量较大、适宜专业化生产的情况下，应该采用专业机械；在工程量较小且又分散时，尽量采用一机多能的施工机械，使一种施工机械能满足不同分部工程施工的需要。例如，挖土机不仅可以用于挖土，经工作装置改装后也可用于装卸、起重和打桩。

(4) 施工机械选择应考虑到施工企业工人的技术操作水平，尽量利用施工单位现有的施工机械，在减少施工的投资额的同时又提高了现有机械的利用率，降低了工程造价。当不能满足时，再根据实际情况，购买或租赁新型机械或多用途机械。

6.4 施工进度计划

编制单位工程施工进度计划可采用横道图也可采用网络图，其编制步骤如下。

1. 划分施工过程

编制施工进度计划时，首先按施工图纸和施工顺序把拟建单位工程的各个施工过程（分部分项工程）列出，并结合施工方法、施工条件、劳动组织等因素，加以适当调整，使其成为编制施工进度计划所需的施工过程。再逐项填入施工进度计划表的分部分项工程名称栏中。

在确定施工过程时，应注意以下问题：

(1) 明确施工过程的划分内容。一般只列出直接在建筑物（或构筑物）上进行施工的砌筑安装类施工过程，而不必列出构件制备类和运输类施工过程。但当某些构件采用现场就地预制方案，单独占施工工期，对其他分部分项工程的施工有影响，或某些运输工作与其他分部分项工程施工密切配合时，也要将这些制备类和运输施工过程列入。

(2) 施工过程划分的粗细程度，主要根据单位工程施工进度计划的客观指导作用而确定。对控制性施工进度计划，施工过程可划分得粗一些，通常只列出分部工程名称。如混合结构居住房屋的控制性施工进度计划，可以只列出基础工程、主体工程、屋面防水工程和装饰工程4个施工过程。对实施性施工进度计划，施工过程应当划分得细一些，通常要列到分项工程或更具体，以满足指导施工作业的要求。如屋面防水工程要划分为找平层、隔气层、保温层、防水层等分项工程。

(3) 施工过程的划分要结合所选择的施工方案。如单层工业厂房结构安装工程，若采用分件吊装法，则施工过程的名称、数量和内容及其安装顺序应按照构件不同来划分；若采用综合吊装法，则按施工单元（节间、区段）来划分。

(4) 注意适当简化施工进度计划的内容，避免工程项目划分过细、重点不突出。因此，可以将某些穿插性的分项工程合并到主要分项工程中去，如安装门窗框可以并入砌墙这个分项工程；而对于在同一时间内、由同一专业班组施工的施工过程也可以合并，如工业厂房中的钢窗油漆、钢门油漆、钢支撑油漆等，可合并为钢构件油漆一个施工过程；对于次要的、零星的分项工程，可以合并为“其他工程”一项列入。

(5) 水、电、暖、卫工程和设备安装工程，通常采取由专业机构负责施工。因此，在单位工程的施工进度计划中，只要反映出这些工程与土建工程如何衔接即可，不必细分。

(6) 所有划分的施工过程应按施工顺序的先后排列，所采用的工程项目名称，一般应与现行定额手册上的项目名称相同。

2. 计算工程量

单位工程的工作量应根据施工图纸、有关计算规则及相应的施工方法进行计算，是一项十分繁琐的工作，但一般在工程概算、施工图预算、投标报价、施工预算等文件中，已

有详细的计算，数值是比较准确的，故在编制单位工程施工进度计划时不需要重新计算，只要将预算中的工程量总数根据施工组织要求，按施工图上的工程量比例加以划分即可。施工进度计划中的工程量，仅是作为计算劳动力、施工机械、建筑材料等各种施工资源需要的依据，而不能作为计算工资或进行工程结算的依据。

在工程量计算时，应注意以下几个问题：

(1) 各施工过程的工程量计算单位，应与现行定额手册中所规定的单位一致，以避免在计算劳动力、材料和机械台班数量时再进行换算，从而产生换算错误。

(2) 要结合选定的施工方法和安全技术要求计算工程量。如在基坑的土方开挖中，要考虑到采用的开挖方法和边坡稳定的要求。

(3) 结合施工组织的要求，分区、分项、分段、分层计算工程量，以便组织流水作业，同时避免产生漏项。

(4) 直接采用预算文件（或其他计划）中的工程量，以免重复计算。但要注意按施工过程的划分情况，将预算文件中有关项目的工程量汇总。如“砌筑砖墙”一项，要将预算中按内墙、外墙，按不同墙厚、不同砌筑砂浆及标号计算的工程量进行汇总。

3. 套用施工定额

根据所划分的施工项目和施工方法，即可套用施工定额（当地实际采用的劳动定额及机械台班定额），以确定劳动量和机械台班量。

施工定额有两种形式，即时间定额和产量定额。两者互为倒数关系。

套用国家或地方颁发的定额，必须注意结合本单位工人的技术等级、实际施工操作水平、施工机械情况和施工现场条件等因素，确定完成定额的实际水平，使计算出来的劳动量、机械台班量符合实际需要，为准确编制施工进度计划打下基础。

有些采用新技术、新材料、新工艺或特殊施工方法的项目，施工定额中尚未编入的，可参考类似项目的定额、经验资料或实际情况确定。

4. 确定劳动量和机械台班数量

劳动量和机械台班数量的确定，应当根据各分部分项工程的工程量、施工方法、机械类型和现行的施工定额等资料，并结合当地的实际情况进行计算。一般可由公式 $P=Q/S$ 或 $P=QH$ 计算。

5. 确定各施工过程的施工持续时间

计算出本单位工程各分部分项工程的劳动量和机械台班数量后，就可以确定各施工过程的施工持续时间。施工持续时间的计算方法参见流水节拍值的计算方法。

6. 编制施工进度计划的初始方案

流水施工是组织施工、编制施工进度计划的主要方式。编制单位工程施工进度计划时，必须考虑各分部分项工程的合理施工顺序，尽可能组织流水施工，力求主要工种的施工队连续施工，其编制方法为：

(1) 划分工程的主要施工阶段（分部工程），尽量组织流水施工。首先安排其中主导施工过程的施工进度，使其尽可能连续施工，其他穿插性的施工过程尽可能与主导施工过程配合、穿插、搭接或平行作业。如现浇钢筋混凝土框架结构房屋中的主体结构工程，其主导施工过程为钢筋混凝土框架的支模、扎筋和浇混凝土。

(2) 配合主要施工阶段，安排其他施工阶段的施工进度。与主要分部工程相结合的同时，也尽量考虑组织流水施工。

(3) 按照工艺的合理性和工序间的关系，尽量采用穿插、搭接或平行作业方法，将各施工阶段（分部工程）的流水作业图最大限度地搭接起来，即得到单位工程施工进度计划的初始方案。

7. 施工进度计划的检查与调整

初始施工进度计划编制后，不可避免会存在一些不足之处，必须进行检查与调整。目的在于经过一定修改使初始方案满足规定的计划目标。一般从以下几方面进行检查与调整：

(1) 各施工过程的施工顺序是否正确，流水施工的组织方法应用得是否正确，技术间歇是否合理。

(2) 工期方面，初始方案的总工期是否满足合同工期。

(3) 劳动力方面，主要工种工人是否连续施工，劳动力消耗是否均衡。劳动力消耗的均衡性是针对整个单位工程或各个工种而言，应力求每天出勤的工人人数不发生过大变动。

劳动力消耗的均衡性指标可以采用劳动力均衡系数（K）来评估，K 值取高峰出工人数除以平均出工人数的比值。最为理想的情况是劳动力均衡系数 $K\in(1,2]$，超过 2 则不正常。

(4) 物资方面，主要机械、设备、材料等的利用是否均衡，施工机械是否充分利用。

主要机械通常是指混凝土搅拌机、灰浆搅拌机、自行式起重机和挖土机等。机械的利用情况是通过机械的利用程度来反映的。

初始方案经过检查，对不符合要求的部分需进行调整。调整方法一般有：增加或缩短某些施工过程的施工持续时间；在符合工艺关系的条件下，将某些施工过程的施工时间向前或向后移动。必要时，还可以改变施工方法。

应当指出，上述编制施工进度计划的步骤不是孤立的，而是互相依赖、互相联系的，有的可以同时进行。还应看到，由于建筑施工是一个复杂的生产过程，受周围客观条件影响的因素很多，在施工过程中，由于劳动力和机械、材料等物资的供应及自然条件等因素的影响，使其经常不符合原计划的要求，因而在工程进展中应随时掌握施工动态，经常检查，不断调整计划。

6.5　施工准备与资源配置计划

6.5.1　编制施工准备计划

施工准备工作既是单位工程的开工条件，也是施工中的一项重要内容，开工之前必须为开工创造条件，开工以后必须为作业创造条件，因此它贯穿于施工过程的始终。

施工准备工作应包括技术准备、现场准备和资金准备等。

1. 技术准备

技术准备应包括施工所需技术资料的准备、施工方案编制计划、试验检验及设备调试工作计划、样板制作计划等。

（1）主要分部（分项）工程和专项工程在施工前应单独编制施工方案，施工方案可根据工程进展情况，分阶段编制完成；对需要编制的主要施工方案应制定编制计划。

（2）试验检验及设备调试工作计划应根据现行规范、标准中的有关要求及工程规模、进度等实际情况制定。

（3）样板制作计划应根据施工合同或招标文件的要求并结合工程特点制定。

2. 现场准备

现场准备应根据现场施工条件和工程实际需要，准备现场生产、生活等临时设施。

3. 资金准备

资金准备应根据施工进度计划编制资金使用计划。

施工准备工作应有计划地进行，为便于检查、监督施工准备工作的进展情况，使各项施工准备工作的内容有明确的分工，有专人负责，并规定期限，可编制施工准备工作计划，并拟在施工进度计划编制完成后进行。其表格形式见表6.1。

表 6.1　　施工准备工作计划表

序号	准备工作项目	工程量		简要内容	负责单位或负责人	起止日期		备注
		单位	数量			日/月	日/月	

施工准备工作计划是编制单位工程施工组织设计时的一项重要内容。在编制年度、季度、月生产计划中也应一并考虑并做好贯彻落实工作。

6.5.2 编制资源配置计划

单位工程施工进度计划编制确定以后，根据施工图纸、工程量计算资料、施工方案、施工进度计划等有关技术资料，着手编制劳动力配置计划，各种主要材料、构件和半成品配置计划及各种施工机械的配置计划。它们不仅是为了明确各种技术工人和各种技术物资的配置，而且还是做好劳动力与物资的供应、平衡、调度、落实的依据，也是施工单位编制月、季生产作业计划的主要依据之一。它们是保证施工进度计划顺利执行的关键。

1. 劳动力配置计划

劳动力配置计划，主要是作为安排劳动力的平衡、调配和衡量劳动力耗用指标、安排生活福利设施的依据。劳动力配置计划的编制方法是将施工进度计划表内所列各施工过程每天（或旬月）所需工人人数按工种汇总而得。其表格形式见表6.2。

表 6.2　　劳动力配置计划表

序号	工种名称	需要人数	××月			××月			备注
			上旬	中旬	下旬	上旬	中旬	下旬	

2. 主要材料配置计划

主要材料配置计划，是备料、供料和确定仓库、堆场面积及组织运输的依据，其编制方法是将施工进度计划表中各施工过程的工程量，按材料名称、规格、数量、使用时间计算汇总而得。其表格形式见表 6.3。

对于某分部分项工程是由多种材料组成时，应按各种材料分类计算，如混凝土工程应换算成水泥、砂、石、外加剂和水的数量列入表格。

表 6.3　主要材料配置计划表

序号	材料名称	规格	需要量		需要时间						备注
			单位	数量	××月			××月			
					上旬	中旬	下旬	上旬	中旬	下旬	

3. 构件和半成品配置计划

建筑结构构件、配件和其他加工半成品的配置计划主要用于落实加工订货单位，并按照所需规格、数量、时间，组织加工、运输和确定仓库或堆场，可根据施工图和施工进度计划编制。其表格形式见表 6.4。

表 6.4　构件和半成品配置计划表

序号	构件、半成品名称	规格	图号、型号	配置		使用部位	制作单位	供应日期	备注
				单位	数量				

4. 施工机械配置计划

施工机械配置计划主要用于确定施工机械的类型、数量、进场时间，可据此落实施工机械的来源，组织进场。其编制方法为将单位工程施工进度计划表中的每一个施工过程每天所需的机械类型、数量和施工日期进行汇总，即得施工机械配置计划。其表格形式见表 6.5。

表 6.5　施工机械配置计划表

序号	机械名称	型号	配置		现场使用起止时间	机械进场或安装时间	机械退场或拆卸时间	供应单位
			单位	数量				

6.6 施工现场平面布置

6.6.1 单位工程施工现场平面布置图的设计依据、内容和原则

施工现场平面布置图是在施工用地范围内，对各项生产、生活设施及其他辅助设施等

进行规划和布置的设计图。施工现场平面布置图也叫施工平面图，它既是布置施工现场的依据，也是施工准备工作的一项重要依据，它是实现文明施工、节约并合理利用土地、减少临时设施费用的先决条件。因此，它是施工组织设计的重要组成部分。施工平面图不仅要在设计时周密考虑，而且还要认真贯彻执行，这样才会使施工现场井然有序，施工顺利进行，保证施工进度，提高效率和经济效果。

一般单位工程施工平面图的绘制比例为1：200～1：500。

1. 设计依据

在进行施工平面图设计前，首先应认真研究施工方案，并对施工现场深入细致地勘察和分析，而后对施工平面图设计所需要的资料认真收集，使设计与施工现场的实际情况相符，从而使其确实起到指导施工现场平面和空间布置的作用。单位工程施工平面图设计所依据的主要资料有：

(1) 建筑总平面图，现场地形图，已有和拟建建筑物及地下设施的位置、标高、尺寸（包括地下管网资料）。

(2) 施工组织总设计文件。

(3) 自然条件资料：如气象、地形、水文及工程地质资料。

(4) 技术经济资料：如交通运输、水源、电源、物质资源、生活和生产基地情况。

(5) 各种材料、构件、半成品构件需要量计划。

(6) 各种临时设施和加工场地数量、形状、尺寸。

(7) 单位工程施工进度计划和单位工程施工方案。

2. 设计内容

(1) 已建和拟建的地上、地下的一切建筑物以及各种管线等其他设施的位置和尺寸。

(2) 测量放线标桩位置、地形等高线和土方取、弃场地。

(3) 自行式起重机械的开行路线及轨道布置，或固定式垂直运输设备的位置、数量。

(4) 为施工服务的一切临时设施或建筑物的布置，如材料仓库和堆场；混凝土搅拌站；预制构件堆场、现场预制构件施工场地布置；钢筋加工棚、木工房、工具房、修理站、化灰池、沥青锅、生活及办公用房等。

(5) 场内外交通布置。包括施工场地内道路（临时道路、永久性或原有道路）的布置，引入的铁路、公路和航道的位置，场内外交通连接方式。

(6) 一切安全及防火设施的位置。

3. 设计原则

(1) 在保证施工顺利进行的前提下，现场布置尽量紧凑，占地要省，不占或少占农田。

(2) 在满足施工的条件下，尽可能地减少临时设施并充分利用原有的建筑物或构筑物，降低费用。

(3) 合理布置施工现场的运输道路及各种材料堆场、仓库位置、各类加工厂和各种机具的位置，尽量缩短运距，从而较少或避免二次搬运。

(4) 各种临时设施的布置，尽量便于工人的生产和生活。

(5) 平面布置要符合劳动保护、环境保护、施工安全和防火要求。

根据上述基本原则并结合施工现场的具体情况，施工平面图的布置可有几种不同方案，通过技术经济比较，从中找出最合理、经济、安全、先进的布置方案。

6.6.2　单位工程施工现场平面布置图的设计步骤

单位工程施工平面图的设计步骤如图 6.3 所示。

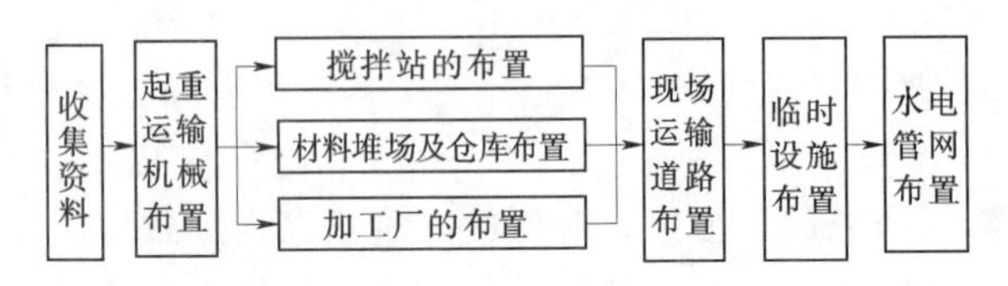

图 6.3　单位工程施工平面图的设计步骤

6.6.2.1　起重运输机械的布置

起重运输机械的位置直接影响搅拌站、加工厂及各种材料、构件的堆场或仓库等位置和道路、临时设施及水、电管线的布置等，因此，它是施工现场全局的中心环节，应首先确定。由于各种起重机械的性能不同，其布置位置亦不相同。

常用垂直运输机械有井架、龙门架、桅杆式起重机等，这类设备的布置主要根据机械性能、建筑物的平面形状和尺寸、施工段划分的情况、材料来向和已有运输道路情况而定。其布置原则是：充分发挥起重机械的能力，并使地面和楼面的水平运距最小。布置时应考虑以下几个方面：

（1）当建筑物各部位的高度相同时，应布置在施工段的分界线附近；当建筑物各部位的高度不同时，应布置在高低分界线较高部位一侧，以使楼面上各施工段的水平运输互不干扰。

（2）井架、龙门架的位置以布置在窗口处为宜，以避免砌墙留槎和减少井架拆除后的修补工作。

（3）井架、龙门架的数量要根据施工进度、垂直提升构件和材料的数量、台班工作效率等因素计算确定，其服务范围一般为 50～60m。

（4）卷扬机的位置不应距离起重机械过近，以便司机的视线能够看到整个升降过程。一般要求此距离大于建筑物的高度，水平距外脚手架 3m 以上。

6.6.2.2　搅拌站、加工厂及各种材料、构件的堆场或仓库的布置

搅拌站、各种材料、构件的堆场或仓库的位置应尽量靠近使用地点或在塔式起重机服务范围之内，并考虑到运输和装卸的方便。

（1）当起重机的位置确定后，再布置材料、构件的堆场及搅拌站。材料堆放应尽量靠近使用地点，减少或避免二次搬运，并考虑运输及卸料方便。基础施工时使用的各种材料可堆放在基础四周，但不宜距基坑（槽）边缘太近，以防压塌土壁。

（2）当采用固定式垂直运输设备时，则材料、构件堆场应尽量靠近垂直运输设备，以缩短地面水平运距；当采用轨道式塔式起重机时，材料、构件堆场以及搅拌站出料口等均应布置在塔式起重机有效起吊服务范围之内；当采用无轨自行式起重机时，材料、构件堆场及搅拌站的位置，应沿着起重机的开行路线布置，且应在起重臂的最大起重半径范围之内。

（3）预制构件的堆放位置要考虑到吊装顺序。先吊的放在上面，后吊的放在下面，预制构件的进场时间应与吊装就位密切配合，力求直接卸到其就位位置，避免二次搬运。

（4）搅拌站的位置应尽量靠近使用地点或靠近垂直运输设备。有时在浇筑大型混凝土基础时，为了减少混凝土运输，可将混凝土搅拌站直接设在基础边缘，待基础混凝土浇完后再转移。砂、石堆场及水泥仓库应紧靠搅拌站布置。同时，搅拌站的位置还应考虑到使

这些大宗材料的运输和装卸较为方便。

(5) 加工厂(如木工棚、钢筋加工棚)的位置，宜布置在建筑物四周稍远位置，且应有一定的材料、成品的堆放场地；石灰仓库、淋灰池的位置应靠近搅拌站，并设在下风向；沥青堆放场及熬制锅的位置应远离易燃物品，也应设在下风向。

6.6.2.3 现场运输道路的布置

现场运输道路应按材料和构件运输的需要，沿着仓库和堆场进行布置。尽可能利用永久性道路，或先做好永久性道路的路基，在交工之前再铺路面。

1. 施工道路的技术要求

(1) 道路的最小宽度及最小转弯半径：通常汽车单行道路宽应不小于3～3.5m，转弯半径不小于9～12m；双行道路宽应不小于5.5～6.0m，转弯半径不小于7～12m。

(2) 架空线及管道下面的道路，其通行空间宽度应比道路宽度大0.5m，空间高度应大于4.5m。

2. 临时道路路面种类和做法

为排除路面积水，道路路面应高出自然地面0.1～0.2m，雨量较大的地区应高出0.5m左右，道路两侧一般应结合地形设置排水沟，沟深不小于0.4m，底宽不小于0.3m。路面种类和做法见表6.6。

表6.6 临时道路路面种类和做法

路面种类	特点及使用条件	路基	路面厚度(cm)	材料配合比
级配砾石路面	雨天能通车，可通行较多车辆，但材料级配要求严格	砂质土	10～15	黏土：砂：石子＝1：0.7：3.5(体积比)。 1. 面层：黏土13%～15%，砂石料85%～87%； 2. 底层：黏土10%，砂石混合料90%(重量比)
		黏质土或黄土	14～18	
碎(砾)石路面	雨天能通车，碎砾石本身含土多，不加砂	砂质土	10～18	碎(砾)石大于65%，当地土含量不大于35%
		砂质土或黄土	15～20	
碎砖路面	可维持雨天通车，通行车辆较少	砂质土	13～15	垫层：砂或炉渣4～5cm 底层：7～10cm碎砖 面层：2～5cm碎砖
		黏质土或黄土	15～18	
炉或矿渣路面	可维持雨天通车，行车较少	一般土	10～15	炉渣或矿渣75%，当地土25%
		较松软时	15～30	
砂土路面	雨天停车，通行车辆较少	砂质土	15～20	粗砂50%，细砂、粉砂和黏质土50%
		黏质土	15～30	
风化石屑路面	雨天停车，通行车辆较少	一般土	10～15	石屑90%，黏土10%
石灰土路面	雨天停车，通行车辆较少	一般土	10～13	石灰10%，当地土90%

3. 施工道路的布置要求

现场运输道路布置时应保证车辆行驶通畅，能通到各个仓库及堆场，最好围绕建筑物布置成一条环形道路，以便运输车辆回转、调头方便。要满足消防要求，使车辆能直接开到消防栓处。

6.6.2.4　行政管理、文化生活、福利用临时设施的布置

办公室、工人休息室、门卫室、开水房、食堂、浴室、厕所等非生产性临时设施的布置，应考虑使用方便，不妨碍施工，符合安全、卫生、防火的要求。要尽量利用已有设施或已建工程，必须修建时要经过计算，合理确定面积，努力节约临时设施费用。通常，办公室的布置应靠近施工现场，宜设在工地出入口处；工人休息室应设在工人作业区，宿舍应布置在安全的上风向；门卫、收发室宜布置在工地出入口处。具体布置时房屋面积可参考表6.7。

表6.7　行政管理、临时宿舍、生活福利用临时房屋面积参考表　单位：m^2/人

序　　号	临 时 房 屋 名 称	参 考 面 积
1	办公室	3.5
2	单层宿舍（双层床）	2.6～2.8
3	食堂兼礼堂	0.9
4	医务室	0.06（≥30m^2）
5	浴室	0.10
6	俱乐部	0.10
7	门卫、收发室	6～8

6.6.2.5　水、电管网的布置

1. 施工供水管网的布置

施工供水管网首先要经过计算、设计，然后进行设置。其中包括水源选择、用水量计算（包括生产用水、机械用水、生活用水、消防用水等）、取水设施、储水设施、配水布置、管径的计算等。

（1）单位工程施工组织设计的供水计算和设计可以简化或根据经验进行安排，一般5000～10000m^2的建筑物，施工用水的总管径为100mm，支管径为40mm或25mm。

（2）消防用水一般利用城市或建设单位的永久消防设施。如自行安排，应按有关规定设置，消防水管线的直径不小于100mm，消火栓间距不大于120m，布置应靠近十字路口或道边，距道边应不大于2m，距建筑物外墙不应小于5m，也不应大于25m，且应设有明显的标志，周围3m以内不准堆放建筑材料。

（3）高层建筑的施工用水应设置蓄水池和加压泵，以满足高空用水的需要。

（4）管线布置应使线路长度短，消防水管和生产、生活用水管可以合并设置。

（5）为了排除地表水和地下水，应及时修通下水道，并最好与永久性排水系统相结合，同时，根据现场地形，在建筑物周围设置排除地表水和地下水的排水沟。

2. 施工用电线网的布置

施工用电的设计应包括用电量计算、电源选择、电力系统选择和配置。用电量包括电

动机用电量、电焊机用电量、室内和室外照明容量等。如果是扩建的单位工程，可计算出施工用电总数请建设单位解决，不另设变压器；单独的单位工程施工，要计算出现场施工用电和照明用电的数量，选择变压器和导线的截面及类型。变压器应布置在现场边缘高压线接入处，距地面高度应大于35cm，在2m以外的四周用高度大于1.7m铁丝网围住，以确保安全，但不宜布置在交通要道口处。

必须指出，建筑施工是一个复杂多变的生产过程，各种材料、构件、机械等随着工程的进展而逐渐进场，又随着工程的进展而消耗、变动，因此，在整个施工生产过程中，现场的实际布置情况是在随时变动的。对于大型工程、施工期限较长的工程或现场较为狭窄的工程，就需要按不同的施工阶段分别布置几张施工平面图，以便将不同的施工阶段内现场的合理布置情况全面地反应出来。

6.7 施工组织设计简例

6.7.1 工程概况与编制依据

6.7.1.1 工程概况

××大学教学楼工程，是由××大学投资兴建，由××勘察设计研究院设计。该工程位于××大学院内。

施工合同工程范围：该教学主楼范围内的土方工程、基础工程及地下室工程、主体结构工程及装饰工程。

1. 建筑概况

（1）拟建教学楼为框架结构，地上由中部5层合班教室和南北对称的6层教学楼组成。地下1层，其中包括约63m^{2}配电房和63m^{2}的弱电设备室及约2363m^{2}的地下自行车停车库，设计地下自行车位数量658辆。总建筑面积18982m^2，建筑占地面积2809m^2，建筑物总高度24m。

（2）标高：本工程办公楼设计标高±0.000相当于地质勘察报告假定高程BM=+0.85m。

（3）平面及层高设计：拟建教学楼平面为E形，南北方向长度为78.6m，东西方向长度为60.92m。北侧距浴室8m，南侧距实验楼25m。

地下室为1层，层高2.95m，布置停车库。南北教学楼采用对称布置，标准层层高3.9m。

中楼东侧为标准层层高4.5m阶梯教室，西侧为大厅和过道。屋顶设水箱间和电梯机房。

（4）室内外装修：本工程卫生间采用地砖面层，其余部分采用水磨石面层，墙面采用水泥砂浆抹灰，外刷涂料，局部采用面砖饰面。外墙勒脚采用火烧面花岗石。

（5）屋面做法：防水等级为Ⅱ级，采用多层保温防水屋面，做法见皖2005J201(25mm厚保温板，40mm厚细石混凝土，3mm厚SBS防水卷材，地砖贴面)，女儿墙泛水做法、外落水参见皖2005J201。

2. 结构概况

（1）本工程为框架结构，工程类别为二类。基础统一采用有梁式整板基础。

(2) 本工程建筑安全等级为二级，建筑物耐火等级为二级，抗震设防类别为丙类，设计使用年限为50年，抗震设防烈度为Ⅶ度，设计地震分组为第一组；场地类别为Ⅲ类，设计基本地震加速度为0.15g。

(3) 本工程基础垫层C15混凝土，基础梁板柱墙采用抗渗强度等级为B8的C30混凝土，主体柱、梁、板采用C30混凝土。

(4) 基础：地下室底板采用柱下梁板式基础结构，底板厚度500mm和400mm，地下室梁最高为1500mm，宽为550mm。地下室底板顶面标高为－2.95m。地基基础设计等级为丙级。

地下室底板、墙等采用结构自防水混凝土，抗渗等级为S6。

(5) 主体结构：本工程塔楼部分采用框架结构，结构抗震等级为二级。

(6) 墙体：基础墙体均采用MU10煤矸石砖，M10水泥砂浆砌筑；外墙采用A3.5加气混凝土砌块，M10混合砂浆砌筑；其余墙体均采用NALC砌块，M10混合砂浆砌筑。墙体砌筑等级为B级以上。

3. 本施工项目的主要工程量表（略）

4. 工程施工条件（略）

6.7.1.2　编制依据

单位工程施工组织设计的编制依据包括以下内容：

(1) 本工程的招标文件和发包人与承包人之间签订的工程施工合同文件。

(2) 本工程的施工项目经理与企业签订的施工项目管理目标责任书。

(3) 我国现行的施工质量验收规范、强制性标准和施工操作技术规程。

(4) 我国现行的有关机具设备和材料的施工要求及标准。

(5) 有关安全生产、文明施工的规定。

(6) 本公司关于质量保证及质量管理程序的有关文件。

(7) 国家及地方政府的有关建筑法律、法规、条文。

6.7.2　施工部署

1. 项目的总体目标及实施原则

根据施工合同、招标文件、本单位对工程管理目标的要求确定以下基本目标：

(1) 顺利实现业主对项目的使用功能要求。

(2) 保证工程总目标的实现。

工期：本工程于2008年6月开工，2009年4月竣工，工期320d；质量：确保市优，争创省优工程；成本：将施工总成本控制在施工企业与项目部签订的责任成本范围内。

(3) 无重大工程安全事故，实现省级文明工地，力争“黄山杯”。

(4) 通过有效的施工和项目管理建成学校标志性形象工程。

要实现上述总体目标，作为本工程施工总承包人，必须对整个建设项目有全面的安排。在本工程中的施工安排及项目管理按以下原则进行实施：

(1) 本工程作为当地的一个标志性建筑，企业将它作为一个形象工程对待，在组织、资源等方面予以特殊保证。

(2) 一切为实现工程项目总目标，满足发包人在招标文件中提出的和在工程实施过程

中可能提出的要求。在上述施工项目目标中，工期目标的刚性较大，由于学校扩大招生，教学楼必须按时投入使用，否则会造成重大的影响。

（3）实行ISO 9002质量管理体系，在工程中完全按照ISO 9002质量标准要求施工。

（4）以积极负责的精神为发包人提供全过程、全方位的管理服务。特别抓好在施工中提出合理化措施以保证工期和保证质量，做好运行管理中的跟踪服务。

（5）作为工程施工的总承包人，积极配合发包人做好整个工程的项目管理，主动协调与设计人、其他分包人、设备供应人的关系，保证整个工程顺利进行。

（6）采用先进的管理方法和技术，对施工过程实施全方位的动态控制。

2. 本工程施工的重点和难点

（1）本工程基础尺寸较大，底板较厚，属大体积混凝土，对防止混凝土裂缝要求较严。

（2）体量大。本工程为全现浇框架结构，工程总建筑面积为18982m^2，仅地下室面积就达2809m^2，单层面积大，柱、梁、板均为全现浇，模板支设，混凝土浇筑量大。

（3）大体积、大面积、大厚度的混凝土浇筑时，应当考虑混凝土的干缩和水化热的影响。

（4）中部阶梯教室框架局部采用后张有黏结预应力框架梁，预应力钢筋为曲线布置，跨度大，模板支撑高度较高，技术要求高，施工难度较大。

（5）工期紧：本工程拟2008年6月开工，2009年3月竣工，工期320d。在此期间历经高温季节、雨季和冬季施工，并经历夏忙、秋忙时间。由于施工周期较长，要做好各种材料、设备和成品的保养及维护工作，并加强冬季、夏季、雨季的施工措施。

（6）地下室防水要求高，工序繁多。

3. 施工项目经理部组织设置

（1）施工项目经理部组织机构图如图6.4所示。

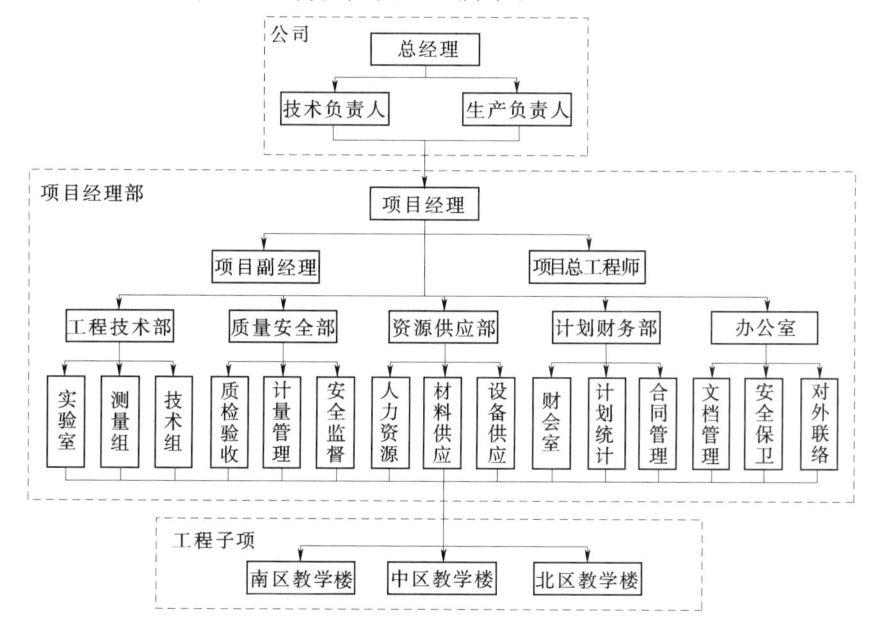

图6.4 组织机构图

（2）施工项目经理部主要管理人员表见表 6.8。

（3）施工项目经理部工作分解和责任矩阵（略）。

表 6.8　　　　施工项目经理部管理人员设置

机构	岗位	人数	部门	职　称	备　注
总部	项目主管	1		高级工程师	1 月不少于 10d
	总工	1		高级工程师	1 月不少于 10d
	质量安全监督	1		工程师	1 月不少于 15d
	财务监督	1		会计师	1 月不少于 10d
施工现场	项目经理	1		工程师	常驻现场
	项目副经理	1		工程师	常驻现场
	项目工程师	1	工程技术部	工程师	常驻现场
	质量员	3	工程质量部	工程师 2 人，助工 1 人	常驻现场
	施工员	3	工程技术部	工程师 1 人，助工 2 人	常驻现场
	安全员	3	工程安全部	工程师	常驻现场
	材料员	2	工程技术部	助工 2 人	常驻现场
	会计、预算	2	财务管理部	工程师	常驻现场
	机械管理	4	材料设备部	技师	常驻现场
	后勤管理	2	后勤管理部	助理经济师	常驻现场
	办公室	3	办公室	其中政工师 1 人	常驻现场

4. 拟采用的先进技术

（1）测量控制技术（全站仪、激光铅直仪）。

（2）大体积混凝土施工技术。

（3）液压直螺纹钢筋连接技术。

（4）预应力施工技术。

（5）混凝土集中搅拌及“双掺”施工技术。

（6）新Ⅲ级钢筋应用技术。

（7）WBS 工作结构分解基础上的计算机进度动态控制技术。

6.7.3　施工进度计划

本工程拟开工时间为 2008 年 6 月，竣工时间为 2009 年 3 月，工期 320d。

为了确保各分部、分项工程均有相对充裕的时间，在编制工程施工进度计划时，还要确立各阶段分部分项工作最迟开始时间，阶段目标时间不能更改。施工设备、资金、劳动力在满足阶段目标的前提下提前配备。

基础 60d，主体结构 114d，墙体 60d，装饰 100d，零星工程、竣工 16d。

预留、预埋构件提前进行制作，结构施工时预埋穿插进行，及时进行水电、设备预埋安装，确保不占用施工工期。

安装预埋工程在主体施工时进行，同时在具有工作面以后进行安装工程的施工，给装饰工程留出合理的施工时间，以保证工程的施工质量。

工程施工进度计划详见图 6.5。

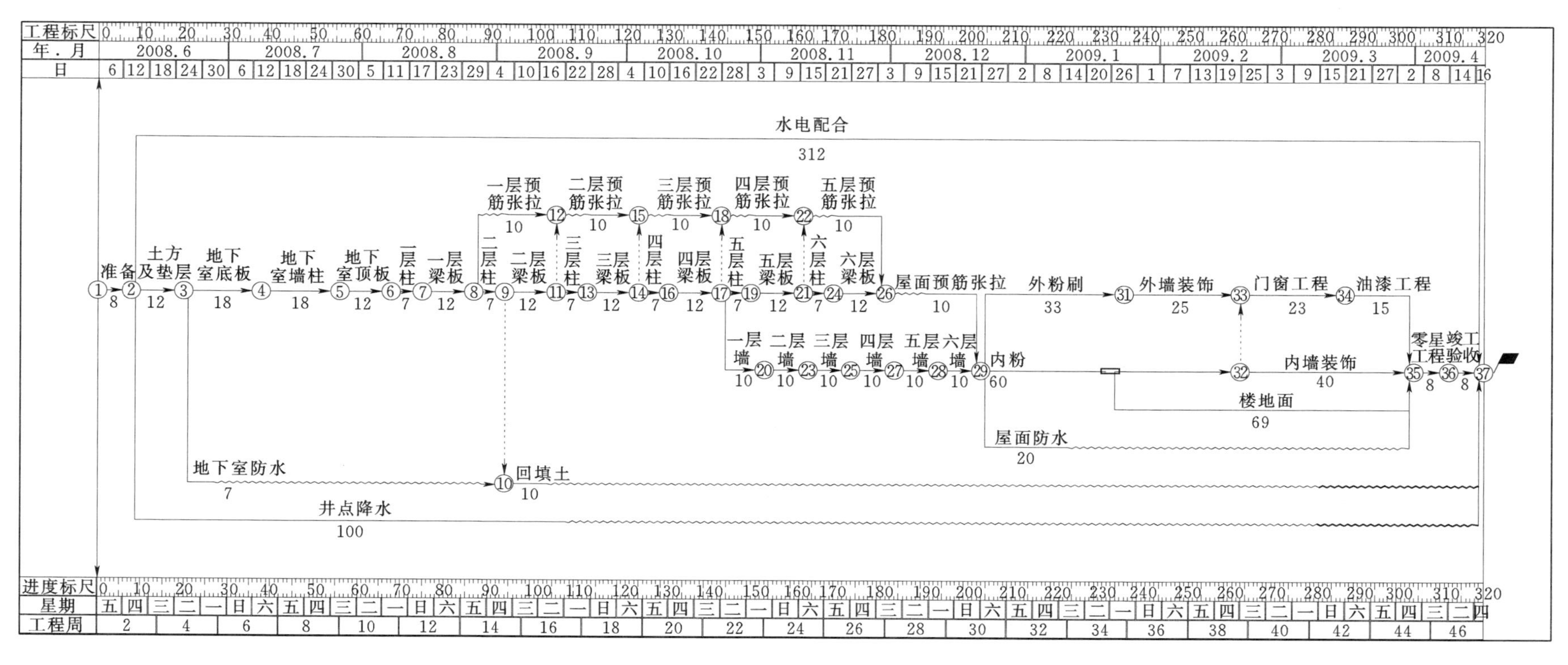
工程标尺
年.月
日
2008.6
2008.7
2008.8
2008.9
2008.10
2008.11
2008.12
2009.1
2009.2
2009.3
2009.4
水电配合
312
准备
8
土方及垫层
12
地下室底板
18
地下室墙柱
18
地下室顶板
12
一层柱
7
一层梁板
12
二层柱
7
二层梁板
12
三层柱
7
三层梁板
12
四层柱
7
四层梁板
12
五层柱
7
五层梁板
12
六层柱
7
六层梁板
12
一层预筋张拉
10
二层预筋张拉
10
三层预筋张拉
10
四层预筋张拉
10
五层预筋张拉
10
屋面预筋张拉
10
一层墙
10
二层墙
10
三层墙
10
四层墙
10
五层墙
10
六层墙
10
外粉刷
33
外墙装饰
25
门窗工程
23
油漆工程
15
内粉
60
内墙装饰
40
楼地面
69
屋面防水
20
零星竣工
工程验收
8
8
地下室防水
7
回填土
10
井点降水
100
进度标尺
星期
工程周

图 6.5 施工进度计划

6.7.4　施工准备与资源配置计划

1. 施工准备工作计划

应编制详细施工准备工作计划，计划内容包括：

（1）施工准备组织及时间安排。

（2）技术准备工作，包括图纸、规范的审查和交底，收集资料，编制施工组织设计等。

（3）施工现场准备，包括施工现场测量放线、“六通一平”、临时设施的搭设等。

（4）施工作业队伍和施工管理人员的组织准备。

（5）物资准备。即按照资源计划采购施工需要的材料、设备保障供应。在施工准备计划中特别要注意开工以及施工项目前期所需要的资源。

许多施工的大宗材料和设备都有复杂的供应过程，需要招标，签订采购合同，必须对相应的工作作出安排。

（6）资金准备。对在施工期间的负现金流量，必须筹备相应的资金供应，以保证施工的正常进行。

详细施工准备工作计划略。

2. 施工主要劳动力计划表

施工主要劳动计划表见表 6.9。

表 6.9　施工主要劳动力计划表　单位：人

工　种	基　础	主　体	砌体及装饰	安　装
钢筋工	30	60	12	
模板工	50	80	20	
瓦工	50	100	100	30
电工	2	2	2	2
管道工	6	10	0	45
钳工	6	6	6	6
油漆工	1	1	15	40
其他工种	30	60	60	30
机操工	8	16	16	16

3. 施工机械使用计划（土建）

主要施工机械设备表（土建）见表 6.10。

表 6.10　主要施工机械设备表（土建）

序号	名　称	型号	数量	功率	进场时间
1	塔吊	SCMC4018	2 台	20 kW	开工准备时进场
2	汽车吊	16T	1 辆		需要时进场
3	混凝土拌和机	500L	1 台	7.5 kW	零星混凝土搅拌

续表

序号	名　　称	型号	数量	功率	进场时间
4	砂浆拌和机	200L	1台	6.6 kW	砌墙、粉刷用
5	插入式振捣器	ZX50、7.0	各8台	1.1kW	开工准备时进场
6	平板振动器	ZW－10	4台	2.2 kW	开工准备时进场
7	电焊机	BX－300	6台	30 kVA	开工准备时进场
8	对焊机		1台	100 kVA	开工准备时进场
9	电动套丝机		2台	3 kW	开工准备时进场
10	砂轮切割机		4台	4.4 kW	开工准备时进场
11	钢筋调直切断机		2台	5.5 kW	开工准备时进场
12	钢筋弯曲机	ZC258－3	1台	5.5 kW	开工准备时进场
13	钢筋切断机	50型	1台	3 kW	开工准备时进场
14	蛙式打夯机	HW－60	2台	6 kW	开工准备时进场
15	潜水泵		8台	6 kW	开工准备时进场
16	高压水泵		4台	4.4 kW	开工准备时进场
17	木工圆盘锯	K1104	8台	3 kW	开工准备时进场
18	木工平刨机	MB504A	8台	7.5 kW	开工准备时进场
19	单面木工压刨机	MB106	8台	7.5 kW	开工准备时进场
20	张拉千斤顶		2台		预应力张拉
21	激光铅直仪	JD－91	2台		开工准备时进场
22	经纬仪	苏J2	2台		开工准备时进场
23	水准仪	S3	4台		开工时准备进场
24	检测工具	DM103	4套		质量检验用

4. 施工机械使用计划（安装部分）（略）
5. 主要材料需要量计划（略）
6. 资金计划表（略）

6.7.5 施工方案

6.7.5.1 施工总体安排

本工程采用泵送混凝土，用混凝土输送泵将混凝土送至浇注面浇注构件，以满足施工进度要求。

地下室每施工段混凝土浇注分三次完成，第一次为承台、地梁和底板，第二次为墙板，第三次为顶板。上部框架施工采用柱梁板整体支模整体一起浇注混凝土的施工工艺，减少工序间歇时间，以满足施工工期要求。

主体混凝土四层结构拆模后即开始插入墙体砌筑工程，墙体砌筑采取主体分段验收，插入内墙面刮糙工程，形成多工种、多专业交叉流水施工的施工工艺，避免工序重复，以利于工程合理有序的进行流水交叉作业。

屋面工程在主体封顶后开始。

由于本工程在平面上由三部分组成：北部 6 层教学楼、南部 6 层教学楼和中部 5 层合班教室。为加快施工进度，确保各工种连续作业，可根据变形缝情况将工程分成三个施工段组织流水施工。

6.7.5.2　各施工阶段部署

1. 基础施工阶段

(1) 施工流程：垫层→砖侧模砌筑及粉刷→底板防水层→地梁和底板钢筋→支模→地梁和底板混凝土浇注→墙板钢筋→墙板模板→墙板混凝土浇注→顶板梁板模板→顶板梁板钢筋→顶板梁板混凝土浇注→墙板防水层→回填土、平整场地。

(2) 基础及地下室混凝土浇注时，由商品混凝土站出料，主要依靠混凝土输送泵运输进行浇注。

(3) 基础地下室施工完毕并经过中间验收合格后，便回填土（后浇带部位留足以后施工的操作面暂不回填），平整场地，按设计要求将室外地面均回填平整至相应垫层设计底标高，以便后期地面施工时直接在其上浇注垫层、面层。

(4) ±0.00 以下的设备、管线必须在回填土前施工完善，避免重复施工。

2. 主体施工阶段

(1) 主体结构施工流程：测量弹线→柱筋→柱模→浇柱混凝土→楼盖模→楼盖筋→浇注混凝土→拆模→墙体砌筑。

(2) 主体施工时，以支模为中心合理组织劳动力进行施工，具体施工时应尽量使各工种能连续施工，减少窝工现象。

(3) 为了保证总体进度计划按时完成，墙体砌筑和室内初装修组织立体交叉施工。

3. 装修施工阶段

(1) 主要是内外墙面抹灰和刷涂料，在墙体砌筑后期便可穿插进行施工。

(2) 屋面工程：屋面工程在主体封顶后即可穿插进行施工。

6.7.5.3　主要分部分项工程施工方法

1. 测量控制要点

(1) 建立施工控制网。统一的测量坐标系统的建立、坐标原点、平面控制点、高程控制点设置，及控制精度要求。

(2) 建筑物轴线定位测设。包括各层面轴线定位测设、垂直度测量及控制，在地下室施工阶段、上部结构施工阶段的测量控制要点。

(3) 标高控制方法。

(4) 沉降观测点布置和测量方法。

2. 土方开挖及基坑防护

(1) 土方开挖方案。

(2) 护坡方案。

(3) 降水方案。

3. 地下室工程施工

(1) 地下室结构自防水的施工措施。本工程地下室采用结构自防水，为保证地下室不发生渗水现象，除了按图施工以外，还需对地下室外墙水平施工缝及外墙对拉螺杆洞进行

处理。重点处理好地下室外墙水平施工缝和地下室外墙对拉螺杆洞。

（2）基础钢筋施工。

说明钢筋支撑架的施工，承台和底板钢筋的施工方法和工艺。说明墙柱插筋施工方法。

阐述新Ⅲ级钢筋滚压直螺纹连接施工技术。本工程采用钢筋滚压直螺纹连接技术，由于本技术尚较新，说明它的工艺原理，所采用的接头连接类型，施工顺序，操作要点，控制的技术参数，施工安全措施，质量标准和检查方法。

（3）基础模板工程。

说明砖胎模的施工方法，墙、柱模板的工艺、施工方法。

（4）地下室底板大体积混凝土施工。主楼地下室底板，中心筒承台厚1.5m，属于大体积混凝土，需要严格进行控制，以防止产生裂缝。采用现场集中搅拌混凝土，在试验室经过试配，掺用JMⅢ抗裂防渗剂。

1）控制裂缝产生的技术措施。采用中低热水泥品种；掺入JMⅢ抗裂防渗剂；减少每立方米混凝土中的用水量和水泥用量；合理选择粗骨料，用连续级配的石子；采用中砂，以使每立方米混凝土中水泥用量降低；搅拌混凝土时采用冰水拌制，现场输送泵管上用草包覆盖，并浇水，以降低混凝土浇筑时的入模温度。

2）施工工艺。对浇筑走向布置、分层方法、振动棒布置、振捣时间控制、保温保湿措施、混凝土的温度测控方法等作出说明。

3）混凝土的温度计算。根据混凝土强度等级、施工配合比、每立方米水中水泥用量、混凝土入模温度（20℃）等因素计算的温度。

4）混凝土温度监测及控制。根据计算，混凝土绝热温升将达69℃，根据施工经验，采取两层塑料薄膜、一层草包覆盖基本能够控制混凝土中心与表面温差在25℃之内。

4. 上部结构工程施工

（1）钢筋工程。钢筋绑扎注意事项如下：

1）核对成品钢筋的钢号、直径、形状、尺寸和数量是否与料单料牌相符。准备绑扎用的铁丝、绑扎工具、绑扎架和控制混凝土保护层用的水泥砂浆垫块等。

2）绑扎形式复杂的结构部位时，应先研究逐根穿插就位的顺序，并与模板工联系，确定支模绑扎顺序，以减少绑扎困难。

3）板、次梁与主梁交叉处，板的钢筋在上，次梁钢筋居中，主梁的钢筋在下，当有圈梁时，主梁钢筋在上。主梁上次梁处两侧均须设附加箍筋及吊筋。

4）混凝土墙节点处钢筋穿插十分稠密时，应特别注意水平主筋之间的交叉方向和位置，以利于浇注混凝土。

5）板钢筋的绑扎：四周两行钢筋交叉点应全部扎牢，中间部分交叉点相隔交错扎牢。必须保证钢筋不位移。

6）悬挑构件的负筋要防止踩下，特别是挑檐、悬臂板等。要严格控制负筋位置，以免拆模后断裂。

7）图纸中未注明钢筋搭接长度均应满足构造要求。

（2）模板工程。工序如下：

1）模板配备：本工程地上框架柱模采用优质酚醛木胶合板模，现浇楼板梁、板采用无框木胶合板模。梁柱接头和楼梯等特殊部位定做专用模板。本模板支撑系统采用，ϕ48mm×3.5mm 钢管，扣件紧固连接。为了保证进度，楼层模板配备 4 套，竖向结构模板配备 2 套。

2）模板计算。分别计算模板最大侧压力、模板拉杆验算、柱箍验算、验算墙模板强度与刚度、材料验算、横肋强度刚度验算等，以保证安全性。

3）质量要求及验收标准。模板及支撑必须具有足够的强度、刚度和稳定性；模板的接缝不大于 2.5mm。模板的实测允许偏差（表略）。

（3）混凝土工程。包括材料要求、混凝土浇筑、混凝土养护、混凝土试块要求和混凝土质量要求（略）。

（4）后张法有黏结预应力梁施工。工序如下：

1）预应力钢材在采购、存放、施工、检验中的质量控制。

2）波纹管的质量与施工要求。

3）预应力锚固体系。

4）预应力梁的施工要求：支撑与模板；钢筋绑扎；预应力梁中的拉筋与波纹管的协调，以保证波纹管的位置要求；钢筋绑扎完毕后应随即垫好梁的保护层垫块，以便于预应力筋标高的准确定位。

5）施工工艺流程（图略）。

6）铺管穿筋的工艺及过程（图略）。包括铺管穿筋前的准备、波纹管铺放、埋件安装、穿束、灌浆（泌水）孔的设置工作要求、质量控制。

7）混凝土浇筑工艺。

8）预应力张拉工艺和过程（图略）。包括张拉准备、张拉顺序、预应力筋的张拉程序、预应力筋张拉控制应力方法。

9）孔道灌浆工艺。

10）锚具封堵。

5. 砌体工程施工

仅简要说明墙体材料、施工方法、操作要点、砌筑砂浆等的要求和质量控制。

6. 屋面防水工程施工

（1）施工准备。

（2）施工工艺。包括找坡层与找平层施工、卷材防水层施工、保温隔热层施工、保护层施工的工艺要求。

7. 装饰工程

（1）简要说明装饰工程的总施工顺序，以及外装修、内装修的施工顺序。

（2）外墙面的施工顺序、施工方法、施工要点。

（3）内墙面的施工顺序、施工方法、施工要点。

（4）吊顶工程的工艺流程、质量要求、施工工艺。

（5）楼地面工程。该工程为常规工程，简要说明质量标准、施工准备工作、施工工艺。

(6) 门窗施工。简要说明门窗安装施工要点、质量验收要求。

8. 安装工程（略）

6.7.6 施工现场平面布置

1. 施工现场总平面布置原则

(1) 考虑全面周到，布置合理有序，方便施工，便于管理，利于“标准化”。

(2) 加工区和办公区尽可能远离教学楼以免干扰学生学习。

(3) 施工机械设备的布置作用范围尽可能覆盖到整个施工区域，尽量减少材料设备等的二次搬运。

(4) 按发包人提供的围界使用施工场地，不得随意搭建临时设施。

(5) 按照业主提交的现场布置施工机械和临时设施，减少搬迁工作。施工平面布置分地下室施工阶段、上部施工阶段两个阶段（地下室施工平面布置图略）。

2. 现场道路安排、做法、要求和现场地坪做法（略）

3. 现场排水组织

包括排水沟设置、现场的外排水、污水井和生活区、施工区厕所等要求。

4. 临时设施布置

现场分施工区和生活区两部分，在西区围墙处设生活区，内设置宿舍、食堂、开水间、厕所间、仓库若干间等。

在施工区的东部设置钢筋、木工加工场、水泥罐、混凝土泵、搅拌机、砖堆场及等生产办公设施；南北面分别设置周转材料堆场。钢筋、模板采用加工成型后运至教学楼旁的堆场，不需要加工的模板、钢筋直接卸料到堆场。

5. 施工机械布置

(1) 在主楼东侧结构分界处各设一台 SCMCA018 塔吊作为垂直运输机械。施工时承担排架钢管、模板、钢筋、预留预埋等材料垂直运输。施工人员、墙体材料、装饰装修材料、安装材料等的上下。

(2) 本工程混凝土采用商品混凝土供应。由供应商用 4 台混凝土搅拌运输车运送混凝土到现场的混凝土泵。直接入泵，泵送至浇筑面。同时配备混凝土搅拌机 1 台备用及零星混凝土浇筑时使用。进入墙体砌筑阶段砂浆搅拌机配置 2 台，装修阶段再增配 2 台砂浆搅拌机，木工、钢筋工机械各 2 套，瓦工用振动棒及照明用灯若干。

6. 堆场布置

在东侧设置砂、砖的堆场。

7. 施工用电

(1) 施工用电计算。由计算可得，本工程的高峰期施工用电总容量约需 350 kVA，需业主提供 350 kVA 的变压器。

(2) 从变配电房到施工现场线路考虑施工安全，均埋地敷设，按平面布置图布置。

(3) 楼层施工用电：在建筑物内部的楼梯井内安装垂直输电系统，照明、动力线分开架设；楼面架设分线，安装分、配电箱，按规定安装保护装置，照明电和动力电分设电箱。

(4) 施工现场照明的低压电路电缆及配电箱，应充分考虑其容量和安全性，低压电路

的走向可选择受施工影响小和相对安全的地段采用直埋方式敷设。在穿过道路、门口或上部有重载的地段时，可加套管予以保护。

8. 施工用水

(1) 施工用水计算。包括施工用水、生活用水分别计算，得到现场总用水量。

(2) 供水管径选择。现场供水主管选用DN100，支管选用DN50。现场设置2个消防栓。若施工现场的高峰用水或城市供水管水压不足时，可在现场砌蓄水池或添置增压水泵，解决供水量不足或压力不足的问题。

(3) 施工现场用水管道敷设，根据施工部署按现场总平面布置敷设。

(4) 施工楼层用水，由支线管接出一根ϕ25的分支管，沿脚手架内侧设置立管，分层设置水平支管并装置2只ϕ25的阀门控制。楼层施工用水主要用橡皮软管。

(5) 考虑用水高峰和消防的需要，现场利用地下室水池作为工程的补充水源，以备不时之需。

9. 场外运输安排

现场所用物资设备均用汽车运输，从东侧大门沿校园道路运入。

10. 现场通信

本工程场地面积大，为保证工程施工顺利进行，确保通信指挥联络便利，将在工程上配备10对优质对讲机。

工程施工现场平面图如图6.6所示。

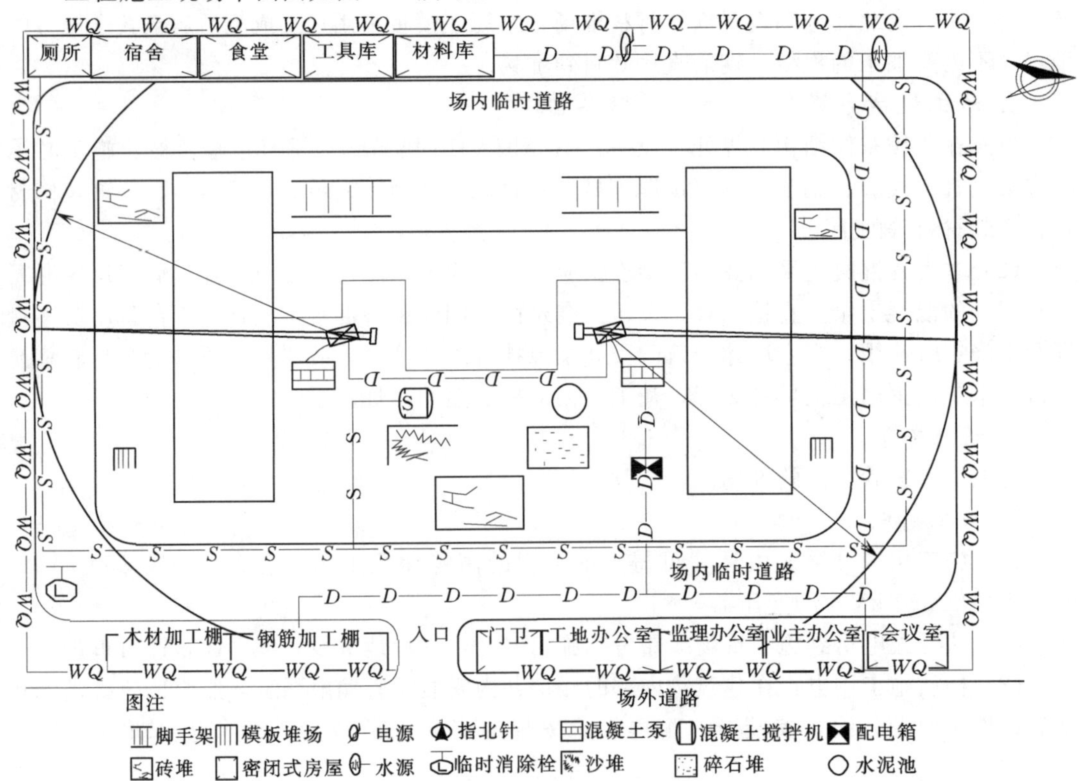

图6.6 工程施工现场平面图

6.7.7 主要施工管理措施

6.7.7.1 雨季施工措施（略）

6.7.7.2 冬期施工措施（略）

6.7.7.3 工程进度保证措施

1. 进度的主要影响因素

内容如下：

(1) 本工程工期紧、体量大、要求高、工艺复杂，必须实行进度计划的动态控制，合理组织流水施工。

(2) 工程体量大，周转材料、机械设备、管理人员、操作工人投入大。

(3) 主体施工阶段跨冬、雨季，气候影响因素多。

(4) 工艺复杂，测量要求高，交叉作业多。

(5) 安装工作复杂，必须有充足的调试时间。

(6) 室内作业难免上下垂直同时操作，防护量大，安全要求高。

2. 保证工程进度的组织管理措施

内容如下：

(1) 中标后立即进场做好场地交接工作，做好施工前的各项准备工作。

(2) 分段控制，确保各阶段工期按期完成，配备充足的资源。

(3) 本工程施工实行3班倒，24h连续作业，管理班子亦3班倒，全体管理人员食宿在现场。工程所用设备、材料根据计划，提前订货和准备，防止因不能及时进场而影响工期。工地安排2套测量班子，及时提供轴线、标高，确保轴线、标高准确，不影响生产班组施工进度。

(4) 合理安排交叉作业，充分考虑工种与工种之间、工序与工序之间的配合衔接，确保科学组织流水施工。现场放样工作在前，充分吃透设计意图，熟悉施工图纸，提前制作定型模板，预制成型钢筋。在土建施工的各个过程中，都必须给安装配合留有充分时间。在整个施工进度计划中给安装调试留下充分时间。配足安装力量，不拖土建后腿。积极协助设计院解决图纸矛盾，成立专门班子细化图纸，防止出图不及时影响施工。

(5) 合理安排室内上下垂直操作，严密进行可靠的安全防护，不留安全防护死角，确保操作人员安全，确保交叉施工正常进行。在地下室主体完成后，即进行防水、试水和回填土工作。确保室外工程基层部分与上部结构施工同步进行，室外工程面层施工不拖交工验收工期。

(6) 严格施工质量过程控制，确保一次成型，杜绝返工影响工期现象的发生，切实做好成品保护工作。

3. 保证工程进度的技术措施

内容如下：

(1) 根据伸缩沉降缝，分3个区进行流水施工。

(2) 施工时投入两台塔吊和足够的劳动力，保证垂直运输。

(3) 钢筋采用机械连接，加快施工速度，有效缩短工期。

(4) 配置多套模板，以满足主楼预应力张拉的需要。

(5) 和经验丰富的具有 ISO 9002 质量保证体系的大商品混凝土厂合作，泵送混凝土，有效地保证主楼工期。

(6) 采用施工项目工作结构分解方法（WBS）和计算机进度控制技术，确保实现工期目标。

(7) 选择强有力的设备安装、装饰装潢分包商，确保工程质量和进度总目标的实现。

4. 室外管网、配套工程、室外施工提前准备

在室外回填土时就将需预埋的管网进行预埋，不重复施工。在平面布置上分基础、主体装饰三期布置，当主体工程结束时，重新做施工总平面布置。让出室外管网预埋场地、绿化用地。

6.7.7.4 质量保证措施

1. 建立工程质量管理体系的总体思路

(1) 建立质量管理组织体系，将质量目标层层分解，根据本企业的 ISO 9002 质量管理体系编制项目质量管理计划。

(2) 制定质量管理监督工作程序和管理职能要素分配，保证专业专职配备到位。质量管理的一些具体程序在企业管理规范中，作为本文件的附件。

(3) 严格按照设计单位确认的工程质量施工规范和验收规范，精心组织好施工。设立质量控制点，按照要求抓好施工质量、原材料质量、半成品质量，严格质量监督，工程质量确保达到优良标准。

(4) 负责组织施工设计图技术交底，督促工程小组或分包商制定更为详细的施工技术方案，审查各项技术措施的可行性和经济性，提出优化方案或改进意见。

(5) 协助甲方确定本工程甲方供应设备材料的定牌及选型，并根据甲方需要及时提供有关技术数据、资料、样品、样本及有关介绍材料。

(6) 协同监理单位、业主、质监部门、设计单位对由其他施工单位承包的工程进行检查、验收及工程竣工初步验收，协助业主组织工程竣工最终验收，提出竣工验收报告（包括整理资料的安排）。

(7) 对工程质量事故应严肃处理，查明质量事故原因和责任，并与监理单位一起督促和检查事故处理方案的实施。

(8) 采用新技术以保证或提高工程质量。

2. 工程质量目标

确保市优，争创省优。

3. 质量管理网络图

如图 6.7 所示。

4. 质量控制工作

内容如下：

(1) 严格实行质量管理制度，包括施工组织设计审批制度、技术、质量交底制度、技术复核、隐蔽工程验收制度、“混凝土浇灌令”制度、二级验收及分部分项质量评定制度、工程质量奖罚制度、工程技术资料管理制度等。

(2) 项目部每周一次团体协调会，全面检查施工衔接、劳动力调配、机械设备进场、

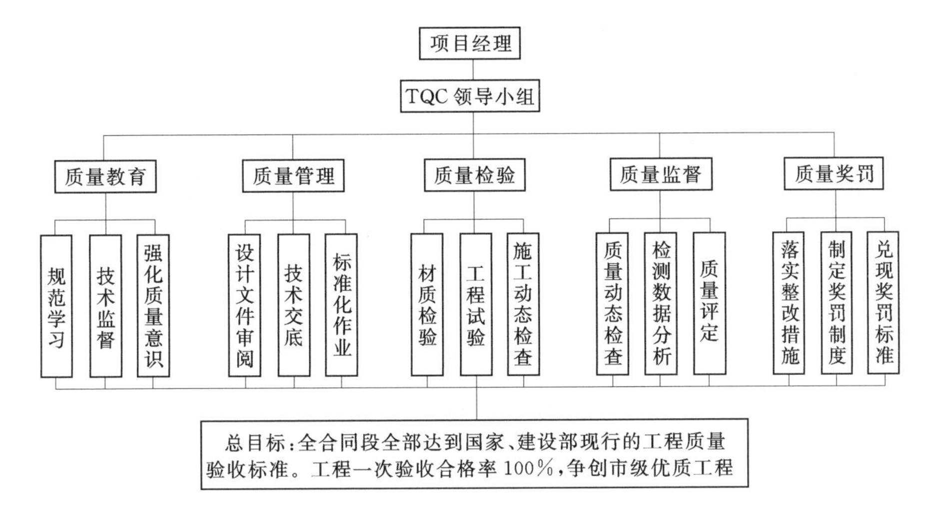

图6.7 质量保证体系框图

材料供应分项工程质量检测以及安全生产等，将整个施工过程纳入有序的管理。

(3) 通过班组自检、互检和全面质量管理活动，严把质量关。首先，班组普遍推行挂牌操作，责任到人，谁操作谁负责；其次，出现不合格项立即召开现场会，同时给予经济处罚。

(4) 对重要工序实施重点管理，尤其对预应力梁、楼梯、厕所、屋面工程等关键部位重点检查。

(5) 对新工艺、新技术的分部分项工程重点进行检查、项目工程师会同专业施工员检查，最后交工程监理审查，凡是隐蔽工程均由设计、监理、业主验收认可方可转入下道工序施工。

(6) 严把原材料关，凡无出厂合格证的一律不准使用，坚持原材料的检查制度，复验不合格的不得使用，对钢筋、水泥、防水材料等均做到先复试再使用。

(7) 坚持样板制度。在施工过程中，将坚持以点带面，即一律由施工技术人员先行翻样，提出实际操作要求，然后由操作班组做出样板间，并多方征求意见，用样板标准，推广大面积施工。

(8) 加强成品保护。

5. 工程质量重点控制环节

根据本工程的特点分析，质量重点控制环节为：①大体积混凝土温度裂缝控制；②大面积底板混凝土浇捣；③地下室墙板裂缝控制；④曲线测量控制；⑤预应力张拉控制。

6.7.7.5 安全管理措施

1. 工程安全生产管理组织体系

内容如下：

(1) 成立项目经理为第一责任人的项目安全生产领导小组。

(2) 设置项目专职安全监督机构——安全监督组。

(3) 要求各专业分包单位设立兼职安全员与消防员。

（4）项目安全管理做到“纵向到底、横向到边”全面覆盖。

2. 施工安全管理

内容如下：

（1）项目安全生产质量小组工作负责每月一次项目安全会议，组织全体成员认真学习贯彻执行建设部发布的标准，每月组织二次安全检查，并出“安全检查简报”，负责与业主及分承包单位（或合作施工单位）涉及重要施工安全隐患的协调整改工作。

（2）建立专职安全监督管理机构和安全检查流程，如图6.8所示。

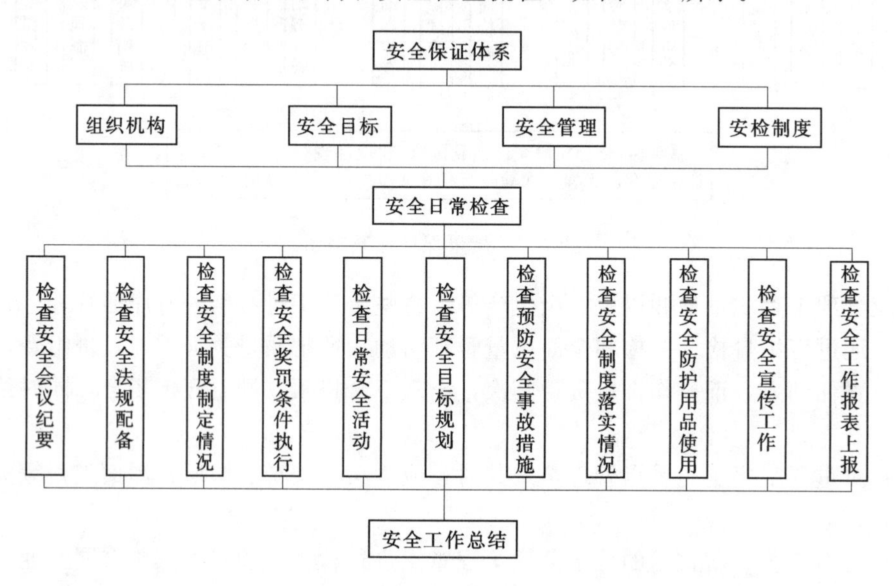

图6.8　安全检查流程图

（3）应建立完整的、可操作的项目安全生产管理制度：包括各级安全生产责任制、安全生产奖罚制度、项目安全检查制度、职工安全教育、学习制度等。建立项目特种作业人员登记台账，确保特种作业人员必须经过培训考核，持证上岗，建立工人三级安全教育台账，确保工人岗前必须经过安全知识教育培训。

（4）生产班组每周一实行班前一小时安全学习活动，做好学习活动书面记录，施工员、工长定点班组参加活动。组长每天安排组员工作的同时必须交底安全事项，消除不安全因素。

（5）项目技术负责人、施工员、专业工长必须熟悉本工程安全技术措施实施方案，逐级认真及时做好安全技术交底工作和安全措施实施工作。

3. 施工安全措施

内容如下：

（1）施工临时用电。

1）编制符合本工程安全使用要求的“临时用电组织设计”，绘制本工程临时用电平面图、立面图，并由技术负责人审核批准后实施。

2）本工程施工临时用电线路必须动力、照明分离设置（从总配电起），分设动力电箱和照明电箱。配电箱禁止使用木制电箱，铁制电箱外壳必须有可靠的保护接零，配电箱应

作明显警示标记，并编号使用。

3）配电箱内必须装备与用电容量匹配并符合性能质量标准的漏电保护器。分配电箱内应装备符合安全规范要求的漏电保护器。

4）所有配电箱内做到“一机、一闸、一保护”。用电设备确保二级保护（总配电一分配电箱）。手持、流动电动工具确保三级保护（总配电一分配电箱一开关箱）。

5）现场电缆线必须于地面埋管穿线处做出标记。架空敷设的电缆线，必须用瓷瓶绑扎。地下室、潮湿阴暗处施工照明应使用36V以下（含36V）的灯具。

6）施工不准采用花线、塑料线作电源线。所有配电箱应配锁，分配电箱和开关电箱由专人负责。配电箱下底与地面垂直距离应大于1.3m、小于1.5m。

7）配电箱内不得放置任何杂物（工具、材料、手套等）并保持整洁。熔断丝的选用必须符合额定参数，且三相一致，不得用铜丝、铁丝等代替。

8）现场电气作业人员必须经过培训、考核，持证上岗。现场电工应制定“用电安全巡查制度”（查线路、查电箱、查设备），责任到人，做好每日巡查记录。

9）在高压线路下方不得搭设作业棚、生活设施或堆放构件、材料、工具等。

10）建筑物（含脚手架）的外侧边缘与外电架空线路边线之间最小应保持大于4m的安全操作距离。

（2）塔吊等均要制定专项安全技术措施，操作必须符合有关的安全规定。

（3）脚手架工程与防护。内容如下：

1）脚手架的选择与搭设应有专门施工方案。

2）落地脚手架应在工程平面图上标明立杆落点。

3）钢管脚手架的钢管应涂为橘黄色。

4）钢管、扣件、安全网、竹笆片必须经安全部门验收后方可使用。

5）脚手架的搭设应作分段验收或完成后验收，验收合格后挂牌使用。

（4）其他。内容如下：

1）“三口四临边”应按安全规范的要求进行可靠的防护。建筑物临边，必须设置两道防护栏杆，其高度分别为400mm和1000mm，用红白或黑黄相间油漆。

2）严禁任意拆除或变更安全防护设施。若施工中必须拆除或变更安全防护设施，须经项目技术负责人批准后方可实施，实施后不得留有隐患。

3）施工过程中，应避免在同一断面上、下交叉作业，如必须上、下同时工作时，应设专用防护棚或其他隔离措施。

4）在天然光线不足的工作地点，如内楼梯、内通道及夜间工作时，均应设置足够的照明设备。

5）遇有六级以上强风时，禁止露天起重作业，停止室外高处作业。项目部应购置测风仪，由专人保管，定时记录。

6）不得安排患有高血压、心脏病、癫痫病和其他不适于高处作业的人员登高作业。

7）应在建筑物底层选择几处进出口，搭设一定面积的双层护头棚，作为施工人员的安全通道，并挂牌示意。

（5）工地保卫人员应与所属地区公安分局在业务上取得联系，组成一个统一的安全消防保卫系统，各楼层及现场地面配置足够的消防器材，制定工地用火制度，加强对易燃品的管理，杜绝在工地现场吸烟。派专人负责出入管理与夜间巡逻，杜绝一切破坏行为和其他不良行为。

6.7.7.6　文明和标准化现场

严格遵守城市有关施工的管理规定，做到尘土不飞扬，垃圾不乱倒，噪音不扰民，交通不堵塞，道路不侵占，环境不污染，本工程文件施工管理目标为：市级文明工地。

1. 组织落实，制度到位

内容如下：

(1) 建立以项目经理为首的创建“标准化”（包括现场容貌、卫生状况）工地组织机构。

(2) 设置专职现场容貌、卫生管理员，随时做好场内外的保洁工作。

(3) 施工现场周围应封闭严密。施工现场大门处高置统一式样的标牌，标牌面积为 $0.7m \times 0.5m^2$，设置高度距地面不得低于2m。标牌内容：工程名称、建筑面积、建设单位、设计单位、施工单位、工地负责人、开工日期、竣工日期等。

现场大门内设有施工平面布置图以及安全、消防保卫、场容卫生环保等制度牌、内容详细，字迹清晰醒目。

2. 现场场容、场貌布置

内容如下：

(1) 现场布置。施工现场采用硬地坪，现场布置根据场地情况合理安排，设施设备按现场布置图规定设置堆施，并随施工基础、结构、装饰等不同阶段进行场地布置和调整。七牌一图齐全。主要位置设醒目宣传标语。利用现场边角线，栽花、种草、搞好绿化、美化环境。

施工区域划分责任区，设置标牌，分片包干到人负责场容整洁。

(2) 道路与场地。道路畅通、平坦、整洁，不乱堆乱放，无散落的杂物；建筑物周围应浇捣散水坡，四周保持清洁；场地平整不积水，场地排水畅通良好，畅通不堵。建筑垃圾必须集中堆放，及时处理。

(3) 工作面管理。班组必须做好工作面管理，做到随作随清，物尽其用。在施工作业时，应有防尘土飞扬、泥浆洒漏、污水外流、车辆沾带泥土运行等措施。有考核制度，定期检查评分考核，成绩上牌公布。

(4) 堆放材料。各种材料分类、集中堆放。砌体归类成跺，堆放整齐，碎砖料随用随清，无底脚散料。

(5) 周转设备。施工设备、模板、钢管、扣件等，集中堆放整齐。分类分规格，集中存放。所有材料分类堆放、规则成方，不散不乱。

3. 环境卫生管理

环境卫生管理内容如下：

(1) 施工现场保持整洁卫生。道路平整坚实、畅通，并有排水设施，运输车辆不带泥出场。

(2) 生活区室内外保持整洁有序，无污物、污水，垃圾集中堆放，及时清理。

（3）食堂、伙房有一名现场领导主管卫生工作。严格执行食品卫生法等有关制度。

（4）饮用水要供应开水，饮水器具要卫生。

4. 生活卫生

内容如下：

（1）生活卫生应纳入工地总体规划，落实责任制，卫生专（兼）职管理和保洁责任到人。

（2）施工现场须设有茶亭和茶水桶，做到有盖有杯子，有消毒设备。

（3）工地有男女厕所，落实专人管理，保持清洁无害。

（4）工地设简易浴室，电锅炉热水间保证供水，保持清洁。

（5）现场落实消灭蚊蝇孳生承包措施，与各班组签订检查监督约定，保证措施落实。

（6）生活垃圾必须随时处理或集中加以遮挡，妥善处理，保持场容整洁。

5. 防止扰民措施

内容如下：

（1）防止大气污染。具体做法如下：

1）高层建筑施工垃圾，必须搭设封闭式临时专用垃圾道或采用容器吊运，严禁随意凌空抛撒，施工垃圾应及时清运，适量洒水、减少扬尘。

2）水泥等粉细散装衣料，应尽量采取室内（或封闭）存放或严密遮盖，卸运时要采取有效措施，减少扬尘。

3）现场的临时道路必须硬化，防止道路扬尘。

4）防止大气污染，除设有符合规定的装置外，不得在施工现场熔融沥青或焚烧油毡、油漆以及其他会产生有毒有害尘和恶臭气体的物质。

5）采取有效措施控制施工过程中的灰尘。

6）现场生活用能源，均使用电能或煤气，严禁焚烧木材、煤炭等污染严重的燃料。

（2）防止水污染。设置沉淀池，使清洗机械和运输车的废水经沉淀后，排入市政污水管线。

现场存放油料的库房，必须进行防渗漏处理。储存和使用都要采取措施，防止跑、冒、滴、漏污染水体。

施工现场临时食堂，应设有效的隔油池，定期掏油，防止污染。

厕所污水经化粪池处理后，排入城市污水管道。一般生活污水及混凝土养护用水等，直接排入城市污水管理。

（3）防止噪音污染。内容如下：

1）严格遵守建筑工地文明施工的有关规定，合理安排施工，尽量避开夜间施工作业，早晨7时前和晚上9时后无特殊情况不予施工，以免噪音惊扰附近学生休息，未得到有关部门批准，严禁违章夜间施工。对浇灌混凝土必须连续施工的，及时办理夜间施工许可证，张贴安全告示。

2）夜间禁止使用电锯、电刨、切割机等高噪音机械。严格控制木工机械的使用时间和使用频率，尽量选用噪音小的机械，必要时将产生噪音的机械移入基坑、地下室或墙体较厚的操作间内，减少噪音对周围环境的影响。

3）全部使用商品混凝土，减少扰民噪音。

4）加强职工教育，文明施工。在施工现场不高声呐喊。夜间禁止高喊号子或唱歌。

5）积极主动地与周围居民打招呼，争取得到他们的谅解，并经常听取宝贵意见，以便改进项目部的工作，减少不应有的矛盾和纠纷，如发生居民闹事、要求赔偿等纠纷，项目部负责处理，承担有关费用。

6）若发现违反规定，影响环境保护、严重扰民或造成重大影响的，即给予警告及适当的经济处罚，情况严重者清除出场。

（4）防止道路侵占。内容如下：

1）临时占用道路应向当地交通主管部门提出申请，经同意后方可临时占用。

2）材料运输尽量安排夜间进行，以减轻繁忙的城市交通压力。

3）材料进场，一律在施工现场内按指定地点堆放，严禁占用道路。

（5）防止地上设施的破坏。内容如下：

1）对已有的地上设施，搭设双层钢管防护棚进行保护。

2）严格按施工方案搭设脚手架，挂设安全网，做好施工洞口及临边的专人防护，防止高层建设施工过程中材料的坠落而造成对原有建筑设施的破坏。

6.7.7.7　降低成本措施

1. 采用合适的用工制度确保工期

（1）划小班组，记工考勤。工人进场后，按工种划分，10 个人为一个班，4～5 个班配备一个工长带领。优点是：调度灵活，便于安排工作，队与队之间劳动力可以互相调剂，有利于考核，减少窝工，提高工效。

记工考核为：将现场划分为若干个工作区，按部位、工作内容、工种、编码用计算机进行管理。工作程序是：各队记工员根据班组出勤、工作部位、工作内容和要求填写记工单，由工长、队长签字，人事部汇总交财务部计算机操作员，根据记工单填写的各项数据输入计算机，以便查找人工节、超的原因，商量对策，做好成本控制。

（2）劳务费切块承包，加快了工程进度，提高了劳动生产率。

（3）加快技术培训，提高操作技能，加快施工速度。

2. 采用强制式机械管理提高设备利用率

（1）机械设备的管理。所有机械设备均由机电组统一管理。机电组下设机械班、电器班，分别承担对重型机械、混凝土机械、通用中小型机具、塔吊等使用与管理。机械设备的特点可以归纳为：统一建文件，计算机储存，跟踪监测，按月报表，依凭资料，预测故障，发现问题，及时排除。

月设备运行报告中记录现场混凝土设备工作情况，如混凝土搅拌站泵车或塔吊垂直运输量。通过这些资料了解设备的利用率和机械效率，从而为计划部门制订下一个月的生产计划提供生产能力的可靠依据。同时机电组也可以凭借这些资料及各个时期混凝土总需求量计划提前安排设备配制计划，或在必要时作租赁设备的计划。

（2）机械设备的维修保养。机械设备维修保养的显著特点是采取定期、定项目的强制保养法。这种方法是对各种设备均按其厂家的要求或成熟的经验制定一套详细的保养卡片，分列出不同的保养期以及不同的保养项目。各使用部门必须按期、按项目的要求更换零配件，即使这些配件还可以使用也必须更换。以保证在下一个保养期期间设备无故障

运行。

另外，引进一些先进的检测技术，帮助预测可能产生的机械故障，采用美国的 SOS 系统，它是利用抽样分析间接判断机械内部的零件磨损情况及磨损零件的位置，发出早期警告，避免连锁损坏，还可以让使用者提前准备零配件，或者安排适当的时机进行维修及更换零件。在以往重要工程中，使用这种系统定期将重要设备的抽样进行检查，根据调查报告来安排保养计划。

3. 采用独立的物资供应及管理模式

内容如下：

(1) 建立以仓库为中心的多层次管理方式，根据物资的最低储备量和最高储备量求出物资的最佳订购量，制订出既合理又经济的计划，努力避免物资积压，尽量加速流动资金周转。

(2) 建立完整的采购程序，采购计划性强。从提出供应要求、编制采购计划、审批购买到财务付款，都建立一套完整的程序，采购单一式 7 份，以各种颜色区分，标志明显，用途各异，以免混淆，便于入账核对。

(3) 采用多种采购合同，根据不同情况在采购中分别运用不变价格、浮动价格和固定升值价格签订供货合同，以取得可观效益。

(4) 采用卡片的计算机双重记账方式，便于查找、核对。利用先进的通信设备及时了解各地市场信息，为物资采购提供便利条件。

4. 经济技术措施

为了保证工程质量，加快施工进度，降低工程成本，本工程施工过程中采用如下几项措施，用以节约工程成本、提高劳动效率，提高和促进经济效益。

(1) 计划的执行，要以总控制计划为指导，各分项工程的施工计划必须在总进度计划的限定时间内，计划的实施要严肃认真，制定一定的控制点，实行目标管理。

(2) 提高劳动生产率，实行项目法施工，并层层签订承包合同，健全承包制度，用以调动职工的劳动积极性，具体细则另定，鼓励工人多做工作提高全员劳动生产率。

(3) 采用全面质量管理方法对施工质量进行系统控制，认真贯彻有关的技术政策和法规。分部分项工程质量优良必须在 95%以上，中间验收合格率 100%，实行评比质量奖惩办法。

(4) 充分利用现有设备，提高设备的利用率，充分利用时间和空间，机械设备的完好率达 95%，其利用率在 70%以上，使之达到促进效益的目的。

(5) 压缩精减临时工程费用，合理布置总平面并加强其管理，充分做好施工前准备工作，做到严谨、周密、科学，使施工流水顺利进行。

6.7.8 技术经济指标计算与分析

1. 进度方面的指标

进度方面的指标包括：总工期、工期提前时间、工期提前率。

2. 质量方面的指标

质量方面的指标包括：工程整体质量标准、分部分项工程达到的质量标准。

3. 成本方面的指标

成本方面的指标包括：工程总造价或总成本、单位工程量成本、成本降低率。

4. 资源消耗方面的指标

资源消耗方面的指标包括：总用工量、单位工程量（或其他量纲）用工量、平均劳动力投入量、高峰人数、劳动力不均衡系数、主要材料消耗量及节约量、主要大型机械使用数量及台班量等。

本章小结

本章主要介绍了单位工程施工组织设计的编制，其要点为：

1. 单位工程施工组织设计的概念、依据、内容、编制程序。

2. 单位工程施工组织设计的编制依据为上级主管单位和建设单位（或监理单位）对本工程的要求、施工图纸、施工条件、资源供应情况、施工现场的勘察资料、工程预算文件及有关定额、工程施工协作单位的情况、有关的国家规定和标准、有关的参考资料及类似工程的施工组织设计实例，单位工程施工组织设计的工程概况编写应针对拟建工程的工程特点、建设地点特征和施工条件等所做的一个简明扼要、突出重点的介绍或描述。

3. 施工部署是对项目实施过程做出的统筹规划和全面安排（包括项目施工主要目标、施工顺序及空间组织、施工组织安排），主要施工方案的编制应正确地选择施工方法、施工机械，制订可行的施工方案并比较确定出最优方案。

4. 编制单位工程施工进度计划可采用横道图也可采用网络图，其编制步骤为：划分施工过程→计算工程量→套用施工定额→确定劳动量和机械台班数量→确定各施工过程的施工持续时间→编制施工进度计划的初始方案→施工进度计划的检查与调整。

5. 施工准备工作贯穿于施工过程的始终，应包括技术准备、现场准备和资金准备等，单位工程施工进度计划编制确定以后，编制劳动力配置计划，各种主要材料、构件和半成品配置计划及各种施工机械的配置计划是保证施工进度计划顺利执行的关键。

6. 施工现场平面布置图是在施工用地范围内，对各项生产、生活设施及其他辅助设施等进行规划和布置的设计图，它既是布置施工现场的依据，是实现文明施工、节约并合理利用土地、减少临时设施费用的先决条件，使施工现场井然有序、施工顺利进行，提高施工效率和经济效果。

训练题

1. 简答题

（1）试述施工组织总设计与单位工程施工组织设计之间的关系。

（2）施工方案包括哪些内容？

（3）确定施工顺序时应遵循的基本原则和基本要求是什么？

（4）选择施工机械和施工方法应满足哪些基本要求？

（5）试述单位工程施工进度计划的编制步骤。

（6）试述单位工程施工现场平面布置图的设计步骤。

（7）某工程人员已经绘制出一单位工程实施性施工组织设计，并统计出劳动力变化曲线图，请问此时是否可以进行劳动力消耗不均衡性系数 K 的计算？如可以计算 K，计算过程如何？

（8）试述单位工程施工组织设计主要包括哪些内容。

2. 填空题

（1）室外装饰的施工顺序一般为自上而下，在进行室内装饰时，如工期较紧，一般采用的施工顺序是________。

（2）在施工总平面图设计中，应该首先考虑________的布置。

（3）施工进度计划的表达方式，常用的有________和________两种。

（4）施工组织设计的核心内容是________、________和施工平面布置图设计。

（5）流水施工工期由各流水步距之和加上最后一个施工过程的________两部分组成。

（6）劳动力消耗的均衡性指标可采用________除以________来进行评估。

（7）一般认为：劳动力消耗的均衡性系数 $K\in$（________］时，是合理的。

（8）单位工程施工现场平面布置图一般按________、________、装修装饰和机电设备安装三个阶段分别绘制。

（9）根据《建筑施工组织设计规范》（GB/T 50502—2009），施工组织设计按编制对象，可分为施工组织总设计、单位工程施工组织设计和________。

（10）施工组织设计在投标阶段通常被称为________，它不仅包含技术方面的内容，也涵盖施工管理和造价控制方面的内容，是一个综合性文件。

第 7 章　施 工 项 目 管 理 组 织

学习目标：了解建设工程项目组织的特点；熟悉建设工程项目组织的基本原理；熟悉现代建设工程项目管理对项目经理的要求；掌握工程项目组织协调的范围和层次；初步具备根据建设工程项目建设的实际情况设计、构建适宜的建设工程项目组织和建设工程项目管理组织的基本能力。

7.1　施工项目管理组织概述

7.1.1　施工项目管理组织的概念

施工项目管理组织是指为实施施工项目管理建立的组织机构，以及该机构为实现施工项目目标所进行的各项组织工作的简称。

施工项目管理组织作为组织机构，是根据项目管理目标通过科学设计而建立的组织实体。该机构是由一定的领导体制、部门设置、层次划分、职责分工、规章制度、信息管理系统等构成的有机整体。一个以合理有效的组织机构为框架所形成的权力系统、责任系统、利益系统、信息系统是实施施工项目管理及实现最终目标的组织保证。作为组织工作，它则是通过该机构所赋予的权力所具有的组织力、影响力，在施工项目管理中，合理配置生产要素，协调内外部及人员间关系，发挥各项业务职能的能动作用，确保信息畅通，推进施工项目目标的优化实现等全部管理活动。施工项目管理组织机构及其所进行的管理活动的有机结合才能充分发挥施工项目管理的职能。

7.1.2　施工项目管理组织的内容

施工项目管理组织的内容包括组织设计、组织运行、组织调整等 3 个环节，具体见表 7.1。

表 7.1　施工项目管理组织的内容

管理组织基本环节	依　据	内　　容
组织设计	·管理目标及任务 ·管理幅度、层次 ·责权对等原则 ·分工协作原则 ·信息管理原理	·设计、选定合理的组织系统（含生产指挥系统、职能部门等） ·科学确定管理跨度、管理层次，合理设置部门、岗位 ·明确各层次、各单位、各部门、各岗位的职责和权限 ·规定组织机构中各部门之间的相互联系、协调原则和方法 ·建立必要的规章制度 ·建立各种信息流通、反馈的渠道，形成信息网络
组织运行	·激励原理 ·业务性质 ·分工协作	·做好人员配置、业务衔接，职责、权力、利益明确 ·各部门、各层次、各岗位人员各司其职、各负其责、协同工作 ·保证信息沟通的准确性、及时性，达到信息共享 ·经常对在岗人员进行培训、考核和激励，以提高其素质和士气

续表

管理组织基本环节	依 据	内 容
组织调整	·动态管理原理 ·工作需要 ·环境条件变化	·分析组织体系的适应性，运行效率，及时发现不足与缺陷 ·对原组织设计进行改革、调整或重新组合 ·对原组织运行进行调整或重新安排

7.1.3 施工项目管理组织机构设置

7.1.3.1 施工项目管理组织机构设置的原则

施工项目管理的首要问题是建立一个完善的施工项目管理组织机构。在设置施工项目管理组织机构时，应遵循以下 6 项原则。

1. 目的性原则

明确施工项目管理总目标，并以此为基本出发点和依据，将其分解为各项分目标、各级子目标，建立一套完整的目标体系；各部门、层次、岗位的设置，上下左右关系的安排，各项责任制和规章制度的建立，信息交流系统的设计，都必须服从各自的目标和总目标，做到与目标相一致，与任务相统一。

2. 效率性原则

尽量减少机构层次，简化机构，各部门、层次、岗位的职责分明，分工协作，要避免业务量不足，人浮于事或相互推诿，效率低下，通过考核选聘素质高、能力强、称职敬业的人员，领导班子要有团队精神，减少内耗；力求工作人员精干，一专多能，一人多职，工作效率高。

3. 管理跨度与管理层次的统一原则

根据施工项目的规模确定合理的管理跨度和管理层次，设计切实可行的组织机构系统，使整个组织机构的管理层次适中，减少设施，节约经费，加快信息传递速度和效率，使各级管理者都拥有适当的管理幅度，能在职责范围内集中精力、有效领导，同时还能调动下级人员的积极性、主动性。

4. 业务系统化管理原则

依据项目施工活动中各不同单位工程，不同组织、工种、作业活动，不同职能部门、作业班组，以及和外部单位、环境之间的纵横交错、相互衔接、相互制约的业务关系，设计施工项目管理组织机构。应使管理组织机构的层次、部门划分、岗位设置、职责权限、人员配备、信息沟通等方面，适应项目施工活动的特点，有利于各项业务的进行，充分体现责、权、利的统一。使管理组织机构与工程项目施工活动与生产业务、经营管理相匹配，形成一个上下一致、分工协作的严密完整的组织系统。

5. 弹性和流动性原则

施工项目管理组织机构应能适应施工项目生产活动单件性、阶段性、流动性的特点，具有弹性和流动性。在施工的不同阶段，当生产对象数量、要求、地点等条件发生改变时，在资源配置的品种、数量发生变化时，施工项目管理组织机构都能及时作出相应调整和变动；施工项目管理组织机构要适应工程任务的变化对部门设置增减、人员安排合理流动，始终保持在精干、高效、合理的水平上。

6. 与企业组织一体化的原则

施工项目组织机构是企业组织的有机组成部分，企业是施工项目组织机构的上级领导，企业组织是项目组织机构的母体，项目组织形式、结构应与企业母体相协调、相适应，体现一体化的原则，以便于企业对其进行领导和管理。在组建施工项目组织机构，以及调整、解散项目组织时，项目经理由企业任免，人员一般都是来自企业内部的职能部门等，并根据需要在企业组织与项目组织之间流动。在管理业务上，施工项目组织机构接受企业有关部门的指导。

7.1.3.2　施工项目管理组织机构设置的程序

施工项目管理组织机构设置的程序如图7.1所示。

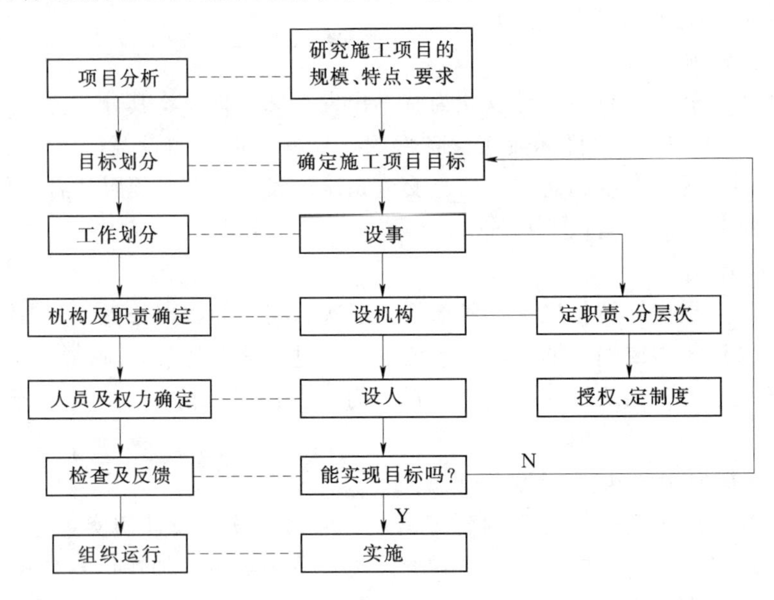

图7.1　施工项目组织机构设置程序图

7.1.4　施工项目管理组织主要形式

施工项目管理组织形式是指在施工项目管理组织中处理管理层次、管理跨度、部门设置和上下级关系的组织结构的类型。其主要管理组织形式有工作队式、部门控制式、矩阵制式、事业部制式等。

7.1.4.1　工作队式项目组织

1. 工作队式项目组织构成

工作队式项目组织构成如图7.2所示。

2. 特征

(1) 按照特定对象原则，由企业各职能部门抽调人员组建项目管理组织机构（工作队），不打乱企业原建制。

(2) 项目管理组织机构由项目经理领导，有较大的独立性。在工程施工期间，项目组织成员与原单位中断领导与被领导关系，不受其干扰，但企业各职能部门可为之提供业务指导。

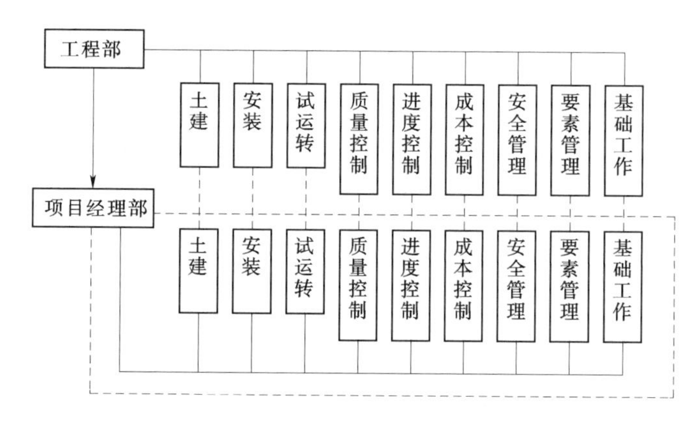

图 7.2 工作队式项目组织

（注：虚线框内为项目组织机构）

（3）项目管理组织与项目施工同寿命。项目中标或确定项目承包后，即组建项目管理组织机构；企业任命项目经理；项目经理在企业内部选聘职能人员组成管理机构；竣工交付使用后，机构撤销，人员返回原单位。

3. 优点

（1）项目组织成员来自企业各职能部门和单位，熟悉业务，各有专长，可互补长短，协同工作，能充分发挥其作用。

（2）各专业人员集中现场办公，减少了扯皮和等待时间，工作效率高，解决问题快。

（3）项目经理权力集中，行政干预少，决策及时，指挥得力。

（4）由于这种组织形式弱化了项目与企业职能部门的结合部，因而项目经理便于协调关系而开展工作。

4. 缺点

（1）组建之初来自不同部门的人员彼此之间不够熟悉，可能配合不力。

（2）由于项目施工具有一次性的特点，有些人员可能存在临时观点。

（3）当人员配置不当时，专业人员不能在更大范围内调剂余缺，往往造成忙闲不均，人才浪费。

（4）对于企业来讲，专业人员分散在不同的项目上，相互交流困难，职能部门的优势难以发挥。

5. 适用范围

（1）大型施工项目。

（2）工期要求紧迫的施工项目。

（3）要求多工种、多部门密切配合的施工项目。

7.1.4.2 部门控制式项目组织

1. 部门控制式项目组织构成

部门控制式项目组织构成如图 7.3 所示。

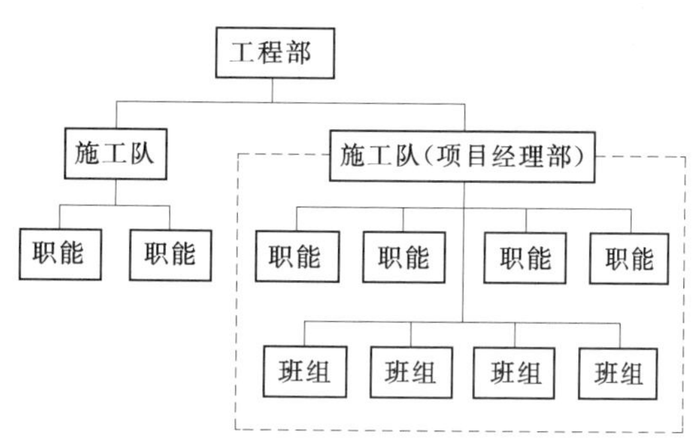

图 7.3 部门控制式项目组织

2. 特征

(1) 按照职能原则建立项目管理组织。

(2) 不打乱企业现行建制，即由企业将项目委托其下属某一专业部门或某一施工队。被委托的专业部门或施工队领导在本单位组织人员，并负责实施项目管理。

(3) 项目竣工交付使用后，恢复原部门或施工队建制。

3. 优点

(1) 利用企业下属的原有专业队伍承建项目，可迅速组建施工项目管理组织机构。

(2) 人员熟悉，职责明确，业务熟练，关系容易协调，工作效率高。

4. 缺点

(1) 不适应大型项目管理的需要。

(2) 不利于精简机构。

5. 适用范围

(1) 小型施工项目。

(2) 专业性较强，不涉及众多部门的施工项目。

7.1.4.3 矩阵制式项目组织

1. 矩阵制式项目组织构成

矩阵制式项目组织构成如图 7.4 所示。

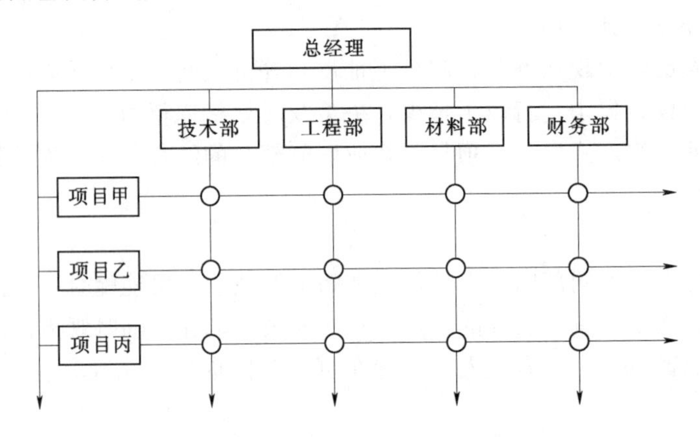

图 7.4 矩阵制式项目组织

2. 特征

(1) 按照职能原则和项目原则结合起来建立的项目管理组织，既能发挥职能部门的纵向优势，又能发挥项目组织的横向优势，多个项目组织的横向系统与职能部门的纵向系统形成了矩阵结构。

(2) 企业专业职能部门是相对长期稳定的，项目管理组织是临时性的。职能部门负责人对项目组织中本单位人员负有组织调配、业务指导、业绩考察责任。项目经理在各职能部门的支持下，将参与本项目组织的人员在横向上有效地组织在一起，为实现项目目标协同工作，项目经理对其有权控制和使用，在必要时可对其进行调换或辞退。

(3) 矩阵中的成员接受原单位负责人和项目经理的双重领导，可根据需要和可能为一个或多个项目服务，并可在项目之间调配，充分发挥专业人员的作用。

3. 优点

(1) 兼有部门控制式和工作队式两种项目组织形式的优点，将职能原则和项目原则结合融为一体，而实现企业长期例行性管理和项目一次性管理的一致。

(2) 能通过对人员的及时调配，以尽可能少的人力实现多个项目管理的高效率。

(3) 项目组织具有弹性和应变能力。

4. 缺点

(1) 矩阵制式项目组织的结合部多，组织内部的人际关系、业务关系、沟通渠道等都较复杂，容易造成信息量膨胀，引起信息流不畅或失真，需要依靠有力的组织措施和规章制度规范管理。若项目经理和职能部门负责人双方产生重大分歧难以统一时，还需企业领导出面协调。

(2) 项目组织成员接受原单位负责人和项目经理的双重领导，当领导之间发生矛盾，意见不一致时，当事人将无所适从，影响工作。在双重领导下，若组织成员过于受控于职能部门时，将削弱其在项目上的凝聚力，影响项目组织作用的发挥。

(3) 在项目施工高峰期，一些服务于多个项目的人员，可能应接不暇而顾此失彼。

5. 适用范围

(1) 大型、复杂的施工项目，需要多部门、多技术、多工种配合施工，在不同施工阶段，对不同人员有不同的数量和搭配需求，宜采用矩阵制式项目组织形式。

(2) 企业同时承担多个施工项目时，各项目对专业技术人才和管理人员都有需求。在矩阵制式项目组织形式下，职能部门就可根据需要和可能将有关人员派到一个或多个项目上工作，可充分利用有限的人才对多个项目进行管理。

7.1.4.4　事业部制式项目组织

1. 事业部制式项目组织构成

事业部制式项目组织构成如图 7.5 所示。

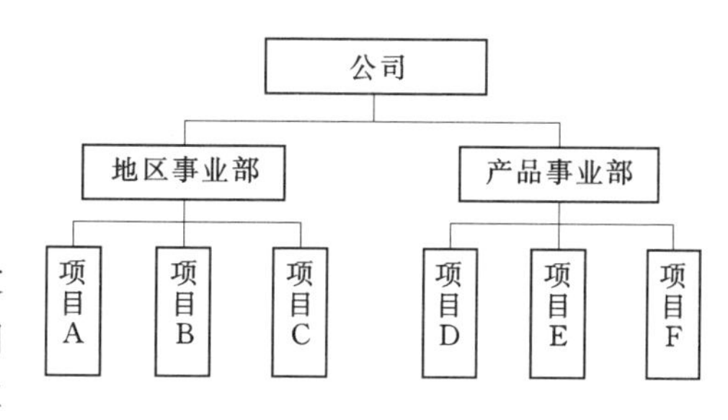

图 7.5　事业部制式项目组织

2. 特征

(1) 企业下设事业部，事业部可按地区设置，也可按建设工程类型或经营内容设置，相对于企业，事业部是一个职能部门，但对外享有相对独立经营权，可以是一个独立单位。

(2) 事业部中的工程部或开发部，或对外工程公司的海外部下设项目经理部。项目经理由事业部委派，一般对事业部负责，经特殊授权时，也可直接对业主负责。

3. 优点

(1) 事业部制式项目组织能充分调动发挥事业部的积极性和独立经营作用，便于延伸企业的经营职能，有利于开拓企业的经营业务领域。

(2) 事业部制式项目组织形式，能迅速适应环境变化，提高公司的应变能力。既可以加强公司的经营战略管理，又可以加强项目管理。

4. 缺点

(1) 企业对项目经理部的约束力减弱，协调指导机会减少，以致有时会造成企业结构松散。

（2）事业部的独立性强，企业的综合协调难度大，必须加强制度约束和规范化管理。

5．适用范围

（1）适合大型经营型企业承包施工项目时采用。

（2）远离企业本部的施工项目，海外工程项目。

（3）适宜在一个地区有长期市场或有多种专业化施工力量的企业采用。

7.1.4.5　施工项目管理组织形式的选择

1．对施工项目管理组织形式的选择要求

（1）适应施工项目的一次性特点，有利于资源合理配置，动态优化，连续均衡施工。

（2）有利于实现公司的经营战略，适应复杂多变的市场竞争环境和社会环境，能加强施工项目管理，取得综合效益。

（3）能为企业对项目的管理和项目经理的指挥提供条件，有利于企业对多个项目的协调和有效控制，提高管理效率。

（4）有利于强化合同管理、履约责任，有效地处理合同纠纷，提高公司信誉。

（5）要根据项目的规模、复杂程序及其所在地与企业的距离等因素，综合确定施工项目管理组织形式，力求层次简化，责权明确，便于指挥、控制和协调。

（6）根据需要和可能，在企业范围内，可考虑几种组织形式结合使用。如事业部制式与矩阵制式项目组织结合；工作队式与事业部制式项目组织结合；但工作队式与矩阵制式不可同时采用，否则会造成管理渠道和管理秩序的混乱。

2．选择施工项目管理组织形式考虑的因素

选择施工项目管理组织形式应考虑企业类型、规模、人员素质、管理水平，并结合项目的规模、性质的要求等诸因素综合考虑，作出决策。表7.2所列内容可供决策时参考。

表7.2　选择施工项目管理组织形式参考因素

项目组织形式	项目性质	企业类型	企业人员素质	企业管理水平
工作队式	·大型施工项目 ·复杂施工项目 ·工期紧的施工项目	·大型综合建筑企业 ·项目经理能力强的建筑企业	·人员素质较高 ·专业人才多 ·技术素质较高	·管理水平较高 ·管理经验丰富 ·基础工作较强
部门控制式	·小型施工项目 ·简单施工项目 ·只涉及少数部门的项目	·小型建筑施工企业 ·工程任务单一的企业 ·大中型直线职能制企业	·人员素质较差 ·技术力量较弱 ·专业构成单一	·管理水平较低 ·基础工作较差 ·项目经理人员较缺
矩阵制式	·需多工种、多部门、多技术配合的项目 ·管理效率要求高的项目	·大型综合建筑企业 ·经营范围广的企业 ·实力强的企业	·人员素质较高 ·专业人员紧缺 ·有一专多能人才	·管理水平高 ·管理经验丰富 ·管理渠道畅通、信息流畅

续表

项目组织形式	项 目 性 质	企 业 类 型	企业人员素质	企业管理水平
事业部制式	·大型施工项目 ·远离企业本部的项目 ·事业部制企业承揽的项目	·大型综合建筑企业 ·经营能力强的企业 ·跨地区承包企业 ·海外承包企业	·人员素质高 ·专业人才多 ·项目经理的能力强	·经营能力强 ·管理水平高 ·管理经验丰富 ·资金实力雄厚 ·信息管理先进

7.2 施工项目经理部设置

7.2.1 施工项目经理部的作用

施工项目经理部是由企业授权，并代表企业履行工程承包合同，进行项目管理的工作班子。施工项目经理部的作用有：

（1）施工项目经理部是企业在某一工程项目上的一次性管理组织机构，由企业委任的施工项目经理领导。

（2）施工项目经理部对施工项目从开工到竣工的全过程实施管理，对作业层负有管理和服务的双重职能，其工作质量好坏将对作业层的工作质量有重大影响。

（3）施工项目经理部是代表企业履行工程承包合同的主体，是对最终建筑产品和建设单位全面负责、全过程负责的管理实体。

（4）施工项目经理部是一个管理组织体，要完成项目管理任务和专业管理任务；凝聚管理人员的力量，调动其积极性，促进合作；协调部门之间、管理人员之间的关系，发挥每个人的岗位作用，为共同目标进行工作；贯彻组织责任制，搞好管理；及时沟通部门之间，项目经理部与作业层之间、与公司之间、与环境之间的信息。

7.2.2 施工项目经理部的设置

7.2.2.1 设置施工项目经理部的依据

1. 根据所选择的项目组织形式组建

不同的组织形式决定了企业对项目的不同管理方式，提供的不同管理环境，以及对项目经理授予权限的大小。同时对项目经理部的管理力量配备、管理职责也有不同的要求，要充分体现责、权、利的统一。

2. 根据项目的规模、复杂程度和专业特点设置

如大型施工项目的项目经理部要设置职能部、处；中型施工项目的项目经理部要设置职能处、科；小型施工项目的项目经理部只要设置职能人员即可。在施工项目的专业性很强时，可设置相应的专业职能部门，如水电处、安装处等。项目经理部的设置应与施工项目的目标要求相一致，便于管理，提高效率，体现组织现代化。

3. 根据施工工程任务需要调整

项目经理部是弹性的一次性的工程管理实体，不应成为一级固定组织，不设固定的作业队伍。应根据施工的进展、业务的变化，实行人员选聘进出，优化组合，及时调整，动

态管理。项目经理部一般是在项目施工开始前组建，工程竣工交付使用后解体。

4. 适应现场施工的需要设置

项目经理部人员配置可考虑设专职或兼职，功能上应满足施工现场的计划与调度、技术与质量、成本与核算、劳务与物资、安全与文明施工的需要。不应设置经营与咨询、研究与发展、政工与人事等与项目施工关系较少的非生产性部门。

7.2.2.2 施工项目经理部的规模

施工项目经理部的规模等级，一般按项目的性质和规模划分。表7.3给出了试点的项目经理部规模等级的划分标准供参考。

表7.3 施工项目经理部规模等级

施工项目经理部等级	施工项目规模		
	群体工程建筑面积（万 m^2）	或单体工程建筑面积（万 m^2）	或各类工程项目投资（万元）
一级	15及以上	10及以上	8000及以上
二级	10～15	5～10	3000～8000
三级	2～10	1～5	500～3000

7.2.2.3 施工项目经理部的部门设置和人员配置

施工项目是市场竞争的核心、企业管理的重心、成本管理的中心。为此，施工项目经理部应优化设置部门、配置人员，全部岗位职责能覆盖项目施工的全方位、全过程，人员应素质高、一专多能、有流动性。表7.4列出了不同等级的施工项目经理部部门设置和人员配置要求，可供参考。

表7.4 施工项目经理部的部门设置和人员配置参考

施工项目经理部等级	人数	项目领导	职能部门	主要工作
一级	30～45	项目经理、总工程师、总经济师、总会计师	经营核算部门	预算、资金收支、成本核算、合同、索赔、劳动分配等
			工程技术部门	生产调度、施工组织设计、进度控制、技术管理、劳动力配置计划、统计等
二级	20～30		物资设备部门	材料工具询价、采购、计划供应、运输、保管、管理、机械设备租赁及配套使用等
三级	15～20		监控管理部门	施工质量、安全管理、消防、保卫、文明施工、环境保护等
			测试计量部门	计量、测量、试验等

7.2.3 施工项目经理部的解体

企业工程管理部门是施工项目经理部组建、解体、善后处理工作的主管部门。当施工项目临近结尾时，项目经理部的解体工作即列入议事日程，其工作程序、内容见表7.5。

表 7.5 项目经理部解体及善后工作的程序和内容

程 序	工 作 内 容
成立善后工作小组	·组长：项目经理 ·留守人员：主任工程师、技术、预算、财务、材料各1人
提交解体申请报告	·在施工项目全部竣工验收合格签字之日起15天内，项目经理部上报解体申请报告，提交善后留用、解聘人员名单和时间 ·经主管部门批准后立即执行
解聘人员	·陆续解聘工作业务人员，原则上返回原单位 ·预发两个月岗位效益工资
预留保修费用	·保修期限一般为竣工使用后1年 ·由经营和工程部门根据工程质量、结构特点、使用性质等因素，确定保修费预留比例，一般为工程造价的1.5%～5% ·保修费用由企业工程部门专款专用、单独核算、包干使用
剩余物资处理	·剩余材料原则上让售处理给企业物资设备处，对外让售须经企业主管领导批准；让售价格按质论价、双方协商 ·自购的通信、办公用小型固定资产要如实建立台账，按质论价、移交企业
债权债务处理	·留守小组负责在解体后3个月处理完工程结算、价款回收、加工订货等债权债务 ·未能在限期内处理完，或未办理任何符合法规手续的，其差额部分计入项目经理部成本亏损
经济效益（成本）审计	·由审计部门牵头，预算、财务、工程部门参加，以合同结算为依据，查收入、支出是否正确，财务、劳资是否违反财经纪律 ·要求解体后4个月内向经理办公会提交经济效益审计评价报告
业绩审计奖惩处理	·对项目经理和经理部成员进行业绩审计，作出效益审计评估 ·盈余者：盈余部分可按比例提成作为经理部管理奖 ·亏损者：亏损部分由项目经理负责，按比例从其管理人员风险（责任）抵押金和工资中扣除 ·亏损数额大时，按规定给项目经理行政和经济处分，乃至追究其刑事责任
有关纠纷裁决	·所有仲裁的依据原则上是双方签订的合同和有关的签证 ·当项目经理部与企业有关职能部门发生矛盾时，由企业办公会议裁决 ·与劳务、专业分公司、栋号作业队发生矛盾时，按业务分工，由企业劳动部门、经营部门、工程管理部门裁决

7.3 施工项目经理部主要管理人员职责

7.3.1 项目经理岗位职责

（1）认真贯彻执行《中华人民共和国建筑法》、《中华人民共和国安全生产法》及国家、行业的规范、规程、标准和公司质量、环境保护、职业安全健康全兼容管理手册、程序文件和作业指导书及企业指定的各项规章制度，切实履行与建设单位和公司签订的各项合同，确保完成公司下达的各项经济技术指标。

（2）负责组建精干、高效的项目管理班子，并确定项目经理部各类管理人员的职责权限和组织制定各项规章制度。

（3）负责项目部范围内施工项目的内、外发包，并对发包工程的工期、进度、质量、安全、环境、成本和文明施工进行管理、考核验收。

（4）负责协调分包单位之间的关系，与业主、监理、设计单位经常联系，及时解决施工中出现的问题。

（5）负责组织实施质量计划和施工组织设计，包括施工进度网络计划和施工方案。根据公司各相关业务部门的要求按时上报有关报表、资料，严格管理，精心施工，确保工程进度计划的实现。

（6）科学管理项目部的人、财、物等资源，并组织好三者的调配与供应，负责与有关部门签订供需及租赁合同，并严格执行。

（7）严格遵守财经制度，加强经济核算，降低工程成本，认真组织好签证与统计报表工作，及时回收工程款，并确保足额上缴公司各项费用。经常进行经济活动分析，正确处理国家、企业、集体、个人之间的利益关系，积极配合上级部门的检查和考核，定期向上级领导汇报工作。

（8）贯彻公司的管理方针，组织制定本项目部的质量、环境、职业健康安全控制方案和措施并确保创建文明工地、安全生产等目标的实现。

（9）负责项目部所承建项目的竣工验收、质量评定、交工、工程决算和财务结算，做好各项资料和工程技术档案的归档工作，接受公司或其他部门的审计。

（10）负责工程完工后的一切善后处理及工程回访和质量保修工作。

7.3.2　项目副经理岗位职责

（1）认真执行公司的管理方针及作业指导书，严格按照贯标认证体系切实贯彻，确保工期、进度、质量、安全、环境、创建文明工地目标的实现。

（2）负责工程施工进度计划的编织及施工方案和质量计划的实施。

（3）全面负责项目部施工项目的施工，严格按照施工规范、标准、操作规程进行施工，合理安排工序，确保产品质量。

（4）负责劳动力、机械、材料等资源的调配与供应，有计划地安排施工机械和材料的进出场。

（5）负责按相关规定认真填写施工报表，定期组织工地例会并布置各项施工事宜。

（6）全面负责项目部的安全生产工作，落实安全保证措施，组织管理班组进行全面的安全检查工作。

（7）协助项目经理做好与分包、业主、监理、设计等单位的配合工作。

7.3.3　项目技术负责人岗位职责

（1）组织贯彻实施国家和上级指定的各项技术标准、规定、规范和技术质量管理制度。

（2）贯彻公司的管理方针，负责实施施工项目的质量计划，确保管理目标的实现。

（3）负责组织施工方案、施工组织设计的交底及实施过程中的检查、监督工作。熟悉施工图纸及工程的质量要求、分项工程衔接和材料规格、质量要求。

（4）负责组织施工图纸会审，向有关人员进行施工技术、测量、质量、安全交底，制定施工技术和安全生产措施。配合各管理人员解决施工现场存在的难点或重点技术事项。

（5）积极应用新技术、新材料、新工艺，确保工程质量。

（6）负责组织施工项目的质量评定，并参加隐蔽工程验收和分项分部工程的质量评定与验收。

（7）负责组织质量事故的处理工作，针对工程特点制定质量通病的防治措施。

（8）负责组织按编制竣工资料的要求收集、整理各项资料，参与工程的结算审定工作，提供各项经济技术签证资料。

7.3.4 项目施工员岗位职责

（1）参与制定施工安全技术措施，负责组织工程项目的施工。

（2）参与单位工程施工组织设计及各分部分项工程的方案制定与实施。

（3）组织有关人员熟悉施工图纸与设计文件，并对各工长、测量工和班组进行技术交底。

（4）认真执行公司贯标体系文件和施工作业指导书。严格按照施工过程控制程序进行施工，并做好施工标识及施工日记。

（5）参与施工预算的编制、审定和工程量结算工作，提供设计变更、材料代用、结构试验等经济技术签证资料。

（6）负责组织工程的资料试验准备工作。包括材料取样、配合比报告、构配件负荷试验等工作。

（7）负责施工项目的技术鉴定和技术复核。包括对工程测量的控制轴线、标高及坐标位置的复核，对基础的尺寸、标高以及砌体轴线位置、构配件位置的复核，对材料、工程质量的鉴定等。

（8）负责组织工程技术档案的全部原始资料归类、收集。

7.3.5 项目钢筋工长岗位职责

（1）熟悉并审查施工图纸、质量要求、材料规格及特性，及时处理设计变更洽谈记录，保证按施工图纸及规范要求组织施工，严格执行项目管理制度。

（2）参加图纸会审，提出有关钢筋规格、数量、配置、加工、搭接、焊接等方面的意见，以便在设计交底中协商解决。

（3）领导作业人员安全生产，贯彻安全技术操作规程、规章，排除隐患，保证安全生产。

（4）做好施工准备，包括钢筋翻样，提出钢筋检测试验委托单等工作。

（5）熟悉有关施工规范、质量标准，执行分项工程施工作业指导书，根据工程进度需要，及时准备提出钢筋翻样加工单和材料计划。

（6）负责向班组进行工艺、质量、安全、环境及进度计划交底，检查和指导班组施工。

（7）负责施工的分项工程质量评定，组织作业人员进行自检、互检和交接检，并填写质量评定、隐蔽验收和技术复核记录。

（8）积累和提供技术档案原始资料，参加项目部月度施工计划和分部分项工程进度计划的编制。

(9) 密切配合其他工种进行施工。

7.3.6 项目木工工长岗位职责

(1) 熟悉和审查施工图纸、质量要求、材料规格特性，及时处理设计变更洽谈记录，保证按设计图纸和变更文件要求及施工规范施工，严格执行项目管理制度。

(2) 参加图纸会审，提出有关模板配置支撑体系、预留预埋、装修施工等方面的意见，以便在设计交底中协商解决。

(3) 领导班组安全生产，贯彻安全技术操作规程、法规，排除隐患。保证安全生产。

(4) 做好施工准备、抄平、放线及翻样等工作，排除生产操作中的障碍，为班组生产创造条件。

(5) 熟悉有关施工规范、质量标准，严格执行分项工程作业指导书，根据施工进度需要，及时、准确地提出材料计划和加工单。

(6) 负责向班组进行技术、质量、安全、环境及进度计划交底，检查和指导班组施工。

(7) 负责施工分项工程质量评定，组织班组进行自检、互检和交接检，并填写质量评定、隐蔽验收和技术复核记录。

(8) 积累和提供技术档案原始资料，参加项目部月度施工计划和分部分项工程进度计划的编制。

(9) 密切配合其他工种进行施工。

7.3.7 项目瓦（粉）工长岗位职责

(1) 熟悉施工图纸、质量要求及材料规格特性，及时处理设计变更洽谈记录，保证按设计图纸和变更要求及施工规范施工，严格执行项目管理制度。

(2) 做好施工准备、抄平、放线、控制洞口标高、轴线、公布砂浆配合比等工作，排除生产操作中的障碍，为班组创造施工条件。

(3) 领导班组安全生产，贯彻安全技术操作规程、法规，排除隐患，保证安全生产。

(4) 严格执行分项工程作业指导书。

(5) 向班组进行技术、质量、安全、环境及进度计划交底，较复杂的工程用书面文字说明或绘图说明交底，让班组工人真正清楚了解交底内容，必要时亲自示范，对所承担分项工程的质量负责。

(6) 积累和提供技术档案原始资料，参加项目部月度施工计划和分部分项工程进度计划的编制。

(7) 负责分项工程质量评定，组织班组自检、互检及交接检，并填写质量评定及隐蔽验收和技术复核记录。

(8) 密切配合其他工种进行施工。

7.3.8 项目混凝土工长岗位职责

(1) 熟悉施工图纸、质量要求、材料规格及特性，及时处理设计变更洽谈记录，保证按施工图纸及规范要求组织施工，严格执行项目管理制度。

(2) 参加图纸会审和技术交底。

(3) 领导作业人员安全生产，贯彻安全技术操作规程、规章，排除隐患，保证安全生产。

（4）熟悉有关施工规范、质量标准，严格执行分项工程作业指导书。

（5）根据工程特性向班组进行技术、质量、安全、环境及进度计划交底。

（6）负责分项工程质量评定，控制施工过程中的质量，并填写质量评定表。

（7）积累和提供技术档案原始资料，参加项目部月度施工计划和分项工程进度计划的编制。

7.3.9　项目会计岗位职责

（1）严格按照《企业会计准则》、《企业会计制度》及公司工程项目成本管理及核算办法，进行财务管理和财务核算。

（2）根据会计法规及公司有关文件，遵守财经纪律，严把审核、报销关，杜绝不必要的损失。

（3）根据“两算”认真编制项目成本计划，并配合有关部门制定成本内控制表。不定期分析成本失控的原因，并提出建议性的建议。

（4）依照企业会计核算“权责发生制”原则，负责审查原始凭证、记账凭证的填制，各类账户的登记、会计报表的编制等会计日常核算工作，确保按会计日期或分阶段成本核算的真实性和准确性。

（5）负责按期办理工程中期财务结算和工程竣工财务决算工作，并认真汇集有关决算方面的核算资料。

（6）负责按期按规定向公司清算上交款项。

（7）负责会计档案的保管工作。

7.3.10　项目预算员岗位职责

（1）认真执行国家及上级建筑经济政策，熟悉定额。

（2）熟悉施工图纸，负责编制施工预算、施工图预算和工程决算。

（3）参加图纸交底会议。

（4）及时办理经济签证和工程变更单，交甲方签字认可，并认真搞好外包工程结算工作。

（5）严格执行《统计法》和上级的报表制度，按时向建设单位报送工程进度月报。

（6）负责及时、准确地编制施工进度月（季、年）统计报表和施工进度计划并上报公司（或分公司）。编制单位工程预算成本分析报表，并及时提供给项目部财务人员。

（7）参加项目部的经济活动分析会，负责进行“两算对比”及费用测算，并提出有益建议。

（8）经常深入施工现场，配合施工人员及时办理施工过程中发生的各项变更签证。

（9）协助项目经理搞好分包合同的签订，建议、健全项目上的各类经营资料、台账。

7.3.11　项目材料员岗位职责

（1）认真贯彻执行上级指定的有关材料管理的制度。

（2）熟悉施工预算，根据施工进度计划安排，及时上报材料采购计划，并负责入库材料的质量验收。

（3）积极落实现场所需的机具、原资料、成品和半成品的价格、数量、规格及供货合同约定内容和执行情况。

（4）树立节约思想，积极修旧利废，把好“收、发、用”三关，做到进出有据，按材料消耗定额审核换算发料。

（5）配合创建文明工地工作，按施工平面布置图合理堆放材料，经常清理施工现场，做到工完、料净、场清。

（6）及时了解市场信息，对价格、质量、来源进行“货比三家”，经项目经理批准以后再进行采购。

（7）做好资料建档工作，原始凭证、账册报表、质量证明、技术资料等分别装订成册，妥善保管。

（8）严格按照材料管理“四项标准”进行规范化、标准化、程序化管理，并做好施工标识、材料标识及贯标相关工作。

（9）根据施工进度计划安排编制料具需用计划，办理租赁业务，在使用过程中，加强管理，回收修复，工程完工后，及时办理退租手续。

（10）按照工程分部分项“两算对比”，进行成本核算，与工程进度同步耗料，降低材料成本。

7.3.12 项目质量员岗位职责

（1）认真贯彻国家现行的技术规范标准和操作规程及上级有关制度。

（2）参加图纸会审及技术交底，参与制定技术组织措施。

（3）参加技术复核和隐蔽工程验收。

（4）负责原材料、成品、半成品的质量审核、检验。

（5）负责督促检查现浇构件的试验，并做好配合比进行过磅、试块试压的管理工作。

（6）负责填写质量评定表和有关报表，建议并妥善保管技术档案。

（7）参加工程质量事故的检查分析和处理会议。

（8）经常深入施工现场，配合施工人员及时纠正解决质量问题，防止质量问题的扩大化、普遍化。

（9）做好贯标要求的相关工作。

7.3.13 项目资料员岗位职责

（1）贯彻实施国家和上级以及企业制定的有关技术政策和技术资料管理制度。

（2）负责项目部各项工程技术资料的收集、整理和归档工作。

（3）及时做好项目部技术资料和各种会议纪要的收集和分类整理，并督促相关施工人员及时做好资料的记录。

（4）负责上级单位和其他有关单位往来文件的整理分类以及分发。

（5）严格按贯标系列标准的相关的控制程序对各种技术资料及文件的编制、发放、使用、回收和处置进行管理。

（6）负责项目部工程竣工资料的收集整理归档，并向相关部门报验。

7.3.14 项目安全员岗位职责

（1）督促检查本项目部有关安全生产、劳动保护的政策、法律、法规和上级制定的有关制度的贯彻执行情况。

(2) 协助编制施工组织设计中的安全技术措施。

(3) 会同有关人员制定劳保用品和相关费用计划，并检查监督劳保用品的合理使用情况，及时上报有毒、有害物的劳保用品计划。

(4) 应每天在施工现场检查作业人员的安全生产情况，特别是特种作业人员的持证上岗情况，负责安全生产的宣传教育及外包队的安全教育工作。

(5) 参加定期和季节性安全生产检查，对存在问题提出整改意见并督促实施。

(6) 经常总结推广安全生产的先进经验，不断改善劳动保护条件。

(7) 负责贯彻落实施工生产的相关安全技术措施，并做好贯标要求的相关工作。

(8) 负责项目部安全生产资料的收集整理工作。

7.3.15 项目环境管理员岗位职责

(1) 熟悉国家级企业制定的有关环境管理法律、法规和规章制度。

(2) 负责项目部施工项目环境因素的识别、调查、整理，组织项目部评价小组进行初步评价，并填写相关资料、记录。

(3) 参与项目部施工项目环境目标、指标的制定，并编制环境管理方案和环境紧急事故应急预案。

(4) 负责项目部日常环境监测与测量工作，并做好相关记录。

(5) 负责项目部环境管理资料的收集整理工作，并按公司要求按时报送相关资料、记录。

7.4 施工项目组织协调

7.4.1 施工项目组织协调的概念

施工项目组织协调是指以一定的组织形式、手段和方法，对施工项目中产生的关系不畅进行疏通，对产生的干扰和障碍予以排除的活动。

施工项目组织协调是施工项目管理的一项重要职能。项目经理部应该在项目实施的各个阶段，根据其特点和主要矛盾，动态地、有针对性地通过组织协调，及时沟通，排除障碍，化解矛盾，充分调动有关人员的积极性，发挥各方面的能动作用，协同努力，提高项目组织的运转效率，以保证项目施工活动顺利进行，更好地实现项目总目标。

7.4.2 施工项目组织协调的范围

施工项目组织协调的范围可分为内部关系协调和外部关系协调，外部关系协调又分为近外层关系协调和远外层关系协调，详见图7.6和表7.6。

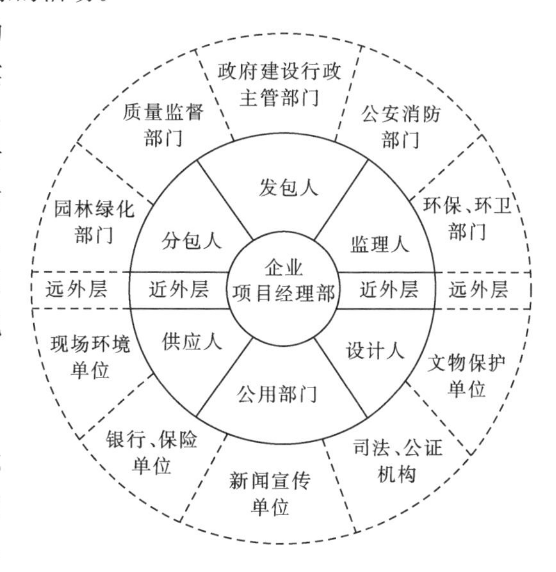

图7.6 施工项目组织协调范围示意图

表 7.6　　　　施工项目组织协调的范围

协调范围		协调关系	协调对象
内部关系		·领导与被领导关系 ·业务工作关系 ·与专业公司有合同关系	·项目经理部与企业之间 ·项目经理部内部部门之间、人员之间 ·项目经理部与作业层之间 ·作业层之间
外部关系	近外层	·直接或间接合同关系 ·服务关系	·企业、项目经理部与业主、监理单位、设计单位、供应商、分包单位、贷款人、保险人等
	远外层	·多数无合同关系，但要受法律、法规和社会公德等约束	·企业、项目经理部与政府、环保、交通、环卫、环保、绿化、文物、消防、公安等

7.4.3　施工项目组织协调的内容

施工项目组织协调的内容主要包括人际关系、组织关系、供求关系、协作配合关系和约束关系等方面的协调。这些协调关系广泛存在于施工项目组织的内部、近外层和远外层之中，分别叙述如下。

7.4.3.1　施工项目内部关系协调

1. 施工项目经理部内部关系协调

施工项目经理部内部关系协调的内容与方法见表 7.7。

表 7.7　　　　施工项目经理部内部关系协调

协调关系		协调内容与方法
人际关系	·项目经理与下层之间 ·职能人员之间 ·职能人员与作业人员之间 ·作业人员之间	·坚持民主集中制，执行各项规章制度 ·以各种形式开展人际间交流、沟通，增强了解、信任和亲和力 ·运用激励机制，调动人的积极性，用人所长，奖罚分明 ·加强思想政治工作，做好培训教育，提高人员素质 ·发生矛盾，重在调节、疏导，缓和利益冲突
组织关系	·纵向层次之间、横向部门之间的分工协作和信息沟通关系	·按职能划分，合理设置机构 ·以制度形式明确各机构之间的关系和职责权限 ·制订工作流程图，建立信息沟通制度 ·以协调方法解决问题，缓冲、化解矛盾
供求关系	·劳动力、材料、机械设备、资金等供求关系	·通过计划协调生产要求与供应之间的平衡关系 ·通过调度体系，开展协调工作，排除干扰 ·抓住重点、关键环节，调节供需矛盾
经济制约关系	·管理层与作业层之间	·以合同为依据，严格履行合同 ·管理层为作业层创造条件，保护其利益 ·作业层接受管理层的指导、监督、控制 ·定期召开现场会，及时解决施工中存在的问题

2. 施工项目经理部与企业本部关系协调

施工项目经理部与企业本部关系协调的方法内容见表 7.8。

表 7.8 施工项目经理部与企业本部关系的协调

协调关系及协调对象			协调内容与方法
党政管理	与企业有关的主管领导	上下级领导关系	·执行企业经理、党委决议，接受其领导 ·执行企业有关管理制度
业务管理	与企业相应的职能部、室	接受其业务上的监督指导关系	·执行企业的工作管理制度，接受企业的监督、控制 ·项目经理部的统计、财务、材料、质量、安全等业务纳入企业相应部门的业务系统管理
	水、电、运输、安装等专业公司	总包与分包的合同关系	·专业公司履行分包合同 ·接受项目经理部监督、控制，服从其安排、调配 ·为项目施工活动提供服务
	劳务分公司	劳务合同关系	·履行劳务合同，依据合同解决纠纷、争端 ·接受项目经理部监督、控制，服从其安排、调配

7.4.3.2 施工项目外部关系协调

1. 施工项目经理部与近外层关系协调

施工项目经理部与近外层关系协调的内容与方法见表 7.9。

表 7.9 施工项目经理部与近外层关系协调

协调关系及协调对象		协调内容与方法
发包人	甲乙双方合同关系（项目经理部是工程项目的施工承包人的代理人）	·双方洽谈、签订施工项目承包合同 ·双方履行施工承包合同约定的责任，保证项目总目标实现 ·依据合同及有关法律解决争议纠纷，在经济问题、质量问题、进度问题上达到双方协调一致
监理工程师	监理与被监理关系（监理工程师是项目施工监理人，与业主有监理合同关系）	·按《建设工程监理规范》（GB 50319—2000）的规定，接受监督和相关的管理 ·接受业主授权范围内的监理指令 ·通过监理工程师与发包人、设计人等关联单位经常协调沟通 ·与监理工程师建立融洽的关系
设计人	平等的业务合作配合关系（设计人是工程项目设计承包人，与业主有设计合同关系）	·项目经理部按设计图纸及文件制订项目管理实施规划，按图施工 ·与设计单位搞好协作关系，处理好设计交底、图纸会审、设计洽商变更、修改、隐蔽工程验收、交工验收等工作
供应人	有供应合同者为合同关系	·双方履行合同，利用合同的作用进行调节
	无供应合同者为市场买卖、需求关系	·充分利用市场竞争机制、价格调节和制约机制、供求机制的作用进行调节
分包人	总包与分包的合同关系	·选择具有相应资质等级和施工能力的分包单位 ·分包单位应办理施工许可证，劳务人员有就业证 ·双方履行分包合同，按合同处理经济利益、责任，解决纠纷 ·分包单位接受项目经理部的监督、控制

续表

协调关系及协调对象		协调内容与方法
公用部门	相互配合、协作关系 相应法律、法规约束关系 （业主施工前应去公用部门办理相关手续并取得许可证）	·项目经理部在业主取得有关公用部门批准文件及许可证后，方可进行相应的施工活动 ·遵守各公用部门的有关规定，合理、合法施工 ·项目经理部应根据施工要求向有关公用部门办理各类手续 ·到交通管理部门办理通行路线图和通行证 ·到市政管理部门办理街道临建审批手续 ·到自来水管理部门办理施工用水设计审批手续 ·到供电管理部门办理施工用电设计审批手续等 ·在施工活动中主动与公用部门密切联系，取得配合与支持，加强计划性，以保证施工质量、进度要求 ·充分利用发包人、监理工程师的关系进行协调

2. 施工项目经理部与远外层关系协调

施工项目经理部与远外层关系协调的内容与方法见表7.10。

表7.10　施工项目经理部与远外层关系协调

关系单位或部门	协调关系内容与方法
政府建设行政主管部门	·接受政府建设行政主管部门领导、审查，按规定办理好项目施工的一切手续 ·在施工活动中，应主动向政府建设行政主管部门请示汇报，取得支持与帮助 ·在发生合同纠纷时，政府建设行政主管部门应给予调解或仲裁
质量监督部门	·及时办理建设工程质量监督通知单等手续 ·接受质量监督部门对施工全过程的质量监督、检查，对所提出的质量问题及时改正 ·按规定向质量监督部门提供有关工程质量文件和资料
金融机构	·遵守金融法规，向银行借贷，委托，送审和申请，履行借贷合同 ·以建筑工程为标的向保险公司投保
消防部门	·施工现场有消防平面布置图，符合消防规范，在办理施工现场消防安全资格认可证审批后方可施工 ·随时接受消防部门对施工现场的检查，对存在的问题及时改正 ·竣工验收后还须将有关文件报消防部门，进行消防验收，若存在问题，立即返修
公安部门	·进场后应向当地派出所如实汇报工地性质、人员状况，为外来劳务人员办理暂住手续 ·主动与公安部门配合，消除不安定因素和治安隐患
安全监察部门	·按规定办理安全资格认可证、安全施工许可证、项目经理安全生产资格证 ·施工中接受安全监察部门的检查、指导，发现安全隐患及时整改、消除
公证鉴证机构	·委托合同公证、鉴证机构进行合同的真实性、可靠性的法律审查和鉴定
司法机构	·在合同纠纷处理中，在调解无效或对仲裁不服时，可向法院起诉
现场环境单位	·遵守公共关系准则，注意文明施工，减少环境污染、噪声污染，搞好环卫、环保、场容场貌、安全等工作 ·尊重社区居民、环卫环保单位意见，改进工作，取得谅解、配合与支持
园林绿化部门	·因建设需要砍伐树木时，须提出申请，报市园林主管部门批准 ·因建设需要临时占用城市绿地和绿化带，须办理临建审批手续，经城市园林部门、城市规划部门、公安部门同意，并报当地政府批准

续表

关系单位或部门	协调关系内容与方法
文物保护部门	·在文物较密集地区进行施工，项目经理部应事先与省市文物保护部门联系，进行文物调查或勘探工作，若发现文物要共同商定处理办法 ·施工中发现文物，项目经理部有责任和义务妥善保护文物和现场，并报政府文物管理机关，及时处理

本章小结

本章首先介绍了组织的基本原理，即组织论中关于组织、组织机构和组织设计原则等内容；然后介绍了组织结构设置的内容和常用的几种组织结构形式；还介绍了施工项目经理部设置及项目经理职责；最后介绍了项目组织协调的内容。

训练题

1. 单项选择题

（1）组织的实质含义是（　　）。

A. 组织行为　　B. 组织结构　　C. 管理行为　　D. 管理过程

（2）“一加一可以等于二，也可以大于二，也可以小于二。”这是组织机构活动基本原理的（　　）。

A. 要素有用性原理　　B. 动态相关性原理

C. 主观能动性原理　　D. 规律效应性原理

（3）（　　）的主要责任是实现业主的投资，保护投资利益。

A. 业主　　B. 项目管理者　　C. 专业承包商　　D. 政府机构

（4）项目管理组织与企业组织的最大区别是（　　）。

A. 系统性　　B. 主动性　　C. 一次性　　D. 弹性

（5）项目结束或其相应项目任务结束后，项目组织就会解散，这是项目组织的（　　）。

A. 系统性　　B. 一次性　　C. 弹性　　D. 可变性

（6）“不用多余的人”、“一专多能”是建设工程项目管理组织人员配备的（　　）原则。

A. 系统化管理　　B. 精简　　C. 精干高效　　D. 适度

（7）适用于小型简单项目的组织模式是（　　）。

A. 线形组织　　B. 职能组织　　C. 矩阵式组织　　D. 事业部式组织

（8）职能式组织模式的缺点是（　　）。

A. 职责不明确　　B. 关系复杂

C. 有多个矛盾的指令源　　D. 多个工作部门

(9) 适用于大中型项目的项目管理组织模式是（　　）模式。

A. 线形组织　　B. 职能组织　　C. 矩阵式组织　　D. 事业部式组织

(10) 线形组织模式的优点是（　　）。

A. 职责明确　　B. 关系简单　　C. 只有一个指令源　D. 组织运行困难

(11) 矩阵式项目组织适用于（　　）。

A. 大型复杂项目　B. 小型项目　　C. 大中型项目　　D. 中型项目

(12) 解决了以实现企业目标为宗旨的长期稳定的企业组织专业分工与具有较强综合性和临时性的一次性项目组织的矛盾的组织模式是（　　）。

A. 线形组织模式　　B. 职能组织模式

C. 矩阵式组织模式　　D. 事业部式组织模式

(13) 下列有关项目经理在施工管理过程中管理权力错误的是（　　）。

A. 组织管理班子　　B. 受托签署合同

C. 选择施工作业队伍　　D. 严格财务制度

(14) 项目经理在项目管理方面的主要任务是施工成本控制、施工进度控制、施工质量控制和（　　）等。

A. 施工安全管理和施工文明施工　　B. 工程合同管理和工程目标管理

C. 施工安全管理和施工项目管理　　D. 施工安全管理和工程合同管理

(15) 建设工程施工企业项目经理具备的基本素质错误的是（　　）。

A. 领导素养　　B. 复合型管理人才

C. 身体素质　　D. 精神高亢

(16) 项目经理的选用应遵循（　　）。

A. 考虑候选人的能力、敏感性和领导才能

B. 考虑候选人的身体素质、敏感性和应付压力的能力

C. 考虑候选人的能力、敏感性和应付压力的能力

D. 考虑候选人的身体素质、敏感性和领导才能

2. 简答题

(1) 建设工程项目管理组织与一般组织的区别有哪些?

(2) 建设工程施工企业项目管理组织设置有哪些模式?

(3) 建设工程项目管理组织设置的原则是什么?

(4) 建设工程施工企业项目经理有哪些职责?

(5) 怎样选用和培养施工企业项目经理?

(6) 矩阵式项目组织有哪些优缺点? 有哪些适用条件?

(7) 建立项目管理组织的各项工作内容包括哪些?

3. 案例分析

【目的】

在施工项目管理过程中，组织机构的建立是一项重要的工作。通过实训要掌握组织机构建立的基本原则，在实践中正确选择组织形式，能够通过组织活动体验组织中每一个元素的作用。

【资料和要求】

根据实习时在施工现场收集的资料，请判断项目经理部采用的是什么组织结构模式？运行得如何？有什么优缺点？要求绘制组织结构图，说明项目经理在项目经理部中的作用。

第8章　主要施工管理计划

学习目标： 通过对进度管理计划、质量管理计划、安全管理计划、环境管理计划、成本管理计划、合同管理和风险防范等主要施工管理计划内容的学习，掌握施工管理的相关基本知识，熟悉主要施工管理计划的内容，了解其他施工管理计划的相关知识。

8.1　进度管理计划

施工进度计划是工程项目施工的时间规划，它是在施工方案已经确定的基础上，对工程项目各组成部分的施工起止时间、施工顺序、衔接关系和总工期等作出安排。编制施工进度计划应根据工程特点、工程规模、技术难度，依据施工组织管理水平和施工机械化程度，合理安排工程建设工期，并分析论证项目业主对工期的要求。

8.1.1　施工进度计划的作用和类型

1. 施工进度计划的作用

（1）控制工程的施工进度，使之按工期或提前竣工，并交付使用或投入运行。

（2）通过进度计划的安排，加强工程施工的计划性，使施工能均衡、连续地运行。

（3）从施工顺序和施工速度等组织措施上保证工程质量和施工安全。

（4）合理使用建设资金、劳动力、材料和机械设备，达到快速优质建设的目的。

（5）确定各施工时段所需的各类资源的数量，为施工准备提供依据。

（6）施工进度计划是编制更细一层进度计划的基础。

2. 施工进度计划的类型

施工进度计划按编制对象的大小和范围不同可分为施工总进度计划、单位工程施工进度计划、单位工程施工进度计划、分部工程施工进度计划和施工作业计划。

8.1.2　施工进度计划的内容

不同的工程项目其施工技术规律和施工顺序不同。即使是同一类工程项目，其施工顺序也难以做到完全相同。因此必须根据工程特点，按照施工的技术规律和合理的组织关系，解决各工序在时间和空间上的先后顺序和搭接问题，以达到保证质量、安全施工、充分利用空间、争取时间、实现经济合理安排进度的目的。进度管理计划的一般内容包括以下几个方面：

（1）在施工活动中通常是通过对最基础的分部（分项）工程的施工进度控制来保证各个单项（单位）工程或阶段工程进度控制目标的完成，进而实现项目施工进度控制总体目标；因而需要将总体进度计划进行一系列从总体到细部、从高层次到基础层次的层层分解，一直分解到在施工现场可以直接调度控制的分部（分项）工程或施工作业过程为止。

（2）施工进度管理的组织机构是实现进度计划的组织保证，它既是施工进度计划的实施组织，又是施工进度计划的控制组织；既要承担进度计划实施赋予的生产管理和施工任务，又要承担进度控制目标，对进度控制负责，因此需要严格落实有关管理制度和职责。

（3）面对不断变化的客观条件，施工进度往往会产生偏差；当发生实际进度比计划进度超前或落后时，控制系统就要作出应有的反应：分析偏差产生的原因，采取相应的措施，调整原来的计划，使施工活动在新的起点上按调整后的计划继续运行，如此循环往复，直至预期计划目标的实现。

（4）项目周边环境是影响施工进度的重要因素之一，其不可控性大，必须重视诸如环境扰民、交通组织和偶发意外等因素，采取相应的协调措施。

8.1.3 施工总进度计划的编制原则

正确编制施工总进度计划，不仅是保证各项工程项目能配套地交付使用的重要条件，而且在很多程度上直接影响投资的综合经济效益。因此，必须引起足够的重视。在编制施工进度计划时，除应遵循施工组织基本原则外，还应考虑以下几点：

（1）严格遵守合同工期，把配套建设作为安排总进度的指导思想，这是使建设项目形成新的产品，充分发挥投资效益的有力保证。

（2）以配套投产为目标，区分各项工程的轻重缓急，把工艺调试在前的、占用工期较长的、工程难度大的项目排在前面；把工艺调试靠后的、占用工期较短的、工程难度一般的项目排列在后。所有单位工程，都要考虑土建、安装工程的交叉作业，组织流水施工，力争加快进度，合理压缩工期。

（3）从货币时间价值概念出发，在年度投资额分配上应尽可能将投资额少的工程项目安排在最初年度内施工；投资额大的工程项目安排在最后年度内施工，以减少投资贷款的利息。

（4）充分估计设计图的时间和材料、设备、配件准备情况，务必使每个施工项目的施工准备、土建施工、设备安装和试车运转的时间能合理衔接。

（5）确定一些调剂项目，如办公楼、宿舍、附属或辅助车间等穿插其中，以达到既能保证重点，又能实现均衡施工的目的。

（6）将土建工程中的主要分部分项工程和设备安装工程分别组织流水作业、连续均衡施工，以达到土方、劳动力、施工机械、材料和构建的综合平衡。

（7）进度计划的安排还应遵守技术法规、标准，符合安全、文明施工的要求，并应尽可能做到各种资源的平衡。

8.1.4 施工进度管理

施工进度管理是项目管理的一个重要方面，它是项目投资管理、项目质量管理等的重要组成部分。它们之间有着相互依赖和相互制约的关系，工程管理人员在实际工作中要对三项工作全面、系统、综合地加以考虑，正确处理好进度、质量和投资的关系，提高工程建设的综合效益。在这三大管理目标中，不能只片面强调某一方面的管理，而是要相互兼顾、相辅相成，这样才能真正实现项目管理的总目标。施工进度计划管理包括工程项目进度计划和工程项目进度控制两大任务。

1. 工程项目进度计划

在项目实施之前，必须先对工程项目各建设阶段的工作内容、工作程序、持续时间和衔接关系等制定出一个切实可行的、科学的进度计划，然后再按计划逐步实施。

2. 工程项目进度控制

工程项目进度控制是指在既定的工期内，编制出最优的施工进度计划，在执行该计划的施工中，按时检查施工实际进度情况，并将其与计划进度相比较，若出现偏差，就分析产生的原因及对工期的影响程度，提出必要的调整措施，修改原计划，如此不断地循环，直至工程竣工验收。施工项目进度控制是保证施工项目按期完成、合理安排资源供应、节约工程成本的重要措施。

工程项目进度控制最终目的是通过控制以实现工程的进度目标，确保项目进度计划目标的实现。

8.1.5 施工进度计划控制原理

工程项目进度控制时，计划不变是相对的，变是绝对的；平衡是相对的，不平衡是绝对的。而且，制定项目进度计划时所依据的条件在不断变化，工程项目的进度受许多因素的影响，必须事先对影响进度的各种因素进行调查，预测它们对进度可能产生的影响，编制可行的进度计划，指导工程建设按进度计划进行。同时，在工程项目进度控制时，必须经常地、定期地针对变化的情况，采取对策，对原有的进度计划进行调整。

在进度计划执行过程中，必然会出现一些新的或意想不到的情况，它既有人为因素的影响，也有自然因素的影响和突发事件的发生，往往难以按照原定的进度计划进行。因此，在确定进度计划制定的条件时，要具有一定的预见性和前瞻性，使制定出的进度计划尽量接近变化后的实施条件；在项目实施过程中，掌握动态控制原理，不断进行检查，将实际情况与计划安排进行对比，找出偏离进度计划的原因，特别是找出主要原因，然后采取相应的措施。措施的确定有两个前提：一是通过采取措施，维持原进度计划，使之正常实施；二是采取措施后不能维持原进度计划，要对进度计划进行调整或修正，再按新的进度计划实施。不能完全拘泥于原进度计划的完全实施，也就是要有动态管理思想，按照进度控制的原理进行管理，不断地计划、执行、检查、分析、调整进度计划，达到工程进度计划管理的最终目标。

施工进度计划控制原理包括下面几个方面：

（1）动态控制原理。进度控制是一个不断进行的动态控制，也是一个循环进行的过程，从项目开始，计划就进入了执行的动态。实际进度与计划进度不一致时，采取相应措施调整偏差，使两者在新的起点重合，继续按其施工，然后在新的因素影响下又会产生新的偏差，施工进度计划控制就是采用这种动态循环的控制方法。

（2）系统原理。施工进度控制包括计划系统、进度实施组织系统、检查控制系统。为了对施工项目进行进度计划控制，必须编制施工项目的各种进度计划，其中有施工总进度计划、单位工程进度计划、分部分项工程进度计划、季度和月（周）作业计划，这些计划组成了施工项目进度计划系统。施工组织各级负责人，从项目经理、施工队长、班组长及所属成员都按照进度计划进行管理、落实各自的任务，组成了项目实施的完整的组织系统。为了保证进度实施，项目设有专门部门或人员负责检查汇报、统计整理进度实施资

料，并与计划进度比较分析和进行调整，形成纵横相联的检查控制系统。

(3) 信息反馈原理。信息反馈是进度控制的依据，施工的实际进度通过信息反馈给基层进度控制人员，在分工范围内，加工整理逐级向上反馈，直到主控制人员，主控制人员对反馈信息分析作出决策，调整进度计划，达到预定目标。施工项目控制的过程就是信息反馈的过程。

(4) 弹性原理。施工项目进度计划工期长、影响因素多，编制计划时要留有余地，使计划具有弹性，在进度控制时，便可以利用这些弹性缩短剩余计划工期，达到预期目标。

(5) 封闭循环原理。项目进度计划控制的全过程是计划、实施、检查、分析、确定、调整措施，再计划，形成一个封闭的循环系统。

(6) 网络计划技术原理。在项目进度的控制中利用网络计划技术原理编制进度计划，根据收集的信息，比较分析进度计划，再利用网络工期优化、工期与成本、资源优化调整计划。网络计划技术原理是施工项目进度控制的完整计划管理和分析计算的理论基础。

8.1.6 影响施工进度计划的因素

1. 影响因素

由于建筑工程项目的施工特点，尤其是大型和复杂的施工项目，工期较长，影响进度的因素较多，编制和控制计划时必须充分认识和考虑这些因素，才能克服其影响，使施工进度尽可能按计划进行。工程项目进度的主要影响因素有：

(1) 有关单位的影响。施工项目的主要施工单位对施工进度起决定性作用，但建设单位与业主、设计单位、材料供应部门、运输部门、水电供应部门及政府主管部门都可能给施工造成困难而影响施工进度，如业主使用要求改变或设计不当而进行设计变更，材料、构配件、机具、设备供应环节的差错等。

(2) 施工条件的变化。勘察资料不准确，特别是地质资料错误或遗漏而引起的未能预料的技术障碍。在施工中工程地质条件和水文地质条件与勘察设计不符，发现断层、溶洞、地下障碍物以及恶劣的气候、暴雨和洪水等都对施工进度产生影响，造成临时停工或破坏。

(3) 技术失误。施工单位采用技术措施不当，施工中发生技术事故；应用新技术、新材料，但不能保证质量等都能够影响施工进度。

(4) 施工组织管理不利。劳动力和施工机械调配不当、施工平面布置不合理等将影响施工进度计划的执行。

(5) 意外事件的出现。施工中出现意外事件如战争、严重自然灾害、火灾、重大工程事故都会影响施工进度计划。

影响工程项目进度的因素很多，除以上因素外，如业主资金方面存在问题，如未及时向施工单位或供应商拨款，业主越过监理职权无端干涉，造成指挥混乱等也会影响工程项目进度。

2. 影响工程项目进度的责任和处理

工程进度的推迟一般分为工程延误和工程延期，其责任及处理方法不同。

(1) 工程延误。由于承包商自身的原因造成的工期延长，称之为工程延误。由于工程延误所造成的损失由承包商自己承担，包括承包商在监理工程师的同意下采取加快工程的

费用。同时，由于工程延误所造成的工期延长，承包商还要向业主支付误期损失补偿费。由于工程延误所延长的时间不属于合同工期的一部分。

（2）工程延期。由于承包商以外的原因造成施工期的延长，称之为工程延期。经过监理工程师批准的延期，所延长的时间属于合同工期的一部分，即工程竣工的时间等于标书中规定的时间加上监理工程师批准的工程延期时间。可能导致工程延期的原因有工程量增加，未按时向承包商提供图样，恶劣的气候条件，业主的干扰和阻碍等。判断工程延期总的原则就是除承包商自身以外的任何原因造成的工程延长或中断，工程中出现的工程延长是否为工程延期对承包商和业主都很重要。因此应按照有关的合同条件，正确地区分工程延误与工程延期，合理地确定工程延期的时间。

8.1.7　施工进度计划编制方法

1. 列出工程项目一览表并计算工程量

列出工程项目一览表，分别计算主要实物工程量，以便选择施工方案和施工机械，确定工期，规划主要施工过程的流水施工，计算劳动力及技术物质的需要量。工程量计算可按初步（或扩大初步）设计图纸，采用概算指标和扩大结构定额，类似工程的资料等进行粗略地计算。

2. 确定各单位工程的施工期限

影响单位工程工期的因素较多，它与建筑类型、施工方法、结构特征、施工技术和管理水平，以及现场地形、地质条件等有关。因此，在确定各单位工程工期时，应参考有关工期定额，针对以上因素进行综合考虑。

3. 确定各单位工程开、竣工时间和相互搭接关系

在安排各单位工程开、竣工时间和相互搭接关系时，既要保证在规定工期能配套投产使用，又要避免人力、物力分散；既要考虑冬雨期施工的影响，又要做到全年的均衡施工；既要使土建施工、设备安装、试车运转相互配合，又要使前后期工程有机衔接；应使准备工程和全场性工程先行，充分利用永久性建筑物和设施为施工服务；应使各种主要工程能流水施工，充分发挥大型机械设备的效能。

4. 编制施工进度计划

施工进度计划常以网络图或横道图表示，主要起控制工期的作用，不宜过细，过细不利调整。对于跨年度的工程，通常第一年按月划分，第二年以后则均以季划分。

8.1.8　进度计划控制的方法及措施

8.1.8.1　工程项目进度控制内容

进度控制是指管理人员为了保证实际工作进度与计划一致，有效地实现目标而采取的一切行动。建设项目管理系统及其外部环境是复杂多变的，管理系统在运行中会出现大量的管理主体不可控制的随机因素，即系统的实际运行轨迹是由预期量和干扰量共同作用而决定的。在项目实施过程中，得到的中间结果可能与预期进度目标不符甚至相差甚远，因此必须及时调整人力、时间及其他资源，改变施工方法，以期达到预期的进度目标，必要时应修正进度计划。这个过程称为施工进度动态控制。

根据进度控制方式的不同，可以将进度控制过程分为预先进度控制、同步进度控制和

反馈进度控制。

1. 预先进度控制的内容

预先进度控制是指项目正式施工前所进行的进度控制，其行为主体是监理单位和施工单位的进度控制人员，其具体内容如下：

（1）编制施工阶段进度控制工作细则。施工阶段进度控制工作细则，是进度管理人员在施工阶段对项目实施进度控制的一个指导性文件。施工阶段进度控制工作细则，使项目在开工之前的一切准备工作（包括人员挑选与配置、材料物资准备、技术资金准备等）皆处于预先控制状态。

（2）编制或审核施工总进度计划。施工阶段进度管理人员的主要任务就是保证施工总进度计划的开、竣工日期与项目合同工期的时间要求一致。当采用多标发包形式施工时，施工总进度计划的编制要保证标与标之间的施工进度保持衔接关系。

（3）审核单位工程施工进度计划。承包商根据施工总进度计划编制单位工程施工进度计划，监理工程师对承包商提交的施工进度计划进行审核认定后方可执行。

（4）进行进度计划系统的综合。施工进度计划进行审核以后，往往要把若干个有相互关系的处于同一层次或不同层次的施工进度综合成一个多阶段施工总进度计划，以利于进行总体控制。

2. 同步进度控制的内容

同步进度控制是指项目施工过程中进行的进度控制，这是施工进度计划能否付诸实现的关键过程。进度控制人员一旦发现实际进度与目标偏离，必须及时采取措施以纠正这种偏差。项目施工过程中进度控制的执行主体是工程施工单位，进度控制主体是监理单位。施工单位按照进度要求及时组织人员、设备、材料进场，并及时上报分析进度资料确保进度的正常进行，监理单位同步进行进度控制。

对收集的进度数据进行整理和统计，并将计划进度与实际进度进行比较，从中发现是否出现进度偏差。分析进度偏差将会带来的影响并进行工程进度预测，从而提出可行的修改措施。组织定期和不定期的现场会议，及时分析、通报工程施工进度状况，并协调各承包商之间的生产活动。

3. 反馈进度控制的内容

（1）及时组织验收工作。

（2）处理施工索赔。

（3）整理工程进度资料。

（4）根据实际施工进度，及时修改和调整验收阶段进度计划及监理工作计划，以保证下一阶段工作的顺利开展。

8.1.8.2　进度控制的主要方法

工程项目进度控制的方法主要有行政方法、经济方法和管理技术方法等。

1. 进度控制的行政方法

用行政方法控制进度，是指通过发布进度指令，进行指导、协调、考核；利用激励手段（奖、罚、表扬、批评等）监督、督促等方式进行进度控制。

2. 进度控制的经济方法

进度控制的经济方法，是指有关部门和单位用经济手段对进度控制进行影响和制约，主要有以下几种：投资部门通过投资投放速度控制工程项目的实施进度；在承包合同中写进有关工期和进度的条款；建设单位通过招标的进度优惠条件鼓励施工单位加快进度；建设单位通过工期提前奖励和工程延误罚款实施进度控制等。

3. 进度控制的管理技术方法

进度控制的管理技术方法主要有规划、控制和协调。所谓规划，就是确定项目的总进度目标和分进度目标；所谓控制，就是在项目进行的全过程中，进行计划进度与实际进度的比较，发现偏离，及时采取措施进行纠正；所谓协调，就是协调参加工程建设各单位之间的进度关系。

8.1.8.3 进度控制的措施

进度控制的措施包括组织措施、技术措施、合同措施、经济措施和信息管理措施等。

1. 组织措施

工程项目进度控制的组织措施主要有：

(1) 落实进度控制部门人员、具体控制任务和管理职责分工。

(2) 进行项目分解，如按项目结构分、按项目进展阶段分、按合同结构分，并建立编码体系。

(3) 确定进度协调工作制度，包括协调会议举行的时间，协调会议的参加人员等。

(4) 对影响进度目标实现的干扰和风险因素进行分析。风险分析要有依据，主要是根据多年统计资料的积累，对各种因素影响进度的概率及进度拖延的损失值进行计算和预测，并应考虑有关项目审批部门对进度的影响。

2. 技术措施

工程项目进度控制的技术措施是指采用先进的施工工艺、方法等以加快施工进度。

(1) 合同措施。工程项目进度控制的合同措施主要有分段发包，提前施工，以及合同的合同期与进度计划的协调等。

(2) 经济措施。工程项目进度控制的经济措施是指保证资金供应的措施。

(3) 信息管理措施。工程项目进度控制的信息管理措施主要是通过计划进度与实际进度的动态比较，收集有关进度的信息等。

8.1.9 进度计划实施及其监测

8.1.9.1 施工进度计划实施

施工进度计划的实施就是施工活动的开展，就是用施工进度计划指导施工活动、落实和完成计划。施工进度计划逐步实施的过程就是施工项目建造逐步完成的过程。为了保证施工进度计划的实施，保证各进度目标的实现，应做好以下工作：

1. 施工进度计划的审核

项目经理应进行施工项目进度计划的审核，其主要内容包括：

(1) 进度安排是否符合施工合同确定的建设项目总目标和分目标的要求，是否符合其开、竣工日期的规定。

(2) 施工进度计划中的内容是否有遗漏，分期施工是否满足分批交工的需要和配套交

工的要求。

(3) 施工顺序安排是否符合施工程序的要求。

(4) 资源供应计划是否能保证施工进度计划的实现，供应是否均衡，分包人供应的资源是否能满足进度的要求。

(5) 施工图设计的进度是否满足施工进度计划要求。

(6) 总分包之间的进度计划是否相协调，专业分工与计划的衔接是否明确、合理。

(7) 对实施进度计划的风险是否分析清楚，是否有相应的对策。

(8) 各项保证进度计划实现的措施设计是否周到、可行、有效。

2. 施工项目进度计划的贯彻

(1) 检查各层次的计划，形成严密的计划保证系统。施工项目的所有的施工总进度计划、单项工程施工进度计划、分部分项工程施工进度计划，都是围绕一个总任务编制的，它们之间的关系是高层次计划为低层次计划提供依据，低层次计划是高层次计划的具体化。在其贯彻执行时，应当首先检查是否协调一致，计划目标是否层层分解、相互衔接，组成一个计划实施的保证体系，以施工任务书的方式下达施工队，保证施工进度计划的实施。

(2) 层层明确责任并充分利用施工任务书。施工项目经理、作业队和作业班组之间分别签订责任状，按计划目标规定工期、质量标准、承担的责任、权限和利益。用施工任务书将作业任务下达到作业班组，明确具体施工任务、技术措施、质量要求等内容，使施工班组必须保证按作业计划时间完成规定的任务。

(3) 进行计划的交底，促进计划的全面、彻底实施。施工进度计划的实施是全体工作人员的共同行动，要使有关部门人员都明确各项计划的目标、任务、实施方案和措施，使管理层和作业层协调一致，将计划变成全体员工的自觉行动，在计划实施前可以根据计划的范围进行计划交底工作，使计划得到全面、彻底的实施。

3. 施工项目进度计划的实施

(1) 编制月（旬）作业计划。为了实施施工计划，将规定的任务结合现场施工条件，如施工场地的情况、劳动力、机械等资源条件和实际的施工进度，在施工开始前和过程中不断地编制本月（旬）作业计划，这是使施工计划更具体、更实际和更可行的重要环节。在月（旬）计划中要明确：本月（旬）应完成的任务；所需要的各种资源量；提高劳动生产率和节约措施等。

(2) 签发施工任务书。编制好月（旬）作业计划以后，将每项具体任务通过签发施工任务书的方式下达班组进一步落实、实施。施工任务书是向班组下达任务，实行责任承包、全面管理和原始记录的综合性文件。施工班组必须保证指令任务的完成。它是计划和实施的纽带。

(3) 做好施工进度记录，填好施工进度统计表。在计划任务完成的过程中，各级施工进度计划的执行者都要跟踪做好施工记录，即记载计划中的每项工作开始日期、每日完成数量和完成日期；记录施工现场发生的各种情况、干扰因素的排除情况；跟踪做好工程形象进度、工程量、总产值、耗用的人工、材料和机械台班等的数量统计与分析，为施工项目进度检查和控制分析提供反馈信息。因此，要求实事求是记载，并填好上报统计报表。

（4）做好施工中的调度工作。施工中的调度是施工组织中各阶段、环节、专业和工种的配合、进度协调的智慧核心。调度工作内容主要有：督促作业计划的实施，调整协调各方面的进度关系；监督检查施工准备工作；督促资源供应单位按计划供应劳动力、施工机具、运输车辆、材料构配件等，并对临时出现问题采取调配措施；按施工平面图管理现场，结合实际情况进行必要的调整，保证文明施工；了解气候、水、电、气的情况，采取相应的防范和保证措施；及时发现和处理施工中各种事故和意外事件；调节各薄弱环节；定期及时召开现场调度会议，贯彻施工项目主管人员的决策，发布调度令。

8.1.9.2 施工进度计划的检查

在施工项目的实施过程中，为了进行进度控制，进度控制人员应经常地、定期地跟踪检查施工实际进度情况，主要是收集施工进度材料，进行统计整理和对比分析，确定实际进度与计划进度之间的关系，其主要工作包括以下方面。

1. 跟踪检查施工实际进度

为了对施工进度计划的完成情况进行统计，进行进度分析和调整计划提供信息，应对施工进度计划依据其实施记录进行跟踪检查。跟踪检查施工实际进度是项目施工进度控制的关键措施。一般检查的时间间隔与施工项目的类型、规模、施工条件和对进度执行要求程度有关。通常可以每月、每半月、每旬或每周进行一次。若施工中遇到天气、资源供应等不利因素的严重影响，检查的时间间隔可临时缩短，次数应频繁，甚至可以每日进行检查，或派人员驻现场督阵。检查和收集资料的方式一般采用进度报表方式或定期召开进度工作汇报会。为了保证汇报资料的准确性，进度控制人员要经常到现场察看施工项目的实际进度情况，从而保证经常地、定期地准确掌握施工项目的实际进度。

根据不同需要，进行日常检查或定期检查的内容包括：

（1）检查期内实际完成和累计完成工程量。

（2）实际参加施工的人力、机械数量和生产效率。

（3）窝工人数、窝工机械台班数及其原因分析。

（4）进度偏差情况。

（5）进度管理情况。

（6）影响进度的特殊原因及分析。

（7）整理统计检查数据。

收集到的施工项目实际进度数据，要进行必要的整理，按计划控制的工作项目进行统计，形成与计划进度具有可比性的数据、形象进度。一般按实物工程量、工作量和劳动消耗量以及累计百分比整理和统计实际检查的数据，以便与相应的计划完成量相对比。

2. 对比实际进度与计划进度

将收集的资料整理和统计成具有与计划进度可比性的数据后，用施工项目实际进度与计划进度进行比较。通常用的比较方法有：横道图比较法、S形曲线比较法、香蕉曲线比较法、前锋线比较法和列表比较法等。通过比较得出实际进度与计划进度相一致、超前、拖后三种情况。

（1）横道图比较法。横道图比较法是指在项目实施中检查实际进度收集的信息，经整

理后直接用横道线并列标于原计划的横道线处，进行直观比较的方法。

根据工作的速度不同，可以采用以下方法：

1）匀速进展横道图比较法。匀速进展横道图比较法是指施工项目中，每项工作的施工进展速度都是匀速的，即在单位时间内完成的任务量都是相等的，累计完成的任务量与时间成直线变化。其比较方法的步骤是：①编制横道图进度计划；②在进度计划上标出检查日期；③将检查收集的实际进度数据，按比例用涂黑的粗线标于计划进度线的下方；④比较分析实际进度与计划进度（图 8.1）：涂黑的粗线右端与检查日期相重合，表明实际进度与施工计划进度相一致；涂黑的粗线右端在检查日期左侧，表明实际进度拖后；涂黑的粗线右端在检查日期的右侧，表明实际进度超前。

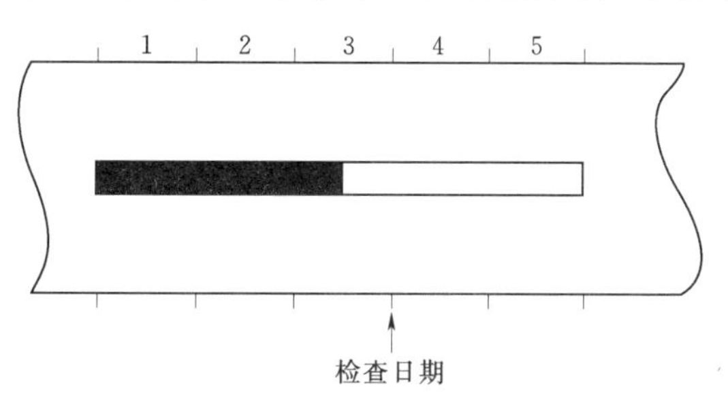

图 8.1 匀速进展横道图比较图

2）非匀速进展比较法。匀速施工横道图比较法，只适用施工进展速度不变的情况下的施工实际进度与计划进度之间的比较。当工作在不同的单位时间里的进展速度不同时，累计完成的任务量与时间的关系不是呈直线变化的。按匀速施工横道图比较法绘制的实际进度涂黑粗线，不能反映实际进度与计划进度完成任务量的比较情况。这种情况的进度比较可以采用双比例单侧横道图比较法。非匀速进展横道图比较法是适用于工作的进度按变速进展的情况下，工作实际进度与计划进度进行比较的一种方法。它是在表示工作实际进度涂黑粗线的同时，在表上标出某对应时刻完成任务的累计百分比，将该百分比与其同时刻计划完成任务累计百分比相比较，判断工作的实际进度与计划进度之间的关系的一种方法。

其比较方法的步骤为：①编制横道图进度计划；②在横道线上方标出工作主要时间的计划完成任务累计百分比；③在计划横道线的下方标出工作的相应日期实际完成的任务累计百分比；④用涂黑粗线标出实际进度线，并从开工日标起，同时反映出施工过程中工作的连续与间断情况；⑤对照横道线上方计划完成累计量与同时间的下方实际完成累计量，比较出实际进度与计划进度（图 8.2）：当同一时刻上下两个累计百分比相等时，表明实

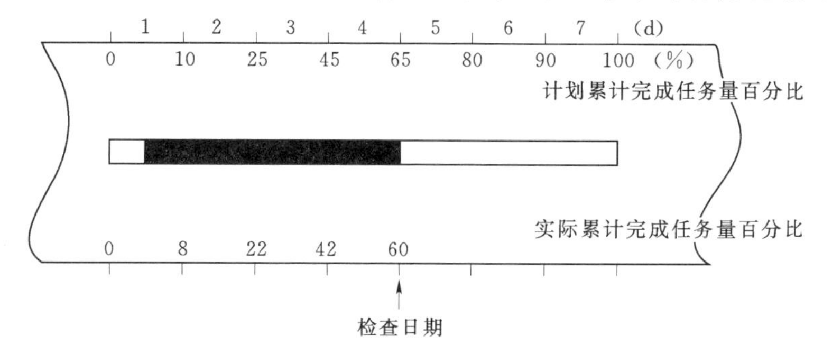

图 8.2 非匀速进展横道图比较图

际进度与计划进度一致；当同一时刻上面的累计百分比大于下面的累计百分比时表明该时刻实际施工进度拖后，拖后的量为两者之差；当同一时刻上面的累计百分比小于下面的累计百分比时表明该时刻实际施工进度超前，超前的量为两者之差。

（2）S曲线比较法。S曲线比较法是以横坐标表示时间，纵坐标表示累计完成任务量，绘制一条按计划时间累计完成任务量的S曲线；然后将工程项目实施过程中各检查时间实际累计完成任务量的S曲线也绘制在同一坐标系中，进行实际进度与计划进度比较的。

1）S曲线的绘制方法：①确定单位时间计划完成任务量；②计算不同时间累计完成任务量；③根据累计完成任务量绘制S曲线。

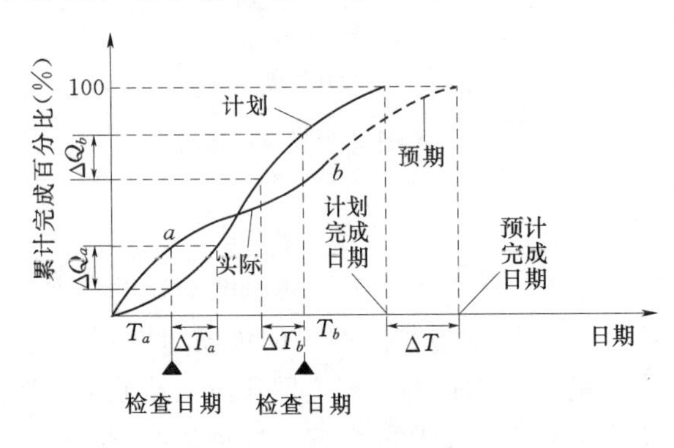

图8.3 S形曲线比较图

2）实际进度与计划进度的比较。同横道图比较法一样，S曲线比较法也是在图上进行工程项目实际进度与计划进度的直观比较。在工程项目实施过程中，按照规定时间将检查收集到的实际累计完成任务量绘制在原计划S曲线图上，即可得到实际进度S曲线，如图8.3所示。

通过比较实际进度S曲线和计划进度S曲线，可以获得如下信息：①工程项目实际进展状况；②工程项目实际进度超前或拖后的时间；③工程项目实际超额或拖欠的任务量。

（3）前锋线比较法。前锋线比较法是通过绘制某检查时刻工程项目实际进度前锋线，进行工程实际进度与计划进度比较的方法，它主要适用于时标网络计划。所谓前锋线，是指在原时标网络计划上，从检查时刻的时标点出发，用点划线依次将各项工作实际进展位置点连接而成的折线。前锋线比较法就是通过实际进度前锋线与原进度计划中各工作箭头线交点的位置来判断工作实际进度与计划进度的偏差，进而判定该偏差对后续工作及总工期影响程度的一种方法。

1）前锋线比较法的步骤：①绘制时标网络计划图；②绘制实际进度前锋线；③进行实际进度与计划进度的比较。前锋线可以直观地反映出检查日期有关工作实际进度与计划进度之间的关系。对某项工作来说，其实际进度与计划进度之间的关系可能存在以下三种情况：①工作实际进展位置点落在检查日期的左侧，表明该工作实际进度拖后，拖后的时间为两者之差；②工作实际进展位置点与检查日期重合，表明该工作实际进度与计划进度一致；③工作实际进展位置点落在检查日期的右侧，表明该工作实际进度超前，超前的时间为两者之差。

2）预测进度偏差对后续工作及总工期的影响：通过实际进度与计划进度的比较确定进度偏差后，还可根据工作的自由时差和总时差预测该进度偏差对后续工作及项目总工期的影响。

例如，某分部工程施工网络计划，在第4d下班时检查，C工作完成了该工作的工作

量，D 工作完成了该工作的工作量，E 工作已全部完成该工作的工作量，则实际进度前锋线如图 8.4 上点划线构成的折线。

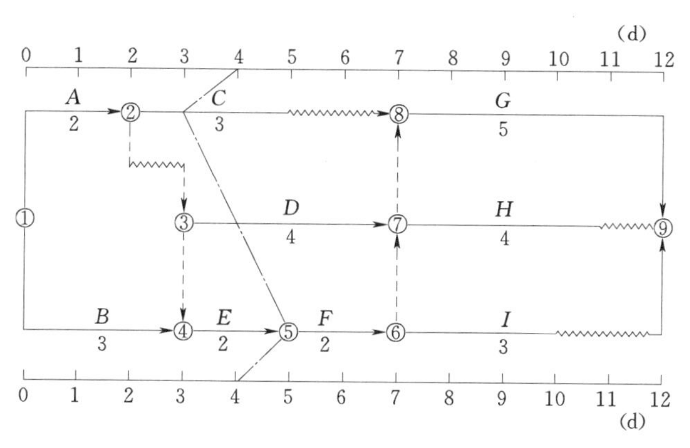

图 8.4　某网络计划前锋线比较图

通过图 8.4 比较可以看出：①工作 C 实际进度拖后 1d，其总时差和自由时差均为 2d，既不影响总工期，也不影响其后续工作的正常进行；②工作 D 实际进度与计划进度相同，对总工期和后续工作均无影响；③工作 E 实际进度提前 1d，对总工期无影响，将使其后续工作 F、I 的最早开始时间提前 1d。

综上所述，该检查时刻各工作的实际进度对总工期无影响，将使工作 F、I 的最早开始时间提前 1d。

3. 施工进度检查结果的处理

施工进度检查的结果，按照检查报告制度的规定，形成进度控制报告向有关主管人员和部门汇报。

进度控制报告是把检查比较结果，有关施工进度现状和发展趋势，提供给项目经理及各级业务职能负责人的最简单的书面形式报告。

通过检查应向企业提供施工进度报告的内容主要包括：项目实施概况、管理概况、进度概况的总说明；项目施工进度、形象进度及简要说明；施工图纸提供进度；材料物资、构配件供应进度；劳务记录及预测；日历计划；对建设单位、监理和施工者的工程变更指令、价格调整、索赔及工程款收支情况；进度偏差的状况和导致偏差的原因分析；解决的措施；计划调整意见等。

8.2　质量管理计划

施工单位应按照《质量管理体系要求》建立本单位的质量管理体系文件。可以独立编制质量计划，也可以在施工组织设计中合并编制质量计划的内容。质量管理应按照 PDCA 循环模式，加强过程控制，通过持续改进提高工程质量。

8.2.1　质量管理的基本概念

8.2.1.1　质量管理的研究对象与范围

20 世纪 80 年代，质量管理的主要研究对象是产品质量，包括工农业产品质量、工程建设质量、交通运输质量以及邮电、旅游、商店、饭店、宾馆的服务质量等。

20世纪90年代后，质量管理的研究对象却是实体质量，范围扩大到一切可以单独描述和研究的事物，不仅包括产品质量，而且还研究某个组织的质量、体系的质量、人的质量以及它们的任何组合系统的质量。

质量管理，是确定质量方针、目标和责任，并通过质量体系中的质量策划、质量控制、质量保证和质量改进，来实现其所有管理职能的全部活动。因此，现代质量管理虽然仍重视产品质量和服务质量，但更强调体系或系统的质量、人的质量，并以人的质量、体系质量去确保产品、工程或服务质量。现在，这种管理活动，不仅仅只在工业生产领域，而且已扩及农业生产、工程建设、交通运输、教育卫生、商业服务等领域。无论是行业质量管理，还是企业、事业单位的质量管理，客观上都存在着一个系统对象——质量体系。

无论哪个质量体系都具有一个系统所应具备的4个特征。

(1) 集合性。质量体系是由若干个可以相互区别的要素（或子系统）组成的一个不可分割的整体系统。质量体系的要素主要是人、机械设备、原材料、方法和工艺、环境条件等，具体包括：市场调研、设计、采购、工艺准备、物资、设备、检验、标准（规程）、计量、不合格及纠正措施、搬运、储存、包装、售后服务、质量文件和记录、人员培训、质量成本、质量体系审核与复审、质量职责和责任以及统计方法的应用等。

(2) 相关性。质量体系各要素之间也是相互联系和相互作用的，它们之间某一要素发生变化，势必要使其他要素也要进行相应的改变和调整，如更新了设备，操作人员就要更新知识，操作方法、工艺等也要相应调整等。

因此，不能静止地、孤立地看待质量体系中的任何一个要素，而要依据相关性，协调好它们之间的关系，从而发挥系统整体效能。

(3) 目的性。质量体系的目的就是追求稳定的高质量，使产品或服务满足规定的要求或潜在的需要，使广大用户、消费者和顾客满意。同时，也使本企业获得良好的经济效益。为此，企业必须建立完整的体系，对影响产品或服务质量的技术、管理和人等质量体系要素进行控制。

(4) 环境适应性。任何一个质量体系都存在于一定的环境条件之中。我国质量体系必须适应我国经济体制和政治体制。目前，正在进行经济体制改革和政治体制改革，质量体系就必须不断改进，适应新的环境条件，使其保持最佳适应状态。这也是建立和完善中国式的质量体系的重要原因。

当然，质量体系是人工系统，不是自然系统；是开放系统，而不是闭环系统；是动态系统，而不是静态系统。从宏观上看，它又是社会技术监督系统的重要组成部分，是质量的根本和关键。从微观上看，就一个企业而言，质量管理仅仅是这个企业单位生产经营管理系统的一个组成部分，它与这个企业的计量管理系统、标准化管理系统等共同组成了技术监督系统。对经营提供了基础保证，使之达到优质、低耗、高效生产经营。因此，在质量管理过程中应该自觉地运用系统工程科学方法，把质量的主要对象放在质量体系的设计、建立和完善上。

8.2.1.2 质量体系认证的基本知识

1. 什么是质量认证

质量认证也叫合格评定，是国际上通行的管理产品质量的有效方法。质量认证按认证的对象分为产品质量认证和质量体系认证两类；按认证的作用可分为安全认证和合格认证。

2. 与质量有关的术语

产品指活动或过程的结果。

过程是将输入转化为输出的一组彼此相关的资源和活动。

质量体系是指为实施质量管理所需的组织结构、程序、过程和资源。

质量控制指为达到质量要求所采取的作业技术和活动。

质量保证是为了提供足够的信任表明实体能够满足质量要求，而在质量体系中实施并根据需要进行证实的全部有计划、有系统的活动。

质量管理是指确定质量方针、目标和职责并在质量体系中通过诸如质量策划、质量控制、质量保证和质量改进使其实施的全部管理职能的所有活动。

全面质量管理，是指一个组织以质量为中心，以全员参与为基础，目的在于通过让顾客满意和本组织所有成员及社会受益而达到长期成功的管理途径。

3. 质量管理、质量体系、质量控制、质量保证之间的关系

质量管理既包括质量控制和质量保证，也包括质量方针、质量策划和质量改进等概念。质量管理的运行原则是通过质量体系进行的。质量体系包括质量策划、质量控制、质量保证和质量改进。质量控制和质量保证的某些活动是相互关联的。

4. 质量认证的基本形式

世界各国现行的质量认证制度主要有 8 种，其中各国标准机构通常采用的是型式试验加工厂质量体系评定加认证后监督—质量体系复查加工厂和市场抽样调查的质量认证制度，我国采用的是工厂质量体系评审（质量体系认证）的质量认证制度。

5. 产品质量认证与质量体系认证

产品质量认证，是依据产品标准和相应技术要求，经认证机构确认并通过颁发认证证书和认证标志来证明某一种产品符合相应标准和相应技术要求的活动。质量体系认证，是经质量体系认证机构确认，并颁发质量体系认证证书证明企业的质量体系的质量保证能力符合质量保证标准要求的活动。一般只有具备质量体系认证的企业才能参与工程的投标与建设。

8.2.1.3 质量管理计划的一般内容

（1）应制定具体的项目质量目标，质量目标应不低于工程合同明示的要求；质量目标应尽可能地量化和层层分解到最基层，建立阶段性目标。

（2）应明确质量管理组织机构中各重要岗位的职责，与质量有关的各岗位人员应具备与职责要求匹配的相应知识、能力和经验。

（3）应采取各种有效措施，确保项目质量目标的实现；这些措施包含但不局限于：原材料、构配件、机具的要求和检验，主要的施工工艺、主要的质量标准和检验方法，夏期、冬期和雨期施工的技术措施，关键过程、特殊过程、重点工序的质量保证措施，成品、半成品的保护措施，工作场所环境以及劳动力和资金保障措施等。

(4) 按质量管理原则中的过程方法要求，将各项活动和相关资源作为过程进行管理，建立质量过程检查、验收以及质量责任制等相关制度，对质量检查和验收标准作出规定，采取有效的纠正和预防措施，保障各工序和过程的质量。

(5) 质量管理的工具和方法。质量管理的基本思想方法是全面质量管理（PDCA），这里P指计划（Plan），D指执行计划（Do），C指检查计划（Check），A指采取措施（Action）；基本数学方法是概率论和数理统计方法。由此而总结出各种常用工具，如排列图、因果分析图、直方图、控制图等。

(6) 质量抽样检验方法和控制方法。质量指标是具体、定量的。如何抽样检查或检验，怎样实行有效的控制，都要在质量管理过程中正确地运用数理统计方法，研究和制定各种有效控制系统。质量的统计抽样工具——抽样方法标准就成为质量管理工程中一项十分必要的内容。

(7) 质量成本和质量管理经济效益的评价、计算。质量成本是从经济性角度评定质量体系有效的重要方面。科学、有效的质量管理，对企业单位和对国家都有显著的经济效益。如何核算质量成本，怎样定量考核质量管理水平和效果，已成为现代质量管理必须研究的一项重要课题。

8.2.2 全面质量管理

全面质量管理（Total Quality Management，简称TQM）是企业管理的中心环节，是企业管理的纲，它和企业的经营目标是一致的。这就要求将企业的生产经营管理和质量管理有机地结合起来。

8.2.2.1 全面质量管理的基本概念

全面质量管理是以组织全员参与为基础的质量管理模式，它代表了质量管理的最新阶段，最早起源于美国，菲根堡姆指出："全面质量管理是为了能够在最经济的水平上，并充分考虑到满足用户的要求的条件下进行市场研究、设计、生产和服务，把企业内各部门研制质量、维持质量和提高质量的活动构成为一体的一种有效体系。"他的理论经过世界各国的继承和发展，得到了进一步的扩展和深化。1994年版ISO 9000族标准中对全面质量管理的定义为：一个组织以质量为中心，以全员参与为基础，目的在于通过让顾客满意和本组织所有成员及社会受益而达到长期成功的管理途径。国家标准（GB/T 19000—2008 idt ISO 9000：2005）对质量下的定义为：一组固有特性满足要求的程度。目前更流行、更通俗的定义是从用户的角度去定义质量：质量是用户对一个产品（包括相关的服务）满足程度的度量。质量是产品或服务的生命。质量受企业生产经营管理活动中多种因素的影响，是企业各项工作的综合反映。要保证和提高产品质量，必须对影响质量各种因素进行全面而系统的管理。全面质量管理，就是企业组织全体职工和有关部门参加，综合运用现代科学和管理技术成果，控制影响产品质量的全过程和各因素，经济地研制生产和提供用户满意的产品的系统管理活动。

8.2.2.2 全面质量管理的基本要求

1. 全过程管理

任何一个工程（产品）的质量，都有一个产生、形成和实现的过程，整个过程是由多个相互联系、相互影响的环节所组成，每一个环节或重或轻地影响着最终的质量状况。因

此，要搞好工程质量管理，必须把形成质量的全过程和有关因素控制起来，形成一个综合的管理体系，做到以防为主，防检结合，重在提高。

2. 全员的质量管理

工程（产品）的质量是企业各方面、各部门、各环节工作质量的反映。每一环节，每一个人的工作质量都会不同程度地影响着工程（产品）的最终质量。工程质量人人有责，只有人人都关心工程的质量，做好本职工作，才能生产出好质量的工程。

3. 全企业的质量管理

全企业的质量管理一方面要求企业各管理层次都要有明确的质量管理内容，各层次的侧重点要突出，每个部门应有自己的质量计划、质量目标和对策，层层控制；另一方面就是要把分散在各部门的质量职能发挥出来。

4. 多方法的管理

影响工程质量的因素越来越复杂：既有物质的因素，又有人为的因素；既有技术因素，又有管理因素；既有内部因素，又有企业外部因素。要搞好工程质量，就必须把这些影响因素控制起来，分析它们对工程质量的不同影响。灵活运用各种现代化管理方法来解决工程质量问题。

8.2.2.3 全面质量管理的基本指导思想

1. 质量第一、以质量求生存

任何产品都必须达到所要求的质量水平，否则就没有或未实现其使用价值，从而给消费者、给社会带来损失。从这个意义上讲，质量必须是第一位的。贯彻“质量第一”就要求企业全员，尤其是领导层，要有强烈的质量意识；要求企业在确定质量目标时，首先应根据用户或市场的需求，科学地确定质量目标，并安排人力、物力、财力予以保证。当质量与数量、社会效益与企业效益、长远利益与眼前利益发生矛盾时，应把质量、社会效益和长远利益放在首位。“质量第一”并非“质量至上”。质量不能脱离当前的市场水准，也不能不问成本一味地讲求质量。应该重视质量成本的分析，把质量与成本加以统一，确定最适合的质量。

2. 用户至上

在全面质量管理中，这是一个十分重要的指导思想。“用户至上”，就是要树立以用户为中心，为用户服务的思想。要使产品质量和服务质量尽可能满足用户的要求。产品质量的好坏最终应以用户的满意程度为标准。这里，所谓用户是广义的，不仅指产品出厂后的直接用户，而且指在企业内部，下道工序是上道工序的用户。如混凝土工程、模板工程的质量直接影响混凝土浇筑这一下道关键工序的质量。每道工序的质量不仅影响下道工序质量，也会影响工程进度和费用。

3. 质量是设计、制造出来的，而不是检验出来的

在生产过程中，检验是重要的，它可以起到不允许不合格品出厂的把关作用，同时还可以将检验信息反馈到有关部门。但影响产品质量好坏的真正原因并不在检验，而主要在于设计和制造。设计质量是先天性的，在设计的时候就已经决定了质量的等级和水平；而制造只是实现设计质量，是符合性质量。两者不可偏废，都应重视。

4. 强调用数据说话

强调用数据说话就是要求在全面质量管理工作中具有科学的工作作风，在研究问题时不能满足于一知半解和表面，对问题不仅有定性分析，还尽量有定量分析，做到心中有“数”。这样可以避免主观盲目性。

在全面质量管理中广泛地采用了各种统计方法和工具，其中用得最多的有“7种工具”，即因果图、排列图、直方图、相关图、控制图、分层法和调查表。常用的数理统计方法有回归分析、方差分析、多元分析、实验分析、时间序列分析等。

5. 突出人的积极因素

从某种意义上讲，在开展质量管理活动过程中，人的因素是最积极、最重要的因素。与质量检验阶段和统计质量控制阶段相比较，全面质量管理阶段格外强调调动人的积极因素的重要性。这是因为现代化生产多为大规模系统，环节众多，联系密切复杂，远非单纯靠质量检验或统计方法就能奏效的。必须调动人的积极因素，加强质量意识，发挥人的主观能动性，以确保产品和服务的质量。全面质量管理的特点之一就是全体人员参加的管理，“质量第一，人人有责”。

要提高质量意识，调动人的积极因素，一靠教育，二靠规范，需要通过教育培训和考核，同时还要依靠有关质量的立法以及必要的行政手段等各种激励及处罚措施。

8.2.2.4 全面质量管理的工作原则

1. 预防原则

在企业的质量管理工作中，要认真贯彻预防为主的原则，凡事要防患于未然。在产品制造阶段应该采用科学方法对生产过程进行控制，尽量把不合格品消灭在发生之前。在产品检验阶段，不论是对最终产品或是在制品，都要把质量信息及时反馈并认真处理。

2. 经济原则

全面质量管理强调质量，但无论质量保证的水平或预防不合格的深度都是没有止境的，必须考虑经济性，建立合理的经济界限，这就是所谓经济原则。因此，在产品设计制定质量标准时，在生产过程进行质量控制时，在选择质量检验方式为抽样检验或全数检验等场合，都必须考虑其经济效益。

3. 协作原则

协作是大生产的必然要求。生产和管理分工越细，就越要求协作。一个具体单位的质量问题往往涉及许多部门，如无良好的协作是很难解决的。因此，强调协作是全面质量管理的一条重要原则，也反映了系统科学全局观点的要求。

4. 按照PDCA循环组织活动

PDCA循环是质量体系活动所应遵循的科学工作程序，周而复始，内外嵌套，循环不已，以求质量不断提高。

8.2.2.5 全面质量管理的运转模式

质量保证体系运转方式是按照计划（P）、执行（D）、检查（C）、处理（A）的管理循环进行的，它包括4个阶段和8个工作步骤。

1.4个阶段

（1）计划阶段。按使用者要求，根据具体生产技术条件，找出生产中存在的问题及其原因，拟定生产对策和措施计划。

（2）执行阶段。按预定对策和生产措施计划，组织实施。

（3）检查阶段。对生产成品进行必要的检查和测试，即把执行的工作结果与预定目标对比，检查执行过程中出现的情况和问题。

（4）处理阶段。把经过检查发现的各种问题及用户意见进行处理。凡符合计划要求的予以肯定，成文标准化。对不符合设计要求和不能解决的问题，转入下一循环以便进一步研究解决。

2. 8 个步骤

（1）分析现状，找出问题不能凭印象和表面作判断。结论要用数据表示。

（2）分析各种影响因素，要把可能因素一一加以分析。

（3）找出主要影响因素，要努力找出主要因素进行解剖，才能改进工作，提高产品质量。

（4）研究对策；针对主要因素拟定措施，制定计划，确定目标。

以上属于 P 阶段工作内容。

（5）执行措施为 D 阶段的工作内容。

（6）检查工作成果，对执行情况进行检查，找出经验教训，为 C 阶段的工作内容。

（7）巩固措施，制定标准，把成熟的措施订成标准（规程、细则）形成制度。

（8）遗留问题转入下一个循环。

以上（7）和（8）为 A 阶段的工作内容。

3. PDCA 循环的特点

（1）4 个阶段缺一不可，先后次序不能颠倒。就好像一只转动的车轮，在解决质量问题中滚动前进逐步使产品质量提高。

（2）企业的内部 PDCA 循环各级都有，整个企业是一个大循环，企业各部门又有自己的循环。大循环是小循环的依据，小循环又是大循环的具体和逐级贯彻落实的体现。

（3）PDCA 循环不是在原地转动，而是在转动中前进。每个循环结束，质量便提高一步。

（4）A 阶段是一个循环的关键，这一阶段的目的在于总结经验，巩固成果，纠正错误，以利于下一个管理循环。

质量的好坏反映了人们质量意识的强弱，也反映了人们对提高产品质量意识的认识水平。有了较强的质量意识，还应使全体成员对全面质量管理的基本思想和方法有所了解。

8.2.3 施工质量事故的处理方法

工程建设项目不同于一般工业生产活动，其项目实施的一次性，生产组织特有的流动性、综合性、劳动的密集性、协作关系的复杂性和环境的影响，均导致建筑工程质量事故具有复杂性、严重性、可变性及多发性的特点，事故是很难完全避免的。因此，必须加强组织措施、经济措施和管理措施，严防事故发生，对发生的事故应调查清楚，按有关规定进行处理。

需要指出的是，不少事故开始时经常只被认为是一般的质量缺陷，容易被忽视，随着时间的推移，待认识到这些质量缺陷问题的严重性时，则往往处理困难，或导致建筑物失事。因此，除了明显的不会有严重后果的缺陷外，对其他的质量问题，均应分析，进行必要处理，并作出处理意见。

1. 事故发生的原因

工程质量事故发生的原因很多，最基本的还是人、机械、材料、工艺和环境几个方面。一般可分直接原因和间接原因两类。

直接原因主要是有的行为不规范和材料、机械不符合规定状态。如设计人员不按规范设计，监理人员不按规范进行监理，施工人员违反规程操作等，属于人的行为不规范；又如水泥、钢材等某些指标不合格，属于材料不合格规定状态。

间接原因是指质量事故发生地的环境条件，如施工管理混乱，质量检查监督失职，质量保证体系不健全等。间接原因往往导致直接原因的发生。

事故原因也可以从工程建设的参与各方来寻查，业主、监理、设计、施工和材料、机械、设备供应商的某些行为或各种方法也造成质量事故。

2. 事故处理的目的

工程质量事故分析与处理的目的主要是：正确分析事故原因，防止事故恶化；创造正常的施工条件；排除隐患，预防事故的发生；总结经验教训，区分事故责任；采取有效的处理措施，尽量减少经济损失，保证工程质量。

3. 事故处理的原则

质量事故发生后，应坚持“三不放过”的原则，即事故原因不查清不放过，事故主要责任人和职工未受教育不放过，补救措施不落实不放过。发生质量事故，应立即向有关部门（业主、监理单位、设计单位和质量监督机构等）汇报，并提交事故报告。

由质量事故而造成的损失费用，坚持事故责任是谁由谁承担的原则。如责任在施工承包商，则事故分析与处理的一切费用由承包商自己负责；施工中事故责任不在承包商，则承包商可依据合同向业主提出索赔；若事故责任在设计或监理单位，应按照有关合同条款给予相关单位必要的经济处罚。构成犯罪的，移交司法机关处理。

4. 事故处理的程序方法

事故处理的程序是：①下达工程施工暂停令；②组织调查事故；③事故原因分析；④事故处理与检查验收；⑤下达复工令。

事故处理的方法有两大类：

(1) 修补。这种方法适合于通过修补可以不影响工程的外观和正常使用的质量事故。此类事故是施工中多发的。

(2) 返工。这类事故是严重违反规范或标准，影响工程使用和安全，且无法修补，必须返工。

有些工程质量问题，虽严重超过了规程、规范的要求，已具有质量事故的性质，但可针对工程的具体情况，通过分析论证，不需作专门处理，但要记录在案。如混凝土蜂窝、麻面等缺陷，可通过涂抹、打磨等方式处理；由于欠挖或模板问题使结构断面被削弱，经设计复核验算，仍能满足承载要求的，也可不作处理。但必须记录在案，并有设计和监理单位的鉴定意见。

8.2.4 工程质量验收、质量评定方法

8.2.4.1 工程质量检查

质量检查是为掌握质量动态、发现质量隐患、对工程质量实行有效控制的重要手段，它贯穿于施工全过程。质量检验评定是在某一分项、分部或单位工程完成后进行的。质量检查以国家技术标准为尺度，目的是正确评价工程质量等级。

1. 质量检查内容

建筑工程质量检查主要依据施工图纸、施工说明书、技术交底，原材料、半成品、构件的质检标准和国家颁布的工程施工及验收规范、质量评定标准，对工程施工进行施工准备、施工过程和竣工验收阶段的质量检查。

（1）工程施工准备阶段的质量检查。主要内容是：对原材料、构配件、半成品的质量进行检查，主要是外形检查、物理和化学性能的检查以及力学性能检查；测量定位、地质条件、建筑物标高以及构配件放样部位的复查等。

（2）施工过程的质量检查。首先进行经常的施工质量教育和检查工作，对工程质量事故及时进行处理、纠正；其次做好工作面交接的质量检查，坚持不合格工序不能转入下一道工序；最后做好隐蔽工程的验收检查，做好检查记录。

（3）交工验收的检查。主要内容是施工过程质量的原始记录、技术档案以及竣工项目的外观检查、使用功能检查等。

2. 质量检查方法

根据检查主体、目的、对象的不同而采用不同的方法、手段、方式，一般有直观检查和仪器测试两类。直观检查主要通过看、摸、敲、照、靠、吊、量、套等方法，前4项为目测检查，后4项为实测检查。

8.2.4.2 工程质量评定

1. 质量评定的意义

工程质量评定，是依据国家或部门统一制定的现行标准和方法，对照具体施工项目的质量结果，确定其质量等级的过程。其意义在于统一评定标准和方法，正确反映工程的质量，使之具有可比性；同时也考核企业等级和技术水平，促进施工企业提高质量。

工程质量评定以单元工程质量评定为基础，其评定的先后次序是单元工程、分部工程和单位工程。

工程质量的评定在施工单位（承包商）自评的基础上，由建设（监理）单位复核，报政府质量监督机构核定。

2. 评定依据

（1）国家与有关行业规程、规范和技术标准。

（2）经批准的设计文件、施工图纸、设计修改通知、厂家提供的设备安装说明书及有关技术文件。

（3）工程合同采用的技术标准。

（4）工程试运行期间的试验及观测分析成果。

3. 质量评定

按照我国现行标准，分部、分项、单位工程质量评定等级划分为“优良”和“合格”

两个等级。按工程形成的先后顺序及先局部后全局的原则，先分项工程，再分部工程，后单位工程。

（1）分项工程质量评定标准。分项工程质量等级按《建筑安装工程质量检验评定标准》（TJ 301—74）进行。当分项工程质量达不到合格标准时，必须及时处理，其质量等级按如下确定：①全部返工重做的，可重新评定等级；②经加固补强并经过鉴定能达到设计要求，其质量只能评定为合格；③经鉴定达不到设计要求，但建设（监理）单位认为能基本满足安全和使用功能要求的，可不补强加固；或经加固补强后，改变外形尺寸或造成永久缺陷的，经建设（监理）单位认为能满足设计要求，其质量可按合格处理。

（2）分部工程质量评定标准。分部工程质量合格的条件是：①分项工程质量全部合格；②中间产品质量及原材料质量全部合格，金属结构及启闭机制造质量合格，机电产品质量合格。优良的条件是：①分项工程质量全部合格，其中有50%以上达到优良，主要分项工程，重要隐蔽工程及关键部位的单位工程质量优良，且未发生过质量事故；②中间产品质量及原材料质量全部合格，其中混凝土拌和物质量达到优良，原材料质量、金属结构质量合格。

（3）单位工程质量评定标准。单位工程质量合格的条件是：①分部工程质量全部合格；②中间产品质量及原材料质量全部合格；③外观质量得分率达70%以上；④施工质量检验资料基本齐全。优良的条件：①分部工程质量全部合格，其中有50%以上达到优良，主要分部工程质量优良，且未发生过重大的质量事故；②中间产品质量全部合格，其中混凝土拌和物质量、金属结构及启闭机制造质量合格，机电产品质量合格；③外观质量得分率达70%以上；④施工质量检验资料齐全。

8.3　安全管理计划

目前大多数施工单位基于《职业健康安全管理体系规范》（GB/T 28001）通过了职业健康安全管理体系的认证，建立了企业内部的安全管理体系。安全管理计划应在企业安全管理体系的框架内，针对项目的实际情况编制。

建筑施工安全事故（危害）通常分为7大类：高处坠落、机械伤害、物体打击、坍塌倒塌、火灾爆炸、触电、窒息中毒。安全管理计划应针对项目具体情况，建立安全管理组织，制定相应的管理目标、管理制度、管理控制措施和应急预案等。

8.3.1　概述

8.3.1.1　施工项目安全管理的范围

安全管理的中心问题，是保护生产活动中人的安全与健康，保证生产顺利进行。安全既包括人身安全，也包括财产安全。安全法规、安全技术和工业卫生是安全控制的三大主要措施。安全法规侧重于对劳动者的管理，安全技术侧重于劳动对象和劳动手段的管理，工业卫生侧重于环境的管理。具体地说宏观的安全管理包括：

（1）安全法规。侧重于政策、规程、条例、制度等形式的操作或管理行为，从而使劳动者的安全与身体健康得到应有的法律保障。

（2）安全技术。侧重于对“劳动手段和劳动对象”的管理。包括预防伤亡事故的工程

技术和安全技术规范、技术规定、标准、条例等，以规范物的状态，减少或消除对人对物的危害。

(3) 工业卫生。侧重于工业生产中高温、振动、噪音、毒物的管理。通过防护、医疗、保健等措施，防止劳动者的安全与健康受到有害因素的危害。

从生产管理的角度，安全管理可以概括为：在进行生产管理的同时，通过采用计划、组织、技术等手段，依据并适应生产中的人、物、环境因素的运动规律，使其积极方面能充分发挥，而又利于控制事故不致发生的一切管理活动。

8.3.1.2 安全管理应遵循的基本原则

1. 正确处理5种关系

(1) 安全与危险并存。安全与危险在同一事物的运动中是相互对立的，也是相互依存的。有危险才要进行安全管理。保持生产的安全状态，必须采取多种措施，以预防为主，危险因素就可以得到控制。

(2) 安全与生产的统一。安全是生产的客观要求。生产有了安全保障，才能持续稳定地进行。

(3) 安全与质量的包含。从广义上看，质量包含安全工作质量，安全概念也内含着质量，两者交互作用。

(4) 安全与速度的互保。安全与速度成正比例关系，速度应以安全作保障。

(5) 安全与效益的兼顾。安全技术措施的实施，定会改善劳动条件，调动职工积极性，提高工作效率，带来经济效益。

2. 6项基本原则

(1) 管生产同时管安全。安全管理是生产管理的重要组成部分。一切与生产有关的机构、人员，都必须参与安全管理并承担安全责任。

(2) 坚持安全管理的目的性。安全管理的目的是对生产中的人、物、环境因素状态的管理。只有有针对性地控制人的不安全行为和物的不安全状态，消除或避免事故，才能达到保护劳动者安全与健康的目的。

(3) 贯彻预防为主的方针。安全管理是在生产活动中，针对生产的特点，对生产因素采取鼓励措施，有效地控制不安全因素的发展与扩大，把可能发生的事故消灭在萌芽状态。

(4) 坚持“四全”动态管理。在生产过程中，坚持全员、全过程、全方位、全天候的动态安全管理。

(5) 安全管理重在控制。生产中对人的不安全行为和物的不安全状态进行控制，是动态安全管理的重点。

(6) 不断提高安全管理水平。

3. “三同时”与“五同时”

“三同时”指凡是我国境内新建、改建、扩建的基本建设工程项目、技术改造项目和引进的建设项目，其劳动安全卫生设施必须符合国家规定的标准，必须与主体工程同时设计、同时施工、同时投入生产和使用。

“五同时”是指企业的领导和主管部门在策划、布置、检查、总结、评价生产经营的时候，应同时策划、布置、检查、总结、评价安全工作。

4. “四不放过”

“四不放过”是指在调查处理工伤事故时，必须坚持事故原因分析不清不放过，员工及事故责任人受不到教育不放过，事故隐患不整改不放过，事故责任人不处理不放过的原则。

5. “三个同步”

“三个同步”是指安全生产与经济建设、企业深化改革、技术改造同步策划、同步发展、同步实施的原则。

6. 安全标识

安全标识是指在操作人员产生错误而造成事故的场所，为了确保安全，提醒操作人员注意所采用的一种特殊标识。根据国家有关标准，安全标识应由几何图形和图形符号构成。必要时，还需要补充一些文字说明与安全标识一起使用。国家规定的安全标识有红、蓝、黄、绿4种颜色，其含义是：红色表示禁止、停止；蓝色表示指令或者必须遵守的规定；黄色表示警告、注意；绿色表示提示、安全状态、通行。安全标识按用途可分为：禁止标识、警告标识、指示标识等三种。安全标识根据其使用目的的不同可分为：防火标识、禁止标识、危险标识、注意标识、救护标识、小心标识、放射性标识、方向标识、指示标识。

8.3.2　安全管理计划的产生原因

施工不安定因素包括人的不安全行为、物（机械、设备、材料等）的不安全状态、现场条件和社会条件等几个方面。

1. 人的不安全行为

人的不安全行为是人表现出来的与人的个性心理特征相违背的非正常行为。主要表现在施工人员身体条件的客观原因、施工人员主观方面的原因、施工人员缺乏教育的原因3个方面。

施工人员身体条件的客观原因主要指由于人的心理因素或生理因素方面的条件限制，所造成的行为错误。如疾病、职业病、精神失常、智商过低、紧张、烦躁、疲劳、易冲动、易兴奋、运动迟钝、对自然条件和其他环境过敏、不适应复杂和快速工作、应变能力差等。

施工人员主观方面的原因主要指由于需要实现某种个人目的，故意违反操作规程或有关施工技术要求，由此产生的安全事故。如嗜酒、吸毒、吸烟、赌博、玩耍、嬉闹、追逐、玩忽职守、有意违章、不按工艺规程或标准操作、不按规定使用防护用品等。

施工人员缺乏教育的原因是指现场施工的技术知识、防护知识、操作规程、自我保护意识，在施工生产过程中造成个人行为有偏差或错误而导致的安全事故。如在施工用电、用火、器具使用和机械操作等方面的行为不当等。

2. 物的不安全状态

在生产过程中发挥作用的机械、物料、生产对象以及其他生产要素统称为物。物都具有不同形式、性质的能量，有出现意外释放能量、引发事故的可能性。这就是物的不安全状态。物的不安全状态表现为两方面，即现场施工机械、设备处于不安全的状态，现场施

工用的各种材料因保管、堆放和使用方法不当。

3. 现场施工条件方面

现场施工条件是产生安全事故的重要因素，是造成人的行为障碍的重要原因之一。

(1) 现场施工的管理和组织条件。

(2) 现场自然条件及布置。

(3) 现场工程地质条件。

(4) 地区气候条件。

4. 社会条件及其他方面

社会条件及其他方面尽管不是造成施工安全事故的直接原因，但也是不可忽视的间接因素。

8.3.3 施工安全管理体系

8.3.3.1 建立安全管理体系的作用

(1) 职业安全卫生状况是经济发展和社会文明程度的反映。使所有劳动者获得安全与健康，是社会公正、安全、文明、健康发展的基本标志，也是保持社会安定团结和经济可持续发展的重要条件。

(2) 安全管理体系不同于安全卫生标准，它对企业环境的安全卫生状态规定了具体的要求和限定，通过科学管理应使工作环境符合安全卫生标准的要求。

(3) 安全管理体系是项目管理体系中的一个子系统，其循环也是整个管理系统循环的一个子系统。

8.3.3.2 建立安全管理体系的目标

(1) 尽力使员工面临的风险减少到最低限度，并最终实现预防和控制工伤事故、职业病及其他损失的目标。

(2) 通过实施《职业安全卫生管理体系》直接或间接获得经济效益。

(3) 实现以人为本的安全管理。

(4) 提升企业的品牌和形象，项目职业安全卫生是反映企业品牌的重要指标。

(5) 促进项目管理现代化。

(6) 增强对国家经济发展的能力。

8.3.3.3 建立安全管理体系的要求

1. 安全管理体系原则

(1) 安全生产管理体系应符合建筑企业和本工程项目施工生产管理现状及特点，使之符合安全生产法规的要求。

(2) 建立安全管理体系并形成文件，文件应包括安全计划，企业制定的各类安全管理标准，相关的国家、行业、地方法律和法规文件、各类记录，报表和台账。

2. 安全生产策划

针对工程项目的规模、结构、环境、技术含量、施工风险和资源配置等因素进行安全生产策划，策划内容包括：

(1) 配置必要的设施、装备和专业人员，确定控制和检查的手段、措施。

(2) 确定整个施工过程中应执行的文件、规范。

（3）冬季、雨季、雪天和夜间施工安全技术措施及夏季的防暑降温工作。

（4）确定危险部位和过程，对风险大和专业性较强的工程项目进行安全论证。同时采取相适应的安全技术措施，并得到有关部门的批准。

8.3.3.4　安全生产保证体系

1. 安全保证体系

项目部成立以项目经理为首的安全领导小组，安全管理部门负责人全面负责安全工作，下设专职安全员和兼职安全员。

2. 安全生产目标

安全生产目标是：杜绝因工死亡事故，不发生重大施工、交通和火灾事故，力争实现零事故。

3. 安全人员职责和权限

对与安全的有关管理、执行和检查、监督部门和人员，应明确其职责、权限和相互关系。安全体系应有机地分配到相关职能部门（或岗位），健全安全生产责任制，并形成文件。

8.3.4　施工安全管理计划措施

8.3.4.1　施工安全技术措施编制要求

（1）要在工程开工前编制，并经过审批。

（2）要有针对性。施工安全技术措施是针对每项工程特点而制定的，编制安全技术措施的技术人员必须掌握工程概况、施工方法、施工环境、施工条件等第一手资料，并熟悉安全法规、标准等才能编写有针对性的安全技术措施。

（3）要考虑全面、具体。

（4）要有操作性。对大型工程，除必须在施工项目管理规划中编制施工安全技术总体措施外，还应编制单位工程或分部分项工程安全技术措施，详细地制定出有关安全方面的防护要求和措施，确保该单位工程或分部分项工程的安全施工。

8.3.4.2　施工安全技术措施的主要内容

1. 安全保证措施

（1）明确安全责任。针对各工种的特点和施工条件，建立健全施工安全管理制度和安全操作规程，要求各级安全员忠于职守，本着对工程高度负责的责任心，对一切违反规定的劳动和违章行为，要坚持原则，及时纠正。

（2）做好安全技术交底工作。各项施工方案、施工工序在付诸实施前，工程师和专职安全员必须事先做好技术交底，强化职工安全保护意识，杜绝违章。特别对于易燃易爆材料，在施工前制定详尽的安全防护措施，确保施工安全。

（3）建立安全生产设施管理制度和劳保用具发放制度，确保工程设施、设备、人员的安全。定期或不定期地对安全生产设施进行检查，发现问题及时进行处理，配备劳保用具和必要的安全生产设施。

（4）密切与业主、当地政府之间的协调联系，及时贯彻执行下达的文件、批示。

2. 施工现场安全措施

（1）施工现场的布置应符合防火、防触电、防雷击等安全规定的要求，现场的生产、

生活用房、仓库、材料堆放场、修配间、停车场等临时设施，按监理工程师批准的总平面布置图进行统一部署。

(2) 施工场区内的地坪、道路、仓库、加工场、水泥堆放场四周采用砂或碎石进行场地硬化，危险地点悬挂警示灯或警告牌，工作坑设防护围栏和明显的红灯警示，并在醒目的地方设置固定的大幅安全标语及各种安全操作规程牌。

(3) 现场实行安全责任人负责制，具体制定各项安全施工规则，检查施工执行情况，对职工进行安全教育，组织有关人员学习安全防护知识，并进行安全作业考试，考试合格的职工才具备进入施工作业面作业的资格。

(4) 重视业主和设计提供的气象资料和水文资料，做好抗灾和防洪工作。

(5) 定期举行安全会议，适时分析安全工作形势，由项目经理部成员，工区责任人和安全员参加，并做好记录。各作业班组在班前班后对该班的安全作业情况进行检查和总结，并及时处理安全作业中存在的问题。建立和保留有关人员福利、健康和安全的记录档案。

(6) 加强安全检查，建立专门安全监督岗，实行安全生产承包责任制。在各自业务范围内，对应实现的安全生产负全责。遇有特别紧急的事故征兆时，停止施工，采取措施确保人员、设备和工程结构安全。

(7) 施工现场的生产、生活区按《中华人民共和国消防法》有关规定，配备一定数量常规的消防器材，明确消防责任人，并定期按要求进行防火安全检查，及时消除火灾隐患。

(8) 住房、库棚、修理间等消防安全距离应符合《中华人民共和国消防法》有关规定，严禁在室内存放易燃、易爆、有毒等危险品。

(9) 氧气瓶不得沾染油脂，乙炔瓶应安装防回火安全装置，氧气瓶与乙炔瓶必须隔离存放，隔离存放的距离应符合有关安全规定的要求。

(10) 现场工作人员应佩戴统一的安全帽，高空作业人员应系好安全带。

(11) 现场临时用电，严格按《施工现场临时用电安全技术规范》(JGJ 46—2005) 中有关的规定办理。

(12) 施工现场和生活区应设置足够的照明，其照明度应不低于国家有关规定。对于夜间施工或特殊场所照明应充足、均匀，在潮湿和易触、带电场所的照明供电电压不应大于 36V。

8.3.5 安全事故处理

8.3.5.1 伤亡事故的分类

1. 工伤事故的概念

工伤事故即因工伤亡事故，是因生产和工作发生的伤亡事故。国务院《工人职工伤亡事故报告规程》中指出，企业对于工人职员在生产区域中所发生的和生产有关的伤亡事故（包括急性中毒）必须按规定进行调查、登记统计和报告。当前伤亡事故统计中除职工外还包括民工、临时工能参加生产劳动的学生、教师、干部。

2. 伤亡事故的分类

按伤亡程度及严重程度可划为以下 7 类：①轻伤；②重伤事故；③多人事故；④急性

中毒；⑤重大伤亡事故；⑥多人重大伤亡事故；⑦特大伤亡事故。

8.3.5.2 预防事故的措施

（1）改进生产工艺，实现机械化、自动化施工。

（2）设置安全装置，包括防护装置、保险装置、信号装置、危险警示。

（3）预防性的机械强度实验和电气绝缘检验。

（4）机械设备的保养和有计划的检修。

（5）文明施工。

（6）正确使用劳动保护用品。

（7）强化民主管理，认真执行操作规程，普及安全技术知识教育。

8.3.5.3 伤亡事故的处理程序

发生伤亡事故后，负伤人员或最先发现事故的人应立即报告领导。安全技术人员根据事故的严重程度及现场情况立即上报上级业务部门，并及时填写伤亡事故表上报企业。企业发生重伤和重大伤亡事故，必须立即将事故概况，用最快的办法分别报告企业主管部门、行业安全管理部门和当地劳动部门、公安部门、检察院及工会。发生重大伤亡事故，各有关部门接到报告后应立即转告各自的上级管理部门。其处理程序如下：

（1）迅速抢救伤员、保护好事故现场。

（2）组织调查组。轻伤、重伤事故，由企业负责人或其指定人员组织生产、技术、安全等部门及工会组成事故调查组，进行调查；伤亡事故，由企业主管部门会同同级行政安全管理部门、公安部门、监察部门、工会组成事故调查组，进行调查。死亡和重大死亡事故调查组应邀请人民检察院参加，还可邀请有关专业技术人员参加，与发生事故有直接利害关系的人员不得参加调查组。

（3）现场勘察。主要内容有：

1）做好笔录。包括发生事故的时间、地点、气象等；现场勘察人员的姓名、单位、职务；现场勘察起止时间、勘察过程；能量逸散所造成的破坏情况、状态、程度；设施设备损坏情况及事故发生前后的位置；事故发生前的劳动组合，现场人员的具体位置和行动；重要物证的特征、位置及检验情况等。

2）实物拍照。包括方位拍照，反映事故现场周围环境中的位置；全面拍照，反映事故现场各部位之间的联系；中心拍照，反映事故现场中心情况；细目拍照，提示事故直接原因的痕迹物、致害物；人体拍照，反映伤亡者主要受伤和造成伤害的部位。

3）现场绘图。根据事故的类别和规模以及调查工作的需要应绘制：建筑物平面图、剖面图；事故发生进人员位置及疏散图；破坏物立体图或展开图；涉及范围图；设备或工、器具构造图等。

（4）分析事故原因、确定事故性质。分析的步骤和要求是：

1）通过详细的调查，查明事故发生的经过。

2）整理和仔细阅读调查资料，对受伤部位、受伤性质、起因物、致害物、伤害方法、不安全行为和不安全状态等7项内容进行分析。

3）根据调查所确认的事实，从直接原因入手，逐渐深入到间接原因。通过对原因的

分析，确定出事故的直接责任者和领导责任者，根据在事故发生中的作用，找出主要责任者。

4）确定事故的性质。如责任事故、非责任事故或破坏性事故。

5）根据事故发生的原因，找出防止发生类似事故的具体措施，并应定人、定时间、定标准，完成措施的全部内容。

（5）写出事故调查报告。事故调查组应着重把事故发生的经过、原因、责任分析和处理意见以及本次事故的教训和改进工作的建议等写成报告，以调查组全体人员签字后报批。

（6）事故的审理和结案。建设部对事故的审批和结案有以下几点要求：

1）事故调查处理结论，应经有关机关审批后，方可结案。伤亡事故处理工作应当在90日内结案，特殊情况不得超过180日。

2）事故案件的审批权限，同企业的隶属关系及人事管理权限一致。

3）对事故责任人的处理，应根据其情节轻重的损失大小，谁有责任，主要责任，次要责任，重要责任，一般责任，还是领导责任等，按规定给予处分。

4）要把事故调查处理的文件、图纸、照片、资料等记录长期完整地保存起来。

8.3.5.4 安全教育与培训

1. 安全教育培训的内容

（1）安全知识教育。使操作者了解、掌握生产操作过程中潜在的危险因素及防范措施。

（2）安全技能训练。使操作者逐渐掌握安全操作技能，获得完善化、自动化的行为方式，减少操作中的失误现象。

（3）安全意识教育。激励操作者自觉实行安全技能。

2. 安全教育培训的形式

（1）新工人入场前应进行安全教育。

（2）结合施工项目的变化，适时进行安全知识教育。

（3）结合生产组织安全技能训练。

（4）随安全生产形势的变化，确定阶段教育内容。

（5）受季节、自然变化的影响时，针对由于这种变化而出现生产环境作业条件的变化进行教育。

（6）采用新技术，使用新设备、新材料，推行新工艺之前，应对有关人员进行安全知识、技能、意识的全面安全教育。

8.4 环境管理计划

施工现场环境管理越来越受到建设单位和社会各界的重视，同时各地方政府也不断出台新的环境监管措施，环境管理计划已成为施工组织设计的重要组成部分。对于通过了环境管理体系认证的施工单位，环境管理计划应在企业环境管理体系的框架内，针对项目的实际情况编制。

8.4.1 环境管理计划的因素

一般来讲，建筑工程常见的环境因素包括如下内容：①大气污染；②垃圾污染；③建筑施工中建筑机械发出的噪声和强烈的振动；④光污染；⑤放射性污染；⑥生产、生活污水排放。

应根据建筑工程各阶段的特点，依据分部（分项）工程进行环境因素的识别和评价，并制定相应的管理目标、控制措施和应急预案等。

8.4.2 环境管理计划的内容

环境管理计划具体内容包括：①环境管理目标；②建立环境管理组织机构，明确环境管理职责和权限；③辨识重大环境因素；④环境保护资源配置计划；⑤制定环境管理规章制度；⑥施工环境保证措施。

8.4.3 工程环境保护的要求

1. 建筑工程环境保护的概念和意义

按照法律法规、各级主管部门和企业的要求，保护和改善作业现场的环境，控制现场的各种粉尘、废水、废气、固体废弃物、噪声、振动等对环境的污染和危害。

建筑工程环境保护的意义有以下几方面。

（1）建筑工程环境保护是保证人们身体健康和社会文明的需要。采取专项措施防止粉尘、噪声和水源污染，保护好作业现场及其周围的环境。

（2）建筑工程环境保护是保证职工和相关人员身体健康、体现社会总体文明的一项利国利民的重要工作；是消除对外干扰从而保证施工顺利进行的需要。随着人们的法制观念和自我保护意识的增强，尤其在城市中，施工扰民问题反映突出，应及时采取防治措施，减少对环境的污染和对市民的干扰，也是施工生产顺利进行的基本条件。

（3）保护和改善施工环境是现代化大生产的客观要求。现代化施工广泛应用新设备、新技术、新的生产工艺，对环境质量要求很高，如果粉尘、振动超标就可能损坏设备、影响功能发挥，使设备难以发挥作用。

（4）建筑工程环境保护是节约能源、保护人类生存环境、保证社会和企业可持续发展的需要。人类社会即将面临环境污染和能源危机的挑战。为了保护子孙后代赖以生存的环境条件，每个公民和企业都有责任和义务来保护环境。良好的环境和生存条件，也是企业发展的基础和动力。

2. 建筑工程环境保护的要求

建筑工程环境保护应该按照国家有关法律和地方政府及有关部门的要求，认真抓好落实，主要包括以下几个方面：

（1）建筑工程施工必须保护环境和自然资源，防止污染和其他公害。

（2）建筑工程要积极采用无污染或少污染环境的新工艺、新技术、新产品。

（3）加强企业管理，“三废”的治理和排放应严格执行国家标准。

（4）建筑工程的烟尘和有害气体排放要达到国家标准。

（5）降低噪声和震动的影响，做好有害气体和粉尘的净化回收。

（6）按照建设部《建筑工程施工现场管理规定》对环境保护的具体要求，抓好建筑工

程的环境保护工作。

8.4.4 建设工程环境保护的措施

8.4.4.1 大气污染的防治

1. 大气污染的防治措施

大气污染的防治措施主要针对粒子状态污染物和气体状态污染物进行治理。主要方法如下：

（1）除尘技术。在施工现场安装除去或收集固态或液态粒子的除尘设备，工地其他粉尘可用遮盖、淋水等措施防治。

（2）气态污染物治理技术。大气中气态污染物的治理技术主要有以下几种方法：

1）吸收法：选用合适的吸收剂，可吸收空气中的SO_2、H_2S、HF等。

2）吸附法：让气体混合物与多孔性固体接触，把混合物中的某个组分吸留在固体表面。

3）催化剂：利用催化剂把气体中的有害物质转化为无害物质。

4）燃烧法：是通过热氧化作用，将废气中的可燃有害部分，化为无害物质的方法。

5）冷凝法：是处于气态的污染物冷凝，从气体分离出来的方法，该法特别适合处理较高浓度的有机废气。

6）生物法：利用微生物的代谢活动过程把废气中的气态污染物转化为少害甚至无害的物质。

2. 施工现场空气污染的防治措施

（1）施工现场垃圾渣土要及时清理出现场。

（2）高大建筑物清理施工垃圾时，要使用封闭式的容器或者采取其他措施处理高空废弃物，严禁凌空随意抛撒。

（3）施工现场道路应指定专人定期洒水清扫，形成制度，防止道路扬尘。

（4）对于细颗粒散体材料（如水泥、粉煤灰、白灰等）的运输、储存要注意遮盖、密封，防止和减少飞扬，减少对周围环境的污染。

（5）车辆开出工地要做到不带泥沙，基本做到不洒土、不扬尘，减少对周围环境的污染。

（6）除设有符合规定的装置外，禁止在施工现场焚烧油毡、橡胶、塑料、皮革、树叶、枯草，各种包装物等废弃物品以及其他会产生有毒、有害烟尘和恶臭气体的物质。

（7）机动车都要安装减少尾气排放的装置，确保符合国家标准。

（8）工地茶炉应尽量采用电热水器。若只能使用烧煤茶炉和锅炉时，应选用消烟除尘型茶炉和锅炉，大灶应选用消烟节能回风炉灶，使烟尘降至允许排放的范围。

（9）大城市市区的建设工程已不容许搅拌混凝土。在容许设置搅拌站的工地，应将搅拌站封闭严密，并在进料仓上方安装除尘装置，采用可靠措施控制工地粉尘污染。

（10）拆除旧建筑物时，应适当洒水，防止扬尘。

8.4.4.2 水污染的防治

1. 水污染物主要来源

（1）工业污染源。指各种工业废水向自然水体的排放。

（2）生活污染源。主要有食物废渣、食油、粪便、合成洗涤剂、杀虫剂、病原微生物等。

（3）农业污染源。主要有化肥、农药等。施工现场废水和固体废物随水流流入水体部分，包括泥浆、水泥、油漆、各种油类，混凝土外加剂、重金属、酸碱盐、非金属无机毒物等。

2. 废水处理技术

废水处理的目的是把废水中所含的有害物质清理分离出来。废水处理可分为化学法、物理法，物理化学法和生物法。

（1）物理法。利用筛滤、沉淀等方法。

（2）化学法。利用化学反应来分离、分解污染物，或使其转化为无害物质的处理方法。

（3）物理化学法。主要有吸附法、反渗透法、电渗析法。

（4）生物法。生物处理法是利用微生物新陈代谢功能，将废水中成溶解和胶体状态的有机污染降解，并转化为无害物质，使水得到净化，防止污染。

3. 施工过程水污染的防治措施

（1）禁止将有毒有害废弃物作土方回填。

（2）施工现场搅拌站废水，必须经沉淀池沉淀合格后再排放，最好将沉淀水用于工地洒水降尘或采取措施回收利用。

（3）现场存放油料，必须对库房地面进行防渗处理。

（4）施工现场临时食堂，污水排放时可设置简易有效的隔油池，定期清理，防止污染。

（5）工地临时厕所、化粪池应采取防渗漏措施。

（6）化学用品、外加剂等要妥善保管，库内存放，防止污染环境。

8.4.4.3 施工现场的噪声控制

1. 噪声的概念

声音是由物体振动产生的，当频率为 20～20000Hz 时，作用于人的耳鼓膜而产生的感觉称之为声音。由声构成的环境称为“声环境”。当环境中的声音对人类、动物及自然物没有产生不良影响时，就是一种正常的物理现象。相反，对人的生活和工作造成不良影响的声音就称之为噪声。

2. 噪声的分类

噪声按照振动性质可分为气体动力噪声、机械噪声、电磁性噪声。

按噪声来源可分为交通噪声（如汽车、火车、飞机等）、工业噪声（如鼓风机、冲压设备等）、建筑施工噪声（如打桩机、推土机、混凝土搅拌机等发出的噪声）、社会生活噪声（如高音喇叭、收音机等）。

3. 噪声的危害

噪声是影响与危害非常广泛的环境污染问题。噪声环境可以干扰人的睡眠与工作、影响人的心理状态与情绪，造成人的听力损失，甚至引起许多疾病。此外噪声时人们的对话干扰也是相当大的。

4. 施工现场噪声的控制措施

噪声控制技术可从声源、传播途径、接收者防护等方面来考虑。

(1) 声源控制。从声源上降低噪声，这是防止噪声污染的最根本的措施。主要方法是：①尽量采用低噪声设备和工艺代替高噪声设备与加工工艺；②在声源处安装消声器消声。

(2) 传播途径控制。主要方法有：①吸声；②隔声；③消声；④减震降噪。

(3) 接收者的防护。让处于噪声环境的人员使用耳塞、耳罩等防护用品，减少相关人员在噪声环境中的暴露时间，以减少噪声对人体的危害。

(4) 严格控制人为噪声。进入施工现场不得高声喊叫、无故甩打模板，限制高音喇叭的使用，最大限度地减少噪声扰民。

(5) 控制强噪声作业时间。

8.4.4.4 固体废物的处理

1. 建筑工地上常见的固体废物

固体废物是生产、建设、日常生活和其他活动中产生的固态、半固态废弃物质。固体废物是一个极其复杂的废物体系。按照其化学组成可分为有机废物和无机废物；按照其对环境和人类健康的危害程度可以分为一般废物和危险废物。

施工工地上常见的固体废物有建筑渣土（包括砖瓦、碎石、渣土、混凝土碎块、废钢铁、碎玻璃、废屑、废弃装饰材料等）、废弃的散装建筑材料（包括散装水泥、石灰等）、生活垃圾（包括炊厨废物、丢弃食品、废纸、生活用具、玻璃、陶瓷碎片、废电池、废旧日用品、煤灰渣、废交通工具等）、设备材料等的废弃包装材料。

2. 固体废物对环境的危害

固体废物对环境的危害是全方位的。主要表现在以下几个方面：

(1) 侵占土地。由于固体废物的堆放，可直接破坏土地和植被。

(2) 污染土壤。固体废物的堆放中，有害成分易污染土壤，并在土壤中发生积累，给作物生长带来危害。

(3) 污染水体。固体废物遇水浸泡、溶解后，其有害成分随地表径流或土壤渗流污染地下水和地表水。

(4) 污染大气。以细颗粒状存在的废渣垃圾和建筑材料在堆放和运输过程中，会随风扩散，使大气中悬浮的灰尘废弃物提高等，固体废物在焚烧等处理过程中，可能产生有害气体造成大气污染。

(5) 影响环境卫生。固体废物的大量堆放，会招致蚊蝇孳生，臭味四溢，严重影响工地以及周围环境卫生，对员工及附近居民的健康造成危害。

3. 固体废物的处理和处置

固体废物处理的基本思想是采取资源化、减量化和无害化的处理，对固体废物产生的全过程进行控制。主要处理方法有：

(1) 回收利用。是对固体废物进行资源化、减量化的重要手段之一。

(2) 减量化处理。是对已经产生的固体废物进行分筛、破碎、压实浓缩、脱水等减少其最终处置量，以降低处理成本，减少对环境的污染。

（3）焚烧技术。用于不适合再利用且不宜直接予以填埋处置的废物，焚烧处理应使用符合环境要求的处理装置，注意避免对大气的二次污染。

（4）稳定和固化技术。利用水泥、沥青等胶结材料，将松散的废物包裹起来，减少废物毒性和可迁移性，使得污染减少。

（5）填埋。是固体废物处理的最终技术，经过无害化、减量化处理的废物残渣集中到填埋处进行处置。

8.5 成本管理计划

成本管理和其他施工目标管理类似，开始于确定目标，继而进行目标分解，组织人员配备，落实相关管理制度和措施，并在实施过程中进行纠偏，以实现预定的目标。

成本管理是与进度管理、质量管理、安全管理和环境管理等同时进行的，是针对整体施工目标系统所实施的管理活动的一个组成部分。在成本管理中，要协调好与进度、质量、安全和环境等的关系，不能片面强调成本节约。

8.5.1 施工成本的含义

成本是一个价值范畴，它同价值有着密切联系，它是指建筑企业以施工项目作为成本核算对象，在现场施工过程中所消耗的生产资料转移价值和劳动者的必要劳动所创造价值的货币形式。其实质是生产产品所消耗物化劳动的转移价值和相当于工资那一部分活劳动所创造价值的货币表现。所以施工项目成本是指建筑企业以施工项目成本核算对象的施工过程中所耗费的生产资料转移价值和劳动者的必要劳动所创造的价值的货币形式，也就是某施工项目在施工中所发生的全部生产费用的总和，包括所消耗的主、辅材料，构配件，周转材料的摊销或租赁费，施工机械的台班费或租赁费，支付给生产工人的工资、奖金以及项目经理部以及为组织和管理工程施工所发生的全部费用支出。施工项目成本不包括劳动者为社会所创造的价值（如税金和企业利润），也不包括不构成施工项目价值的一切非生产性支出。

施工项目成本是施工企业的产品成本，亦称工程成本，一般以项目的单位工程作为成本核算对象，通过各单位工程成本核算的综合来反映施工项目成本。

根据建筑产品的特点和成本管理的要求，施工项目成本可按不同的标准的应用范围进行划分。

（1）按成本计价的定额标准分，施工项目成本可分为预算成本、计划成本和实际成本。

1）预算成本，是建筑安装工程实物量和国家或地区或企业制定的预算定额及取费标准计算的社会平均成本，是以施工图预算为基础进行分析、预测、归集和计算确定的。预算包括直接成本和间接成本，是控制成本支出、衡量和考核项目实际成本节约或超支出的重要尺度。

2）计划成本，是指预算成本的基础上，根据企业自身的要求，结合施工项目的技术特征、自然地理特征、劳动力素质、设备情况等确定的标准成本，亦称目标成本。计划成本是控制施工项目成本支出的标准，也是成本管理的目标。

3）实际成本，是工程项目在施工过程中实际发生的可以列入成本支出的各项费用的总和。是工程项目施工活动中劳动耗费的综合反映。

（2）按计算项目成本对象分，施工项目成本可分为建设工程成本、单项工程成本、单位工程成本、分部工程成本和分项工程成本。

（3）按工程完成程度的不同分，施工项目成本可分为本期施工成本、已完成施工成本、未完成工程成本和竣工施工工程成本。

（4）按生产费用与工程量关系来划分，施工项目成本可分为固定成本和变动成本。

1）固定成本，是指在一定的期间和一定的工程量范围内，其发生的成本额不受工程量增减变动的影响而相对固定的成本。如折旧费、大修理费、管理人员工资、办公费等。所谓固定，指其总额而言，关于分配到每个项目单位工程量上的固定费用则是变动的。

2）变动成本，是指发生总额随着工程量的增减变动而成正比例变动的费用，如直接用于工程的材料费、实行计划工资制的人工费等。所谓变动，也是就其总额而言，对于单位分项工程上的变动费用往往是不变的。

将施工过程中发生的全部费用划分为固定成本和变动成本，对于成本管理和成本决策具有重要作用。它是成本控制的前提条件。由于固定成本是维持生产能力所必需的费用，要降低单位工程量的固定费用，只有通过提高劳动生产率，增加企业总工程量数额并降低固定成本的绝对值入手，降低成本只能是从降低单位分项工程的消耗定额入手。

（5）按成本的经济性质，施工项目成本由直接成本和间接成本组成。

1）直接成本。直接成本是指施工过程中直接耗费并构成工程实体或有助于工程形成的各项支出，包括人工费、材料费、机械使用费和其他直接费，所谓其他直接费是指施工过程中发生的其他费用，包括冬雨季施工增加费、特殊地区施工增加费、夜间施工增加费、小型临时设施摊销费及其他。

2）间接成本。间接成本是指企业的各项目经理部为施工准备、组织和管理施工生产所发生的全部施工间接费支出。施工项目间接成本应包括：施工现场管理人员的人工费、教育费、办公费、差旅费、固定资产使用费、管理工具用具使用费、保险费、工程保修费、劳动保护费、施工队伍调遣费、流动资金贷款利息以及其他费用等。

8.5.2 施工成本管理的内容

施工项目成本管理是指在保证满足工程质量、工程施工工期的前提下，对项目实施过程中所发生的费用，通过计划、组织、控制和协调等活动实现预定的成本目标，并尽可能地降低施工项目成本费用的一种科学管理活动。主要通过施工技术、施工工艺、施工组织管理、合同管理和经济手段等活动来最终达到施工项目成本控制的预定目标，获得最大限度的经济利益。要达到这一目标，必须认真做好以下几项工作：

（1）搞好成本预测，确定成本控制目标。要结合中标价，根据项目施工条件、机械设备、人员素质等情况对项目的成本目标进行科学预测，通过预测确定工、料、机及间接费的控制标准，制定出费用限额控制方案，依据投入和产出费用额，做到量效挂钩。

（2）围绕成本目标，确立成本控制原则。施工项目成本控制是在实施过程中对资源的投入，施工过程及成果进行监督、检查和衡量，并采取措施保证项目成本实现。搞好成本控制就必须把握好5项原则：项目全面控制原则，成本最低化原则，项目责、权、利相结合原则，项目动态控制原则，项目目标控制原则。

（3）查找有效途径，实现成本控制目标。为了有效降低项目成本，必须采取以下办法和措施进行控制：采取组织措施控制工程成本；采取新技术、新材料、新工艺措施控制工程成本；采取经济措施控制工程成本；加大质量管理力度；控制返工率控制工程成本；加强合同管理力度，控制工程成本。

除此之外，在项目成本管理工作中，应及时制定落实相配套的各项行之有效的管理制度，将成本目标层层分解，签订项目成本目标管理责任书，并与经济利益挂钩，奖罚分明，强化全员项目成本控制意识，落实完善各项定额，定期召开经济活动分析会，及时总结、不断完善、最大限度确保项目经营管理工作的良性运作。

施工项目成本管理是施工企业项目管理中的一个子系统，具体包括预测、决策、计划、控制、核算、分析和考核等一系列工作环节。

（1）施工项目成本预测。施工项目成本预测是对施工项目未来水平及其发展趋势所作的描述与判断。是施工项目成本管理的第一个工作环节，是进行成本决策和编制成本计划的基础。

（2）施工项目成本决策。施工项目成本决策是对项目施工生产活动与成本相关的总和作出判断和选择。其实质就是工程项目实施前对成本进行核算，是降低项目成本、提高经济效益的有效途径。

（3）施工项目成本计划。施工项目成本计划是以施工生产计划和有关资料为基础，对计划工期施工项目的成本水平所作的筹划，是对施工项目制定的成本管理目标，是项目全面计划管理的核心，是优化和实现项目目标成本的依据。

（4）施工项目成本控制。施工项目成本控制是在满足工程承包条款要求的前提下，根据施工项目的成本计划，对项目施工过程中所发生的各种费用支出，采取一系列的措施来进行严格的监督和控制，及时纠正偏差，总结经验，保证施工项目成本目标的实现。

（5）施工项目成本核算。施工项目成本核算是利用会计核算体系，对项目施工过程中所发生的各种消耗进行记录、分类，并采用适当的成本计算方法，计算出各个成本核算的总成本和单位成本的过程。施工项目成本核算是施工项目成本管理中最基础的工作，是施工项目制定成本计划和实行成本控制所需数据的重要来源，是施工项目进行成本分析和成本考核的基本依据。

（6）施工项目成本分析。施工项目成本分析是以会计核算提供的成本信息为依据，按照一定的程序，运用专门科学的方法，对成本计算（预算）的执行过程、结果和原因进行研究，寻找降低或纠正成本偏差的过程。

（7）施工项目成本考核。施工项目成本考核是施工项目完成后，对施工项目成本形成的各种单位成本的成绩或失误所进行的总结和评价，是实现成本目标责任制的保证和实现决策目标的重要手段。

施工项目成本管理其实质是从成本估算开始，经编制成本计划，采取降低成本的措施，进行成本控制，直到成本核算与分析为止的一系列管理工作步骤。

8.5.3 施工成本的组成

1. 直接成本

直接成本是指施工过程中直接耗费并构成工程实体或有助于工程形成的各项支出，其中包括人工费、材料费、机械使用费和其他直接费用。

（1）人工费是指直接从事建筑安装工程施工的生产工人开支的各项费用，它包括基本工资、工资性补贴、生产工人辅助工资、职工福利费及劳动保护费等。

（2）材料费是指施工过程中耗用并构成工程实体的原材料、辅助材料、构配件、零件及半成品的费用和周转使用材料的摊销费用，包括材料原价、销售部门手续费、包装费、材料自来源地运至工地仓库或指定堆放地点的装卸费、运输费、采购及保管费。

（3）施工机械使用费是指使用自有施工机械作业所发生的机械使用费和租用外单位的施工机械租赁费，以及机械安装、拆卸和进出场费用。其包括：折旧费、大修费、安拆费及场外运输费、燃料动力费、人工费以及运输机械养路费、车船使用税和保险费等。

（4）其他直接费是指直接费以外施工过程中发生的其他费用，其内容有：冬、雨季施工增加费，夜间施工增加费，材料二次搬运费，仪器、仪表使用费，生产工具、用具的使用费，检验试验费，特殊工种培训费，工程定位复测、场地清理等费用，临时设施摊销费等。

2. 间接成本

间接成本是指项目部为施工准备、组织和管理施工生产所发生的全部施工间接支出费用。其内容有：现场项目管理人员的基本工资、奖金、工资性补贴、职工福利和劳动保护费、办公费、差旅交通费、固定资产使用费、工具及用具使用费、保险费、工程保修费、工程排污费以及其他费用等。

8.5.4 施工现场成本控制

各企业在施工现场采用的成本控制方法各有特色，在现场施工中也各显其能，但方法的使用只是手段，目的只有一个，那就是要求工程项目的施工工序必须符合客观规律并有效地控制好施工现场成本，以保证目标成本的实现。

8.5.4.1 施工项目成本控制的内容

施工现场成本控制的内容按工程项目施工的时间顺序，通常可以划分为如下 3 个阶段：计划准备阶段、施工执行阶段和检查总结阶段。各个阶段可按时间发生的顺序，进行循环控制。

1. 计划准备阶段

计划准备控制又称事前控制，是指在现场施工前，对影响成本支出的有关因素进行详细分析和计划，建立组织、技术和经济上的定额成本支出标准和岗位责任制，以保证完成施工现场成本计划和实现目标成本。

2. 过程控制

过程控制又称事中控制，是在开工后的工程施工的全过程中，对工程进行成本控制，它通过对成本形成的内容和偏离成本的目标的差异进行控制，以达到控制整个工程成本的目的，也是工程成本支出的决定性阶段。

3. 反馈控制

反馈控制又称事后控制，在施工现场工完料清之后，必须对已建工程项目的总实际成本支出及计划完成情况进行全面核算，对偏差情况进行综合分析，对完成工程的盈余情况、经验和教训加以概括和总结，才能有效地分清责任，形成成本控制档案，为后续工程提供服务。

8.5.4.2 施工项目成本控制方法

1. 以施工图预算控制成本支出

在施工项目的成本控制中，可按施工图预算，实行“以收定支”，或者叫“量入为出”，是最有效的方法之一。具体的实施办法如下：

(1) 人工费的控制。假定预算定额规定的人工费单价为a元，合同规定人工费补贴是b元/工日，则人工费的预算收入为$(a+b)$元/工日。在这种情况下，项目经理部与施工队签订劳务合同时，应该将人工费单价定在$(a+b)$元以下，其余部分考虑用于定额外人工费和关键工序的奖励费。如此安排，人工费就不会超支，而且还留有余地，以备关键工序的不时之需。

(2) 材料费的控制。在实行按“量价分离”方法计算工程造价的条件下，水泥、钢材、木材等三材的价格随行就市，实行高进高出。在对材料成本进行控制的过程中，首先要以上述预算价格来控制地方材料的采购成本；至于材料消耗数量的控制，则应通过“限额领料单”去落实。由于材料市场价格变动频繁，往往会发生预算价格与市场价格严重背离而使采购成本失去控制的情况。因此，项目材料管理人员有必要经常关注材料市场价格的变动，并积累系统翔实的市场信息，如遇材料价格大幅度上涨，可向工程造价管理部门反映，同时争取建设单位（甲方）的补贴。

(3) 钢管脚手架和模板等周转设备使用费的控制。施工图预算中的周转设备使用费＝耗用数×市场价格，而实际发生的周转设备使用费＝使用数×企业内部的租赁单价或摊销率。由于两者的计量基础和计价方法各不相同，只能以周转设备预算收费的总量来控制实际发生的周转设备使用费的总量。

(4) 施工机械使用费的控制。施工图预算中的机械使用费＝工程量×定额量×定额。由于项目施工的特殊性，实际的机械利用率不可能达到预算定额的取值水平，再加上预算定额所设定的施工机械原值和折旧率又有较大的滞后性，因而使施工图预算的机械使用费往往小于实际发生的机械使用费，形成机械使用费超支。在施工过程中要严格管理，尽量控制机械费支出。

(5) 构件加工和分包工程费的控制。在签订构件加工费和分包工程经济合同的时候，特别要坚持“以施工图预算控制合同金额”的原则，绝不允许合同金额超过施工图预算。

2. 以施工预算控制人力资源和物质资源的消耗

资源消耗数量的货币表现就是成本费用。因此，资源消耗的减少，就等于成本费用的节约；控制了资源消耗，也等于是控制了成本费用。

施工预算控制资源消耗的实施步骤和方法如下：

(1) 项目开工以前，应根据设计图纸计算工程量，并按照企业定额或上级统一规定的施工预算定额编制整个工程项目的施工预算，作为指导和管理施工的依据。在施工过程

中，如遇工程变更或改变施工方法，应由预算员对施工预算作统一调整和补充，其他人不得任意修改施工预算，或故意不执行施工预算。施工预算对分部分项工程的划分，原则上应与施工工序相吻合，或直接使用施工作业计划的“分项工程工序名称”，以便与生产班组的任务安排和施工任务单的签发取得一致。

（2）对生产班组的任务安排，必须签发施工任务单和限额领料单，并向生产班组进行技术交底。施工任务单和限额领料单的内容，应与施工预算完全相符，不允许篡改施工预算。

（3）在施工任务单和限额领料单的执行过程中，要求生产班组根据实际完成的工程量和实耗人工、实耗材料做好原始记录，作为施工任务单和限额领料单结算的依据。

（4）任务完成后根据回收的施工任务单和限额领料单进行结算，并按照结算内容支付报酬（包括奖金）。一般情况下，绝大多数生产班组能按质按量提前完成生产任务。因此，施工任务单和限额领料单不仅能控制资源消耗，还能促进班组全面完成施工任务。

3. 应用成本控制的财务方法——成本分析表法来控制项目成本

作为成本分析控制手段之一的成本分析表，包括月成本分析表和最终成本控制报告表。月成本分析表又分直接成本分析表和间接成本分析表两种。

（1）月直接成本分析表。主要是反映分部分项工程实际完成的实物量和与成本相对应的情况．以及与预算成本和计划成本相对比的实际偏差和目标偏差，为分析偏差产生的原因和针对偏差采取相应的措施提供依据。

（2）月间接成本分析表。主要反映间接成本的发生情况，以及与预算成本和计划成本相对比的实际偏差和目标偏差，为分析偏差产生的原因和针对偏差采取相应的措施提供依据。此外，还要通过间接成本占产值的比例来分析其支用水平。

（3）最终成本控制报告表。主要是通过已完实物进度、已完产值和已完累计成本，联系尚需完成的实物进度、尚可上报的产值和还将发生的成本，进行最终成本预测，以检验实现成本目标的可能性，并可为项目成本控制提出新的要求。这种预测，工期短的项目应该每季度进行一次，工期长的项目不妨每半年进行一次。以上项目成本的控制方法，不可能也没有必要在一个工程项目全部同时使用，可由各工程项目根据自己的具体情况和客观需要，选用其具有针对性的、简单实用的方法，这将会收到事半功倍的效果。

4. 应用成本与进度同步跟踪的方法控制分部分项工程成本

长期以来，都认为计划工作是为安排施工进度和组织流水作业服务的，与成本控制的要求和管理方法截然不同。其实，成本控制与计划管理、成本与进度之间则有着必然的同步关系。即施工到什么阶段，就应该发生相应的成本费用。如果成本与进度不对应，就要作为“不正常”现象进行分析，找出原因，并加以纠正。

为了便于在分项工程的施工中同时进行进度与费用的控制，掌握进度与费用的变化过程，可以按照横道图或网络图的特点分别进行处理。

（1）横道图计划的进度与成本的同步控制。在横道图计划中，表示作业进度的横线有两条：一条为计划线；一条为实际线，可用颜色或单线和双线（或细线和粗线）来区别，计划线上的“*C*”，表示与计划进度相对应的计划成本；实际线下的“*C*”，表示与实际进度相对应的实际成本。由此从横道图可以掌握以下信息：

1）每道工序（即分项工程）的进度与成本的同步关系，即施工到什么阶段，就将发生多少成本。

2）每道工序的计划成本与实际成本比较（节约或超支），以及对完成某一时期责任成本的影响。

3）每道工序的计划施工时间与实际施工时间（从开始到结束）比较（提前或拖后），以及对紧后工序的影响。

4）每道工序施工进度的提前或拖期对成本的影响程度，如提前一天完成该工序可以节约多少人工费与机械设备使用费。

5）整个施工阶段的进度和成本情况。

通过进度与成本同步跟踪的横道图，要求实现：以计划成本控制实际成本；以计划进度控制实际进度；随着每道工序进度的提前或拖后，对每个分项工程的成本实行动态控制，以保证项目成本目标的实现。

（2）网络图计划的进度与成本的同步控制。网络图计划的进度与成本的同步控制，与横道图计划有异曲同工之处。所不同的是，网络计划在施工进度的安排上更具逻辑性，而且可在破网后随时进行优化和调整，因而对每道工序的成本控制也更为有效。

双代号网络图中箭线的下方为本工序的计划施工时间，箭线上方数字为本工序的计划成本；实际施工的时间和成本，则在箭线附近的方格中按实填写，这样，就能从网络图中看到每道工序的计划进度与实际进度、计划成本与实际成本的对比情况，同时也可清楚地看出今后控制进度、控制成本的方向。

5. 以用款计划控制成本费用支出

建立项目月财务收支计划制度，以用款计划控制成本费用支出。

（1）以月施工作业计划为龙头，并以月计划产值为当月财务收入计划，同时由项目各部门根据月施工作业计划的具体内容编制本部门的用款计划。

（2）项目财务成本员应根据各部门的月用款计划进行汇总，并按照用途的轻重缓急平衡调度，同时提出具体的实施意见，经项目经理审批后执行。

（3）在月财务收支计划的执行过程中，项目财务成本员应根据各部门的实际用款做好记录，并于下月初反馈给相关部门，由各部门自行检查分析节超原因，吸取经验教训。对于节超幅度较大的部门应以书面分析报告分送项目经理和财务部门，以便项目经理和财务部门采取针对性的措施。

建立项目月财务收支计划制度的优点：根据月施工作业计划编制财务收支计划，可以做到收支同步，避免支大于收形成资金紧张；在实行月财务收支计划的过程中，各部门既要按照施工生产的需要编制用款计划，又要在项目经理批准后认真贯彻执行，这就将使资金使用（成本费用开支）更趋合理；用款计划经过财务部门的综合平衡，又经过项目经理的审批，可使一些不必要的费用开支得到严格的控制。

6. 建立项目成本审核签证制度，控制成本费用支出

引进项目经理责任制以后，需要建立以项目为成本中心的核算体系。这就是：所有的经济业务，不论是对内或对外，都要与项目直接对口。在发生经济业务的时候，首先要由有关项目管理人员审核，最后经项目经理签证后支付。这是项目成本控制的最后一关，必

须十分重视。其中，以有关项目管理人员的审核尤为重要，因为他们熟悉自己分管的业务，有一定的权威性。

7. 加强质量管理，控制质量成本

质量成本是指项目为保证和提高产品质量而支出的一切费用，以及未达到质量标准而产生的一切损失费用之和。质量成本包括两个主要方面：控制成本和故障成本。控制成本包括预防成本和鉴定成本，属于质量保证费用，与质量水平成正比关系，即工程质量越高，鉴定成本和预防成本就越大。故障成本包括内部故障成本和外部故障成本，属于损失性费用，与质量水平成反比关系，即工程质量越高，故障成本就越低。

8. 坚持现场管理标准化，堵塞浪费漏洞

（1）现场平面布置管理。施工现场的平面布置，是根据工程特点和场地条件，以配合施工为前提合理安排的，有一定的科学根据。但是，在施工过程中，往往会出现不执行现场平面布置，造成人力、物力浪费的情况。

（2）现场安全生产管理。现场安全生产管理的目的，在于保护施工现场的人身安全和设备安全，减少和避免不必要的损失。要达到这个目的，就必须强调按规定的标准去管理，不允许有任何细小的疏忽。否则，将会造成难以估量的损失。

9. 建立资源消耗台账，实行资源消耗的中间控制

根据“必需、实用、简便”的原则，施工项目成本核算应设立资源消耗辅助记录台账，这里以“材料消耗台账”为例，说明资源消耗台账在成本控制中的应用。

（1）材料消耗台账。材料消耗台账的账面第一项、第二项两项分别为施工图预算数和施工预算数，也是整个项目用料的控制依据；第三项为第一个月的材料消耗数；第四项、第五项两项为第二个月的材料消耗数和到第二个月为止的累计耗用数；第五项以下，依此类推，直至项目竣工为止。

（2）材料消耗情况的信息反馈。项目财务成本员应于每月初根据材料消耗台账的记录，填制“材料消耗情况信息表”，向项目经理和材料部门反馈。

（3）材料消耗的中间控制。由于材料成本是整个项目成本的重要环节，不仅比重大，而且有潜力可挖。如果材料成本出现亏损，必将使整个成本陷入被动。因此，项目经理应对材料成本有足够的重视；至于材料部门，更是责无旁贷。

10. 定期开展“三同步”检查，防止项目成本盈亏异常

项目经济核算的“三同步”，就是统计核算、业务核算、会计核算的“三同步”。统计核算即产值统计，业务核算即人力资源和物质资源的消耗统计，会计核算即成本会计核算。根据项目经济活动的规律，这三者之间表现为规律性的同步关系，即完成多少产值，消耗多少资源，发生多少成本。否则，项目成本就会出现盈亏异常。

开展“三同步”的检查的目的，就在于查明不同步的原因，纠正项目成本盈亏异常的偏差。“三同步”的检查方法，可从以下三方面入手：

（1）时间的同步。即产值统计、资源消耗统计和成本核算的时间应该统一。如果在时间上不统一，就不可能实现核算口径的同步。

（2）分部分项工程直接费的同步。即产值统计是否与施工任务单的实际工程量和形象进度相符；资源消耗统计是否与施工任务单的实耗人工和限额领料单的实耗材料相符；机

械和周转材料的租费是否与施工任务单的施工时间相符。如果不符，应查明原因，予以纠正，直到同步为止。

（3）其他费用是否同步。这要通过统计报表与财务付款逐项核对才能查明原因。

8.5.5　降低施工成本的措施

降低施工项目成本应该从加强施工管理、技术管理、劳动工资管理、机械设备管理、材料管理、费用管理以及正确划分成本中心，使用先进的成本管理方法和考核手段入手，制定既开源又节流方针，从两个方面来降低施工项目成本，如果只开源不节流，或者只节流不开源，都不太可能达到降低成本的目的，至少是不会有理想的降低成本效果。

（1）加强施工管理，提高施工组织水平。主要是选择施工方案，合理布置施工现场，采用先进的施工方法和施工工艺，组织均衡施工，搞好现场调度和协作配合，注意竣工收尾工作，加快工程施工进度。

（2）加强技术管理，提高施工质量。主要是推广采用新技术、新工艺和新材料以及其他技术革新措施；制定并贯彻降低成本的技术组织措施，提高经济效益；加强施工过程的技术检验制度，提高施工质量。

（3）加强劳动工资管理，提高劳动生产效率。主要是改善劳动组织、合理使用劳动力，减少窝工浪费；执行劳动定额，实行合理的工资和奖励制度；加强技术教育和培训工作，提高工人的文化技术水平和操作熟练程度，加强劳动纪律，提高工作效率；压缩非生产用工和辅助用工，严格控制非生产人员的比例。

（4）加强机械设备管理，提高机械设备使用率。要正确选择和合理使用机械设备，搞好机械设备的保养修理，提高机械的完好率、利用率和使用效率，从而加快施工进度，降低机械使用费。

（5）加强材料管理，节约材料费用。要改进材料的采购、运输、收发、保管等方面的工作，减少各个环节的损耗，节约采购费用；合理堆放材料，组织分批进场，避免和减少二次搬运；严格材料进场验收和限额领料制度；制订并贯彻节约材料的技术措施，合理使用材料，施行节约代用、修旧利废和废料回收措施，综合利用一切资源。

（6）加强费用管理，节约施工管理费。要精简管理机构，减少管理层次，压缩非生产人员。实行人员满负荷运转并一专多能；实行定额管理，制定费用分项、分部门的定额指标，有计划控制各项费用开支。

（7）认真会审图纸，积极提出修改意见。在项目建设过程中，施工单位必须按图施工。在会审图纸的时候，对于结构复杂、施工难度高的项目，更要加倍认真，并且要从方便施工，有利于加快工程进度和保证工程质量，又能降低资源消耗、增加工程收入等方面综合考虑，提出有科学根据的合理化建议，争取业主、监理单位、设计单位的认同。

（8）加强合同预算管理，增创工程预算收入

在编制施工图预算的时候，要充分考虑可能发生的成本费用，将其全部列入施工图预算，然后通过工程款结算向甲方取得补偿。一般来说，按照设计图纸和预算定额编制的施工图预算，必须受预算定额的制约，很少有灵活伸缩的余地；而“开口”项目的取费则有比较大的潜力，是项目增收的关键。

8.6 其他管理计划

其他管理计划包括合同管理计划、风险管理计划、绿色施工管理计划、防火保安管理计划、组织协调管理计划、创优质工程管理计划、质量保修管理计划以及对施工现场人力资源、施工机具、材料设备等生产要素的管理计划等。其他管理计划可根据项目的特点和复杂程度加以取舍。这里主要讲述合同管理计划、风险管理计划。

8.6.1 合同管理计划

8.6.1.1 合同的概念

合同是契约的一种，是法人与法人之间，法人与公民之间以及公民与公民之间为实现某个目的确定相互的民事权利义务关系而签订的书面协议。所谓法人就是有独立支配的财产或进行独立核算，能够以自己的名义进行经济活动，享受权利和承担义务，依照法定程序成立企业、国家机关、事业单位、社会团体等组织。

工程承包合同是经济合同的一种，是业主与工程咨询公司、设计、施工单位或其他有关单位之间，以及这些单位之间，为明确在完成项目建设的各种活动中双方责、权、利等经济关系而达成的书面协议。

8.6.1.2 合同的法律特征和效力

1. 合同的法律特征

合同一经签订即具有法律特征、受到法律保护。合同是当事人双方的法律行为，具有如下法律特征：

(1) 签订合同者必须是法人。

(2) 签订合同是双方或多方的法律行为，是各方表示一致意见的行为，不是单方的法律行为。

(3) 合同是合法的法律行为。不履行合同或未按法律规定程序及未经双方同意，单方变更或解除合同都属非法行为，要负相应的法律责任。

(4) 合同双方的地位平等。

国际承包工程合同除了具有上述法律特征以外，还有一个重要特征就是它是跨国的合同。合同双方往往分居两个或两个以上的国家，因而决定了承包合同法律关系的复杂性。合同当事人是依照本国法律组成的法人，他们的经济活动受到本国法律的监督，经济利益受到本国法律的保护；而双方当事人又要接受合同执行地国家法律的约束。为了解决履行合同过程中不可协商的纠纷，双方应在合同中规定仲裁地点、仲裁机构及仲裁法律。

2. 合同的法律效力

合同一旦成立，当事人之间便产生了法律的约束，为此，合同具有以下法律效力：

(1) 合同订立之后，合同双方（或多方）当事人必须无条件地、全面地履行合同中约定的各项义务。

(2) 依法订立的合同，除非经双方当事人协商同意，或出现了法律变更原因，可以将原合同变更或解除外，任何一方都不得擅自变更或解除合同。

(3) 合同当事人一方不履行或未能全部履行义务时，则构成违约行为，要依法承担民事责任；另一方当事人有权请求法院强制其履行义务，并有权就不履行或延迟履行合同而造成损失请求赔偿。

8.6.1.3　合同要素与订立过程

合同的要素包括合同的主体、客体和内容等三大要素。

主体：即签约双方的当事人，也是合同的权利与义务的承担者。它包括法人和自然人。

客体：即合同的标的，是签约当事人权利与义务所指向的对象。

内容：即合同签约当事人之间的具体的权利与义务。

合同订立过程划分“要约”和“承诺”两个阶段。

要约是一方当事人以缔结合同为目的向对方表达意愿的行为。提出要约的一方称为要约人，对方称为受要约人。要约人在要约时，除了表示订立合同的愿望外，还必须明确提出合同的主要条款以使对方考虑是否接受要约。显然，工程招标文件就是要约，业主为要约人，而投标人就是受要约人。

承诺是受要约人按照要约规定的方式，对要约的内容表示同意的行为。一项有效的承诺必须具备以下条件：

(1) 承诺必须在要约的有效期内作出。

(2) 承诺要由受要约人或其授权的代理人作出。

(3) 承诺必须与要约的内容一致。如果受要约人对要约的内容加以扩充、限制或变更，这就不是承诺而是新要约。新要约须经原要约人承诺才能订立合同。

(4) 承诺的传递方式要符合要约提出的要求。

从有效承诺的4个条件分析，投标标书是承诺的一种特殊形式。它包含着新要约的必然过程。因为投标人（受要约人）在接受招标文件内容（要约）的同时，必然要向业主（要约人）提出接受要约的代价（即投标标价）。这就是一项新要约，业主接受了投标人的新要约之后才能订立合同。

8.6.1.4　合同管理的作用

合同管理的任务是依据法律、法规和政策要求，运用指导、组织、监督等手段，促使当事人依法签订、履行、变更合同和承担违约责任，制止和查处利用合同进行违法行为，保证国家的基本建设顺利进行。搞好合同管理，其具体作用主要表现在以下几个方面：

(1) 有利于保证国家下达的计划任务得到具体落实。

(2) 有利于实现国家宏观控制下的市场调节。

(3) 有利于明确合同双方责任，促进企业的内部管理，增强企业履行合同的自觉性，从而提高企业的经营管理水平。

(4) 有利于维护企业的自主权，实行独立自主的经济核算制度，有效地保护企业的合法权益，保证合同的切实履行。

(5) 有利于密切合同双方的协作关系，减少纠纷事件的发生。

总而言之，贯彻合同管理制度，搞好合同管理，可以保证国家计划顺利实现，充分调动合同双方的积极性，增强当事人守法、执法的观念，提高管理水平和经济效益，促进国家经济建设和发展。

8.6.1.5 合同管理的类型

工程承包合同是为明确业主与承包商双方权利义务而订立的必须共同遵守的协议文件。由于权利义务内容不同就有不同的承包合同类型。

1. 合同的类型

(1) 按照标约的不同，工程承包合同主要分如下几种：

1) 交钥匙承包合同。该合同也称统包合同，或建设全过程承包合同。采用这种承包方式，建设单位一般只提出建设要求和竣工期限，要求承包单位对项目可行性研究、项目建成投产或使用实行全过程总承包。由承包单位作为项目主持人将各项建设工作分包给设计、施工、设备物资供应单位。自己负责各项建设活动的计划、组织、协调和监督工作。这种承包方式要求业主与承包单位密切配合，涉及决策性质的重大问题仍应由业主或其上级主管部门作出决策。

2) 施工承包合同。该合同也叫工程总包合同，即由工程承包公司、具有组织施工能力的设计单位或具有设计能力的施工企业，或由设计单位与施工单位联合对项目建设阶段(由初步设计到项目建成投产)实行总承包。总承包单位可用自己的力量完成设计和施工中部分工作，也可将设计施工中专业性较强的工作分包出去，甚至将全部实质性工作分包出来，自己充当项目建设的管理者来完成承包任务。这种承包合同，也要求业主与承包商紧密配合。但承包商对项目建设仍负全部责任。这种合同一般可采用总价、成本加酬金，或设计用成本加酬金，施工用总价的计价方式来订立合同。

3) 设计合同。它是业主与设计单位或工程咨询单位之间为该项目的设计工作而签订的合同。我国勘察设计合同，系根据批准的设计任务书由建设单位与设计单位签订的，明确规定了提交设计文件的内容、时间和质量要求及其他必要的资料、协作条件等。勘察与设计任务不由同一单位承担时，建设单位应分别与勘察单位和设计单位签订相应的合同。经业主同意，主体设计的承担人可以将设计任务中的专业设计部分分包给专业设计单位，但它仍应对项目的设计工作负全部责任。

4) 工程施工合同。由于承包施工任务的范围不同，基本上可以分为施工总包合同、分别承包合同、施工分包合同、劳务分包合同、劳务合同等几种。这种合同层次是项目法组织施工的需要。

a. 施工总包合同。是业主将整个项目的施工工作交给一个有能力的施工企业来负责而与该企业签订的施工总承包合同。总包单位对施工任务实行层层分包，与专业分包和劳务分包单位签订分包合同，在总包对整个工程施工的计划组织协调下共同完成施工任务。

b. 分别承包合同。是业主将整个工程的施工任务采用分阶段分项目招标发包时，分别与承包各阶段或工程分项施工任务的主要承包单位签订的合同。各主要承包人直接向业主负责。

c. 工程分包合同。在层层分包的体系中，总包制中的总包，分别直接发包的各个承包商，以及各个分包商为履行合同，均需要将其承担的部分施工任务分包给专业性更强的专业承包商承担，并与之签订分包合同，并在合同执行过程中协调监督分包商的工作。分包商须对其分包的部分工程或单项工程提供材料、设备和劳务，为完成该分包合同规定的任务承担一切责任。分包商只对总承包商承担义务并在总承包商那里享有一定的权利，不直接和业主发生关系，但要承担总包商对业主承担的有关业务。

d. 劳务分包合同。承包商承包施工任务，往往本身只有技术和管理力量，而缺乏劳务，因此将工程的施工任务以劳务分包的形式包给由劳务公司，或综合性工程公司组成的劳务队伍。由总包商提供技术、装备和材料，按总包商的计划、技术要求，由乙方组织劳务进行施工。这种合同就叫劳务分包合同。合同甲方应按工程进度及时向乙方提供施工材料、施工机械、施工技术并支付价款，合同乙方应及时派遣足够的施工和管理人员，组织劳力进行施工，保证工程质量、按期完成施工任务。工程任务完成后，乙方除获得以固定总价方式结算的合同价款外，还可能分享到甲方利润。

e. 劳务合同。从本质上讲它是一种雇佣合同，是业主或承包商或分包商为建设某一工程施工任务，因缺少劳力而与劳务提供者签订雇佣所需人员的合同。乙方在商定的各种条件下，按照合同中甲方的进度要求向甲方提供其所需的人员，由雇主组织安排从事劳务工作。每个受雇人员以工作时间为单位向雇主领取一定的报酬。这种合同的特点是劳务提供者不承担任何风险，也不分享雇主的利润。而仅由甲方付给劳务提供者一笔管理费。

劳务合同分建制合同和个别劳务合同两种：前者是派遣单位根据业主或总承包商的具体要求，配备全套人马的劳务队伍供甲方组织使用；后者就是按雇主需要派遣个别或少量专业技术人员进行服务。

5）材料供应合同。根据建设单位或施工单位商定的分工，建设单位或施工单位按年度计划与生产厂商、预制构配件加工厂签订供应合同。

6）设备供应与安装合同。为完成永久工程的设备供应及安装工程部分，建设单位可根据具体情况，与设备供应商（或设备成套公司）或制造厂家签订5种范围不同的合同。

a. 单纯设备供应合同。这是一种设备的买卖合同。

b. 设备供应与安装合同。它是一种承包合同，承包人除供应设备外，还负责设备的安装和对安装完毕的设备进行试车验收等项工作。

c. 单纯安装合同。它是承包性服务合同，它可计工收费也可以总价承包。

d. 监督安装合同。这是业主愿意自己组织成套设备安装，设备供应商根据与业主签订的合同，派出工程师及其他技术人员进行技术援助，对安装工作进行指导与监督。

e. 成套设备服务合同。这实际上是设备供应与咨询服务的综合性合同。对于复杂的或采用新技术的工程项目，业主可委托设备制造公司除了供应成套设备以外，可以在出让许可证，指导安装，监督施工、进行试生产，培训技术人员等项工作各方面进行综合服务。

7）建设施工管理合同。聘请工程建设经理对项目建设进行全过程管理，由业主与工程建设经理的派遣单位（工程咨询公司，工程建设公司等）签订服务性合同，向业主提供项目可行性研究及与设计阶段有关的市场、技术、费用等方面的咨询服务，招标文件与招标签订合同方面的服务，并承担在施工阶段监理工程师所负责的施工管理与合同监督工作。与传统的工程师不同，建设经理参与了项目全过程，并全面领导和组织项目建设工作，在施工阶段不仅负责合同监督工作，而且要负责组织整个施工现场各个承包商及有关单位和个人协调地进行施工工作等施工管理工作。

8）咨询服务合同。由咨询单位为项目建设向业主提供业主所需各类服务而签订的咨

询服务合同。包括项目建设前期的勘测、科研、试验、可行性研究、资金筹措、设计、采购招标发包咨询和项目施工监理、中间验收、试车投产、竣工验收，以及项目生产阶段的生产准备、人员培训、生产指导、经营管理等方面的专业咨询或综合性咨询服务。

(2) 按照工程价款的结算方式不同，可分为总价合同、单价合同、工程成本加酬金合同和混合型合同4个类型：前两种又称固定价格合同。

1) 总价合同。总价合同是普遍采用的一种合同类型。即业主与承包人按议标和投标标价，经过谈判签订。承包人负责按合同总价完成合同规定的进度工程。其特点是承包人签订总价合同，要承担全部风险，不管实际支出，只能按总价结算工程价款，发包人也同意按合同总价付款而不管承包人遭受巨大损失或是取得异乎寻常的超额利润。

这种总价合同，适用于工期不长，物价变幅不会太大，设计深度满足精确计算工程量要求，施工条件稳定，建设工程的型式、规模、内容都很典型的工程，或是业主为了省事，愿意以较大富裕度价格发包的工程。

2) 单价合同。这是土木工程中广泛采用的一种合同类型。承包人以合同确定的工程项目的工程单价向业主承包，负责完成施工任务，然后按实际发生的工程量和合同中规定的工程单价结算工程价款。这种合同又有纯单价合同与估计工程量单价合同之分。前者无论实际工程量变化多大，其单价不变。后者系发包人按估计工程量让投标人报价，当实际工程量与估计工程量相差过大，超过规定的幅度时，允许调整单价以补偿承包人因施工力量不足或过剩所造成的损失。

这种合同适用于招标时尚无详细图纸或设计内容尚不十分明确，只是结构型式已经确定，工程量还不够准确的情况。当采用总承包合同时，可以一部分项目采用总价合同，另一部分项目采用单价合同。

3) 实际成本加酬金合同。这种合同的基本特点是以工程实际成本，再加上商定的酬金来确定工程总造价。这种合同方式主要适用于开工前对工程内容尚不十分确定的情况。例如设计未全部完成就要求开工，或工程内容估计有很大变化，工程量及人工材料用量有较大出入，质量要求高或采用新技术的工程项目等，这种合同方式，承包商不承担任何风险，因为工程费用实报实销，所以获利也最小，但有保证。在实践中有以下4种不同的具体做法。

a. 实际成本加固定百分数酬金合同。工程造价为实际成本，再加上接实际成本的百分数（一般为5%）付给承包人的酬金。

这种计价方式，酬金随工程成本的水涨而船高，显然不能鼓励承包人不顾一切地降低成本或缩短工期，这对业主是不利的，现在已较少采用。

b. 实际成本加固定酬金合同。工程成本实报实销，但酬金是事先按预算成本的一定百分比计算的。这种合同方式，虽不能鼓励承包人降低造价，但为尽快取得酬金，承包人将会努力缩短工期。这是它的可取之处，为了鼓励承包商更好的工作，也有在固定酬金之外，再根据工程质量、工期和成本情况另外再加奖金的。在这种情况下，奖金所占比例的上限可大于固定酬金，可以起很大的激励作用。

c. 实际成本加浮动酬金合同。这种合同方式要事先商定工程预算成本和酬金的预期金额，如果实际成本恰好等于预计成本，工程造价就是实际成本加固定酬金；如果实际成

本低于预算成本，则增加酬金；如果实际成本高于预算成本，即减少酬金。酬金增减部分，可以是一个百分数，也可以是固定数。

采用这种方式通常规定，当实际成本超支而减少酬金时，以原定的固定酬金为减少的最高限度。也就是在最坏的情况下，承包人将得不到任何酬金，但也不承担赔偿超支的责任。这种方式对承发包双方都没有太多风险，又能促使承包人关心降低成本和缩短工期。

d. 目标成本加奖罚合同。在仅有初步设计和工程说明书迫切要求开工的情况下，可根据粗略估算的工程量和适当的单价表编制概算，作为目标成本，另外规定一个百分数作为酬金最后结算时，如果实际成本高于目标成本并超过事先商定的界限（例如5%），或低于目标成本（也有一个幅度）时，承包人应按商定比例承担超支或分享节余。此外还可另加工期奖励。

这种合同方式可以促使承包人关心降低成本和缩短工期。而且目标成本是随设计工作进展而加以调整才确定下来的，故承发包双方都不会承担多大的风险。

以上几种实际成本加酬金合同，都是按实际成本报销，所不同的只是酬金的计算方式不同，为的是使承包人关心降低成本，缩短工期。所以，支付酬金的方式是多种多样的，不限于上述4种方式。保证最高成本加固定酬金合同也是常用的另一种方式。这种方式，先定预计成本加酬金，再定保证最高成本金额。当实际成本超过最高限额时，超过部分全部由承包人承担，不仅要用预定酬金充抵，甚至要用承包人自有资金充抵。当实际成本低于预定成本时，节余部分由承包人与业主按规定比例分享。

4）混合型合同。有部分固定价格、部分实际成本合同和阶段转换合同方式两种。前者是对重要的设计内容已具体化的项目采用固定价格合同；而对次要的，设计还未具体化的项目采用实际成本加酬金合同。后者则是指在一个项目的前阶段和后阶段采取不同的结算方式。如开始采用实际成本加酬金合同，等项目进行了一段时间，情况比较明朗时，改用固定价格合同。

2. 合同类型的选择

合同结算类型的选择，取决于下列因素：

（1）业主的意愿。有的业主宁愿多出钱，一次以总价合同包死，以免以后加强对承包人的监督而带来的麻烦。

（2）工程设计的具体、明确程度。如果承包合同不能规定得比较明确。双方都不会同意采用固定价格合同，只能订立实际成本加酬金合同。

（3）项目的规模及其复杂程度。规模太而复杂的项目，承包风险较大，不易估算准确，不宜采用固定价格合同。即使采用限额成本加酬金或目标成本加酬金也困难，故以实际成本加固定酬金再加奖励为宜，或者有把握的部分采用固定价格合同，估算不准的部分采用实际成本加酬金合同。

（4）工程项目技术先进性程度。若属新技术开发项，甲乙方过去都没有这方面的经验，一般以实际成本加酬金为宜，不宜采用固定价格合同。

（5）承包人的意愿和能力。有的工程项目，对承包人来说已有相当的建设经验，如果要它建设这种类似的工程项目，只要项目不太大，它是愿意也有能力采用固定价格合同来承包工程的。因为总价合同可以取得更多的利润。然而有的承包人在总包项目建设时，考

虑到自己的承担风险能力有限，决定一律采用实际成本加酬金合同，不采用固定价格。

(6) 工程进度的紧迫程度。招标过程是费时间的，对工程设计要求也高，所以工程进度太紧，一般不宜采用固定价格合同，可以采用实际成本加酬金的合同方式，选择有信誉、有能力的承包人提前开工。

(7) 市场情况。如果只有一家承包人参加投标，又不同意采用固定价格合同，那么业主只能采用实际成本加酬金合同。如果有好几家承包人参加竞标，业主提出的要求，承包人均愿意考虑。当然如果承包人技术、管理水平高，信誉好，愿意采取什么合同，业主也会考虑。

(8) 甲方的工程监督力量如果比较弱，最好将工程由承包人以固定价格合同总承包。如果采用实际成本加酬金合同，就要求甲方有足够的合格监督人员，对整个工程实行有效的控制。

(9) 外部因素或风险的影响。政治局势，通货膨胀，物价上涨，恶劣的气候条件等都会影响承包工程的合同结算方式。如果业主和承包人对工程建设期间这些影响无法估计，乙方一般不愿采用固定价格合同，除非业主愿意承担在固定价格中附加一笔相当大的风险费用（即预备费）。

一个项目究竟应该采取哪种合同形式不是固定不变的。有时候一个项目中各个不同的工程部分，或不同阶段就可能采取不同形式的合同。业主在制定项目分包合同规划时，必须根据实际情况，全面地、反复地权衡各种利弊，做出最佳决策，选定本项目的分项合同种类和形式。

8.6.1.6 合同管理的内容

在施工合同的法律关系中，合同的主体是业主和承包商，合同的客体是建筑安装工程项目，合同的内容经过双方协商确定的权利和义务，在签订工程施工合同时，均应以《建筑工程施工合同》为示范文本。

建筑安装承包合同应采用书面形式，对其内容必须明确规定，文字含义要清楚，对有关工程的主要条款必须作详细规定。一般情况下，建筑安装工程承包合同包括以下主要条款：

(1) 工程名称和地点。

(2) 工程范围和内容。

(3) 开工、竣工日期及中间交工工程的交工、竣工日期。

(4) 工程质量保修期及保修条件。

(5) 工程造价。

(6) 工程价款的支付、结算及交工验收办法。

(7) 设计文件及概算和技术资料的提供日期。

(8) 材料和设备的供应、进场期限。

(9) 双方相互协作事项。

(10) 签订单位、时间、地点及当事人。

(11) 违约责任与赔偿、纠纷的调解与仲裁。

必须指出，在工程承包合同的履行过程中，双方协商同意的有关修改承包合同的设计变更文件、洽商记录、会议纪要以及资料、图表等，也是工程承包合同的组成内容之一。

8.6.1.7 施工合同的索赔管理

一般说，索赔是指在合同实施过程中，当事人一方不履行或未正确履行其义务，而使另一方受到损失，受损失的一方向违约方提出的赔偿要求。

从上述概念可以看出，索赔具有下列几个特性：

（1）索赔作为一种合同赋予双方的具有法律意义的权利主张，其主体是双向的。在工程施工合同中，业主与承包商存在相互间索赔的可能性，承包商可向业主提出索赔，业主也可向承包商提出索赔。施工实际中发生的索赔，多数是承包商向业主提出的索赔，而且由于业主向承包商的索赔，一般无须经过繁琐的索赔程序，其遭受的损失可以从业主向承包商的支付款中扣除或由履约保函中兑取，所以合同条款多数是只规定承包商向业主索赔的处理程序和方法。

（2）索赔必须以法律或合同索赔为根据。只有一方有违约或违法事实，受损害方才能向违约方提出索赔。

（3）索赔必须建立在损害后果已客观存在的基础上，不论是经济损失或时间损失，没有损失的事实而提出索赔也是不能成立的。

（4）索赔应采用明示的方式，即索赔应该有书面文件，索赔的内容和要求应该明确而又肯定。

（5）索赔的结果一般是索赔方应获得经济或其他赔偿。

索赔的分类方法很多，按索赔的目标不同可以分为工期索赔、经济索赔和综合索赔三种。工期索赔是指承包商对一个事件的索赔要求是延长竣工时间，而没有费用赔偿问题；经济索赔则是仅要求费用赔偿，而无工期延长的要求；综合索赔则是对某一事件，承包商对费用赔偿与工期延长均有索赔要求，按国际惯例，一份索赔报告只能提出一种索赔要求，所以对于综合索赔，虽然是同一件事，但是工期及经济的索赔，要分别编写两份报告。

施工索赔依据：一是合同，二是资料，三是法规。按索赔的依据不同可以分为合同规定的索赔、非合同规定的索赔和道义索赔三种。合同规定的索赔，是指承包商提出索赔的根据是明确规定应由业主承担责任或风险的合同条款；非合同规定的索赔则是，虽然合同条款中未明确写明，但根据条款隐含的意思可以推定出应由业主承担赔偿责任的情况，以及根据适用法律业主应承担责任的情况；道义索赔亦称通融索赔，它是在承包商明显有大量亏损的情况下，业主给予一定的补偿以利于施工的一种特殊的索赔形式。工程建设中最常见的，是以合同条款为根据的合同规定的索赔。

1．工期索赔

（1）工程延期。由于并非承包商自身的原因所造成的、经监理工程师书面批准的合同竣工期限的延长。在工程施工过程中，往往会发生一些未能预见的干扰事件使施工不能顺利进行，使预定的施工计划受到干扰，因而造成工期延误。对于并非承包商自身原因所引起的工程延误，承包商有权提出工期索赔，监理工程师则应在与业主和承包商协商一致后，决定竣工期延长的时间。导致工期延长的原因有：

1）任何形式的额外或附加工程。

2）合同条款所提到的任何延误理由，如：延期交图、工程暂停、延迟提供现场等。

3）异常恶劣的气候条件。

4）由业主造成的任何延误、干扰或阻碍。

5）非承包商的原因或责任的其他不可预见事件。

工期延误对合同双方都会造成一定的损失，业主因工程不能及时交付使用、投入生产，不能按计划实现投资目的，失去盈利的机会；承包商则因工期延误增加管理成本及其他费用支出。如果工期延误的原因是由于承包商的失误，则承包商必须设法自费赶上工期，或按规定缴纳误期赔偿金并继续完成工程，或按照业主的安排另行委托第三方完成所延误的工作并承担费用，如果工期延长的原因并非承包商所致，则承包商可按合同规定和具体情况提出工期索赔，并进行因工期延长而造成费用损失的索赔。

（2）工期索赔。工期索赔除了必须符合条款规定的索赔根据和索赔程序外，具体分析应延长工期的时间时，还必须注意如下几个问题：

1）工期延误是指总工期的延误。在实际工程中，工期延误总是发生在一项具体的工序或作业上，因此工期索赔分析必须要判断发生在工序或作业上的延误是否会引起总工期或重要阶段工期的延误。用网络计划分析，一般说，发生在关键线路上关键工序的延误，会影响到总工期，因此是可以索赔的。而发生在非关键线路上工序的延误，因其不影响总工期就不能索赔。但是，关键线路是动态的，施工进度的变化也可能使非关键线路变成关键线路，因而发生在非关键线路上工序的延误，也可能导致总工期的延误。这决定于工序的时差与延误时间的长短，须进行具体分析才能确定。

2）工程延误的分类。在工程施工索赔工作中，通常把工期延误分成两类：

a. 可原谅的延误。也就是说，对承包商来说，这类工期延误不是承包商的责任，承包商是可以得到原谅的。这就是指由于业主原因或客观影响引起的工程延误。对这类延误，承包商可以索赔。

b. 不可原谅的延误。这一类工期延误是由于承包商的原因引起的，如施工组织不好，工效不高，设备材料供应不足，以及由承包商承担风险的工期延误。对于不可原谅的延误，承包商是无权索赔的。

3）处理原则。

a. 按照不同类型的延误处理。对于上述两类不同的延误，索赔处理的原则是截然不同的。

可原谅的延误情况，如果延误的责任者是业主或咨询工程师，则承包商不仅可以得到工期延长，还可以得到经济补偿。这种延误被称为“可原谅并给予补偿的延误”。虽然是可原谅的延误，但其责任者不是业主，而是由于客观原因，承包商可以得到工期延长，但得不到经济补偿。这种延误被称为“可原谅但不给予补偿的延误”。

不可原谅的延误情况，由于责任者是承包商，而不是由于业主或客观的原因，承包商不但得不到工期延长，也得不到经济补偿。这种延误造成的损失，则完全由承包商负担。

b. 共同延误的处理。在实际施工过程中，工期延误有时是由两种（甚至三种）原因同时发生而形成的，这就是所谓的“共同性的延误”。在共同延误的情况下，要具体分析哪一种情况的延误是有效的，一般遵照以下的原则，即在共同延误的情况下，应该判别哪

一种原因是最先发生的，即找出“初始延误”者，它对延误负责。在初始延误发生作用的期间，其他并发的延误不承担延误的责任。

2. 经济索赔

(1) 索赔金额分析的原则。在确定赔偿金额时，应遵循以下两个原则：

1) 所有赔偿金额，都应该是承包商为履行合同所必须支出的费用。

2) 按此金额赔偿后，应使承包商恢复到假如未发生事件的财务状况。即承包商不致因索赔事件而遭受任何损失，但也不得因索赔事件而获得额外收益。

根据上述原则可以看出，索赔金额是用于赔偿承包商因索赔事件而受到的实际损失，而不考虑利润。所以，索赔金额计算的基础是成本，用有索赔事件影响所发生的成本减去无事件影响时所应有的成本，其差值即为赔偿金额。

(2) 合同价的组成分析。在索赔工作中，当计算或协商确定索赔金额时，经常要对原合同进行分析和测算，以取得合同价中各组成部分的金额及其所占比例，从而推算索赔金额。

1) 人工费。人工费的索赔通常包括：因事件影响而直接导致额外劳动力雇佣的费用和加班费，由于事件影响而造成人员闲置和劳动生产率降低引起的损失；以及有关的费用，如税收、人员的人身保险、各种社会保险和福利支出等。

2) 材料费。材料费的索赔包括：因事件影响而直接导致材料消耗量增加的费用，材料价格上涨所增加的费用，所增加的材料运输费和储存费等，以及合理破损比率的费用。材料费索赔的计算，一般是将实际所用材料的数量及单价与原计划的数量及单价相比即可求得。

3) 施工设备费。施工设备费的索赔包括：因事件影响使设备增加运转时数的费用、进出现场费用、由于事件影响引起设备闲置损失费用和新增设备的增加费用，索赔中一般也包括小型工具和低值易耗品的费用。在计算中，对承包商自有的设备，通常按有关的标准手册中关于设备工作效率、折旧、大修、保养及保险等定额标准进行计算，有时也可用台班费计价。闲置损失可按折旧费计算。对租赁的设备，只要租赁价格合理，就可以按租赁价格计算。对于新购设备，要计算其采购费、运输费、运转费等，增加的款额甚大，要慎重对待，必须得到工程师或业主的正式批准。

4) 现场管理费。通常按索赔的直接费金额乘以现场管理费率计算。

5) 总部管理费。总部管理费＝费率×(直接费索赔额＋现场管理费索赔额)。式中，费率一般为7％～10％。

6) 保险费。指由于事件影响而增加工程费用或延长工期时，承包商必须相应地办理各种保险和保函的延期或增加金额的手续，由此而支出的费用。此费用能否索赔，取决于原合同对保险费、担保费的规定，如合同规定，此费用在工程量清单中单列，则可以索赔；但如合同规定，保险、担保费用归入管理费，不予以单列时，则此费用不能列入索赔费用项目。

7) 融资成本。由于事件影响增加了工程费用，承包商因此需加大贷款或垫支金额，从而多付出的利息以及因业主推迟付款的利息，也可向业主提出索赔。前者按贷款数额、银行利率及贷款时间计算。后者按迟付款额及合同规定的利率予以计算。

8）现场延期管理费。现场延期管理费=原工程直接费×现场管理费率（%）×延长时间（日数）/原工程工期（日数）

8.6.1.8 索赔与工程变更

工程变更是对原工程设计作出任何方面的变更，而由监理工程师指令承包商实施。承包商完成变更工作后，业主应予以支付。从这个意义上讲，工程变更支付与索赔相类似，都是在工程量清单以外，业主对承包商的额外费用进行补偿。但是，两者的区别主要表现在以下两方面：

（1）起因与内容上的不同。索赔是承包商为履行合同，由于不是承包商的原因或责任受到损失而要求的补偿；而工程变更是承包商接受监理工程师的指令，完成了与合同有关但又不是合同规定的额外工作，为此而取得业主的支付。

（2）处理与费用上的不同。一般说，工程变更是事先处理，即监理工程师在下达工程变更指令时，通常已事先与业主、承包商就工期或金额的补偿问题进行过协商，而把协商结果包括在指令之内下达给承包商；而索赔则是事后处理，即承包商由于事件发生受到了损失，因而提出要求，再经业主同意取得补偿的。

从补偿的费用说，工程变更是多做或少做了某些工作，其补偿除了工程成本外还应包括相应的利润；而索赔则纯属赔偿损失，其费用只计成本而不包括利润。

8.6.1.9 索赔文件组成

索赔文件是施工承包单位向建设单位正式提出的索赔文件，目前虽没有规定标准固定格式和内容，在施工索赔中却起着非常重要的作用。为此，编制索赔文件一般应包括以下内容：

（1）提出所发生的索赔事项。

（2）用简练的语言，清楚地讲明索赔事项的具体内容。

（3）提出索赔的合法依据。

（4）提出索赔数及计算凭证。

（5）提出对方应在收到文件后予以答复的时间（一般应按合同规定的时间）。

8.6.2 风险管理

8.6.2.1 项目风险基本概念

1. 风险的概念

风险指的是损失的不确定性，对于工程项目管理而言，风险是指可能出现的影响项目目标实现的不确定因素。

2. 风险量的概念

风险量指的是不确定的损失程度和损失发生的概率。若某个可能发生的事件其可能的损失程度和发生的概率都很大，则其风险量就很大。

3. 风险包括的三要素

（1）风险是客观存在的、充实的。所谓客观存在，即无论是否愿意，人们均无法消除它。所谓充实，是指风险处处存在，时时存在，充满整个经济社会体系。对工程项目而言，社会经济环境就是风险环境。

（2）风险发生及后果的不确定性。相对不同的主体，风险的含义存在着很大的差异，

即在不同的时间、空间条件下，风险的内容不一致，且其内涵也在不断变化之中。此时此地的风险在彼时彼地就可能不是风险。例如，施工地面工程的技术人员和施工地下工程的技术人员对发生暴风雨的感受是完全不同的。风险内涵在不断地变化，因而对风险的分析不存在固定的结论，必须针对不同的时空条件具体分析。

（3）风险是可以被测量和控制的。风险的不确定性和变化的本质并不说明风险是不可测量的。所谓测量风险，是指根据过去的统计资料来判断某种风险发生的频率和风险造成损害或带来收益的程度及大小。测量风险的过程就是风险释放的过程。现代计量手段和技术为实现风险测量提供了科学基础。保险学中用概率统计方法处理风险问题已取得公认的成功。在测量风险的基础上，采取相应的措施控制风险的发生、控制风险造成损失或带来收益的程度就成为可能。

4．建筑工程项目的风险特点

（1）风险存在的客观性和普遍性。作为损失发生的不确定性，风险是不以人的意志为转移并超越人们主观意识的客观存在，而且在项目的全寿命周期内，风险是无处不在、无时不有的。

（2）某一具体风险发生的偶然性和大量风险发生的必然性。

（3）风险的可变性。这是指在项目的整个过程中，各种风险在质和量上的变化，随着项目的进行，有些风险将得到控制，有些风险会发生并得到处理，同时在项目的每一阶段都可能产生新的风险。

（4）风险的多样性和多层次性。建筑工程项目周期长、规模大、涉及范围广、风险因素数量多且种类繁杂致使其在全寿命周期内面临的风险多种多样。而且大量风险因素的内在关系错综复杂，各风险因素之间并与外界交叉影响又使风险显示出多层次性，这是建筑工程项目中风险的主要特点之一。

8.6.2.2 项目风险的类型

1．按责任方划分风险

按责任方可以把风险划分为：发包人风险、承包人风险以及第三人风险等。这三种风险既可能独立存在，也可能共同构成，即混合风险。例如，因发包人的原因和承包人管理水平因素而导致工期延误等即属混合风险。

2．按风险因素划分

按风险因素的主要方面，又可将风险分为技术、环境方面的风险与经济方面的风险以及合同签订和履行方面的风险等三种。它们主要有以下几类：

（1）技术与环境方面的风险。

1）地质地基条件。工程发包人一般应提供相应的地质资料和地基技术要求，但这些资料有时与实际出入很大，处理异常地质情况或遇到其他障碍物都会增加工作量和延长工期。

2）水文气象条件。主要表现在异常天气的出现，如台风、暴风雨、雪、洪水、泥石流、塌方等不可抗力的自然现象和其他影响施工的自然条件，都会造成工期的拖延和财产的损失。

3）施工准备。由于业主提供的施工现场存在周边环境等方面自然与人为的障碍或“三通一平”等准备工作不足，导致建筑企业不能做好施工前期的准备工作，给工程施工

正常运行带来困难。

4）设计变更或图纸供应不及时。设计变更会影响施工安排，从而带来一系列问题；设计图纸供应不及时，会导致施工进度延误，造成承包人工期推延和经济损失。

5）技术规范。尤其是技术规范以外的特殊工艺，由于发包人没有明确采用的标准、规范，在工序过程中又没有较好地进行协调和统一，影响以后工程的验收和结算。

6）施工技术协调。工程施工过程出现与自身技术专业能力不相适应的工程技术问题，各专业间又存在不能及时协调的困难等；由于发包人管理工程的技术水平差，对承包人提出需要发包人解决的技术问题，而又没有作出及时答复。

（2）经济方面的风险。

1）招标文件。这是招标的主要依据，特别是投标者须知、设计图纸、工程质量要求、合同条款以及工程量清单等都存在着潜在的经济风险，必须仔细分析研究。

2）要素市场价格。要素市场包括劳动力市场、材料市场、设备市场等，这些市场价格的变化，特别是价格的上涨，直接影响着工程承包价格。

3）金融市场因素。金融市场因素包括存贷款利率变动、货币贬值等，也影响着工程项目的经济效益。

4）资金、材料、设备供应。主要表现为发包人供应的资金、材料或设备质量不合格或供应不及时。

5）国家政策调整。国家对工资、税种和税率等进行宏观调控，都会给建筑企业带来一定风险。

（3）合同签订和履行方面的风险。

1）存在缺陷、显失公平的合同。合同条款不全面、不完善，文字不细致、不严密，致使合同存在漏洞。如在合同条款上，存在不完善或没有转移风险的担保、索赔、保险等相应条款，缺少因第三方影响造成工期延误或经济损失的条款，存在单方面的约束性、过于苛刻的权利等不平衡条款。

2）发包人资信因素。发包人经济状况恶化，导致履约能力差，无力支付工程款；发包人信誉差，不诚信，不按合同约定进行工程结算，有意拖欠工程款。

3）分包方面。选择分包商不当，遇到分包商违约，不能按质按量按期完成分包工程，从而影响整个工程的进度或发生经济损失。

4）履约方面。合同履行过程中，由于发包人派驻工地代表或监理工程师的工作效率低，不能及时解决遇到的问题，甚至发出错误指令等。

8.6.2.3 项目风险工作流程

1．工程项目风险应对策略

（1）风险回避。风险回避是指在完成项目风险分析与评价后，如果发现项目风险发生的概率很高，而且可能的损失也很大，又没有其他有效的对策来降低风险时，应采取放弃项目、放弃原有计划或改变目标等方法，使其不发生或不再发展，从而避免可能产生的潜在损失。

（2）风险自留。风险自留是指项目风险保留在风险管理主体内部，通过采取内部控制措施等来化解风险或者对这些保留下来的项目风险不采取任何措施。风险自留与其他风险对策的根本区别在于：它不改变项目风险的客观性质，即既不改变项目风险的发生概率，也不改变项目风险潜在损失的严重性。风险自留可分为非计划性风险自留和计划性风险自留两种。计划性风险自留的计划性主要体现在风险自留水平和损失支付方式两方面。

（3）风险控制。风险控制指制定风险管理方案，采取措施降低风险量。可分为预防损失和减少损失两个方面。

（4）风险转移。风险转移的方法很多，主要包括非保险转移和保险转移两大类。非保险转移又称为合同转移，因为这种风险转移一般是通过签订合同的方式将项目风险转移给非保险人的对方当事人。项目风险最常见的非保险转移有以下三种情况：①业主将合同责任和风险转移给对方当事人；②承包商进行项目分包；③第三方担保。

2. 风险管理的工作流程

（1）风险辨识，分析存在哪些风险。

（2）风险分析，对各种风险衡量其风险量。

（3）风险控制，制定风险管理方案，采取措施降低风险量。

（4）风险转移，如对难以控制的风险进行投保等。

3. 风险分析的好处

（1）使项目选定在成本估计和进度安排方面更现实、可靠。

（2）使决策人能更好地、更准确地认识风险，认清风险对项目的影响及风险之间的相互作用。

（3）有助于决策人制订更完备的应急计划，有效地选择风险防范措施。

（4）有助于决策人选定最合适的委托或承揽方式。

（5）能提高决策者的决策水平，加强他们的风险意识，开阔视野，提高风险管理水平。

本 章 小 结

本章主要介绍了施工管理计划的主要内容，要点为：

1. 进度管理计划，包括施工进度计划的作用、类型、内容等以及施工进度计划的控制原理、影响因素、控制方法及措施等。

2. 质量管理计划，包括质量体系认证的基本知识、质量管理计划的一般内容、全面质量管理的基本知识与运转模式、施工质量事故的处理方法、工程质量验收评定方法等。

3. 安全管理计划，包括安全管理计划的产生原因、施工安全管理体系、施工安全管理计划措施以及安全事故的处理等。

4. 环境管理计划，包括环境管理计划的内容、工程环境保护的要求与措施。

5. 成本管理计划，包括施工成本管理的内容、施工项目成本控制方法等。

6. 其他管理计划，包括合同管理计划、风险管理计划、绿色施工管理计划、防火保安管理计划、组织协调管理计划、创优质工程管理计划、质量保修管理计划以及对施工现场人力资源、施工机具、材料设备等生产要素的管理计划等。

训 练 题

(1) 编制施工进度管理计划的步骤有哪些?

(2) 简述全面质量管理的基本方法。

(3) 简述施工安全管理的措施。

(4) 建设工程环境保护的要求和措施有哪些?

(5) 简述施工成本管理的内容。

(6) 建设工程索赔的依据和文件有哪些?

(7) 建设工程项目风险的类型有哪些?

第9章　施工现场作业与技术管理

学习目标：了解施工作业计划的内容；掌握施工技术交底的内容和编制要求；熟悉现场签证的主要内容；熟悉主要材料的进场检验内容；熟悉隐蔽工程检查和验收的内容；熟悉施工日志和施工记录的内容；了解文明施工的内容；熟悉工程竣工验收的依据和标准。

9.1　施工作业计划

施工作业计划是建筑安装企业基层施工单位为合理地组织单位工程在一定时期内实行多工种协作，共同完成施工任务而编制的具体实施性计划，是施工计划管理的重要组成部分。它既是保证企业年度或季度以及单位工程施工组织设计所确定的总进度计划实施的必要手段，又是编制一定时期内劳动力、机械设备、预制混凝土构件，各种加工订货、主要材料等供应计划的依据。

9.1.1　施工作业计划的编制依据

（1）上级下达的年、季度施工计划指标和工程合同的要求。

（2）施工组织设计、施工图和工程预算资料。

（3）上期计划的完成情况。

（4）现场施工条件，包括自然状况和技术经济条件。

（5）资源条件，包括人、机、料的供应情况。

9.1.2　施工作业计划的编制原则

（1）确保年、季度计划的按期完成。计划安排贯彻日保旬、旬保月、月保季的精神，保证工程及时或提前交付使用。

（2）严格遵守施工程序，要按照施工组织设计中确定的施工顺序或施工方法，不准随意改变。未经施工准备、不具备开工条件的工程，不准列入计划。

（3）合理利用工作面，组织多种工种均衡施工。

（4）所制订各项指标必须建立在既积极又先进、实事求是、留有余地的基础之上。

9.1.3　施工作业计划的内容

施工作业计划分月度作业计划和旬作业计划。由于建筑施工企业规模不同，体制不一，各地区、各部门要求不同，作为计划文件，其内容也不尽相同。

1．月作业计划的内容

月作业计划是基层施工单位计划管理的中心环节，现场的一切施工活动都是围绕保证月作业计划的完成进行的。月作业计划的主要内容有：

（1）月施工进度计划。其内容包括施工项目、作业内容、开竣工项目的日期、工程形象进度、主要实物工程量、建安工程量等。

（2）各项资源需要量计划。其内容包括劳动力、机具、材料、预制构配件等需要量计划。

（3）技术组织措施。其内容包括提高劳动生产率，降低成本，保证质量与安全以及季节性施工所应采取的各项技术组织措施。这部分内容根据年、季度计划中的技术组织措施和单位工程施工组织计划中的技术组织措施，结合月作业计划的具体情况编制。

（4）月作业计划完成各项指标汇总表。其内容包括完成工作量指标、人均劳动生产率指标、质量优良品率等各项指标。

月施工进度计划采用表格和文本方式表达，内容繁简程度以满足施工需要和便于群众参加管理为原则。月施工进度计划、各项资源需要量计划、月计划指标汇总表和成本降低措施表的格式见表9.1～表9.6。

表9.1　　月施工进度计划

施工队：　　　　　　年　月　日

单位工程名称	分部（项）工程名称	单位	工程量	时间定额	合计工日	进度日程								
						1	2	3				29	30	31

表9.2　　施工项目计划

年　月　日

单位工程名称	结构	层数	开工日期	竣工日期	面积（m^2）		上月末进度	本月末形象进度	工作量（万元）	
					施工	竣工			总计	其中：自行完成

表9.3　　劳动力需要量计划

年　月　日

工种	计划工作日	计划工作天数	出勤率	作业率	计划人数	现有人数	余差人数（±）	备注

表 9.4　　材料需要量计划

年　　月　　日

单位工程名称	材料名称	型号规格	数量	单位	计划需要日期	平衡供应日期	备注

表 9.5　　月度施工进度计划指标汇总表

年　　月　　日

指标单位	完成工作量（万元）		劳动生产率（元/人）		质量优良品率（%）	出勤率（%）	作业率（%）	开工工程		在施工工程		竣工工程	
	总计	其中：自行完成	全员	一线生产工人				单位工程名称	面积（m^2）	单位工程名称	面积（m^2）	单位工程名称	面积（m^2）

表 9.6　　提高劳动生产率降低成本措施计划

年　　月　　日

措施项目名称	措施涉及的工种项目名称及工程数量	措施执行单位及负责人	措施的经济效果										备注
			降低材料费					降低基本工资		降低其他直接费	降低管理费用	降低成本合计	
			钢筋	水泥	木材	其他材料	小计	减少工日	金额				

2. 旬作业计划

旬作业计划是月作业计划的具体化，是为实现月作业计划而下达给班组的工种工程旬分日计划。由于旬计划的时间比较短，因此必须简化编制手续，一般可只编制进度计划，其余计划如无特殊要求，均可省略。旬作业计划见表 9.7。

9.1.4　施工作业计划的编制方法

（1）根据季度计划的分月指标和合同要求，结合上月完成情况，制订月施工项目计划初步指标。

（2）根据施工组织设计单位工程施工进度计划、建筑工程预算以及月作业计划初步指标，计算施工项目相应部位的实物工程量、建安工作量和劳动力、材料、设备等计划数量。

表 9.7 旬施工进度计划

年 月 日

单位工程名称	分部工程名称	单位	工程量			时间定额	合计工日	旬前两天		本旬分日进度										旬后两天	
			月计划量	至上旬完成量	本旬计划量																

(3) 在核查图样、劳动力、材料、预制构配件、机具、施工准备和技术经济条件的基础上对初步指标进行反复平衡，确定月度施工项目进展部位的正式指标。

(4) 根据确定的作业计划指标和施工组织设计单位工程施工进度计划中的相应部位，编制月施工计划，组织工地内的连续均衡施工。

(5) 编制月人、材、机具需要量计划。

(6) 根据月施工进度计划，编制旬施工进度计划，把月作业计划的各项指标落实到专业施工队和班组。

(7) 编制技术组织措施计划，向班组签发施工任务书。编制作业计划由指挥施工的领导者、专业计划人员和主要施工班组骨干相结合编制，具体编制程序如图 9.1 所示。

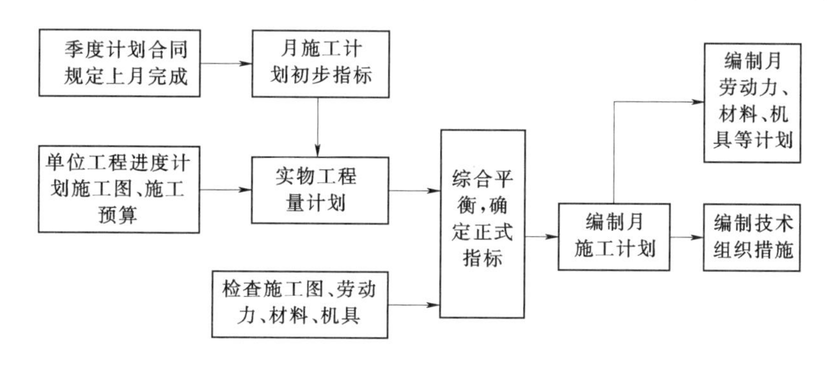

图 9.1 月施工计划编制程序

9.1.5 施工作业计划的贯彻实施

施工作业计划的贯彻实施是施工管理的中心环节。具体内容包括计划任务交底、作业条件准备和现场施工指挥与调度等工作。

9.1.5.1 计划任务与交底

施工现场技术与管理人员在组织班组施工时，务必做好交底工作，包括计划任务书交底、技术措施交底、工程质量和安全交底等。这里重点介绍计划任务交底。其他各种交底详见有关章节。

计划任务交底的目的是把拟完成的计划任务交代给将要施工的班组操作工人，使班组和操作工人对计划认为心中有数，避免糊里糊涂推着干，影响工程进度、质量和成本。计划任务交底的内容包括：工程项目，分部（项）工程内容，工程量，采用的劳动定额及其内容，分项工程工日数，总工日数，完成任务的时间要求，以及设备情况和材料限用量，工具、周转材料、劳动人员配备、工种之间的配合关系和操作方法等。在交底的同时，还常常提供必需的基础资料，如施工大样图（或施工详图）、砂浆混凝土的配合比、物资的配备情况等。

计划任务的交底形式有以下两种：

（1）口头形式。召集有关班组的全体人员，以口头形式进行详细的计划任务交底。

（2）施工任务书形式。施工任务书是贯彻月作业计划，指导班组作业的计划文件，也是企业实行定额管理、贯彻按劳分配、实行班组核算的主要依据。通过施工任务书，可以把企业生产、技术、安全、质量、降低成本等各项指标分解落实到班组和个人，达到实现企业各项指标和按劳分配的要求。

施工任务书的内容包括以下几项：

（1）施工任务书是班组进行施工的主要依据，内容有工程项目、工程量、劳动定额、计划天数、开交工日期、质量、安全要求等。

（2）小组记工单是班组的考勤记录，也是班组分配计件工资或奖励工资的依据。

（3）限额领料单是班组完成任务所必需的材料限额依据，也是班组领退材料和节约材料的凭证。施工任务书、限额领料单（卡）的格式见表 9.8、表 9.9。

表 9.8　　施　工　任　务　书

________施工队________施工组

单位工程名称________________　　　　年　　月　　日

定额编号	工程项目	单位	计划用工数			实际完成			工期
			工程量	时间定额	定额工日	工程量	耗用工日	完成定额（%）	
合计									

定额编号	工程项目	单位	计划用工数			实际完成			工期
			工程量	时间定额	定额工日	工程量	耗用工日	完成定额	

各指标完成情况	实际用工数	完成定额	%	出勤率	%
	质量评定	安全评定		限额用料	

签发：　　　组长：　　　组成本员：　　　审核：　　　验收：

施工任务书一般在施工前 2～3 天签发，施工班组完成任务后应实事求是地填写完成情况，最后由劳资部门将经过验收的施工任务书回收登记，汇总核实完成情况，作为结算和奖惩依据。

表 9.9　　　　限额领料单

材料名称	规格	计量单位	限额用量		领料记录						退料数量	执行情况	
			按计划工程量	按实际工程量	第一次		第二次		第三次			实际耗用量	节约或浪费（±）
					日/月	数量	日/月	数量	日/月	数量			

9.1.5.2　作业条件准备

作业条件准备是指直接为某一施工阶段或某分部（项）工程、某环节的施工作业而做的准备工作。它是开工前施工准备工作的继续和深化，是施工中的经常性工作，主要有以下几方面：

（1）进行施工中的测量放线、复查等工作。

（2）根据施工内容变化，检查和调整现场平面布置。

（3）根据工程进度情况，及时调整机具、模板的需求，申请某些特殊材料、构件、设备的进场。

（4）办理班组之间、上下工序之间的验收和交接手续。

（5）针对设计错误、材料规格不符、施工差错等问题，及时主动地提请有关部门解决，以免影响工程的顺利进行。

（6）冬、雨期施工要求的特殊准备工作。

作业条件准备工作贵在全面、及时、准确。

9.1.5.3　现场施工指挥与调度

上述施工计划与准备工作为完成施工任务，实现建筑施工的整体目标创造了一个良好的条件。更为重要的事情，在施工过程中做好现场施工的指挥与调度工作，按照施工组织设计和有关技术、经济文件的要求，围绕着质量、工期、成本等目标，在施工的每个阶段，每道工序，正确指挥施工开展，积极组织资源平衡，严格协调控制，使施工中的人、财、物和各种关系能够保持最好的结合，确保工程施工的顺利进行。

施工现场的组织领导者在施工阶段的组织管理工作中应根据不同情况，区分轻重缓急，把主要精力放在影响施工整体目标最薄弱的环节上去，发现偏离目标的倾向就及时采取补救措施。一般应抓好以下几个环节：

（1）检查督促班组作业前的准备工作。

（2）检查和调节劳动力、物资和机具供应工作。

（3）检查外部供应条件、各专业协作施工、总分包协作配合关系。

（4）检查工人班组能否按交底要求进入现场，掌握施工方法和操作要点。

（5）对关键部位要组织有关人员加强监督检查，发现问题，及时解决。

（6）随时纠正施工中各种违章、违纪行为。严格质量互检交接检制度，及时进行工程隐检、预检，做好分部（项）工程质量评定。

施工现场指挥调度应当做到准确、及时、果断、有效，并具有相当的预见性。管理人员应当深入现场，掌握第一手资料。在此基础上，通过调度指挥人员召开生产调度会议，协调各方面关系。施工队一般通过班前或班后碰头会及时解决问题。

9.2 技术交底

技术交底是施工企业极为重要的一项技术管理工作，由技术管理人员自上而下逐级传达，将工程的特点、设计意图、技术要求、施工工艺和应注意的问题最终下达给班组工人，使工人了解工程情况，掌握工程施工方法，贯彻执行各项技术组织措施，从而达到保质、保量、按期完成工程任务的目的。各级建筑施工企业应建立技术交底责任制，加强施工中的监督检查，从而提高施工质量。

9.2.1 技术交底的种类与要求

技术交底可分为设计交底和施工技术交底。这里介绍施工技术交底。

施工技术交底是施工企业内部的技术交底，是由上至下逐级进行的。因此，施工技术交底受建筑施工企业管理体质、建筑项目规模和工程承包方式等影响，其种类有所不同。对于实行三级管理、承包某大型工程的企业，施工技术交底可分为公司技术负责人（总工程师）对工区技术交底、工区技术负责人（主任工程师）对施工队技术交底、施工技术负责人（技术员）对班组工人技术交底三级。各级交底内容与深度也不相同。对于一般性工程，两级交底就足够了。

在进行技术交底时，应注意以下要求：

（1）技术交底要贯彻设计意图和上级技术负责人的意图与要求。

（2）技术交底必须满足施工规范和技术操作规程的要求。

（3）对重点工程、重要部位、特殊工程和推广应用新技术、新工艺、新材料、新结构的工程，在技术交底时更应全面、具体、详细、准确。

（4）对易发生工程质量和安全事故的工种与工程部位，技术交底时应特别强调。

（5）技术交底必须在施工前的准备工作时进行。

（6）技术交底是一项技术性很强的工作，必须严肃、认真、全面、规范，所有技术交底均须列入工程技术档案。

9.2.2 技术交底的内容

1. 公司总工程师对工区的技术交底内容

（1）公司负责编制的施工组织总设计。向工区有关人员介绍工程的概况、工程特点和设计意图、施工部署和主要工程项目的施工方法与施工机械、施工所在地的自然状态和技术经济条件、施工准备工作要求、施工中应注意的主要事项等。

（2）设计文件要点和设计变更协商情况。

（3）总包与分包协作的要求、土建与安装交叉作业的要求。

（4）国家、建设单位及公司对该工程建设的工期、质量、投资、成本、安全等要求。

（5）公司拟对该工程采取的技术组织措施。

2. 工区主任工程师对施工队的技术交底内容

(1) 工区负责编制的单位工程施工组织设计。向施工队有关人员介绍单位工程的建筑、结构等情况，施工方案的主要内容，施工进度要求，各种资源需要情况和供应情况，保证工程质量和安全应采取的技术组织措施等。

(2) 设计变更、洽商情况和设计文件要点。

(3) 转达国家、建设单位和公司对工程的工期、质量、投资、成本、安全等方面的要求，提出工区对该工程的要求。

(4) 工区拟对工程采取的技术组织管理措施。

3. 施工队技术员对班组工人的技术交底内容

上面两级交底对施工来说，交底的内容都是粗略的、纲领性的，主要是介绍工程情况和提出各种要求。施工队技术员对班组工人的技术交底是分项工程技术交底，作用是落实公司、工区和施工队对本工程的要求，因此，它是技术交底的核心。其主要内容如下：

(1) 施工图的具体要求。包括建筑、结构、水、暖、电、通风等专业的细节，如设计要求中的重点部位的尺寸、标高、轴线，预留孔洞、预埋件的位置、规格、大小、数量等，以及各专业、各图样之间的相互关系。

(2) 施工方案实施的具体技术措施、施工方法。

(3) 所有材料的品种、规格、等级及质量要求。

(4) 混凝土、砂浆、防水、保温等材料或半成品的配合比和技术要求。

(5) 按照施工组织的有关事项，说明施工顺序、施工方法、工序搭接等。

(6) 落实工程的有关技术要求和技术指标。

(7) 提出质量、安全、节约的具体要求和措施。

(8) 设计修改、变更的具体内容和应注意的关键部位。

(9) 成品保护项目、种类、办法。

(10) 在特殊情况下，应知、应会、应注意的问题。

9.2.3 技术交底的方式

1. 书面交底

把交底的内容写成书面形式，向下一级有关人员交底。交底人与接收人在弄清交底内容以后，分别在交底书上签字，接受人根据此交底，再进一步向下一级落实交底内容。这种交底方式内容明确，责任到人，事后有据可查，因此，交底效果较好，是一般工地最常用的交底方式。

2. 会议交底

通过召集有关人员举行会议，向与会者传达交底的内容，对多工种同时交叉施工的项目，应将各工种有关人员同时集中参加会议，除各专业技术交底外，还要把施工组织的组织部署和协作意图交代给与会者。会议交底除了会议主持人能够把交底内容向与会者交底外，与会者也可以通过讨论、问答等方式对技术交底的内容予以补充、修改、完善。

3. 口头交底

适用于人员较少，操作时间短，工作内容较简单的项目。

4. 挂牌交底

将交底的内容、质量要求写在标牌上，挂在施工场所。这种方式适用于操作内容固定、操作人员固定的分项工程。如混凝土搅拌站，常将各种材料的用量写在标牌上。这种挂牌交底方式，可使操作者抬头可见，时刻注意。

5. 样板交底

对于有些质量和外观感觉要求较高的项目，为使操作者对质量指标要求和操作方法、外观要求有直观的感性认识，可组织操作水平较高的工人先做样板，其他工人现场观摩，待样板做成且达到质量和外观要求后，其他工人以此为样本施工。这种交底方式通常在高级装饰质量和外观要求较高的项目上采用。

6. 模型交底

对于技术较复杂的设备基础或建筑构件，为使操作者加深理解，常做成模型进行交底。

以上几种交底方式各具特点，实际中可灵活运用，采用一种或几种同时并用。

9.2.4 技术交底举例

技术交底见表9.10。

表9.10 技术（质量）交底记录

工程名称	××大学生宿舍楼	交底项目	五、六层楼板安装
工程编号	98－273	交底日期	1999年5月14日

内容：

1. 构件进场必须有出厂合格证。
2. 构件数量及规格：160BL21、6、9－2，293YKBⅡ36.6A－3，32YKBⅢ36、9A－4，13YKBⅢ45、6B－3，2YKBⅢ45、9B－2。
3. 构件支承处用1∶2.5水泥砂浆找平。
4. 构件安装时混凝土强度不小于设计强度的70%。
5. 板端支承长度：支承于梁上不小于80mm，支承于墙上不小于100mm。
6. 板缝3～5cm。
7. 相邻两板下表面平整度允许偏差5mm。
8. 拉结筋放置。

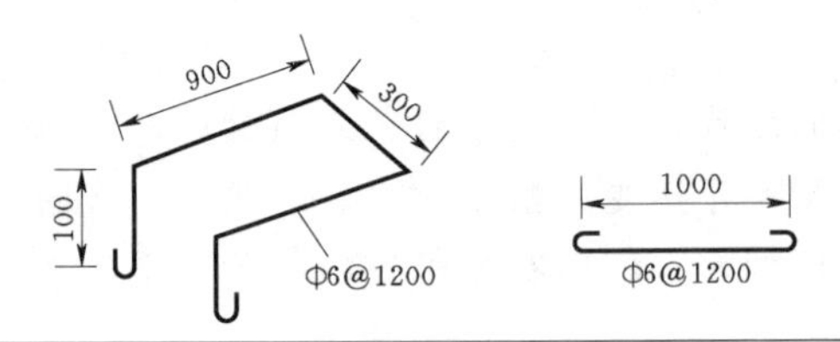

接受人：××× 交底人：×××

9.3 变更与签证

9.3.1 设计变更

1. 设计变更的原因

(1) 图样会审后，设计单位根据图样会审纪要与施工单位提出的图样错误、建议、要

求，都设计进行变更修改。

(2) 在施工过程中，发现图样错误，通过工作联系单，由建设单位转交设计单位，设计单位对设计进行修正。

(3) 建设单位在施工前或施工中，根据情况对设计提出新的要求，如增加建筑面积、提高建筑装饰标准、改变房间使用功能等，设计单位按照这些新要求，对设计予以修改。

(4) 因施工本身原因，如施工设备问题、施工工艺、工程质量问题等，需设计单位协调解决问题，设计单位在允许的条件下，对设计进行变更。

(5) 施工中发现某些设计条件与实际不符，此时必须根据实际情况对设计进行修正。如某些基础施工常出现这种情形。

2. 设计变更的办理手续

所有设计变更均须由设计单位或设计单位代表签字（或盖章）通过建设单位提交给施工单位。施工单位直接接受设计变更是不合适的。

3. 设计变更的处理方法

(1) 对于变更较少的设计，设计单位可以通过变更通知单，由施工单位自行修改，在修改的地方加盖图章，注明设计变更编号。若变更较大，则需设计单位附加变更图样，或由设计单位另行设计图样。

(2) 设计变更与以前洽商记录有关，要进行对照，看是否存在矛盾或不符之处。

(3) 若施工中的设计变更对施工产生直接影响，如施工方案、施工机具、施工工期、进度安排、施工材料，或提高建筑标准、增加建筑面积等，均涉及工程造价与施工预算，应及时与建设单位联系，根据承包合同和国家有关规定，商讨解决办法。

(4) 设计变更与分包单位有关，应及时将设计变更有关文件交给分包施工单位。

(5) 设计变更的有关内容应在施工日志上记录清楚，设计变更的文本应登记、复印存入技术档案。

9.3.2 现场签证

现场签证是指在工程预算、工期和工程合同（协议）中未包括，而实际施工中发生的，由各方（尤其是建设单位）会签认可的一种凭证，属于工程合同的延伸。施工过程中，由于设计及其他原因，经常会发生一些意外的事件而造成人力、物力和时间的消耗，给施工单位造成额外的损失。施工单位在现场向建设单位办理签证手续，使建设单位认可这些损失，从而以此为证，要求建设单位对施工单位的损失予以补偿。

现场签证关系到企业的切身经济利益和重大责任，因此，施工现场技术与管理人员对此一定要严肃认真对待。

现场签证设计的内容很多，常见的有变更签证、工料签证、工期签证等。

1. 变更签证

施工现场由于客观条件变化，使施工难于按照施工图或工程合同规定的内容进行。若变动小，不会对工程产生大的影响，此时无须修改设计和合同，而是由建设单位（或其驻工地代表）签发变更签证，认可变更，并以此作为施工变更的依据。需办理变更签证的项目一般有以下几种：

(1) 设计上出现的小错误或对设计进行小的改动，若此改动不对工程产生大的影响，

此时无须修改设计和合同，而是由建设单位直接签发变更签证而不必进行设计变更。

（2）不同种类、规格的材料代换，在保证强度、刚度等的前提下，仍要取得建设单位的签证认可。

（3）由于施工条件变化，施工单位必须对建设单位审核同意的施工方案、进度安排进行调整，制订新的计划，这也需要建设单位签证认可。

（4）凡非施工单位原因而造成的现场停工、窝工、返工、质量安全等事故，都要有建设单位现场签发证明，以作为追究原因、补偿损失的依据。

变更签证常常是工料签证和工期签证的基础。

2．工料签证

凡非施工原因而额外发生的一切涉及工人、材料和机具的问题，均需办理签证手续。需办签证项目一般有以下几种：

（1）建设单位供水、供电发生故障，致使施工现场断电停水的损失费。

（2）因设计原因而造成的施工单位停工、返工损失费及由此产生的相关费用。

（3）因建设单位提供的设备、材料不及时，或因规格和质量不符合设计要求而发生的调换、试验加工等所造成的损失费用。

（4）材料代换和材料价差的增加费用。

（5）由于设计不同，未预留孔洞而造成的凿洞及修补的工料费用。

（6）因建设单位调整工程项目，或未按合同规定时间创造施工条件而造成的施工准备和停工、窝工的损失费。

（7）非施工单位原因造成的二次搬运费、现场临时设施搬迁损失费。

（8）其他。

工料签证在施工中应及时办理，作为追加预算决算的依据。工料签证单可参考表9.11。

表9.11　　工料签证单

<table>
<tr><td rowspan="6">签证内容</td><td colspan="2">发生日期</td><td rowspan="2">工作内容</td><td colspan="4">工人</td><td colspan="6">材料（机械）</td></tr>
<tr><td>年</td><td>月</td><td>等级</td><td>工日数</td><td>日工资</td><td>金额</td><td>名称</td><td>规格</td><td>单位</td><td>数量</td><td>单价</td><td>金额</td></tr>
<tr><td></td><td></td><td></td><td></td><td></td><td></td><td></td><td></td><td></td><td></td><td></td><td></td><td></td></tr>
<tr><td></td><td></td><td></td><td></td><td></td><td></td><td></td><td></td><td></td><td></td><td></td><td></td><td></td></tr>
<tr><td></td><td></td><td></td><td></td><td></td><td></td><td></td><td></td><td></td><td></td><td></td><td></td><td></td></tr>
<tr><td colspan="10">施工单位：</td><td colspan="3">经办人：</td></tr>
<tr><td rowspan="2">核准意见</td><td colspan="13"></td></tr>
<tr><td colspan="10">建设单位意见：</td><td colspan="3">经办人：</td></tr>
</table>

3．工期签证

工程合同中都规定有合同工期，并且有些合同中明确规定了工期提前或拖后奖罚条款。在施工中，对来自外部的各种因素所造成的工期延长，必须通过工期签证予以扣除。工期签证常常也涉及工料问题，故也需要办理工料签证。通常需办理工期签证的有以下

情形：

（1）由于不可抗拒的自然灾害（地震、洪水、台风等自然现象）和社会政治原因（战争、骚乱、罢工等），使工程难以进行的时间。

（2）建设单位不按合同规定日期供应施工图、材料、设备等，造成停工、窝工的时间。

（3）由于设计变更或设备变更的返工时间。

（4）基础施工中，遇到不可预见的障碍物后停止施工、进行处理的时间。

（5）由于建设单位所提供的水暖、电源中断而造成的停工时间。

（6）由建设单位调整工程项目而造成的中途停工时间。

（7）其他。

9.4　材料、构件试验与检验

9.4.1　材料、构件试验与检验的意义和要求

在建筑施工中，工程质量的好坏，除了与施工工艺和技术水平有很大的关系外，建筑材料与构件的质量也是基本的条件。由于建筑材料与构件具有消耗量大、品种规格多、产品生产厂家多（不少是乡镇小厂）、供应渠道多等特点，因此，只有对进场材料和构件进行试验与检验，严把质量关，才能保证工程质量，防止质量与安全事故的发生。

建设部对材料、构件的试验与检验有明确规定，要求“无出厂合格证明和没有按规定复试的材料，一律不准使用”，“不合格的构件或无出厂合格证明的构件，一律不准出厂和使用”；要求施工企业建立健全试验、检验机构，并配备一定数量的称职人员和必需的仪器设备，施工技术人员必须按要求进行试验与检验工作，在施工中经常检查各种材料与构件的质量和使用情况。

9.4.2　材料进场的质量检验与试验

1. 对水泥的检验

水泥的检验项目主要是强度标号，另外还有安定性和凝结时间。

（1）水泥进场必须有质量合格证书，并对照其品种、规格、牌号、出厂日期等进行检查验收。国产水泥自出厂日起3个月内（快硬水泥为1个月）为有效期，超过有效期或对水泥质量有怀疑时要做试验复查，进口水泥使用前必须做复查试验，并按复查试验结果确定的标号使用。

（2）若水泥质量合格证上无28d强度数据，应做快测试验，作为使用依据。

（3）水泥试验报告单上，必须做28d抗压、抗折强度，根据需要还可做细度、凝结时间、安全性、水化热、膨胀率等试验，同时注明试验日期、代表批量、评定意见结论等。使用过期而强度不够的水泥，需要有建设单位和设计单位明确的使用意见。

水泥试验报告单见表9.12。

2. 对钢材的检验

（1）凡为结构用钢材，均应有质量证明，并写明产地、炉号、品种、规格、批量、力

学性能、化学成分等。钢材进场后要重做力学性能试验，内容包括屈服点、抗拉强度、伸长率、冷弯。若钢材有焊接要求，还需作焊接性能的试验。

表9.12 **水泥试验报告单**

<table>
<tr><td>委托单位</td><td></td><td>单位地址</td><td></td><td>委托日期</td><td></td></tr>
<tr><td>水泥名称</td><td></td><td>标号</td><td></td><td>来样收到日期</td><td></td></tr>
<tr><td>生产厂家</td><td></td><td>出厂日期</td><td></td><td>出厂试验编号</td><td></td></tr>
<tr><td>来样重量</td><td></td><td>试验日期</td><td></td><td>试验报告编号</td><td></td></tr>
</table>

<table>
<tr><td rowspan="4">1. 细度：
2. 标准稠度：
3. 凝结时间：
初凝：　　终凝：
4. 安定性：
5. 强度：
试验结论：
报告日期：　年　月　日</td><td>龄期类别</td><td>3d</td><td>7d</td><td>28d</td></tr>
<tr><td>抗压强度
(MPa)</td><td></td><td></td><td></td></tr>
<tr><td>抗折强度
(MPa)</td><td></td><td></td><td></td></tr>
<tr><td></td><td></td><td></td><td></td></tr>
</table>

(2) 一般情况下，可不进行化学成分的分析。但规范规定在钢筋加工过程中，若发生脆断、焊接能力不良和力学性能显著不正常时，则应作焊接性能的试验。

(3) 钢筋力学性能检验应按规定抽样检验。

(4) 钢材在进场时进行外观检验，其表面不得有裂缝、结疤、夹层和锈蚀，表面的压痕及局部的凸块、凹坑、麻面的深度或高度不得大于0.2mm。

(5) 进口钢材应有出厂质量证书和相应技术资料。外贸部门与物资供应部门将进口钢材提供给使用单位时，应随货提供钢材出厂质量保证书和技术资料复印件。凡使用进口钢材，应严格遵守先试验、后使用的原则，严禁未经试验盲目使用。

3. 对砖的检验

首先在砖堆上随机取样，然后进行外观检查，包括尺寸、缺棱掉角、裂纹、弯凹等项目，最后作抗压强度、抗折强度、抗冻试验，并对该批砖作出质量评定。另外，生产厂家在供应时，必须提出质量证书。

4. 对砂石等骨料的检验

(1) 根据进场砂石的不同途径，按照标准规定，测定砂石的各项质量指标。一般混凝土工程所用砂石有：密度、含泥率、含水率、干密度、空隙率、坚固性、软弱颗粒及有机物含量等。

(2) 轻骨料试验项目有：颗粒级配、松散密度、粗骨料吸水率、粗骨料抗压强度。

5. 对防水材料的试验

(1) 石油沥青的检验项目有：软化点、伸长率、大气稳定性、闪光点、溶解度、含水率、耐热性；煤沥青的检验项目有：不溶物测定、软化点、密度、黏度等项目。

(2) 油毡与油纸首先要进行外观检验，然后检验其不透水性、吸水性、拉力、耐热度、柔度等指标。

(3) 建筑防水沥青嵌缝油膏试验项目有：耐热度、黏结性、挥发率、低温柔性等

指标。

（4）屋面防水涂料试验项目有：耐热性、黏结性、不透水性、低温柔韧性、耐裂性和耐久性。

6. 对保温材料的检验

保温材料的试验项目为密度、含水率、热导率等。

7. 对电焊条的检验

结构用焊接焊条，要有焊条材质的合格证明，所用焊条应与设计或规范要求相符。对质量有怀疑的应作试验复查。

8. 对其他材料的检验

凡是设计对材质有要求的其他材料，均应具备符合与设计有关规定的出厂质量证明。

9.4.3 构件进场的质量检验

（1）进场的构件必须有出厂合格证明，不合格的构件或无出厂合格证明的构件不得使用。

（2）必须有出厂合格证明的构件主要包括：钢门窗、木门窗、各种金属构件与木构件、各种预制钢筋混凝土构件、石膏与塑料制品、非标准构件及设备。

（3）构件进场应进行检验并在施工日志上记录：构件名称、规格、尺寸、数量；生产厂家及质量合格证书；堆放和使用部位；外观检查情况，包括表面是否有蜂窝、麻面、裂痕，是否有露筋或活筋，预埋件位置尺寸，是否有扭翘、硬伤、掉角等。

（4）钢筋混凝土构件、预应力钢筋混凝土构件等主要承重构件，均必须按规定抽样检验。

（5）若对进场钢筋混凝土构件的质量有怀疑时，应进行荷载试验，测定该构件的结构性能是否满足设计要求。

9.4.4 成品、半成品的施工试验

为确保工程质量，对施工中形成的成品、半成品也要按规定进行试验，如砂浆、混凝土的配合比与强度试验等，试验结果形成试验报告。成品、半成品的施工试验项目和内容主要有以下几方面。

1. 土工试验

土工试验一般指各种回填土（包括素土、灰土、砂、砂夹石），试验的主要项目是回填土的干密度、含水率和空隙率。土工试验要与施工同时进行，在分层夯实回填分层取样，取样数量见表 9.13。

表 9.13 回填土试验取样数量

项　次	项　目	取点范围（每层）		限制数量
		回填土	灰土	
1	基坑	30～100m² 取 1 点		不少于 1 点
2	基槽	30～50m² 取 1 点		不少于 1 点
3	放心回填	30～100m² 取 1 点		不少于 1 点
4	其他回填	30～100m² 取 1 点		不少于 1 点

2. 砂浆配合比与强度试验

（1）砂浆可分为砌筑砂浆、抹灰砂浆、防水砂浆等，应按不同使用用途配制和试验。

（2）砂浆配合比均应由实验室提出砂浆配合比通知单，并对原材料质量和施工注意事项提出要求。

（3）砂浆试验项目包括砂浆的稠度、密度、抗压强度、抗渗性等，根据设计要求及施工现场的情况而定。

（4）砂浆试块按有关规范随机抽样制作，在标准养护条件下养护28d，送到试验室试压。

（5）砂浆试块强度报告单上，要写明试件尺寸、配合比、材料品种、成型日期、养护方法、代表的工程部位、设计要求强度、单块试件强度和按规范算得的强度代表值，要求结论明确，签章齐全。

3. 混凝土配合比与强度试验

（1）配制混凝土的原材料要满足有关质量要求，不清楚者应作试验鉴定。

（2）混凝土配合比与强度试验包括混凝土配合比设计试验、混凝土拌和物性能试验、混凝土力学性能试验。混凝土的配合比应满足结构物的强度要求并具有良好的和易性，砂石级配合理，并考虑泵送混凝土、抗渗混凝土等特殊要求；混凝土的拌和物应满足坍落度、稠度、含水量、水灰比、凝结时间等要求；混凝土的力学性能通过预留试块，养护28d后作试块抗压强度测定。

（3）混凝土力学性能试验时，按照规定随机抽样制作混凝土试块。混凝土试块强度报告单上应写明试块尺寸、配合比、成型日期、养护方法、代表的工程部位、设计要求强度、单块试件强度和按规范算得的强度代表值，要求结论明确，签章齐备。

（4）必要时可制作试块耐久性和抗冻性、抗渗性试验。

9.5 隐蔽工程检查与验收

隐蔽工程检查与验收，是指本工序操作完成以后将被下道工序掩埋、包裹而无法再检查的工程项目，在隐蔽之前所进行的检查与验收。它是建筑工程施工中必不可少的重要程序，是对施工人员是否认真执行施工验收规范和工艺标准的具体鉴定，是衡量施工质量的重要尺度，也是工程技术资料的重要组成部分，工程交工使用后又是工程检修、改建的依据。

9.5.1 隐蔽工程检查与验收的项目和内容

1. 土建工程

（1）地槽的隐蔽验收。包括槽底钎探、地质情况、基槽几何尺寸、标高，古墓、枯井及软弱地基处理方式等。

（2）基础的隐蔽验收。包括基础垫层、钢筋、基础砌体，沉降缝、伸缩缝，抗震缝、防潮层。

（3）钢筋工程。包括钢筋混凝土结构中的钢筋，要检查钢筋的品种、位置、尺

寸、形状、规格、数量、接头位置、搭接长度、预埋件与焊件以及除锈、代换等情况；砌体结构中的钢筋，包括抗震拉结筋、连接筋、钢筋网等，检查钢筋品种、数量、规格、质量等。

(4) 焊接。包括检查焊条品种、焊口规格、焊缝长度、焊接外观与质量等。

(5) 防水工程。包括屋面、地下室、水下结构、外墙板。检查防水材料质量、层数、细部做法、接缝处理等。

(6) 其他完工后无法检查的工种，重要结构部位和有特殊要求的隐蔽工程部位。

2. 给排水与暖通工程

(1) 暗管道工程。检查水暖暗管道的位置、标高、坡度、直径、施压、闭水试验、防锈、保温及预埋件的情况。

(2) 检查消防系统中消火栓、水泵接合器等设备的安装与试用情况。

(3) 锅炉工程。在保温前检查涨管、焊缝、接口、螺栓固定及打泵试验等。

3. 电气工程

(1) 电气工程暗配线应进行分层分段的隐蔽检查，包括：隐蔽内线走向与位置、规格、标高，弯接头及焊接跨地接线，防腐，管盒固定，关口处理。

(2) 电缆检查与验收时，要进行绝缘试验；对于地线、避雷针等，还要进行电阻试验等。

(3) 在配合结构施工时，暗管线施工应与结构或装修同时进行，应作隐蔽验收与自检；在调试过程中，每一段试运行须有验收记录。

9.5.2 隐蔽工程检查与验收的组织方法和注意事项

1. 隐蔽工程检查与验收的组织方法

隐蔽工程检查验收应在班组自检的基础上，由施工技术负责人组织，工长、班组长和质量检查员参加，进行施工单位内部检验。检查符合要求后，几方共同签字。再请设计单位、建设单位正式检查验收，签署意见，然后列入工程档案。

2. 注意事项

(1) 在隐蔽工程隐蔽之前，必须由单位工程负责人通知各方有关人员参加，在组织施工时应留出一定的隐蔽工程检查验收时间。

(2) 隐蔽工程的检查与验收，只有检查合格方可办理验收签字。不合格的工程，要进行返工，复查合格后，方可办理隐蔽工程检查验收签字。不得留有未了事项。

(3) 未经隐蔽工程检查与验收的隐蔽工程，不允许进行下道工序施工。施工技术负责人要严格按规定要求及时办理隐蔽工程的检查与验收。

9.5.3 隐蔽工程检查验收记录

经检查合格的工程，应及时办理验收记录，隐蔽工程坚持验收记录内容如下：

(1) 单位工程名称及编号，检查日期。

(2) 施工单位名称。

(3) 验收项目的名称，在建筑物中的部位，对应图样的编号。

(4) 隐蔽工程检查验收的内容、说明或附图。

（5）材料、构件及施工试验的报告编号。

（6）检查验收意见。

（7）各方代表及负责人签字，包括建设单位、施工单位以及质量监督管理和设计部门等。

隐蔽工程检查记录由施工技术员或单位工程技术负责人填写，必须严肃、认真、正规、全面，不得漏项、缺项。隐蔽工程检查与验收记录实例见表9.14。

表9.14　　隐蔽工程检查与验收记录表

<table>
<tr><td>工程名称</td><td>×××学生宿舍</td><td>图样编号</td><td>G4－6</td></tr>
<tr><td>工程编号</td><td>99－273</td><td>验收日期</td><td>1999年11月13日</td></tr>
<tr><td>验收项目</td><td>承台混凝土垫</td><td>隐蔽时间</td><td>1999年11月13日</td></tr>
<tr><td>说明或附件</td><td colspan="3">1. 按G4－5平面布置。
2. 设计Z类承台下设C10素混凝土垫层，四周宽100mm，厚100mm，底标高－5.40～－3.6m。
3. C15配合比1∶3.24∶5.52∶0.6，坍落度3cm，每立方米分4罐：小岭水泥56.25kg；中砂182.5kg；2－4碎石310.75kg。
4. 按冬季施工水加热不大于80℃，砂加热不大于40℃；按水泥用量的5%加JA－Ⅱ型防冻剂，每罐2.8kg。
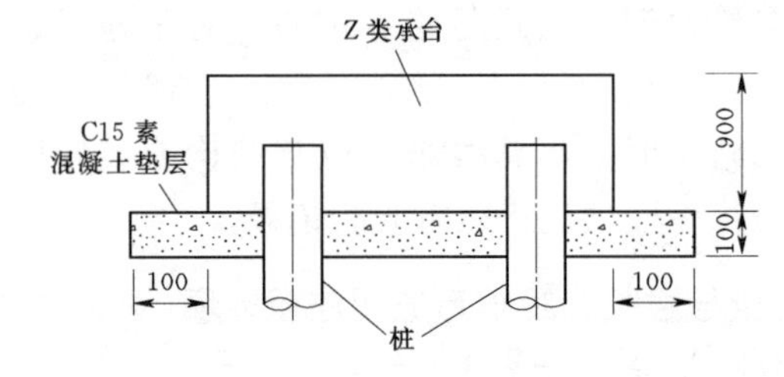
</td></tr>
<tr><td>检查内容</td><td colspan="3">小岭水泥合格证：0437954，复试报告：93－50
中砂合格证：93－90，2－4碎石：93－101
混凝土强度报告：93－1753，1968#</td></tr>
<tr><td>验收意见</td><td colspan="3">经查验：平面布置、密实度、厚度、配合比、外加剂等均符合设计及规范要求，同意验收</td></tr>
<tr><td colspan="2">质量部门</td><td>建设单位</td><td>施工单位</td></tr>
<tr><td colspan="2">代表：</td><td>代表：</td><td>代表：</td></tr>
</table>

9.6　施工日志与施工记录

9.6.1　施工日志与施工记录的概念和作用

施工日志和施工记录都是工程技术档案的重要组成部分。施工日志是建筑工程施工过程中各项施工活动（包括施工技术与施工组织管理）和现场情况变化的综合性记录，是施工现场管理的重要内容之一。它是施工现场管理人员处理施工问题的不可缺少的备忘录和总结施工经验的基本素材。通过查阅施工日志，可以比较全面地了解到当时施工的实况，同时也是工程投入使用后维修和加固的重要依据。施工日志在工程竣工后，由施工单位列

入工程技术档案保存。

施工记录，全称叫工程施工记录，是指工程施工及验收规范中规定的各种记录，是检验施工操作和工程施工质量是否符合设计要求的原始资料。作为技术资料，在工程交完工后将施工记录提交给建设单位，由其列入工程技术档案保存。

9.6.2　施工日志的内容和填写要求

施工日志的内容应视工程的具体情况而定，没有千篇一律的标准，一般应包括以下内容：

(1) 日期、时间、气候、温度。

(2) 施工部位名称、施工现场负责人和各工种负责人姓名及现场人员变动、调度情况。

(3) 施工各班组工作内容实际完成情况。

(4) 施工现场操作人员数量及变化情况。

(5) 施工任务交底、技术交底和安全操作交底情况。

(6) 施工中涉及的特殊措施和施工方法，新技术、新材料的推广应用情况。

(7) 施工进度是否满足施工组织设计与计划调度部门的要求。

(8) 建筑材料、构件进场及检验情况。

(9) 施工机械进场、退场及故障修理情况。

(10) 质量检查情况、质量事故原因及处理方法。

(11) 安全防火检查中发现的问题与改正措施及有关记录。

(12) 施工现场文明施工、场容管理存在的问题及其处理情况。

(13) 停工情况及原因。

(14) 总分包之间、土建与专业工种之间配合施工情况，存在哪些需要进一步协调的问题。

(15) 收到各种施工技术及管理性文件情况。

(16) 施工现场接待外来人员情况，包括建设单位、设计单位的代表对施工现场与工程质量的意见与建议；兄弟单位到施工现场参观学习情况；上级领导或市政职能部门（如市建筑工程质量监督站）到现场视察指导情况等。

(17) 班组活动情况。

(18) 冬雨期施工准备及措施执行情况。

(19) 其他。

施工日志应该按照单位工程填写，从开工日起到竣工交验日为止，逐日记载，不许中断。在工作中若发现人员调动，应进行施工日志的交接，以保持施工日志的连续性、完整性。施工日志一般均采用表格形式，以便记录。

某工程现场施工日志举例见表9.15。

9.6.3　施工记录的内容和填写要求

工程施工记录在工程施工及验收规范中有明确的规定，一般有如下内容：

(1) 混凝土工程、钢筋混凝土工程的施工记录。

表 9.15　　单位工程施工日志

工程内容	×××学生宿舍	气象	晴，有时多云
日期	1999 年 5 月 20 日	气温	11～21℃

内容：
1. 今天起施工五层楼板，预计明天上午铺完。
2. 进小岭水泥 15t，入库，验收完毕。
3. 昨夜小雨，今早上现场较泥泞，中午后渐干。
4. 清理现场东侧的积土，在上面堆放门窗。
5. 中午进砖 3 车。
6. 中午停电 2h，后经交涉又送电。
7. 上午监理来现场，督促进度与质量。
8. 公司副总到现场检查，对工程质量表示满意，鼓励大家努力争取优质工程。
9. 要注意的问题：①楼梯模板与混凝土施工；②楼板板缝要灌注密实；③上楼板时务必注意安全；④加强进场材料的质量检验；⑤水暖电施工与土建配合进行。

技术负责人：×××　　工长：×××　　记录：×××

（2）桩、承台及各种灌注桩基础记录。

（3）预应力混凝土工程的预应力钢筋冷拉记录、千斤顶张拉记录、电热法施加预应力记录。

（4）基础勘探记录（附有钎探编号平面图）。

（5）冬期施工测温记录。

（6）建筑物、构筑物沉降观测记录（附沉降观测布置图）。

（7）各种测量记录。

（8）水暖工程中各种水、气管线和设备的水压、气压密闭性和真空度实验记录。

（9）照明动力配线记录等。

工程施工记录和隐蔽工程验收记录一样，是检验衡量建筑工程施工质量的关键性技术资料，因此，现场施工技术负责人员必须严肃认真，随着工程施工进度及时地、实事求是地按规定表格逐项填写。有些记录，还应附有机具、仪表检验和实验证明资料，并经有关人员签证后方可生效。

施工记录的表格形式，参见有关施工及验收规范。对于新技术、新材料、新结构的工程项目，国家尚无统一的记录格式时，可根据具体情况，自行设计表格形式并详细填写记录。

某工程施工现场混凝土工程施工记录见表 9.16。

表 9.16　　混凝土工程施工记录

工程名称	×××学生宿舍	施工日期	1994 年 5 月 27 日
工程编号	93-373	气温气候	5～19℃
结构名称	七层圈梁、六层楼梯	混凝土量	30m^3
浇筑部位	圈梁、楼梯斜梁	浇筑数量	30（m^3/班）

设计标号：C20　　配制标号：C20

混凝土配合比设计报告编号：

续表

	材料 项目	水泥	砂	石	水	外加剂名称及数量				外掺混合料名称及数量
配合比	配合比	1	2.38	4.05	0.6					
	kg/m^2	300	714	1216	180					
	kg/m^2	75	178.5	304	45					
	材料报告编号	94－20	94－52	94－27						

捣实方法： 振捣棒 拆模时间：6月20日以后

	养护方法	留置组数					
试块	同条件		试块编号				
			试块编号				
			试块编号				
	标养	1	试块编号	5271			
			试块编号	5271			
			试块编号	94－715			

备注：小岭普425号水泥，中砂2－4碎石，坍落度3～5cm，浇水养护

技术负责人： 工长： 记录：

9.7 施工现场文明施工

9.7.1 现场文明施工的概念

现场文明施工是指施工中保持场地卫生、整洁，施工组织科学，施工程序合理的一种施工现象。文明施工的现场有整套的施工组织设计（或施工方案），有健全的施工指挥系统和岗位责任制，工序交叉衔接合理，交接责任明确，各种临时设施和材料、构件、半成品按平面位置堆放整齐，施工现场场地平整，道路通畅，排水设施得当，水电线路整齐，机具设备状况良好，使用合理，施工作业标准规范，符合消防和安全要求，对外界的干扰和影响较小等。一个工地的文明施工水平是该工地乃至所有企业各项管理水平的综合体现，也可以从一个侧面反映建设者的文化素质和精神风貌。

9.7.2 现场文明施工的要求

现场文明施工的要求并无统一的条例，各地区、各企业按照实际需要均制订有自己的一套规章。一般有以下几方面的要求。

1. 现场场容管理方面

（1）工地主要入口处要设置简朴方正的大门，门旁必须设立明显的标牌，标明工程建设的基本情况和施工现场平面简图。

（2）现场围墙与铁丝网必须整齐规矩，并符合地方政府的要求。

（3）建立文明施工责任制，划分区域，明确各自分担的责任，及时清除杂物，保持现场整洁。

(4) 施工现场场地平整，道路通畅坚实，有排水措施，基础、地下管道施工完后要及时回填平整，清除积土。

(5) 现场中的各种临时设施，包括办公、生活用房，仓库、材料与构件堆放场，临时水电管线，要严格按照施工组织设计确定的施工平面图来布置，搭设或埋设整齐，不准乱堆乱放。

(6) 现场水电要有专人管理，不得有长流水、长明灯。

(7) 工人操作地点和周围必须清洁整齐，要做到边干活边清理，活完料净场清。

(8) 各种材料、半成品在场内运输过程中，要做到不洒、不漏、不剩，洒落漏掉时要及时清理。

(9) 要有严格的成品保护措施，严禁损坏污染成品、堵塞管道。

(10) 建筑施工中清除的垃圾残土，要通过楼梯间或施工机械向下清理，严禁从窗口、阳台向窗外抛掷。

(11) 施工现场的残土和垃圾要适当设置临时堆放点，并及时外运。

(12) 针对现场情况设置宣传标语和黑板报，并适时更换内容，起到宣传自己、鼓舞士气、表扬先进的作用。

2. 现场材料、机具管理方面

(1) 现场各种材料要按照施工平面图中规定的位置堆放，堆放场地坚实平整，并有排水措施，材料堆放按照品种、规格分类堆放，要求堆放整齐，易于保管和使用。

(2) 怕潮、怕淋晒的材料要有防潮和苫盖措施，易失小件和贵重物品应入库保管。

(3) 现场使用的机械设备要按施工组织设计规定的位置定点安放，机身经常保持清洁，安全装置必须可靠，机棚内外干净整齐，视线良好。

(4) 塔式起重机轨道要按规定铺设整齐，轨道要封闭，石子不外溢。

3. 现场安全、消防、保卫方面

(1) 在生产中，要严格遵守安全技术操作规程，安全设施齐全，安全措施可靠，坚持使用安全“三件宝”，提升设备要有安全装置。

(2) 现场要有明显的安全施工、防火的宣传标牌、标语，设置足够的消防器材，保持消防道路通畅，严禁吸烟。

(3) 现场用火要经工地负责人批准，易燃、易爆和剧毒物品的使用与保管，要严格按规定执行。

(4) 高层建筑，尤其是临街的高层建筑施工，要严防物体坠落。

(5) 上下人的楼梯与马道要及时清扫，避免跌、滑。

(6) 现场应有专门的保卫和值班人员，坚持昼夜巡视，仓库的门窗要牢固，窗有插销，门要上锁，严防材料、机具丢失被盗。

4. 现场施工对外界的干扰、影响方面

(1) 施工中应尽量减少对周围居民生活的影响和对环境造成的污染。

(2) 施工时少占或不占道路，施工时产生的污水和地面积土尽量不影响居民的出入。

(3) 施工中尽量减少噪声、粉尘、振动、烟雾和强光等对周围居民日常生活的干扰。

(4) 施工中尽量减少对绿地、树木、城市公共设施的破坏，或者对损坏的设施尽快修复，恢复其使用。

(5) 施工中不可避免影响周围居民正常生活时，施工单位应以标语或标牌等宣传方式，向群众解释清楚，以求得到谅解、协作与支持。

5. 现场施工操作规范化、标准化方面

(1) 施工现场各种操作规范、组织机构齐全，施工前向工人班组交底内容全面、清楚。

(2) 工人施工操作能够遵守各种操作规程，严禁不顾安全和设备的“野蛮施工”。

(3) 各种周转性材料（模板、脚手架杆）在拆除时应轻拿递送，以免损坏或缩短使用周期，各种施工机械严禁超负荷使用，杜绝“要钱不要命”的现象。

(4) 各种制品、构件运输装卸时，应轻拿轻放，严禁“野蛮装卸”，损坏物品。

6. 现场生活卫生管理方面

(1) 施工现场办公室、宿舍、食堂等临时房屋要经常清扫，保持卫生清洁，并在竣工交用后及时拆除或清退。

(2) 施工现场要按规定设置临时厕所，经常打扫保持清洁，并定期消毒。

(3) 施工现场和拟建工程严禁随处便溺。

(4) 竣工项目要做到五净，即建筑物入口处和周围要扫净，地面、楼梯要洁净，门窗玻璃要擦净，垃圾桶内要清净，卫生设备要洗净。

上述各项条例为文明施工的基本要求，事实上，文明施工作为体现施工技术与管理水平的综合指标，其含义远非如此。在实际工作中可以根据各地区、各工地的具体情况，制订文明施工的具体条例，不必照搬以上各项要求。

为了推动建筑施工现场的文明施工，一些企业和地区的建设管理部门定期对各工地的文明施工情况进行检查、评定。对优秀的工地授予文明工地称号，对不合格的工地，督促其限期整改，甚至给予适当的经济处罚。

9.8 竣 工 验 收

9.8.1 建筑工程竣工验收概述

建筑工程的竣工，是指房屋建筑通过施工单位的施工建设，业已完成了设计图样或合同中规定的全部工程内容，达到建设单位的使用要求，标志着工程建设任务的全面完成。

建筑工程竣工验收，是施工单位将竣工的建筑产品和有关资料移交给建设单位，同时接受对产品质量和技术资料审查验收的一系列工作，它是建筑施工与管理的最后环节。通过竣工验收，甲乙双方核定技术标准与经济指标。如果达到竣工验收要求，则验收后甲乙双方可以结束合同的履行，解除各自承担的经济与法律责任。

9.8.1.1 竣工验收的依据

(1) 上级有关部门批准的计划任务书，城市建设规划部门批准的建设许可证和其他有关文件。

(2) 工程项目可行性研究报告，整套的设计资料（包括技术设计和施工图设计）、设计变更、设备技术说明和上级有关部门的文件与规定。

(3) 建设单位与施工单位签订的工程施工承包合同。

(4) 国家现行的工程施工与验收规范、建筑工程质量评定标准以及各种省、市规定的技术标准。

(5) 从国外引进的新技术或成套设备项目，还应按照签订的合同和国外提供的设计文件等资料进行验收。

(6) 建筑工程竣工验收技术资料。

9.8.1.2　竣工验收的标准

(1) 交付竣工验收的工种，已按施工图样和合同规定的要求施工完毕，并达到国家规定的质量标准，能够满足生产和使用要求。

(2) 室内上下水、采暖通风、电气照明及线路安装敷设工程，经过试验达到设计与使用要求。

(3) 交工工程达到窗明、地净、水通、灯亮。

(4) 建筑物周围 4m 范围内场地清理完毕，施工残余渣土全部运出现场。

(5) 设备安装工程（包括其中的土建工程）施工完毕，经调试、试运转达到设计与质量要求。

(6) 与竣工验收项目相关的室外管线工程施工完毕并达到设计要求。

(7) 应交付建设单位的竣工图和其他技术资料齐全。

9.8.2　工程技术档案与交工资料

9.8.2.1　工程技术档案及其作用

工程技术档案是指反映建筑工程的施工过程、技术、质量、经济效益、交付使用等有关的技术经济文件和资料。工程技术档案源于工程技术资料，是工程技术管理人员在施工过程中记载、收集、积累起来的。工程竣工后，这些资料经过整理，移交给技术档案管理部门汇集、复印，立案存档。其中一部分作为交工资料移交给建设单位归入基本建设档案。

工程技术档案是施工企业总结施工经验，分析查找工程质量事故原因，提高企业施工技术管理水平的重要基础工作；同时，交工档案也可为建设单位日后进行工程的扩建、改建、加固、维修提供必要的依据。

9.8.2.2　工程技术档案的内容

工程技术档案的内容包括施工依据性资料、施工指导性文件、施工过程中形成的文件资料、竣工文件、优质工程验评审批资料、工程保修与回访资料等 6 个方面。

1. 施工依据性资料

(1) 申请报告及批准文件。

(2) 工程承包合同（协议书）、施工执照。

2. 施工指导性文件

(1) 施工组织设计和施工方案。

(2) 施工准备工作计划。

(3) 施工作业计划。

(4) 技术交底。

3. 施工过程中形成的文件资料

(1) 洽商记录。包括图样会审纪要，施工中的设计变更通知单、技术核定通知单、材料代用通知单、工程变更洽商单等。

(2) 材料实验记录。施工中主要材料的质量证明。

(3) 施工试验记录。包括各种成品，半成品的试验记录。

(4) 各种半成品、构件的出厂证明书。

(5) 隐蔽工程检查验收记录、预检复核记录、结构检查验收证明。

(6) 中间交接记录。复杂结构施工过程中，相邻施工工序或总包与分包之间应办理的中间交接记录。

(7) 施工记录。包括地基处理记录、混凝土施工记录，预应力构件吊装记录、工程质量事故及处理记录、冬雨季施工记录、沉降观测记录等。

(8) 单位施工日志。

(9) 已完分部（项）工程和整个单位工程的质量评定资料。

(10) 施工总结和技术总结。

4. 竣工文件资料

(1) 竣工工程技术经济资料。包括竣工测量、竣工图、竣工项目一览表、工程预决算与经济分析等。

(2) 竣工验收资料。包括竣工验收证明、竣工报告、竣工验收报告、竣工验收会议文件等。

5. 优质工程验评审批材料

若工程交付使用并且被评为国家优质工程，则工程档案中还应包括优质工程申报、验评、审批的有关资料。

6. 工程保修与回访资料

从以上内容可以看出，工程技术档案并不限于工程竣工之前的资料，还包括工程竣工之后一定时期内的各种相关资料。

9.8.2.3 交工资料及其内容

交工资料是工程竣工时施工单位移交给建设单位的有关工程建设情况、建筑产品基本情况的资料。交工资料不同于施工单位的工种技术档案，它只是工程技术档案的一部分，目的是保证各项工程的合理使用，并为维护、改造、扩建提供依据。交工资料包括以下两部分。

1. 竣工文件资料

(1) 竣工图。竣工图是真实地记录已完建筑物或构筑物地上地下全部情况的资料。若竣工工程是按图施工，没有任何变化的，则可以施工图作为竣工图；若施工中发生变更，则视变化情况，在原图样上修改、说明后，作为竣工图，或者重新绘制竣工图。

(2) 军工股工程项目一览表。包括工程项目名称、位置、结构类型、面积、附属设备等。

(3) 竣工验收报告及工程决算书。

2. 施工过程中形成的资料

(1) 图样会审记录，设计变更洽商记录。

(2) 材料、构件、设备的质量合格证明。

(3) 隐蔽工程检查验收记录（包括打桩、试桩吊装记录）。

(4) 施工记录。包括必要的试验检验记录、施工测量记录和建筑物沉降变形观测记录。

(5) 中间交接记录与证明。

(6) 工程质量事故发生和处理记录。

(7) 由施工单位和设计单位提出的建筑物、构筑物使用注意事项文件。

(8) 其他的有关该项工程的技术决定和技术资料。

9.8.3 建筑工程竣工验收工作

为了加强对竣工验收工作的领导，一般在竣工之前，根据项目的性质、规模，成立由生产单位、设计单位和建设银行等有关部门组成的竣工验收委员会。某些重要的大型建筑项目，应报国家发展与改革委员会组成验收委员会。

(1) 竣工验收准备工作。在竣工验收之前，建设单位、生产单位和施工单位均应进行验收准备工作。其中包括：

1) 收集、整理工程技术资料、分类立卷。

2) 核实已完工程量和未完工程量。

3) 工程试投产或工程使用前的准备工作。

4) 编写竣工决算分析。

(2) 预验收。施工单位在单位工程交工之前，由施工企业的技术管理部门组织有关技术人员对工程进行企业内部预验收，检查有关的工种技术档案资料是否齐备，检查有关的工种技术档案资料是否齐备，检查工程质量按国家验收规范标准是否合格，发现问题及时处理，为正式验收做好准备。

(3) 工程质量检验。根据国家颁布的《建筑工程质量监督条例》规定，由质量监督站进行工程质量检验。质量不合格或未经质量监督站检验合格的工种，不得交付使用。

(4) 正式竣工验收。由各方组成的竣工验收委员会对工程进行正式验收。首先听取并讨论预验收报告，核验各项工程技术档案资料，然后进行工程实体的现场复查，最后讨论竣工验收报告和竣工鉴定书，合格后在工程竣工验收书上签字盖章。

(5) 施工单位向建设单位移交工程交工档案资料进行竣工决算，拨付清工程款。

由于各地区竣工验收的规定不尽相同，实际工作中按照本地区的具体规定执行。

9.8.4 施工总结和工程保修、回访

竣工验收之后，施工单位还有两项工作要做，就是施工总结和工程保修、回访。

9.8.4.1 施工总结

施工结束后，施工单位应该认真总结本工程施工的经验和教训，以提高技术和管理水平。施工总结包括技术、经济与管理几个方面。

1. 技术方面

主要总结在施工中采用了哪些新材料、新技术和新工艺及相应的技术措施。

2. 经济方面

考核工程的总造价、成本降低率、全员劳动生产率、设备利用率和完好率、工程质量优良品率等指标。

3. 管理方面

采用了哪些先进的管理方式、管理手段，产生了哪些良好效果等。

9.8.4.2 交工后保修、回访

工程交工后，施工单位还要依照构件规定，在一定时期内对施工建设的工程进行保修，以保证工程的正常使用，体现企业为用户服务的思想，树立企业的良好形象。国家对保修期的规定是：

（1）基础设施工程、房屋建筑的地基基础工程和主体结构工程，为设计文件规定的该工程的合理使用年限。

（2）屋面防水工程、有防水要求的卫生间、房间和外墙面的防漏为5年。

（3）供热与供冷系统为2个采暖期、供冷期。

（4）电气管线、给排水管道、设备安装和装修工程为2年。建筑工程的保修期，自竣工验收合格之日起计算。

在工程保修期内，施工单位应该定期回访用户，听取用户对工程质量与使用的意见，发现由施工造成的质量事故和质量缺陷，应及时采取措施进行保修。

本章小结

本章主要介绍施工现场的各项技术管理工作（施工作业计划、技术交底、材料检验与实验等）、日常业务管理工作（隐蔽工程检查验收、施工日志、现场文明施工等）以及竣工验收管理工作。

训 练 题

（1）施工作业计划的内容有哪些？如何贯彻实施？

（2）什么是施工技术交底？编制要求有哪些？

（3）技术交底包括哪些内容？要求有哪些？

（4）对几种主要材料如何进行进场检验？

（5）隐蔽工程需要检查和验收的项目有哪些？具体内容是什么？

（6）施工日志和施工记录的内容有哪些？如何填写？

（7）施工现场文明施工的内容有哪些？

（8）建筑工程竣工验收的依据和标准是什么？

第 10 章　计算机辅助施工组织设计

学习目标： 掌握“标书编制”软件、“项目管理”软件和“平面图布置”软件的使用技术，能够采用软件进行施工组织设计文件的编制，初步具备技术标书的编制能力。

10.1　标书编制软件应用

随着信息技术的发展，很多省、自治区、直辖市已经开始通过信息技术提高建设工程招投标的工作效率和服务质量，个别省、自治区、直辖市初步进行了计算机电子评标的试点工作，并取得了一定成效。随着人们观念的更新以及互联网技术的普及，招投标工作的电子化已经成为行业发展的趋势，招投标工具软件由此而生。应用专业软件能科学、快速地编制投标文件，使“信息存于指间”成为现实。

10.1.1　软件基本操作流程图

投标书编制流程如图 10.1 所示。

10.1.2　软件基本操作流程

10.1.2.1　创建标书框架

投标书框架可以新建，也可以从招标书生成，主要由投标要求的实际情况决定。

10.1.2.2　编辑标书

在标书管理窗口选择投标书后，右键单击菜单“打开标书”项，将打开投标书，如图 10.2 所示。

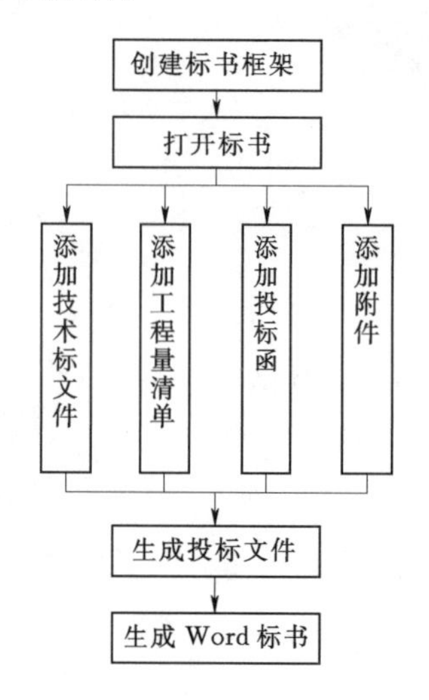

图 10.1　投标书编制流程图

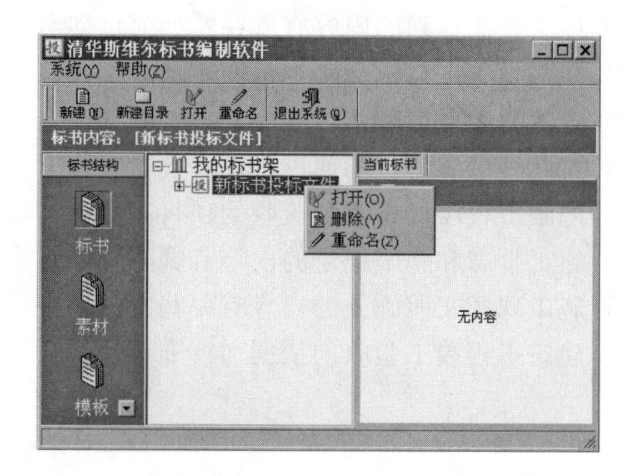

图 10.2　打开标书

打开标书后将进入标书编制界面。

标书编制界面由左侧的标书节点树与右侧的标书显示区组成，如图 10.3 所示。

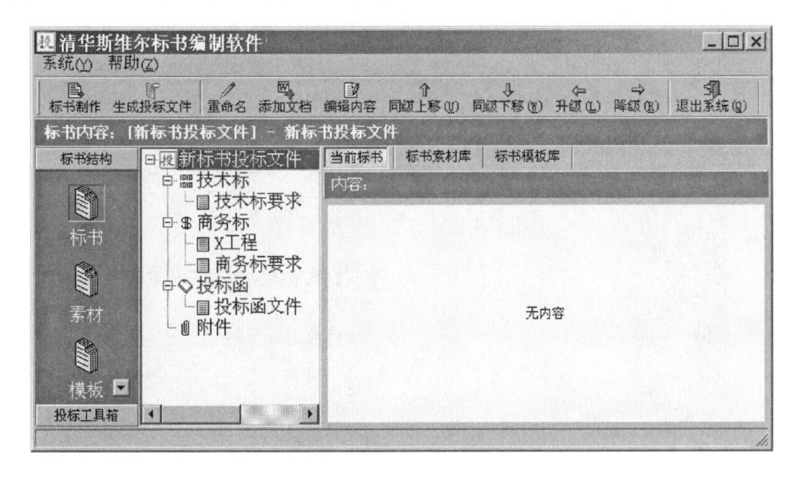

图 10.3 标书预览

10.1.2.3 投标书结构

标书节点树由不同级别的节点组成，每个节点具有各自的操作属性。软件新生成的投标书默认带有 4 个 1 级节点，由 4 部分内容组成：技术标、商务标、投标函、附件。

10.1.2.4 添加资源

资源放置区的资源来自素材和模板，在编辑标书、素材或者模板的时候可以选择使用。资源放置区有 3 个标签页："当前标书"，"标书素材库" 和 "标书模板库"，分别用来关闭资源放置区，切换到标书素材库和切换到标书模板库。

如果是第一次选择 "标书素材库" 和 "标书模板库"，将弹出选择对话框，如图 10.4 所示。

图 10.4 资源选择

素材和模板依然是采用树形结构显示的，标书素材库的根节点是 "标书素材库"，而标书模板库的根节点是 "标书模板库"，选择需要的资源后点击 "打开" 就打开一个资源。

10.1.2.5 投标书制作

1. 技术标

技术标部分主要包括：施工组织设计或施工方案、项目管理班子配备情况、项目拟分包情况、替代方案和报价（如要求提交）。

导入招标书时生成的投标书范本中已经将技术标的编制要求提取并加入到技术标节点下。单击 "技术标要求" 节点，在标书显示区将显示要求的具体内容，如图 10.5 所示。

技术标的编制主要通过光标进行操作。在 "技术标" 节点上方右击将弹出快捷菜单。

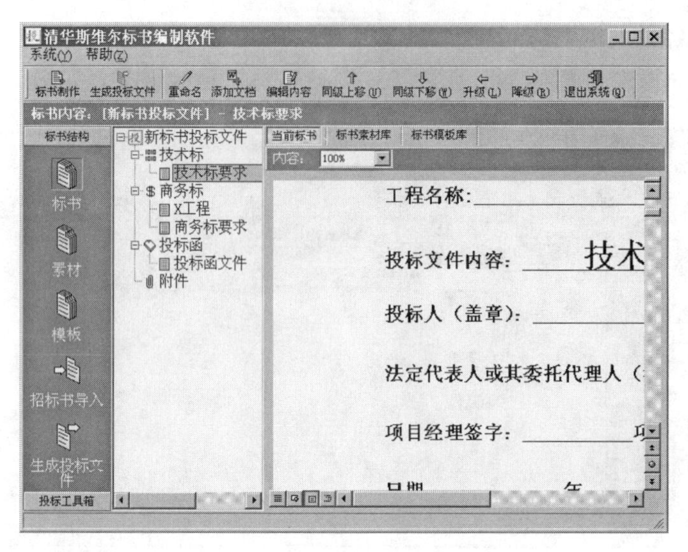

图 10.5　技术标要求预览

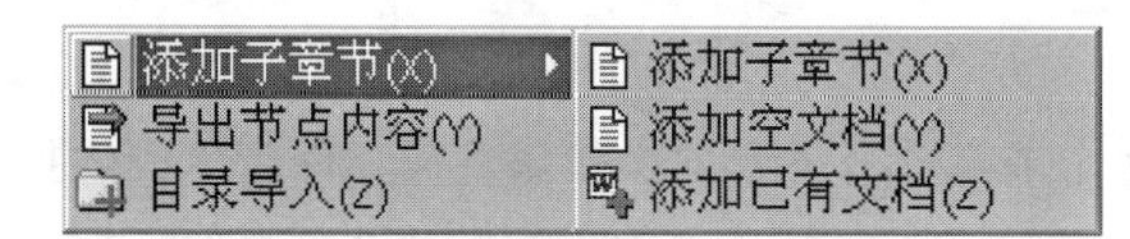

图 10.6　技术标节点的快捷菜单

在技术标的子节点上右击将弹出快捷菜单，如图 10.6 所示。

2. 商务标

商务标主要包括工程量清单报价文件。导入招标书时生成的投标书范本中已经将商务标的编制要求提取并加入到商务标节点下，“商务标要求”以外的节点是需要上报的商务标清单报价文件。

需要添加的商务标文件个数与名称由招标书指定，用户需要按照招标书的要求分别编制每个商务标文件，并通过在节点上方的右键菜单绑定文件。

在“商务标要求”节点上右击将弹出 删除(D) 菜单。执行删除命令，可以对商务标要求节点进行删除。在“商务标要求”以外的节点上右击将弹出 绑定文档(Z) 菜单。因该节点为招标书规定必须提交的，所以仅提供绑定文档功能，单击“绑定文档”将弹出文件选择对话框，如图 10.7 所示。选择计价文件并单击“打开”后，软件将进行文档的绑定工作。

图 10.7　选择商务标文件

3. 投标函

投标函为投标文件的重要组成部分，导入招标书时生成的投标书范本中已经将投标函提取并加入到“投标函”节点下。

双击“投标函文件”节点将进入编辑状态，用户可以像在Word中一样对文档进行编辑，可以对文档进行保存、保存退出、不保存退出的操作。

如果不采用系统自动导入的投标函，用户也可以添加已经做好的投标函文件，在“投标函”节点上右击将弹出“添加投标函文件(Y) 导出节点内容(Z)”菜单。

单击“添加投标函文件”菜单项将弹出选择文件对话框，选择已经做好的投标函文件添加即可以。

4. 附件

附件中文档为上述3个节点无法包含而投标时必须提交的文档，包括施工进度图表、施工平面布置图文件、施工图纸等。在“附件”节点上右击将弹出下面所示菜单“

”。

单击“施工进度图表”菜单项将弹出选择文件对话框，选择已经做好的施工进度图表文件添加即可。

单击“施工平面布置图文件”菜单项将弹出选择文件对话框，选择已经做好的施工平面布置图文件添加即可。

10.1.2.6 生成Word投标书

标书制作完成以后，可以利用软件提供的“标书制作”功能将标书输入到Word中进行调整与打印。首先需要打开一份投标书，进入标书预览状态后单击“系统”菜单的“标书制作”，软件将自动提取投标书中的所有Word文档并组合成为新的完整标书。

首先弹出标书样式对话框，如图10.8所示。

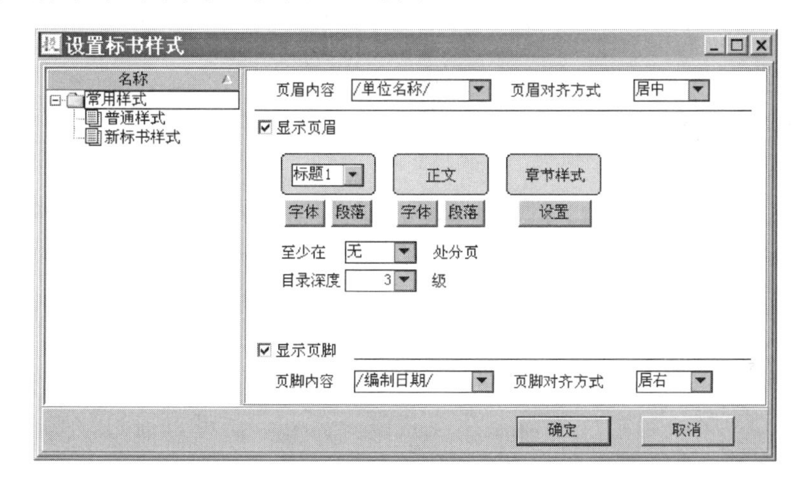

图10.8 设置标书样式

这里可以设定将要生成的标书的段落，文字风格，页眉，页脚内容等。设置样式后，单击“确定”将进行标书的合成工作，如图10.9所示。

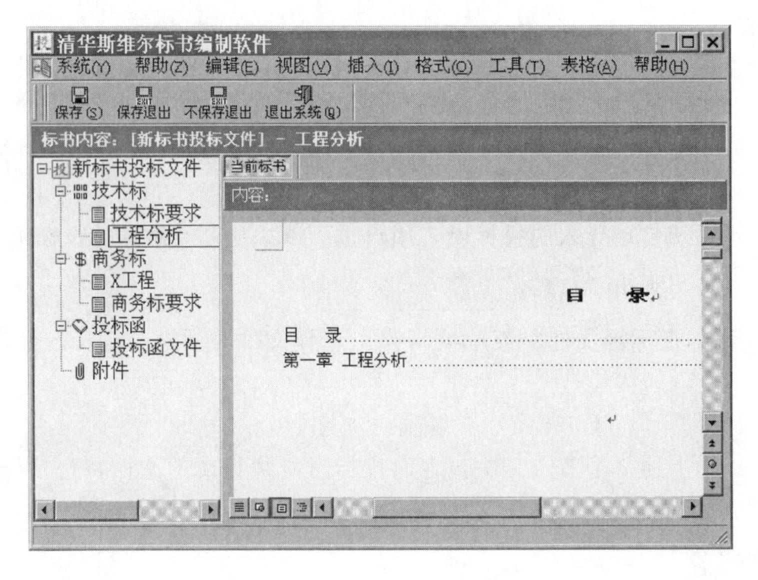

图 10.9　生成 Word 标书

10.1.2.7　生成投标文件

编制完成投标文件后，单击工具栏的“生成投标文件”按钮，将弹出“生成投标文件”对话框，如图 10.10 所示。

单击“浏览”按钮，将弹出目录选择对话框，选择存放位置并输入公司名称后，单击“导出”按钮。导出完成后将弹出提示框，单击“确定”按钮后，“生成投标书”对话框被关闭，进入电脑中保存的目录可以看到生成的投标文件，如图 10.11 所示。

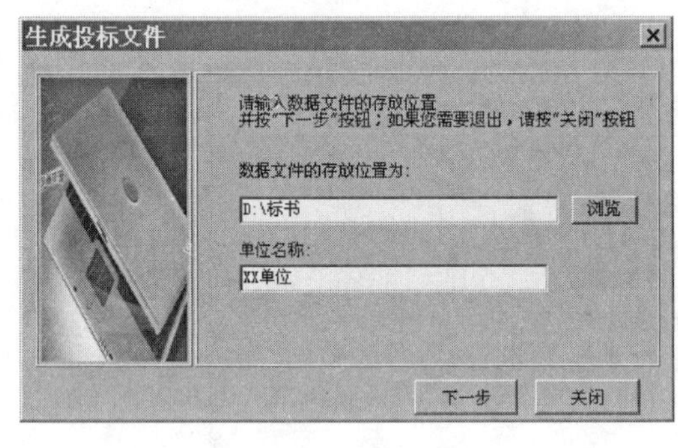

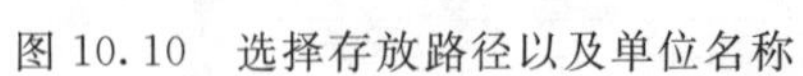
图 10.10　选择存放路径以及单位名称

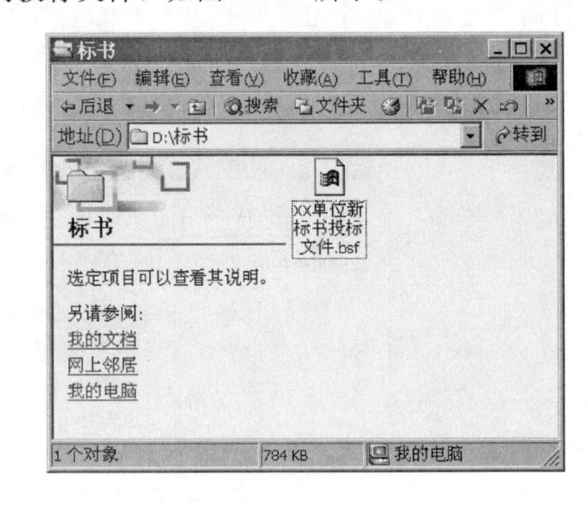

图 10.11　标书生成确认

至此，一份电子投标书文件就制作完成了。另外，还可以通过“系统”菜单下的“浏览标书文件”命令来浏览制作的投标文件。

10.1.3　素材与模板的维护

1. 新建

在素材管理状态和模板管理状态下，选择新建素材和模板命令后弹出“新建”对话

框，如图10.12所示。

输入新建的素材或者模板名称后，选择“✓确定”就可以看到新建的素材或者模板了。

2. 新建目录

目录用来将不同类型的素材或者模板分开存放，在素材管理状态或者模板管理状态下，选择工具栏的“新建目录”命令，将弹出“新建目录”对话框，输入名称后选择“✓确定”就可以看到新建的目录了，如图10.13所示。

图10.12　新建对话框

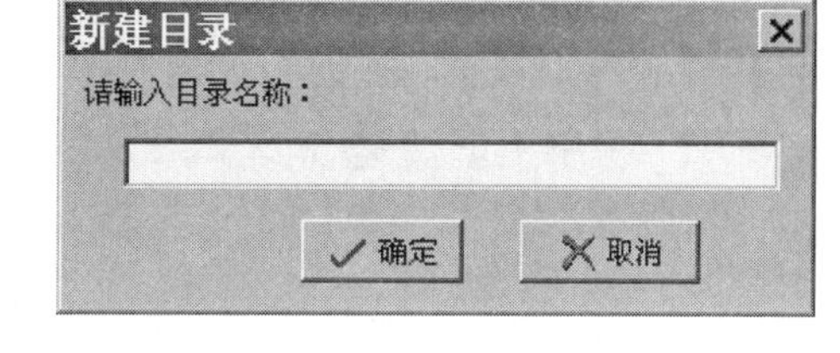

图10.13　新建目录对话框

3. 打开

打开素材或者模板操作只可以在素材或者模板的管理状态下进行。

首先选择需要打开的素材节点素或者模板节点模，然后选择右击菜单的“打开”命令。软件将进入素材或者模板的预览状态，就可以预览素材或者模板中所有的文件了。

4. 删除

删除素材或者模板操作同样只可以在素材或者模板的管理状态下进行。

首先选择需要删除的素材节点素或者模板节点模，然后右击“删除”项。软件会弹出确认对话框，确认后将删除该节点，且该操作无法撤销。

5. 编辑

像标书一样，素材和模板也是可以编辑和修改的，处理的方法也相同，这里不再重复了。

6. 标书与素材模板的转换

在标书预览状态下，右击标书树的根节点，在出现的快捷菜单中有“素另存为素材”“模另存为模板”命令，如果选择“素另存为素材”命令，再次切换到素材管理状态就会看见新生成的素材，模板也是一样的，如图10.14所示。

7. 用户密码设定

为了方便管理，应用程序提供了密码保护的功能，设定密码的方法如下：使用“系统”菜单的“密码设定”对话框可以修改密码，如图10.15所示。

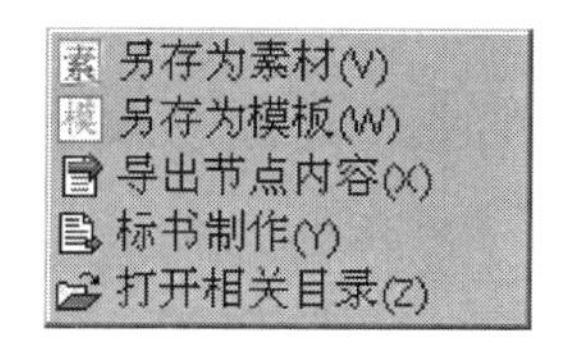

图10.14　标书根节点的快捷菜单

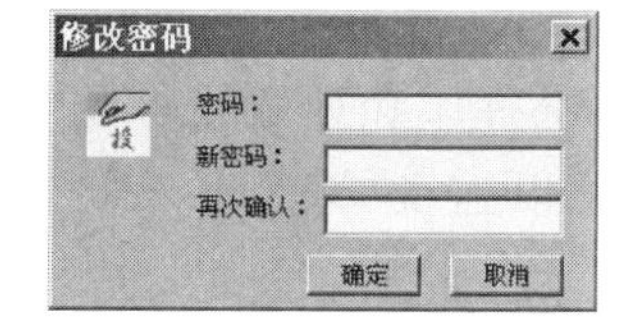

图10.15　“修改密码”对话框

在输入分别旧密码和两次相同的新密码（密码由数字和英文字母组成）之后，选择确定，新密码就启用了。以后启动软件时，就会弹出“身份确认”对话框，请求输入密码，只有密码正确，才可以启动系统，如图 10.16 所示。

图 10.16　“身份确认“对话框

如果修改密码时空缺 2 个新密码编辑框，就清除了密码，以后启动软件时，将不会弹出“身份确认”对话框。

8. 法律法规查询

标书编制软件内置了查询相关的法律法规的功能，选择“系统”菜单下的“相关法律法规”命令，就会弹出“法律法规查询”对话框，如图 10.17 所示。

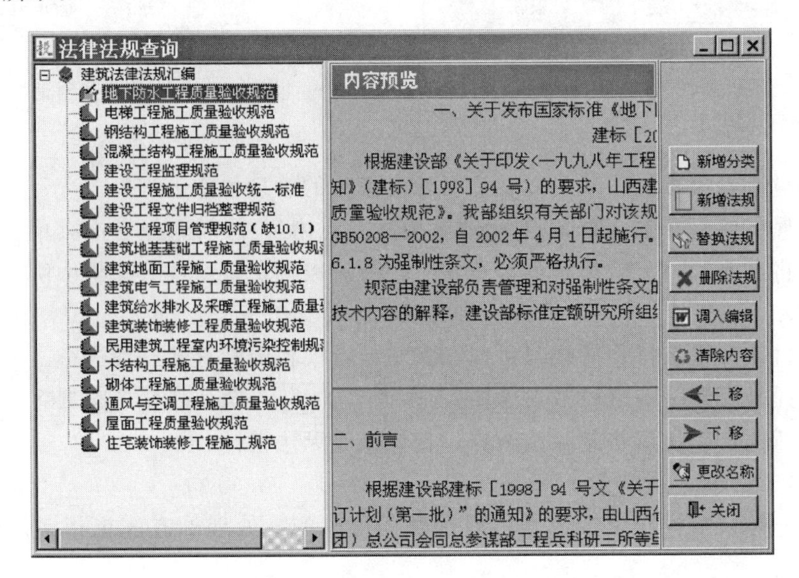

图 10.17　“法律法规查询”对话框

界面分为 3 个部分：法律法规列表，内容预览，命令按钮。选择一个需要的法规后，选择“调入编辑”命令将法规调入 Word 中使用。

9. 基本信息设定

基本信息包括“单位名称”和“单位编号”，可以选择主菜单的系统下的“设置基本信息”命令来打开基本信息对话框，如图 10.18 所示。

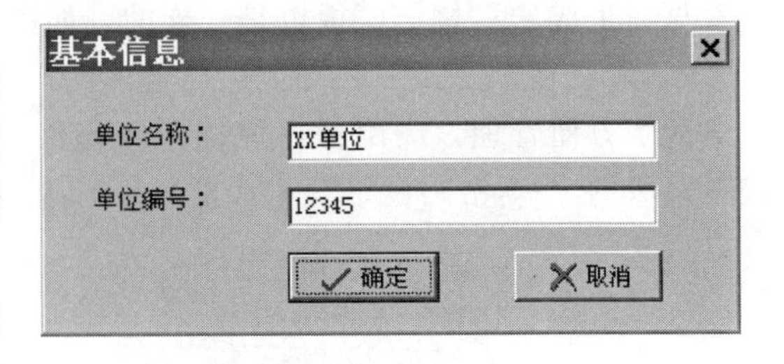

图 10.18　基本信息设定

基本信息用于打印和生成投标文件的缺省值，这样可以避免多次输入同样的信息。

第一次运行标书编制软件时自动弹出“基本信息”对话框。

10. 素材和模板的下载更新

方法一：到清华斯维尔的网站 www.thsware.com 上下载需要的素材和模板更新包。

方法二：双击运行更新包，更新将自动定位标书软件数据目录并自动更新素材模板。

10.2 项目管理软件应用

10.2.1 软件基本操作流程图

软件基本操作流程图，如图 10.19 所示。

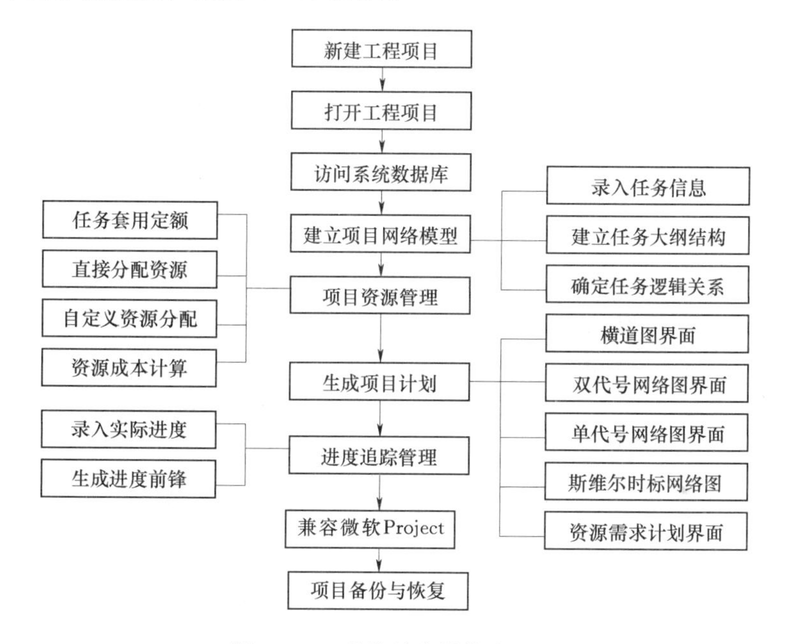

图 10.19 软件基本操作流程图

10.2.2 软件基本操作流程

10.2.2.1 启动软件

从“开始”菜单选择或者在桌面上直接双击图标启动本系统，如图 10.20 所示。

10.2.2.2 新建工程项目

启动智能项目管理软件后，弹出如图 10.21 所示的“新建”对话框。

选择“新建空项目”，单击“确定”按钮，弹出“项目信息”对话框，如图 10.22 所示。

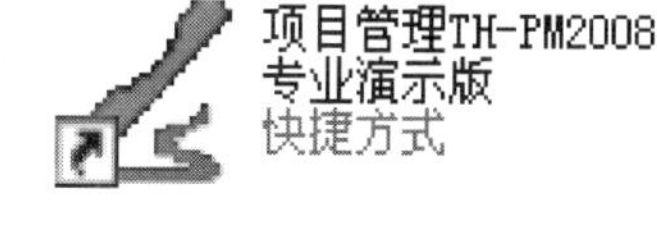

图 10.20 直接双击桌面快捷启动

在对话框中录入项目的各类信息，包括：项目常规信息、工程信息、各类选项信息以及备注信息等。按“确定”按钮完成项目信息的录入。

在介绍任务的基本操作前，首先简单介绍一下软件中经常使用的一个对话框——“任务信息”对话框，用户在横道图界面、网络图界面中均可通过该对话框完成各类基本的任

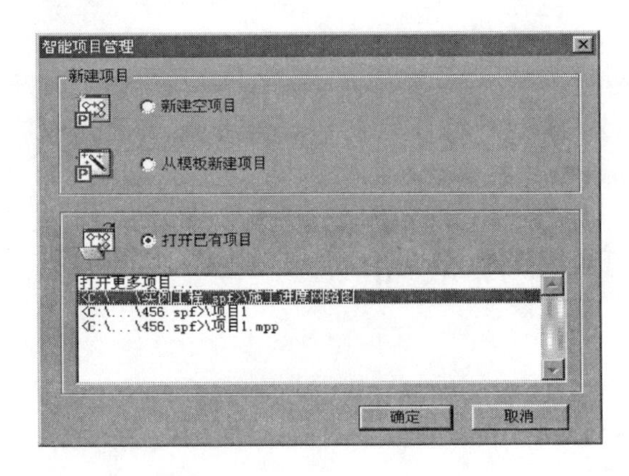

图 10.21　“新建”对话框

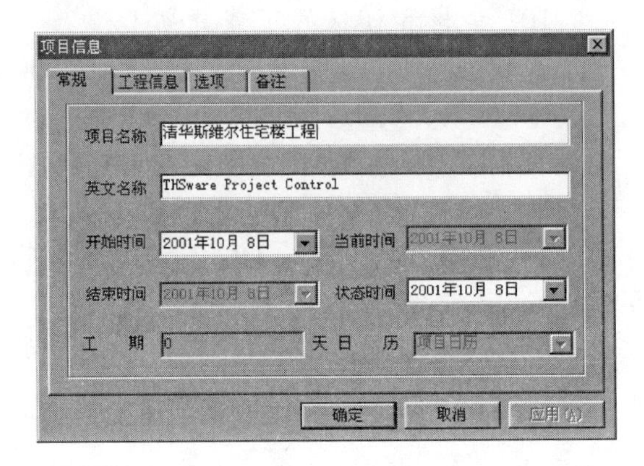

图 10.22　“项目信息”对话框

务操作。“任务信息”对话框由“常规、任务类型、前置任务、资源、成本统计、备注”选择卡构成。

1. “常规”选择卡

“常规”选择卡集中了该任务的各类基本信息，如图 10.23 所示。

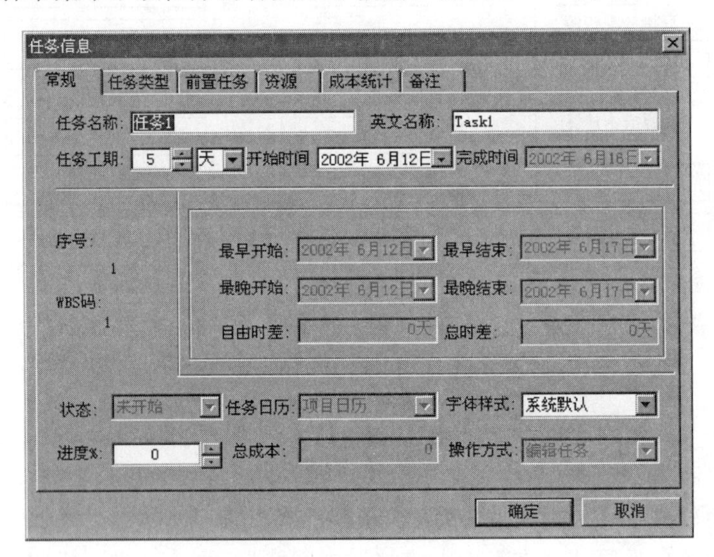

图 10.23　“常规”选择卡

2. “任务类型”选择卡

“任务类型”选择卡主要显示该任务的具体类型，以方便用户查阅，如图 10.24 所示。

3. “前置任务”选择卡

“前置任务”选择卡主要显示该任务的前置任务编号、名称以及两者间的逻辑关系与延迟时间，如图 10.25 所示。

4. “资源”选择卡

“资源”选择卡用来显示和分配任务的资源，通过该界面可以进行任务的资源分配，如图 10.26 所示。

图 10.24 “任务类型”选择卡

图 10.25 “前置任务”选择卡

5. “成本统计”选择卡

“成本统计”选择卡主要显示任务的成本计算结果，同时依据费用来源将费用划分为标准与自定义两类，“标准”表示该费用来源于系统工料机数据库中的资源消耗，“自定义”表示该费用来源于用户自定义资源库中的资源消耗，如图 10.27 所示。

6. “备注”选择卡

“备注”选择卡主要记录任务的各类备注信息。“备注”选择卡如图 10.28 所示。

10.2.2.3 分解工作任务

工作任务分解（WBS）是将一个项目分解成易于管理的一些细目，它有助于找出完成项目所需的所有工作要素，是项目管理中十分重要的一步操作。例如某工程具体分解为

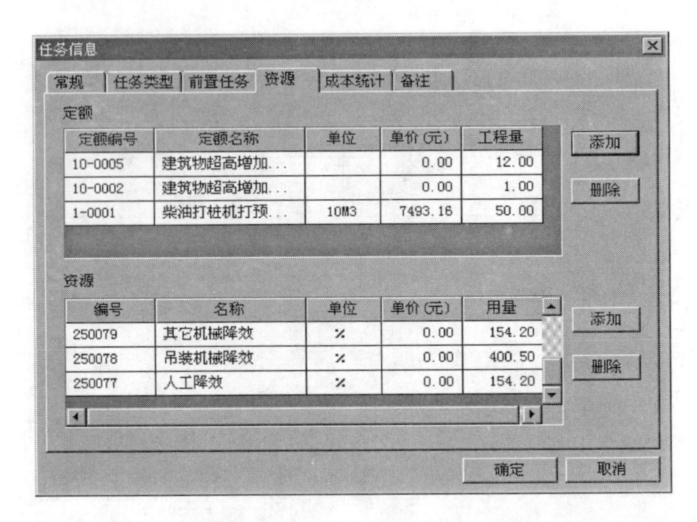

图 10.26　“资源”选择卡

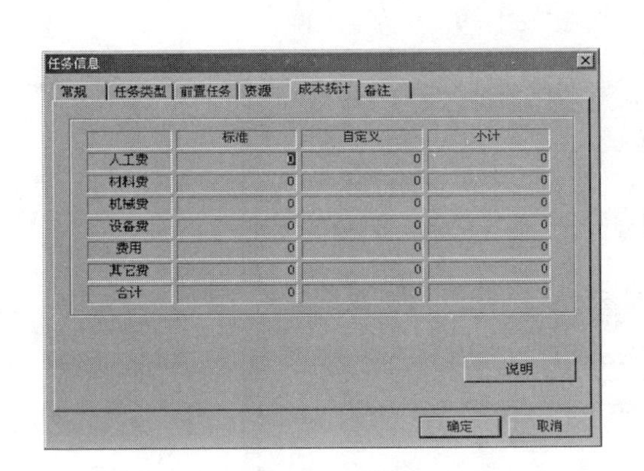

图 10.27　“成本统计”选择卡

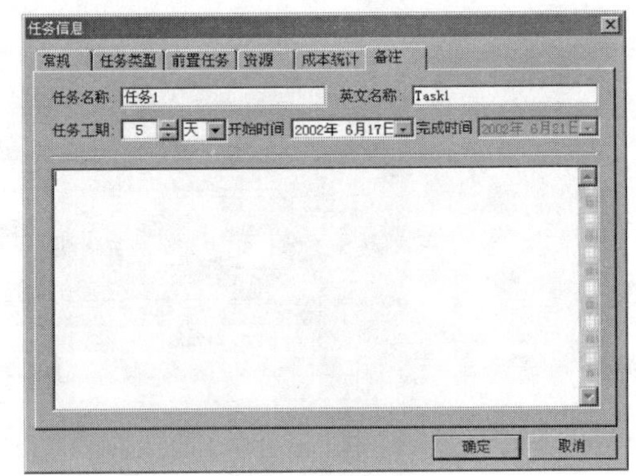

图 10.28　“备注”选择卡

如图 10.29 所示的等级树形式。

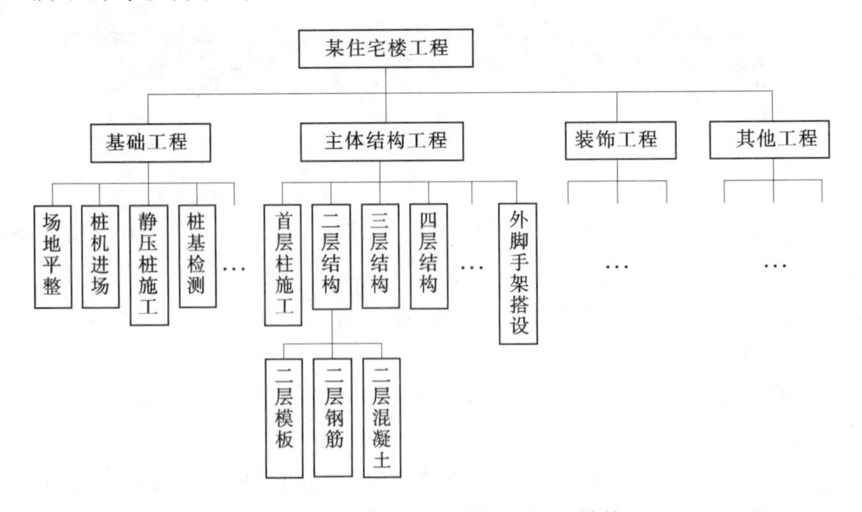

图 10.29　某住宅楼工程的 WBS 结构

10.2.2.4 横道图任务操作

软件缺省为项目横道图的界面，新建任务在此界面中进行任务信息的录入，如图10.30所示。

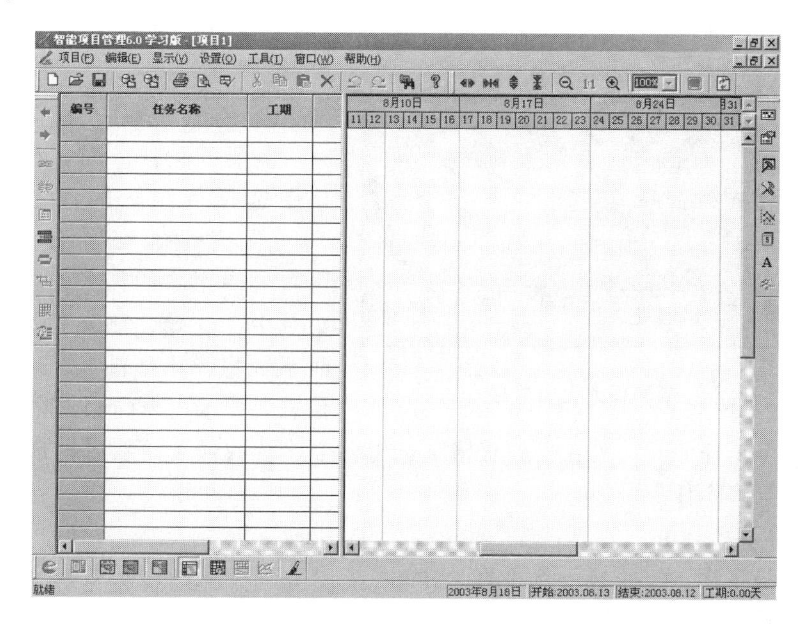

图 10.30 横道图编辑界面

1. 新建任务

在横道图界面中新建任务的方式主要有3种：

(1) 通过菜单命令新建任务。执行“编辑”菜单的“插入任务”命令，或直接单击“添加新任务”按钮，弹出“任务信息”对话框，在对话框中录入新建任务的基本信息。同时对任务的“开始时间”进行设置，软件缺省为：当该任务与其他任务间存在逻辑关系时，开始时间依据系统网络时间参数自动计算；当该任务与其他任务间不存在逻辑关系时，任务的开始时间可由用户自行指定。

(2) 直接在任务表格中输入新任务信息。在界面左侧“任务名称”表格中，可直接新增录入任务信息——任务名称与任务工期，具体如图10.31所示。其开始时间项与前述内容相同。

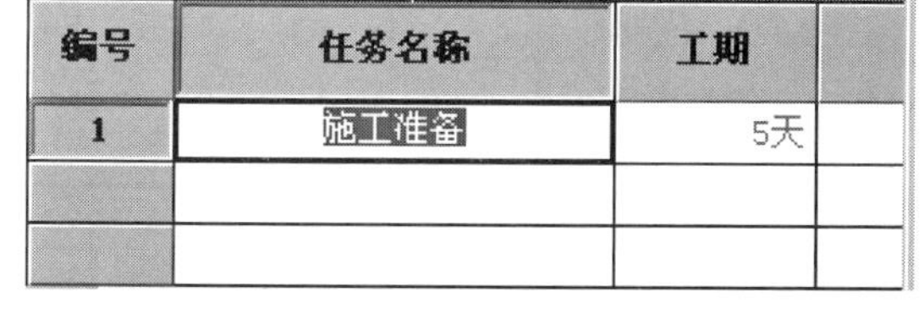

编号	任务名称	工期	
1	施工准备	5天	

图 10.31 在任务表格中新增任务

需要注意：新建任务有两种类型：一种是添加的新任务，执行添加新任务，即在任务表格的最尾部添加一行新的任务；另一种是插入新任务，即用光标选中一个任务，执行“插入任务”命令，则在当前位置处插入新任务。为方便的插入与添加操作，可在表格中单击光标右键便会弹出快捷菜单，选择需要的方法进行操作。

(3) 在横道图条形图中通过光标拖拽新建任务。

2. "编辑/查询"任务信息

需要"编辑/查询"任务的各类信息时，可通过软件提供的编辑任务功能实现。首先选择好待编辑的任务，然后执行"编辑"菜单的"编辑任务"命令，或直接单击工具栏上的"编辑任务"快捷按钮，系统将弹出前述介绍的"任务信息"对话框，通过该对话框可方便地"修改/查询"任务的各方面信息。

3. 删除任务

需要删除任务时，首先在任务表格中选择待删除的任务，然后执行"编辑"菜单的"删除任务"命令；也可右击待删除的任务，在弹出的快捷菜单中，选择"删除任务"命令。此时系统将弹出如图 10.32 所示的提示信息，要求用户确认删除选中的任务。

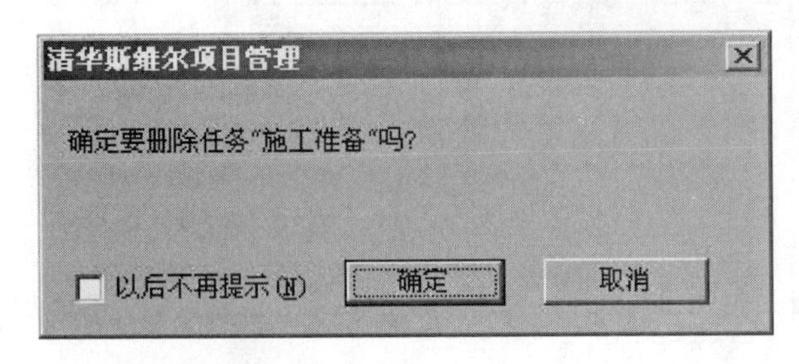

图 10.32　删除任务提示信息

需要删除多个任务时，可在任务表格中选中多个连续的任务，然后再选择删除操作，如此可同时删除多个任务。

4. 链接任务

链接任务是指建立任务与任务间的逻辑关系，是建立项目网络模型十分重要的一步。有多种方式实现链接任务的操作。

方式一：通过"任务信息"对话框的前置任务选择卡，实现任务链接操作，具体如图 10.33 所示。

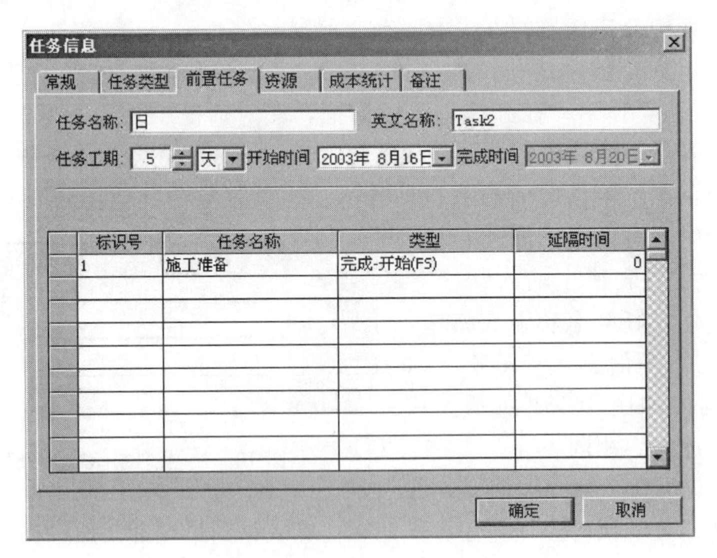

图 10.33　链接任务方式一

在"前置任务"选择卡中，用户首先应通过"标识号"的下拉列表或"任务名称"下拉列表，选择当前任务的前置任务，然后通过"类型"的下拉列表确定当前任务与前置任务间的逻辑关系类型，同时如果任务间存在延隔时间，需要在"延隔时间"项中输入的具体的数值，默认情况下时间单位为天（d）。

方式二：在横道图界面的条形图中通过直接拖拽，完成连接任务操作。如施工准备与土方工程两者为“完成—开始”类型的逻辑关系，施工准备为该逻辑关系的前置任务，土方开挖为该逻辑关系的后继任务，具体步骤如下：

1）将光标放置在横道图右侧的任务条形图中的前置任务上，等光标的形式变为十字形，如图 10.34 所示。

2）按住左键，此时光标形式将变为链接形式，表明可以进行链接操作。按住左键的同时，进行拖拽操作，将关系线拖拽至后继任务的条形图上，如图 10.35 所示。

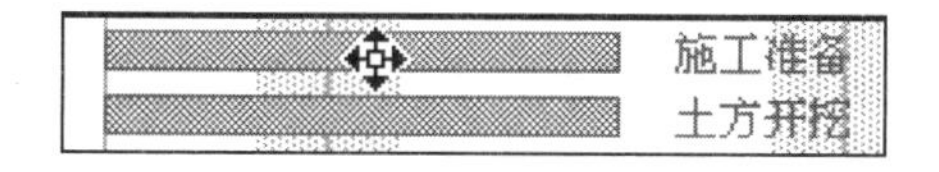

图 10.34 十字形光标

图 10.35 拖拽图标

3）将两任务的逻辑关系设置为“完成—开始”类型。注意，采用该种方式链接任务时，任务间的逻辑关系默认为“完成—开始”类型。以上操作后的结果如图 10.36 所示。

4）当要修改任务间的逻辑关系类型时，例如将上述关系由“完成—开始”类型修改为“开始—开始类型”，并需要考虑 5d 延隔时间，即施工准备工作开始后 5d 才进行土方开挖工作，可通过以下方法修改任务的逻辑关系类型。首先在将光标移动至关系线位置处，然后双击鼠标左键，系统将弹出如图 10.37 所示的任务相关性对话框。

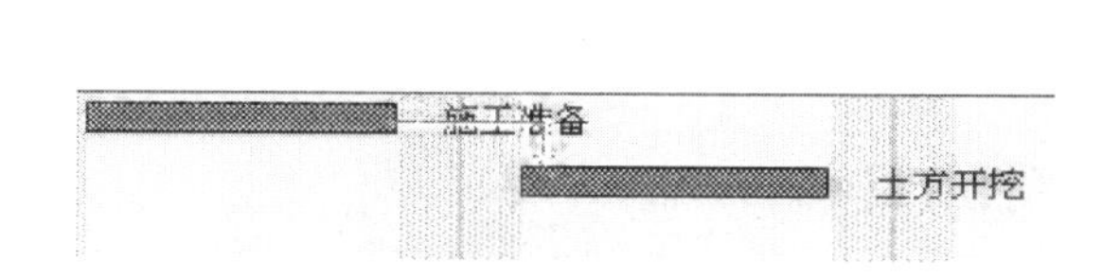

图 10.36 任务链接后的结果

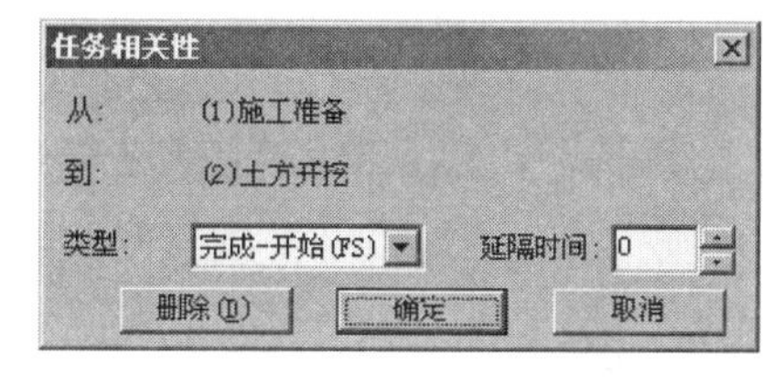

图 10.37 任务相关性对话框

在对话框的类型下拉列表中选择“开始—开始（SS）”类型，然后在延隔时间处输入 5d 的数值，最后按“确定”按钮，修改后的条形图变为如图 10.38 所示。

方式三：当需要链接任务表格中多个连续的任务时，可采用以下操作：选中多个连续的任务，如图 10.39 所示。

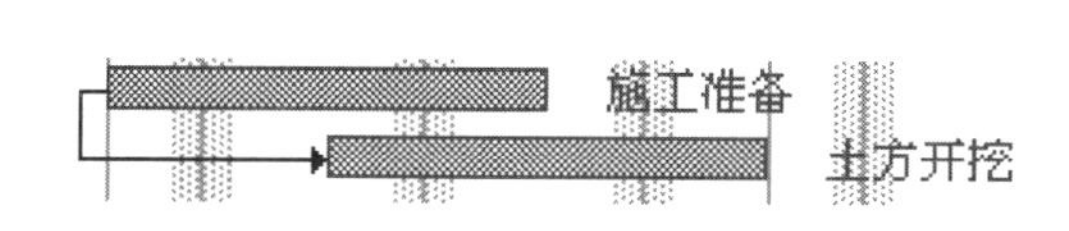

图 10.38 修改逻辑关系后的条形图

编号	任务名称	工期	开
1	施工准备	10天	
2	土方开挖	10天	
3	垫层施工	10天	
4	基础砌筑	10天	
5	土方回填	10天	

图 10.39 选中多个连续任务

然后，执行“编辑”菜单的“链接任务”命令，或单击工具栏的“链接任务”快捷按钮，则系统将按顺序将以上任务的逻辑关系设定为“完成—开始”类型，其条形图如图 10.40 所示。

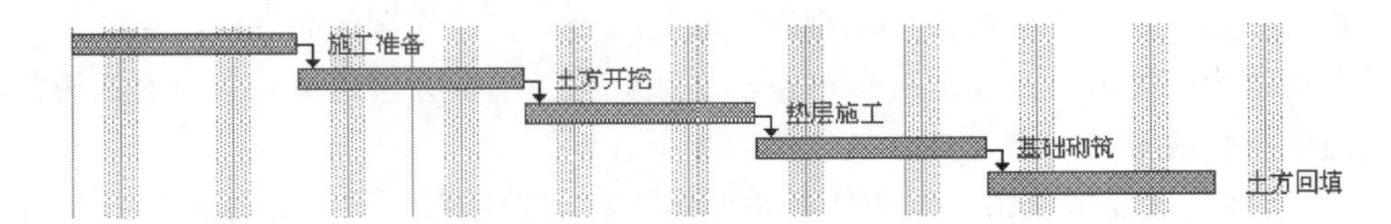

图 10.40　对连续任务采用链接命令后的条形图

5. 取消任务链接

取消任务连接的操作主要有 3 种方法，其中第 1 种和第 2 种方法主要是针对非连续链接的任务，第 3 种方法针对连续链接的任务。方法一：选中已链接任务中的后继任务，在该任务信息对话框的“前置任务”选择卡中设定“类型”项为“无”，如图 10.41 所示。

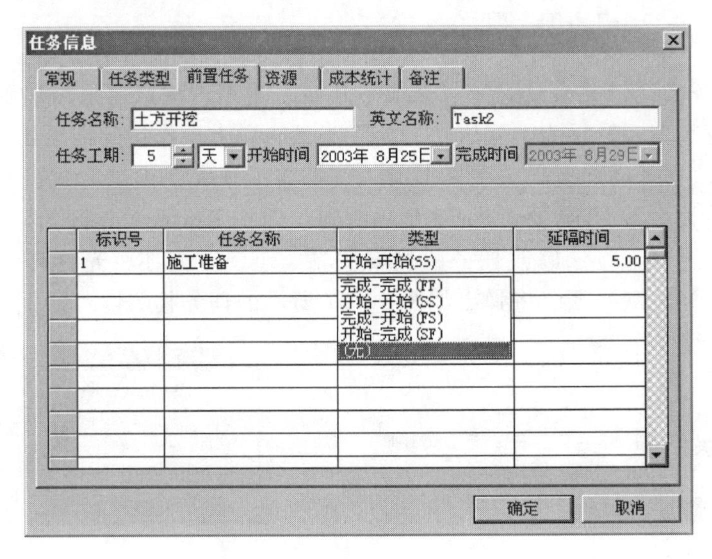

图 10.41　取消任务链接方法一

方法二：直接在条形图界面中，将光标移至待取消链接的关系线位置双击，在弹出的“任务相关性”对话框中设定“类型”项为“无”，如图 10.42 所示。

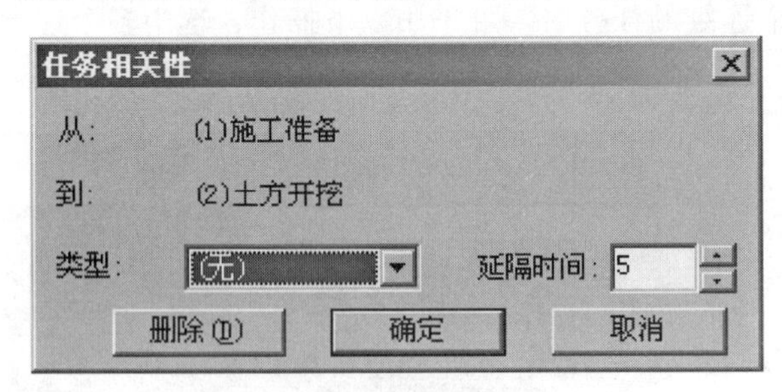

图 10.42　取消任务连接方法二

方法三：在任务表格中用光标选中连续任务，然后执行“编辑”菜单的“取消链接”命令，或直接单击工具栏的“取消链接”快捷按钮，便可取消链接。

6. 复制任务

具体操作方法如下：首先在任务表格中选择需要复制的任务，单个任务或连续的多个任务。然后执行“编辑”菜单的“复制任务”命令，或右击需要复制的任务，并在弹出的快捷菜单中选取“复制任务”命令。之后选择需要复制任务的具体位置，执行“粘贴任务”命令，完成任务的复制与粘贴操作。注意：复制多个连续任务时，任务间的逻辑关系也会一同复制过来，如

图 10.43 所示。该例中复制了“垫层施工”、“基础砌筑”、“土方回填”3 项任务。

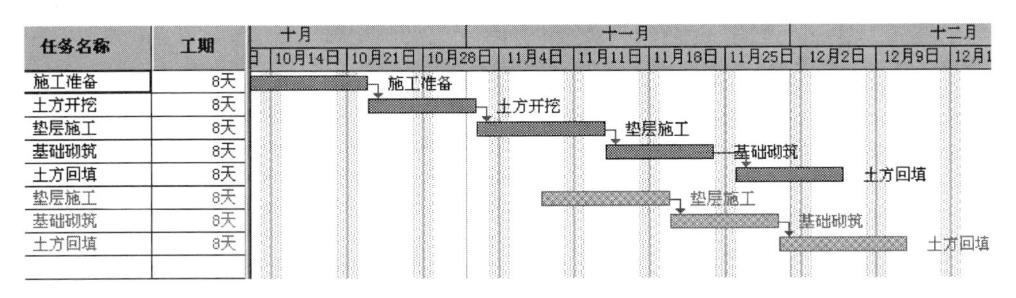

图 10.43 复制任务

7. 剪切任务

与复制任务类似的便是剪切任务操作，两者的唯一区别是，复制任务不删除原有的任务，而采用剪切任务操作，原有任务将被删除，因此当在移动某些任务时请采用剪切与粘贴命令。

8. 查找任务

当任务较多时，需要查找某一任务，可执行“编辑”菜单的“查找任务”命令，或直接单击工具栏上的“查找任务”快捷按钮。系统将弹出如图 10.44 所示的“查找任务”对话框。

系统提供了两种查找任务的方式：一种是按任务的编号查找任务，另一种便是按任务名称查找任务。

9. 子网操作

为方便任务的分解，建立任务的 WBS 结构，系统提供了子网操作命令。子网操作命令主要有两种：降级命令与升级命令，如图 10.45 所示。

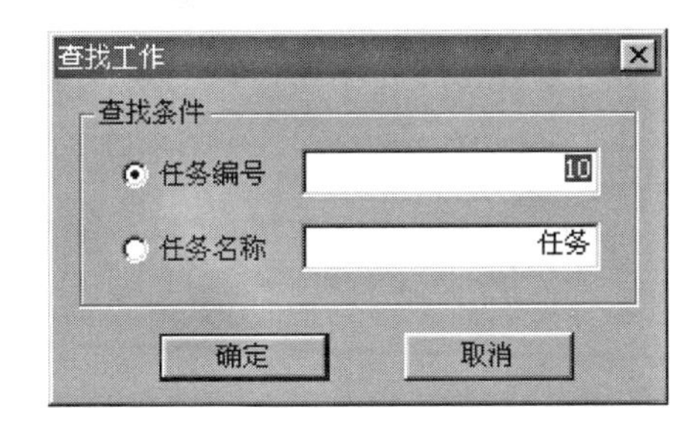

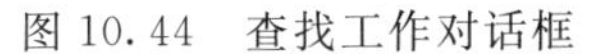
图 10.44 查找工作对话框

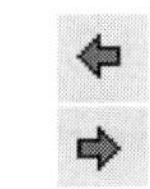

图 10.45 升降级按钮

(1) 降级命令。选中任务的级别降一级。选中任务，然后执行“编辑”菜单的“降级”命令或直接单击工具栏上的“降级”快捷按钮，便可将任务下降一级。如图 10.46 所示为任务间的这种层次关系。

另外，在任务名称前显示“—”号时表明已经显示了该大纲任务下的子任务，当标记显示为“+”号时表明已经隐藏了该大纲任务下的子任务。

(2) 升级命令。升级命令是降级命令的逆过程，操作方式与降级方式一样，结果如 10.47 图所示。

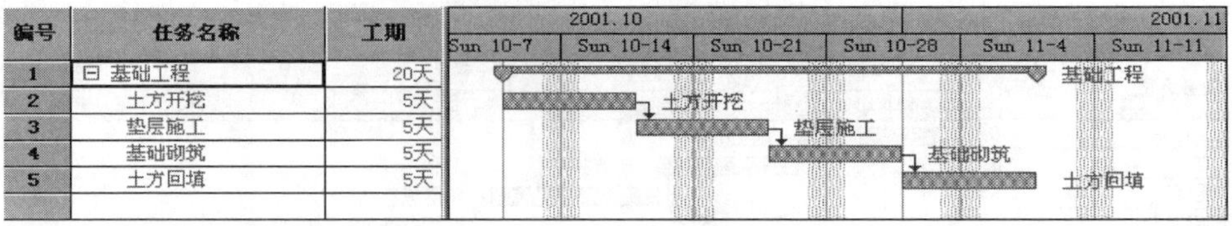

编号	任务名称	工期
1	⊟ 基础工程	20天
2	土方开挖	5天
3	垫层施工	5天
4	基础砌筑	5天
5	土方回填	5天

图 10.46　降级操作

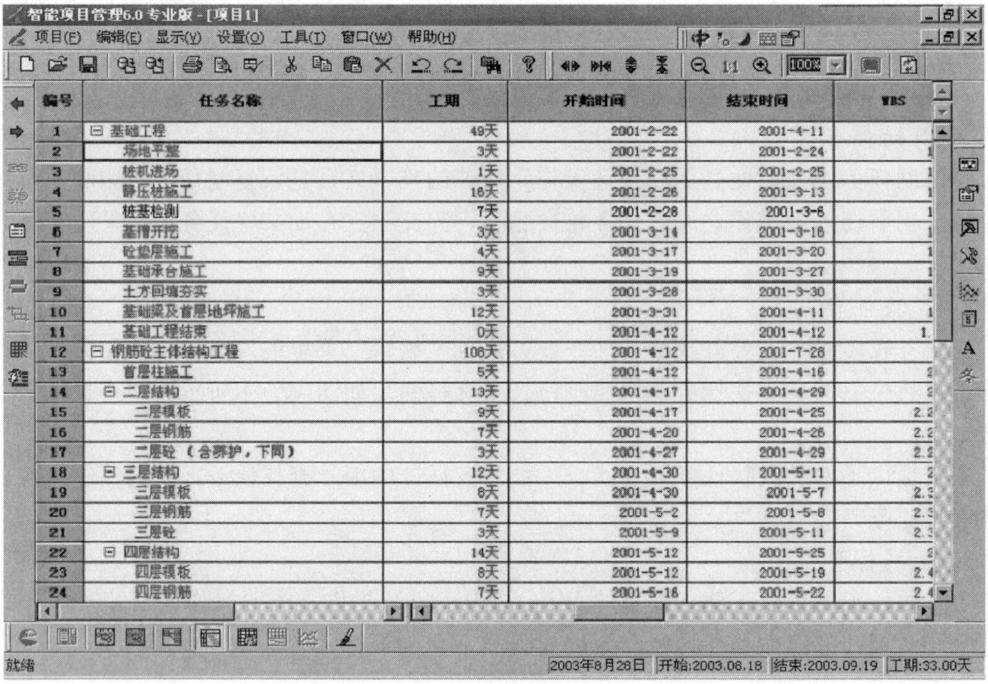

编号	任务名称	工期	开始时间	结束时间	WBS
1	⊟ 基础工程	49天	2001-2-22	2001-4-11	
2	场地平整	3天	2001-2-22	2001-2-24	1
3	桩机进场	1天	2001-2-25	2001-2-25	1
4	静压桩施工	16天	2001-2-26	2001-3-13	1
5	桩基检测	7天	2001-2-28	2001-3-6	1
6	基槽开挖	3天	2001-3-14	2001-3-16	1
7	砼垫层施工	4天	2001-3-17	2001-3-20	1
8	基础承台施工	9天	2001-3-19	2001-3-27	1
9	土方回填夯实	3天	2001-3-28	2001-3-30	1
10	基础梁及首层地坪施工	12天	2001-3-31	2001-4-11	1
11	基础工程结束	0天	2001-4-12	2001-4-12	1.
12	⊟ 钢筋砼主体结构工程	106天	2001-4-12	2001-7-28	
13	首层柱施工	5天	2001-4-12	2001-4-16	2
14	⊟ 二层结构	13天	2001-4-17	2001-4-29	2
15	二层模板	9天	2001-4-17	2001-4-25	2.2
16	二层钢筋	7天	2001-4-20	2001-4-26	2.2
17	二层砼（含养护，下同）	3天	2001-4-27	2001-4-29	2.2
18	⊟ 三层结构	12天	2001-4-30	2001-5-11	2
19	三层模板	8天	2001-4-30	2001-5-7	2.3
20	三层钢筋	7天	2001-5-2	2001-5-8	2.3
21	三层砼	3天	2001-5-9	2001-5-11	2.3
22	⊟ 四层结构	14天	2001-5-12	2001-5-25	2
23	四层模板	8天	2001-5-12	2001-5-19	2.4
24	四层钢筋	7天	2001-5-16	2001-5-22	2.4

图 10.47　工程中任务的 WBS 码

10. 确定任务的持续时间

确定任务持续时间的方法主要有两种：一种是采用定额套用法；另一种是采用“三时估计法”。当确定好任务的持续时间后，可在“任务信息”对话框的“任务工期”数据域中输入该任务的工期。具体如图 10.48 所示。

11. 确定任务间的逻辑关系

确定了任务的常规信息后（任务名称、持续时间、WBS 结构等），便可确定任务与任务间的逻辑关系，通过逻辑关系的确定建立项目基本的网络模型。任务和任务之间的逻辑关系可以有 4 种：同时在软件中还可方便地设置任务的正负延迟时间等搭接特性，如图 10.49 所示。

12. 任务资源分配及成本计算

系统提供了定额数据库与工料机数据库，可通过 3 种方式进行资源分配工作：

方式一：可对工作任务套用相关定额，系统将依据定额含量自动进行工料机分析，将定额信息转化为资源信息，实现资源的分配工作。

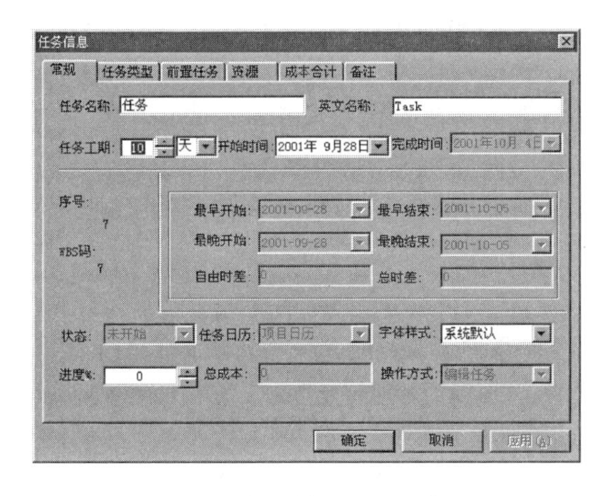

图 10.48 确定任务持续时间（任务工期）

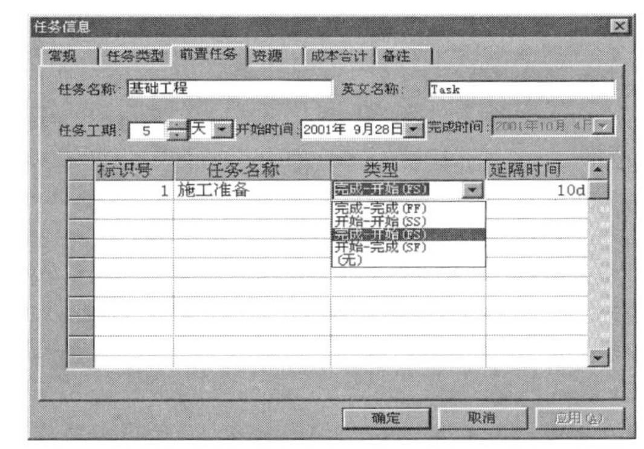

图 10.49 确定任务间的逻辑关系

方式二：可通过工料机数据库直接对工作任务指定相关的资源，实现资源的分配工作。

方式三：可通过定额指定与工料机指定相结合的方式，实现资源的分配工作。

任务资源分配及成本计算，如图 10.50、图 10.51 所示。

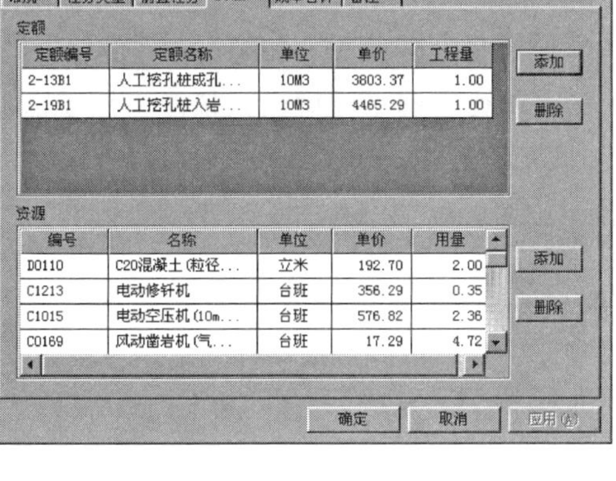

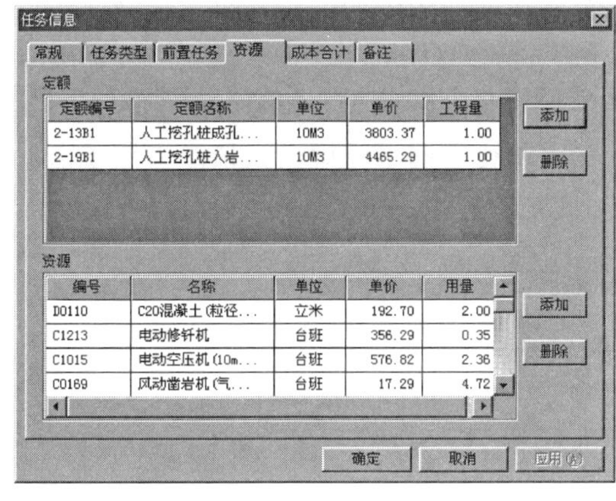

图 10.50 任务资源分配

图 10.51 任务成本计算

13. 进行网络优化，确定项目规划

完成以上步骤后，项目的初步规划阶段便已经结束，可依据系统计算的各类网络时间参数值以及项目的资源、成本值，利用网络优化技术对项目的初步规划进行优化，以确定最终的项目规划。网络优化可以采用以下一些方法：①资源有限—工期最优；②工期确定—资源均衡；③费用成本优化等。在项目规划的确定过程中，用户可生成各类项目计划图表，包括单代号网络图、双代号网络图、时标逻辑图等。下面就来依次介绍这几种项目计划图表。

10.2.2.5 单代号网络图

1. 添加任务

可在网络图操作界面中添加工作任务，执行“编辑”菜单的“添加任务”命令，或直接点击工具栏中的“添加任务”快捷按钮，将网络图的当前编辑状态设定为“添加任务”状态。

在单代号网络图界面中，在需要添加任务的位置，按住左键拖拽光标，界面中将出现一个在单代号网络图中用来表示任务的矩形框，然后放开左键，此时系统将弹出该新建任务的“任务信息”对话框，通过该对话框可输入新任务名称，修改任务开始时间、工期等操作，最后完成新建任务的任务信息录入工作。

2. “编辑/查询”任务

在单代号网络图界面中“查阅/编辑”任务，有两种方法：一种是将光标移至待查看任务图框上双击；另一种是先在视图中选择一个任务，然后单击“编辑任务”按钮或者单击“编辑”菜单下的“编辑任务”命令。

用上面两种方法执行后，系统将弹出该任务的“任务信息”对话框，通过任务信息对话框，用户可完成对任务的各类信息的查询或编辑操作。

3. 删除任务

选中需要删除的任务后单击 Delete 键或选择菜单“删除任务”，确认要删除选中的任务，完成删除操作。

4. 调整任务与节点

在单代号网络图编辑界面，可以方便地调整节点在网络图中的位置，单代号网络图界面中的调整任务操作如下：

按照前述的方法，将单代号网络图操作界面的编辑状态设定为“调整任务”状态。

将光标移动到需要调整位置的任务图框上（默认单代号网络图中默认情况下用矩形框表示任务），光标将变为如图 10.52 所示的“+”型光标形式。

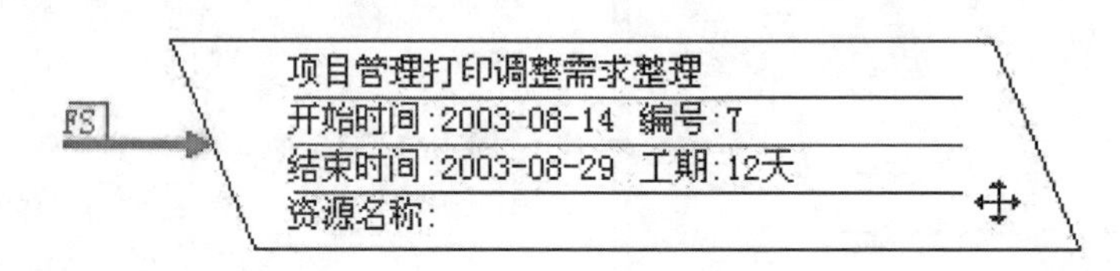

图 10.52　“+”型光标

此时按住鼠标左键不放移动光标，将任务图框移动至需要的位置。此时软件将自动调整相关节点与箭线的位置。

10.2.2.6　双代号网络图

1. 新建任务

在网络图界面中添加工作任务，执行“编辑”菜单的“添加任务”命令，或直接单击工具栏中的“添加任务”快捷按钮。在双代号网络图界面中添加任务主要有 3 种方式：通过任务箭线添加；通过任务节点添加；在空白处添加。

(1) 通过任务箭线添加。通过任务箭线添加任务又可分为两类，分别为左添加和右添加。

1) 左添加。左添加是指将光标移至任务箭线的尾部（左端），当光标的形状变化为“左箭头”形式时双击可以将一个新任务 X 添加到任务 A 的左侧，并设定任务 X 为任务 A

的直接前置任务。若任务 A 原来的前置任务为任务 B，则将任务 X 插入至任务 A 与 B 之间，设定任务 X 为任务 A 的前置任务，并设定任务 X 的前置任务为任务 B，如图 10.53～图 10.55 所示。

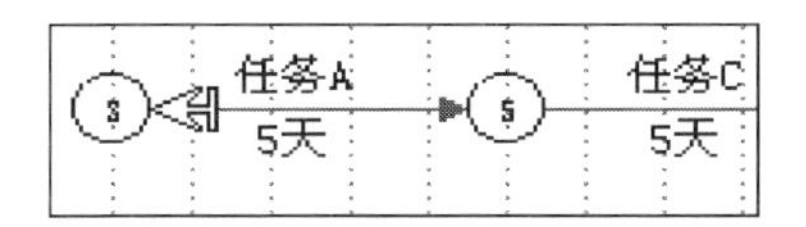

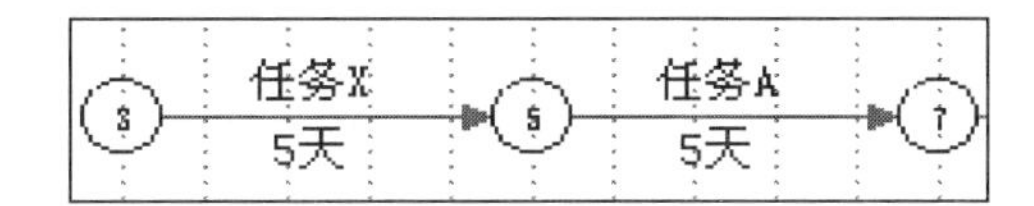

图 10.53　任务 A 无前置任务时左添加任务 X

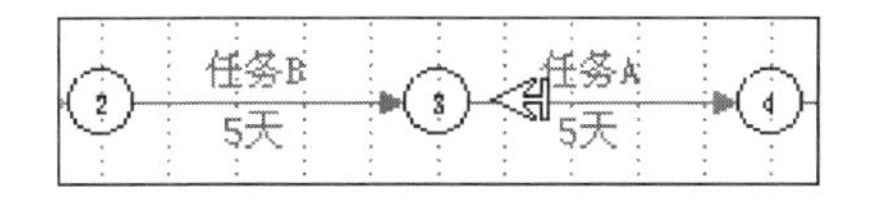

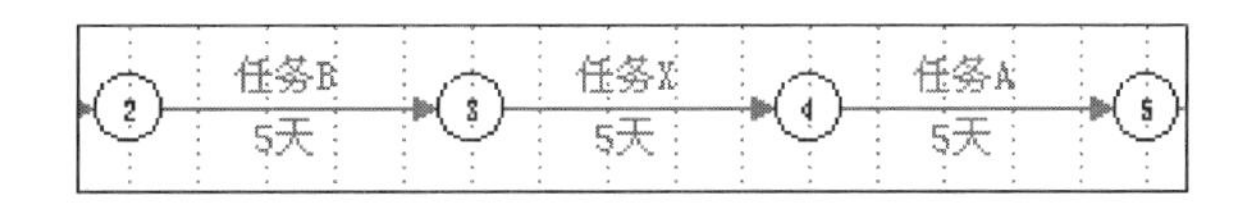

图 10.54　任务 A 有前置任务 B 时左添加 X

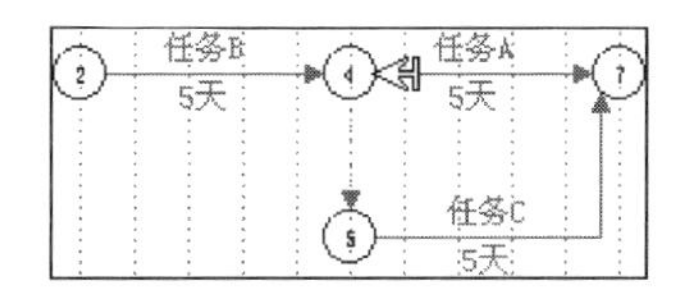

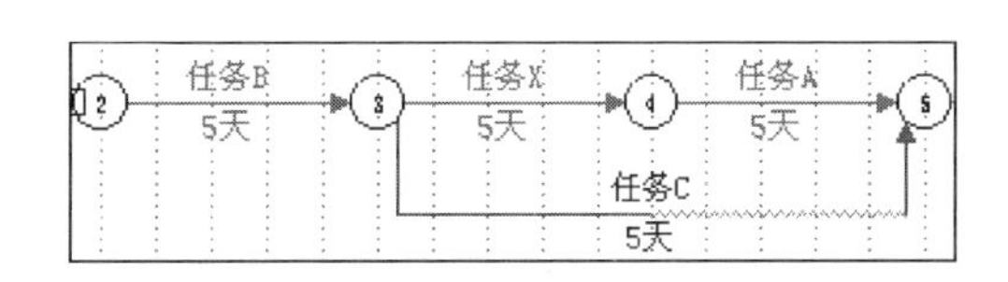

图 10.55　任务 A 有平行任务 C 时左添加 X

2）右添加。右添加的操作是左添加操作的反方向。具体如图 10.56～图 10.68 所示。

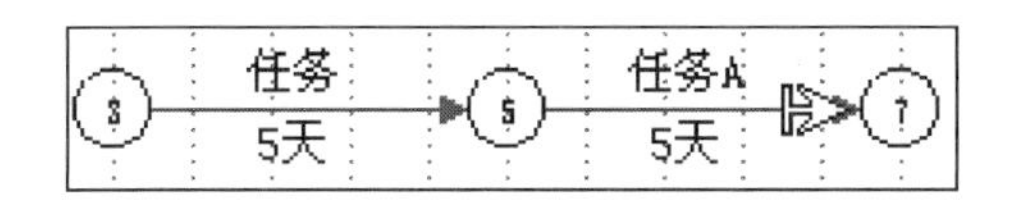

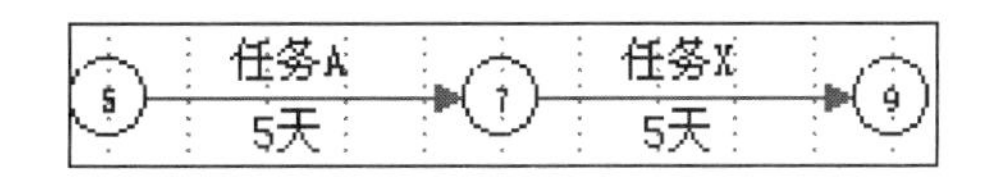

图 10.56　任务 A 无后继任务时右添加任务 X

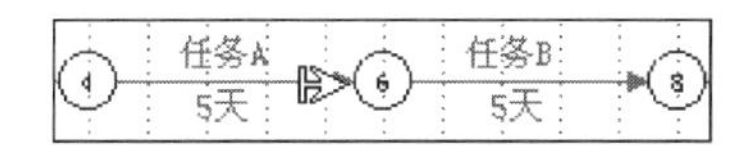

图 10.57　任务 A 有后继任务 B 时右添加任务 X

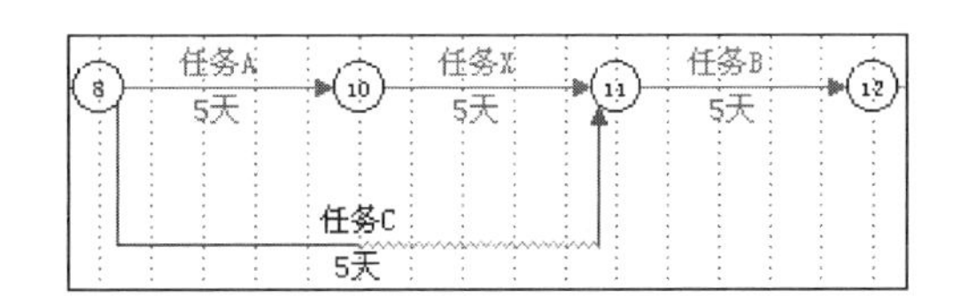

图 10.58　任务 A 有平行任务 C 时右添加任务 X

（2）通过任务节点添加。通过任务节点添加又可分为 3 类：节点到节点添加、节点到空白处添加以及节点本身添加。

1）节点到节点添加。节点到节点添加是指用光标直接单击待添加任务的第 1 个节点，光标变为节点添加形式，接着点取待添加任务的第 2 个节点，从而在两节点间添加一任务 X，具体如图 10.59～图 10.61 所示。

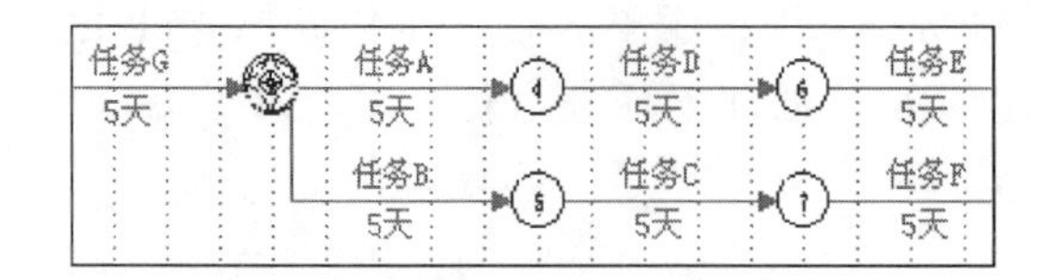

图 10.59　选中第 1 个节点

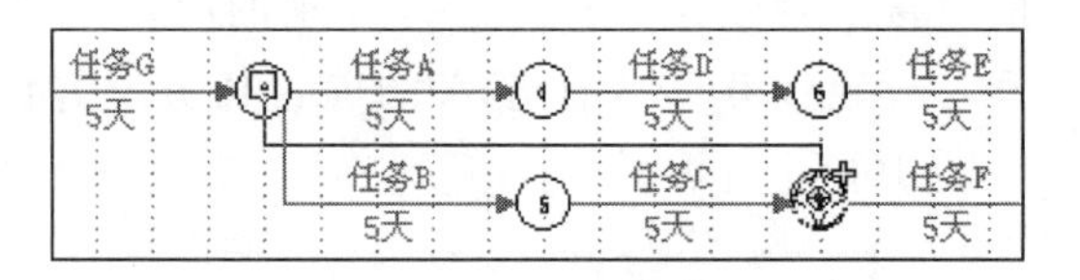

图 10.60　在两节点间添加任务

2）节点到空白添加。节点到空白添加是指用光标单击待添加任务的第 1 个节点（开始节点），光标变为节点添加形式，接着单击空白处，此时系统将在第一个节点与空白位置处添加一任务 X，具体如图 10.62～图 10.64 所示。

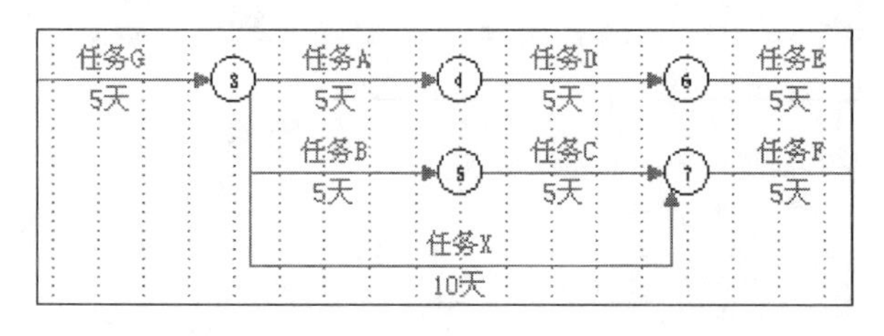

图 10.61　在节点 3、7 间添加任务 X 的效果

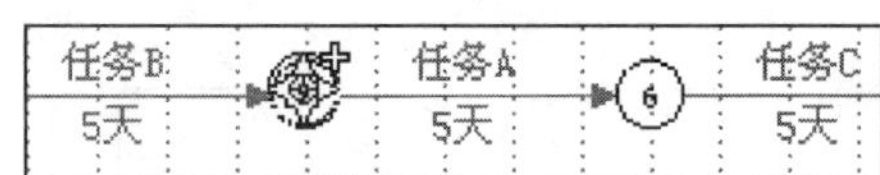

图 10.62　选中第 1 个节点

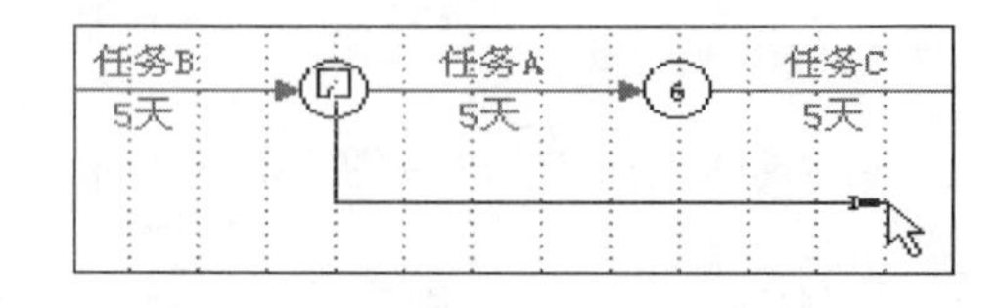

图 10.63　在节点和空白处添加任务

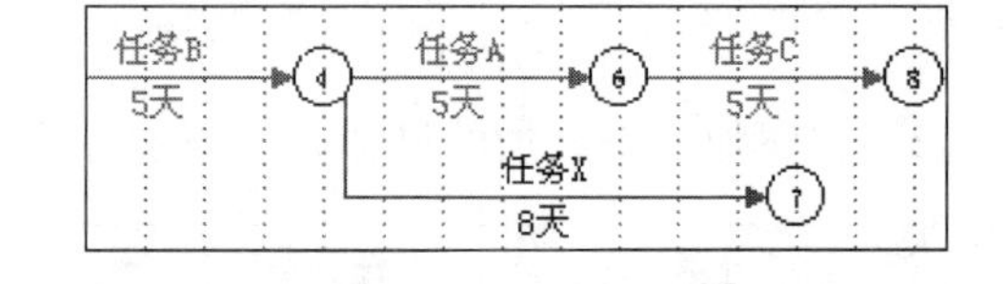

图 10.64　在节点 4 和空白处添加任务 X 的效果

3）节点本身添加。节点本身添加是指在某一任务节点上双击，将添加一新任务 X，并且任务 X 的前置任务为以该节点为结束节点的任务，任务 X 的后继任务为一该节点为开始节点的任务，具体如图 10.65～图 10.67 所示。

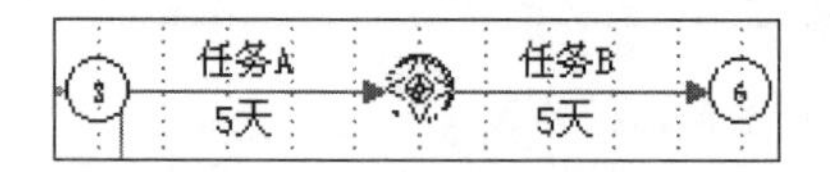

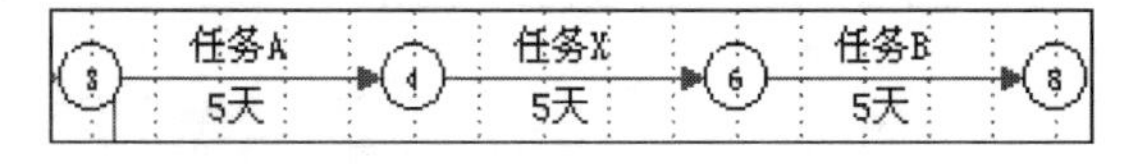

图 10.65　在节点 4 处添加任务

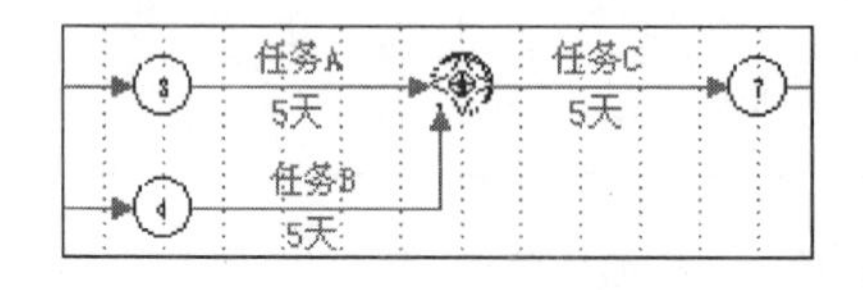

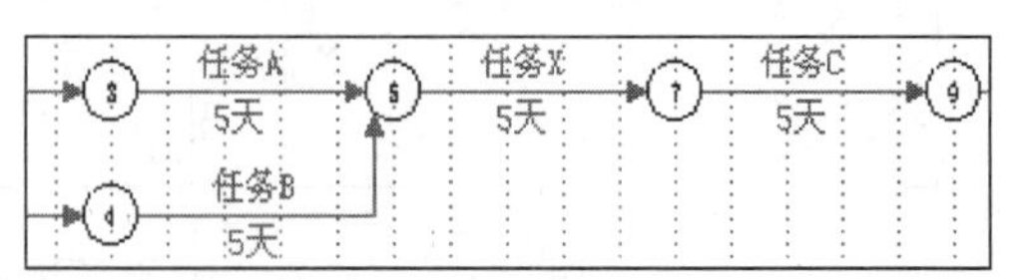

图 10.66　当有多个前置任务的情况

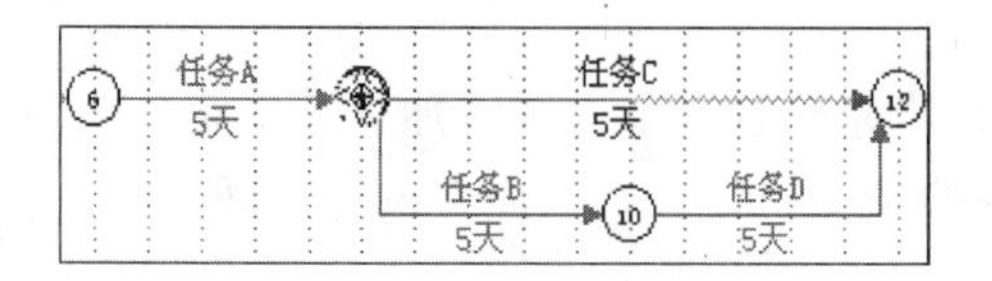

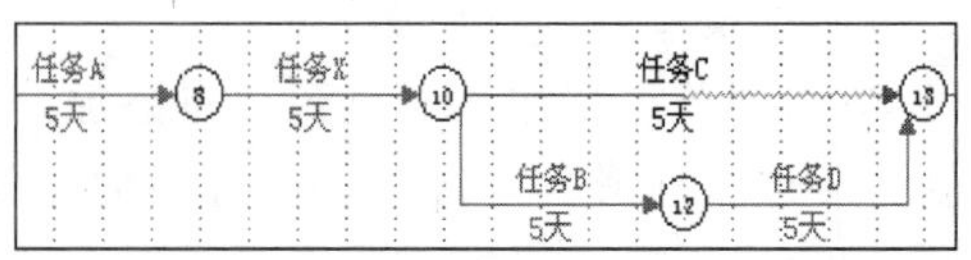

图 10.67　当有多个后继任务时的情况

(3) 空白处添加。在双代号网络图中单击空白位置处，软件将以此位置作为新添加任务的开始节点，然后再单击另一空白位置处，软件将把该位置作为新添加任务的结束节点，从而实现任务的添加工作，具体如图 10.68 所示。

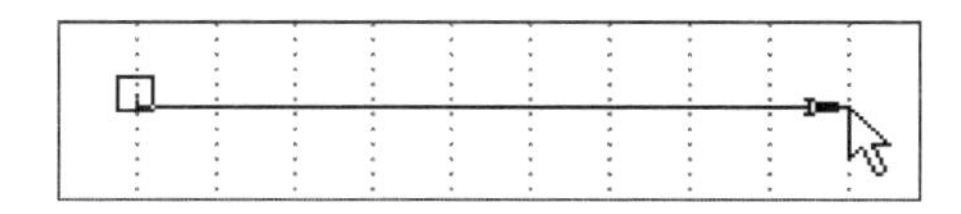

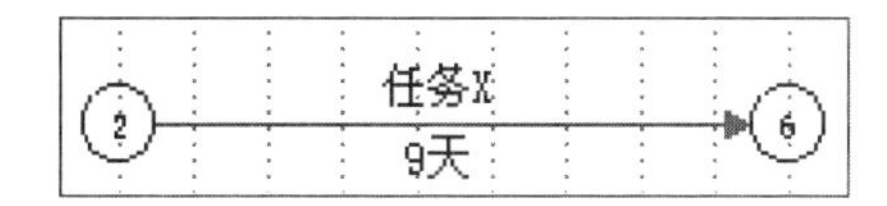

图 10.68 空白处添加任务

2. “编辑/查询”任务信息

(1) 编辑任务。在双代号网络图操作界面中，编辑任务的操作步骤如下：

1) 将光标移动至双代号网络图上待编辑或查看的任务箭线上，光标变为如图 10.69 所示的双向箭头形式。

2) 双击任务箭线，弹出该任务的“任务信息”对话框。

3) 或者在选取了任务后，执行“编辑”菜单的“编辑任务”命令，在弹出的“任务信息”对话框对任务的各类信息进行编辑操作。

(2) 查询任务。

1) 按 Ctrl+F 键，或单击编辑菜单里的查找任务菜单。弹出查找工作对话框，如图 10.70 所示。

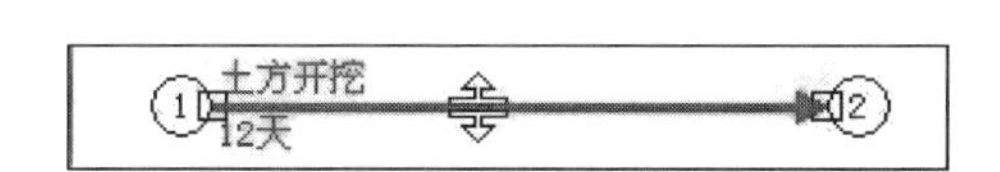

图 10.69 “编辑/查看”任务光标样式

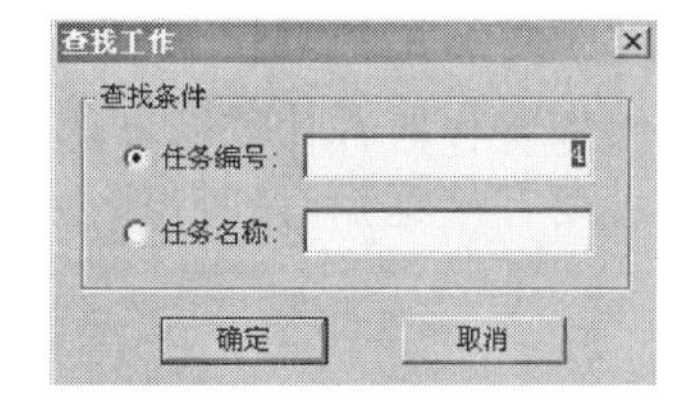

图 10.70 查找对话框

2) 在对话框里先选择是按任务编号还是任务名称进行查询，然后在对应的栏目中输入内容，如该任务存在，则任务就被查找到。

3. 删除任务

在双代号网络图界面中有两种方式删除任务：直接删除单个任务或框选删除指定区域内的任务。

(1) 直接删除单个任务。光标选中要删除的任务中部，选中后任务的两个端点有两个小矩形，如图 10.71 所示。之后按 Delete 键，或右击，在弹出菜单里选择删除任务按钮，

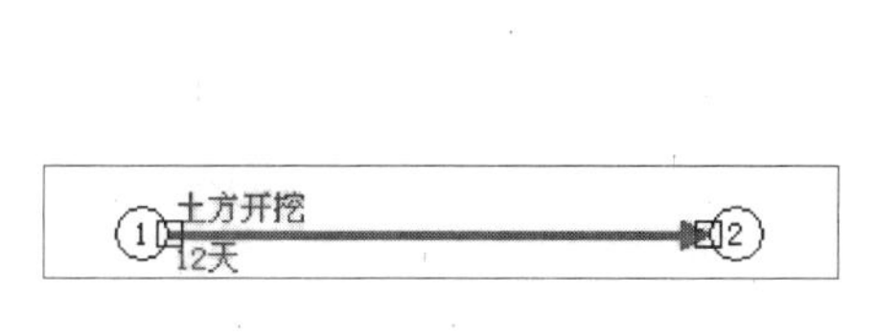

图 10.71 删除操作

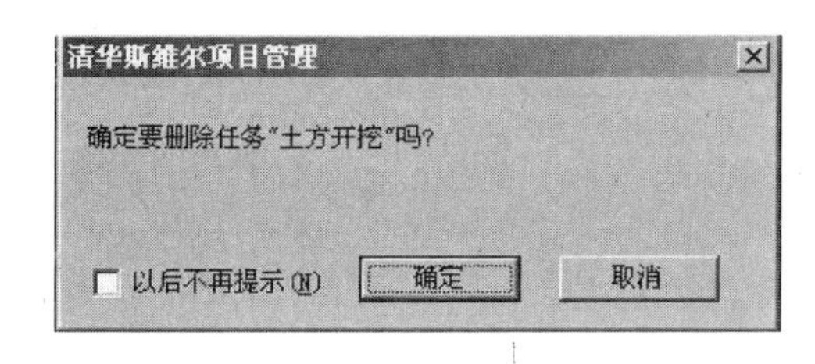

图 10.72 删除任务提示信息

或在编辑菜单里选择删除任务，软件将弹出如图 10.72 所示的提示信息对话框，“确定”后即可删除工作任务。

（2）框选删除任务。光标框选待删除任务的特定区域，具体如图 10.73 所示，之后操作方式同删除单个任务。

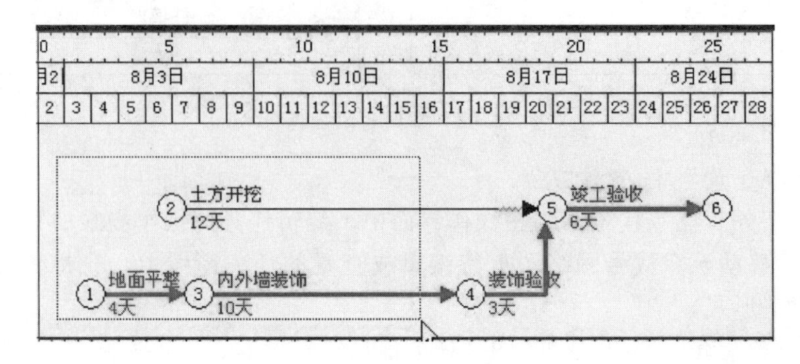

图 10.73　用光标框选任务

4. 链接任务

链接任务是指建立任务与任务间的逻辑关系，是建立项目网络模型十分重要的一步。

（1）通过“任务信息”对话框设置。在双代号网络图里，双击选中任务，在弹出的任务信息对话框里，选择前置任务选择卡，在“前置任务”选择卡中，通过“标识号”的下拉列表或“任务名称”下拉列表，选择当前任务的前置任务，然后通过“类型”的下拉列表确定当前任务与前置任务间的逻辑关系类型，如图 10.74 所示，同时如果任务间存在延隔时间，需要在“延隔时间”栏中输入时间数值，默认情况下时间单位为天（d）。

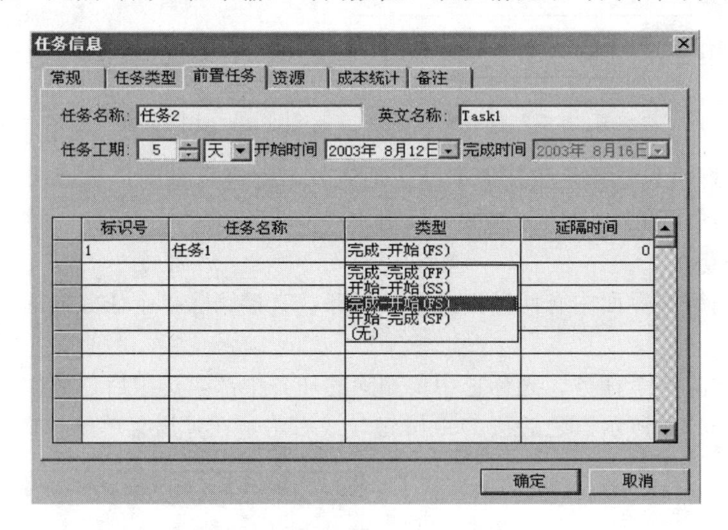

图 10.74　任务信息对话框

（2）光标拖拽链接。将光标至于任务的左端或右端，当光标变为图 10.75 的样式后，单击并拖动光标至目标任务的左端或右端，待光标后面出现链接关系代码后单击，链接任务完成，如图 10.76 所示。

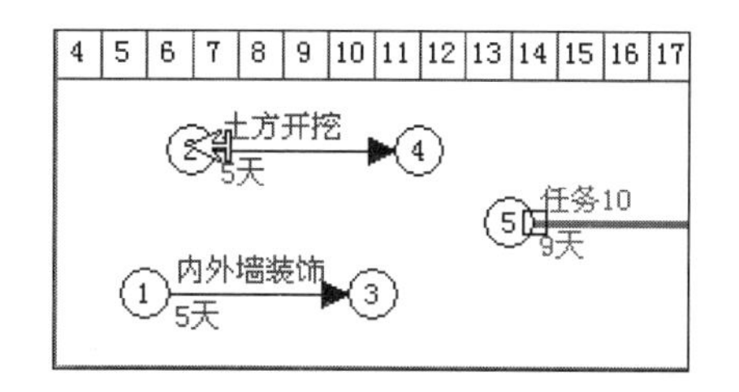

图 10.75 链接操作

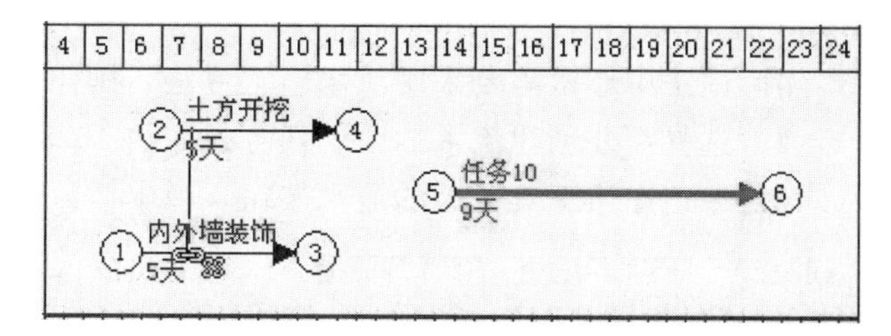

图 10.76 链接关系图（图中的 SS 即为关系代码）

5．复制任务

任务复制具体操作方法如下：首先选择需要复制的任务，任务为单个任务或者为连续的多个任务。然后执行“编辑”菜单的“复制任务”命令，或右击在弹出的快捷菜单中选取“复制任务”命令。之后执行“粘贴任务”命令，完成任务的复制与粘贴操作。当是复制多个连续任务时，任务间的逻辑关系会一同复制，如图 10.77 所示。该例中复制了“垫层施工”、“基础砌筑”两个任务。

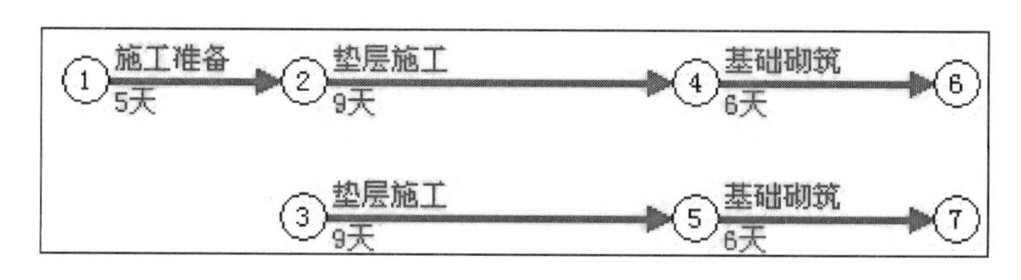

图 10.77 （复制了两个任务）

6．搭接任务

按住 Ctrl 键，同时将光标移至要操作的任务上，当光标样式变为如图 10.78、图 10.79 所示时单击。

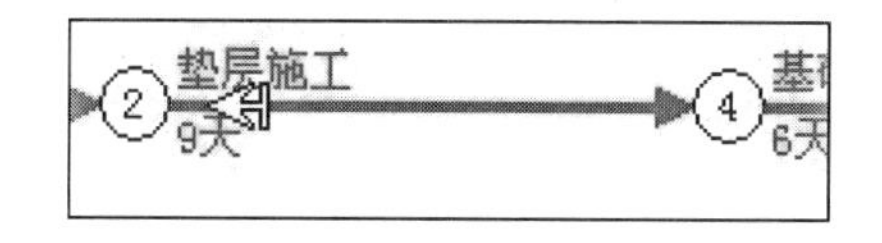

图 10.78 移动光标至任务节点

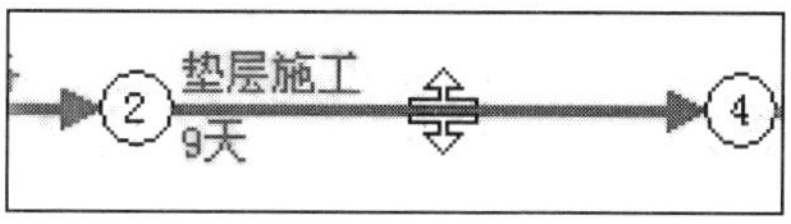

图 10.79 可移动状态

按住左键将光标拖到目标任务上，在出现搭接任务对话框后，可在目标任务上移动以改变搭接任务的左部任务工期和右边任务工期。放开左键，然后松开 Ctrl 键。搭接任务完成如图 10.80 所示。

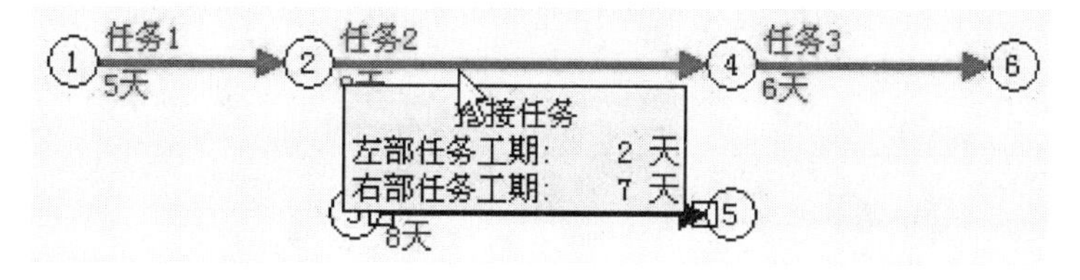

图 10.80 搭接完成任务

7. 流水操作

实际施工中经常需要采用流水施工方法，操作的步骤如下：

(1) 选择需要创建流水的几个任务。如图 10.81 所示，选中任务 1 和任务 2。

(2) 单击左边工具栏上的流水按钮，弹出“流水设置”对话框如图 10.82 所示。

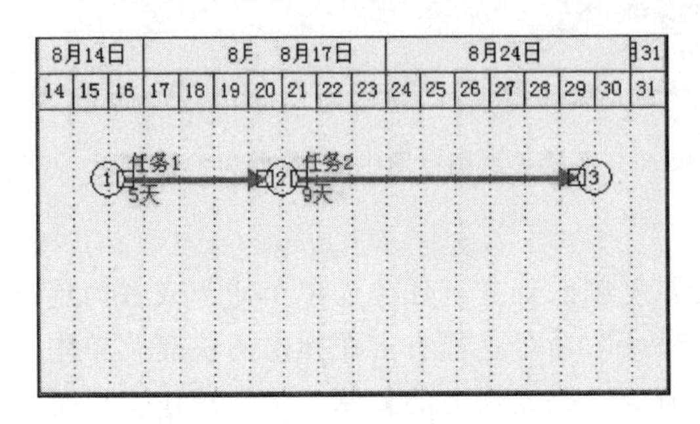

图 10.81　选择任务

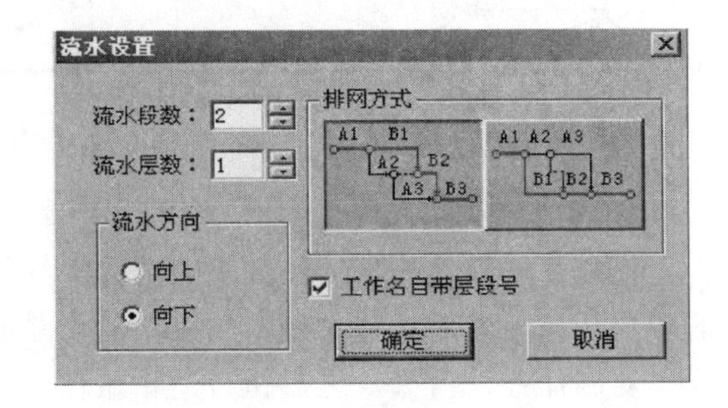

图 10.82　设定流水参数

(3) 选择段数，层数和排网方式等，单击“确定”后生成流水网络图如图 10.83 所示。

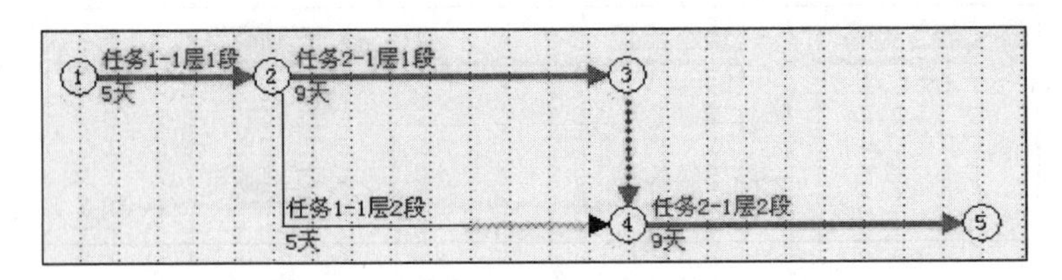

图 10.83　生成流水施工图

8. 调整任务

(1) 位置调整。在双代号网络图界面调整任务箭线与节点位置。操作如下：

1) 移动节点。将光标置于需移动的任务节点上，当光标样式变为如图 10.84 时，拖动光标至合适的位置，移动任务节点完成，如图 10.85 所示。

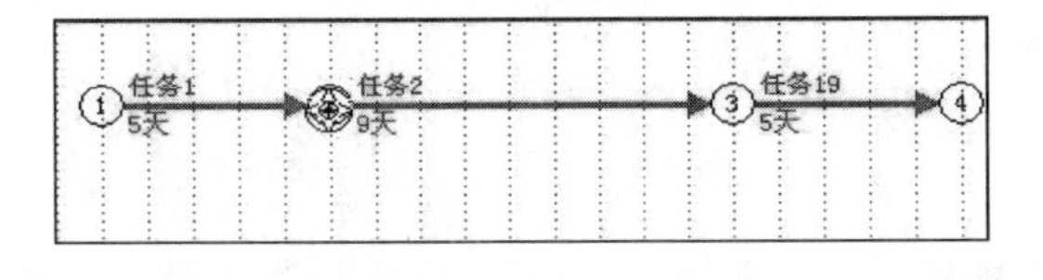

图 10.84　选择任务接点

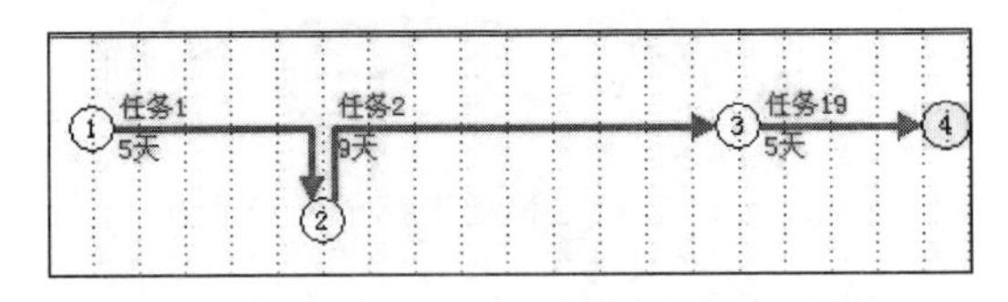

图 10.85　移动任务接点

2) 移动箭线位置。选中需移动的任务箭线，光标变为如图 10.86 的形状后，按下左键拖动光标至目标位置，移动箭线位置操作完成，如图 10.97 所示。

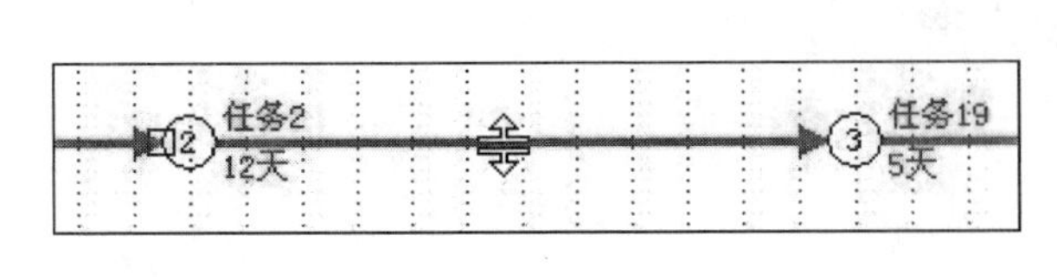

图 10.86　选择任务箭线

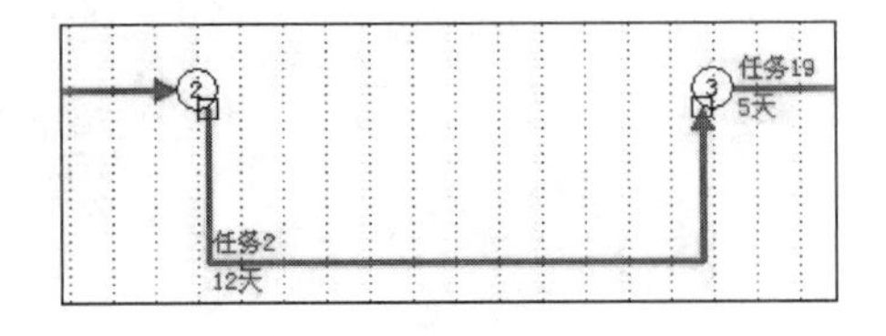

图 10.87　完成箭线移动

（2）工期调整。工期调整有两种方式：一种是选中任务后双击任务，在弹出的任务信息对话框里直接修改任务工期，见图10.74任务信息对话框内容；另一种是光标选中任务调整工期，将光标移至任务的左端或右端，当光标变为如图10.88所示的形状时，按下左键然后拖动，在光标下方会出现对话框提示任务的新的工期，松开左键，修改任务工期完成，提示工期对话框如图10.89所示。

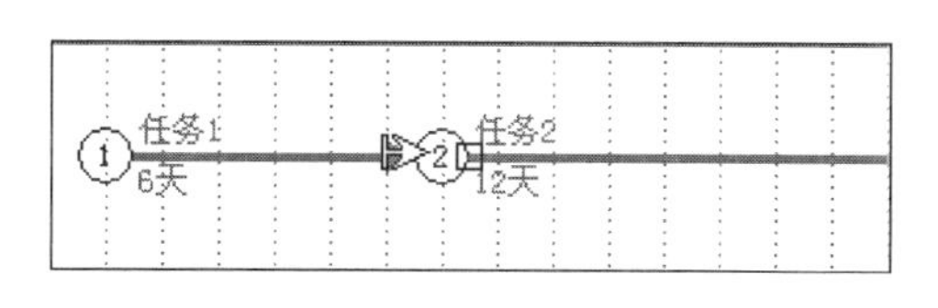

图10.88 移动光标至任务两端

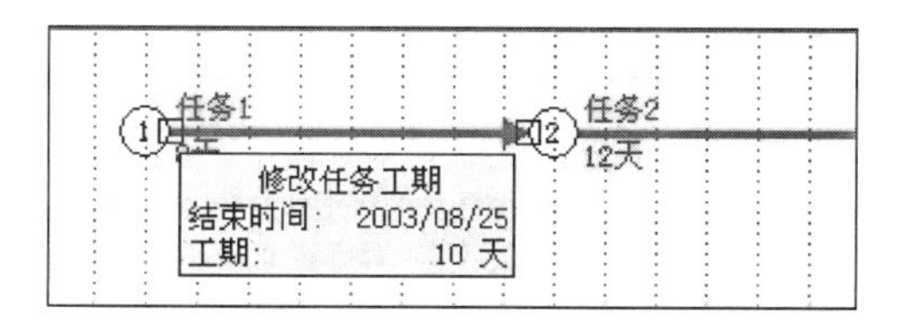

图10.89 修改任务工期

9. 逻辑关系调整

调整任务的逻辑关系分为调整任务的前置任务与调整任务的后继任务两类，此处仅介绍调整任务的前置任务。

（1）用光标调整。将光标置于需调整任务的首部，当光标变为如图10.90所示的形状时，按下Shift键，同时按下左键。现在松开左键和Shift键，移动光标至目标节点上，按下左键，修改成功如图10.91所示。

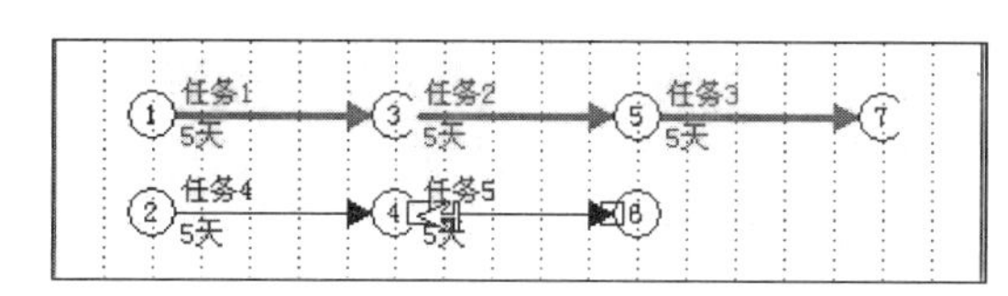

图10.90 所示形状

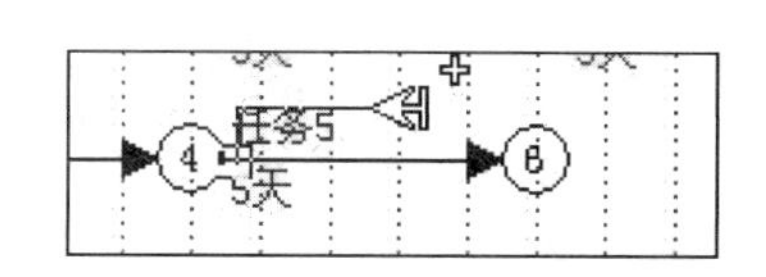

图10.91 任务可编辑状态

（2）通过任务信息对话框操作。将光标置于需调整的任务的中部，双击任务，弹出“任务信息”对话框，在对话框中选择“前置任务”选项卡，进入如图10.92所示的页面。

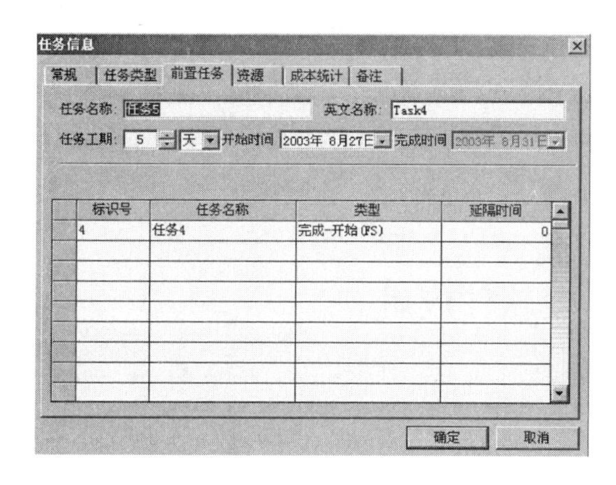

图10.92 前置任务

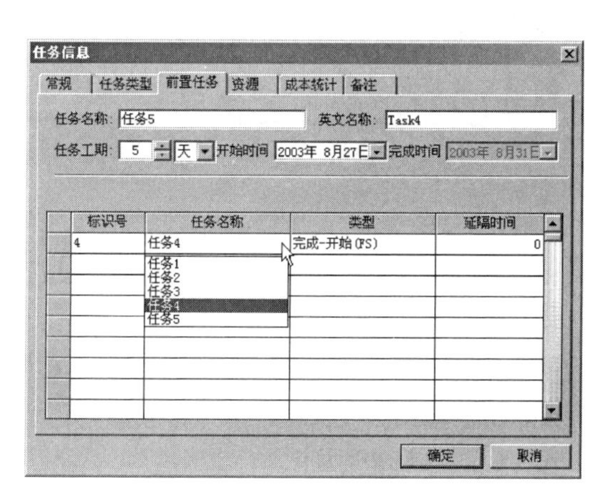

图10.93 任务信息对话框

在“任务名称”栏内修改前置任务，在下拉列表框里选择任务 4，调整任务的前置任务操作完成，如图 10.93 所示。

10.2.2.7　进度追踪与管理

在项目执行过程中应对项目的实际执行情况进行追踪，以便及时发现问题并进行调整处理。进度追踪与管理主要是用实际进度前锋线进行查看。实际进度前锋线是在双代号时标网络图中任务实际进度前锋点的连线，可在任务的执行过程中随时更新任务的实际进度百分比，系统将在网络图中生成实际进度前锋线，具体如图 10.94、图 10.95 所示。

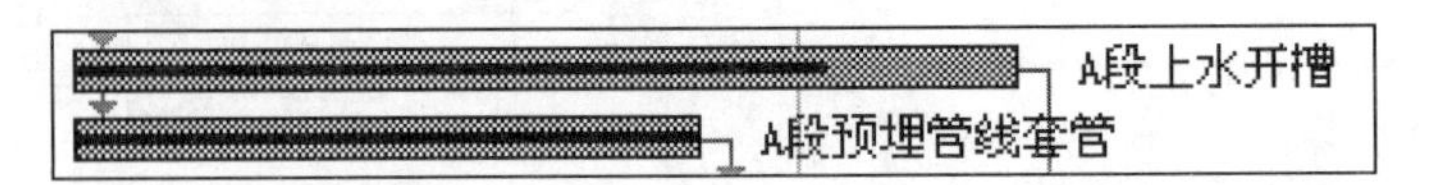

图 10.94　横道图显示的实际进度情况（黑线条表示实际完成程度）

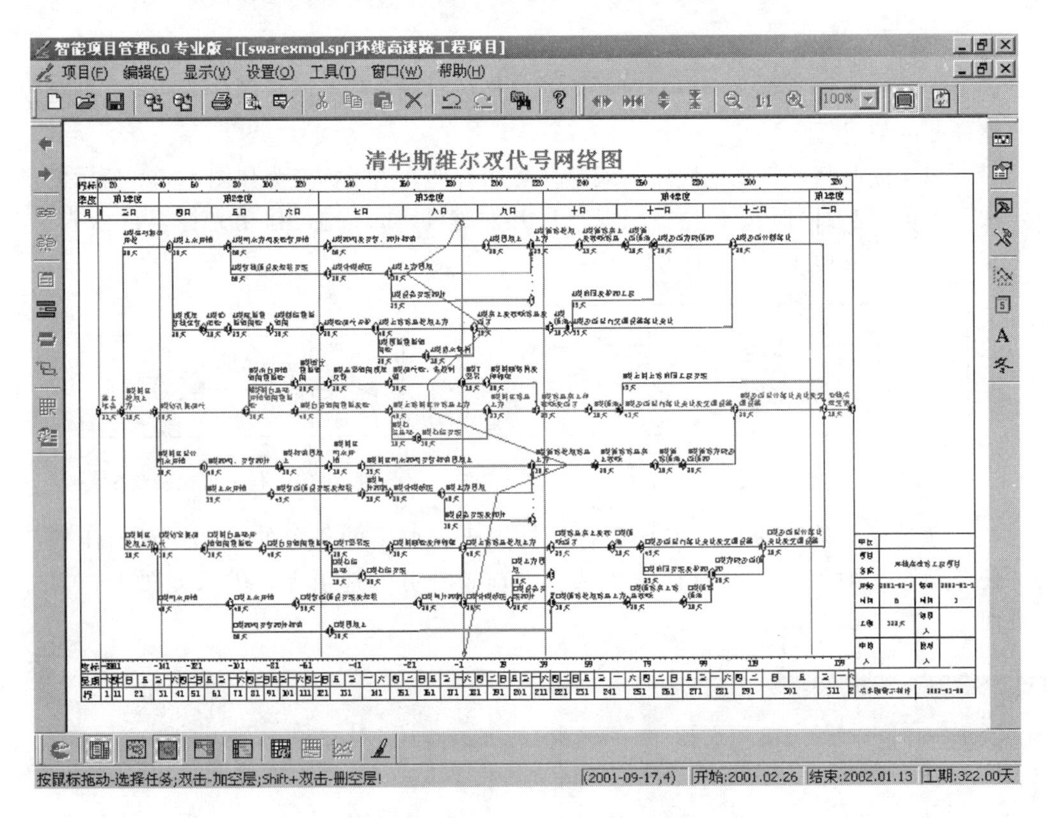

图 10.95　实际进度前锋线（图中纵向折线）

10.3　平面图布置软件应用

10.3.1　准备绘图

10.3.1.1　施工平面图

1. 新建施工平面图

新建施工平面图有 3 种方法：

（1）系统启动时会默认新建一个空的施工平面图文档。

（2）通过“文件”菜单或者“常用”工具栏中的“新建”命令新建一个空的施工平面图文档。

（3）通过“查看”菜单→“页面”菜单或者“工具”工具栏中的“添加一个页面”命令新建一个施工平面图页面。

系统允许创建多个项目文档，所以用户在创建新项目文档前，既可以关闭原先打开的项目文档（如果有文档存在），也可以不关闭它们，方法（1）与（2）正是通过该特性新建施工平面图文档。

系统允许在一个施工平面图文档中创建多个页面，所以方法（3）利用该特性在文档中新建页面。

2. 图纸设置

图纸设置包括图纸设置、边框设置、背景设置、页眉页脚、网格设置，用于设置施工平面图的图纸、边框以及绘图区背景属性等，对话框如图10.96所示。

在对应的页面内输入相关内容，最后单击“确定”，即可完成相关设置。

10.3.1.2　对象属性

施工平面图系统中的对象属性分为两类：一般属性与高级属性。

一般属性为所有对象都具备的属性；高级属性为某些对象自带的独特的设置（见创建对象中的专业图形绘制）。

一般属性包括对象常规属性、线条属性、填充属性、阴影属性。

（1）常规属性对话框。显示所选组件的名称、是否可见、文本水平和垂直排列方式、字体样式等，如图10.97所示。

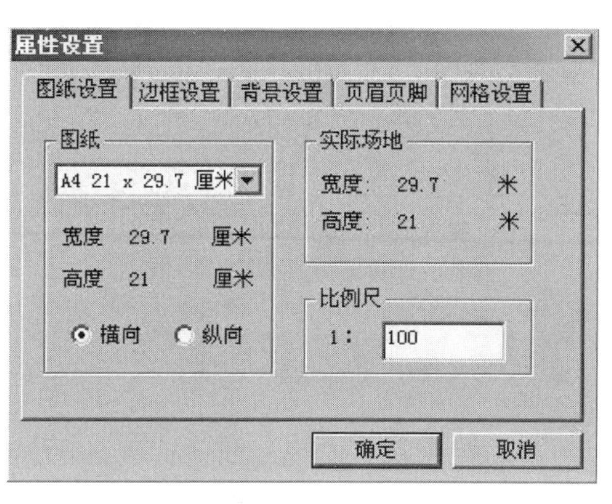

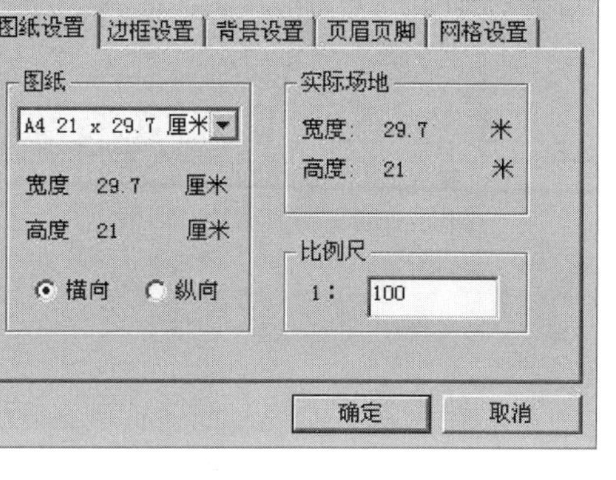

图10.96　属性设置

图10.97　常规属性对话框

（2）线条属性对话框。显示所选组件的线条颜色、线型、线宽以及左右箭头的设置。左右箭头的设置只是对线类对象才有效，如图10.98所示。

（3）填充属性对话框。显示所选组建的填充样式以及填充颜色。分3页提供，包括模

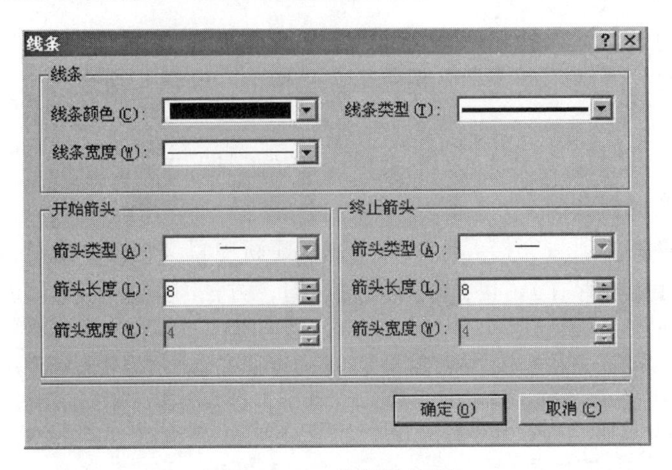

图 10.98　线条属性框

式、阴影、纹理。填充只对封闭的图形和弧线才有效，如图 10.99 所示。

(4) 阴影属性对话框。显示所选组建的阴影样式、阴影颜色以及阴影位移，如图 10.100 所示。

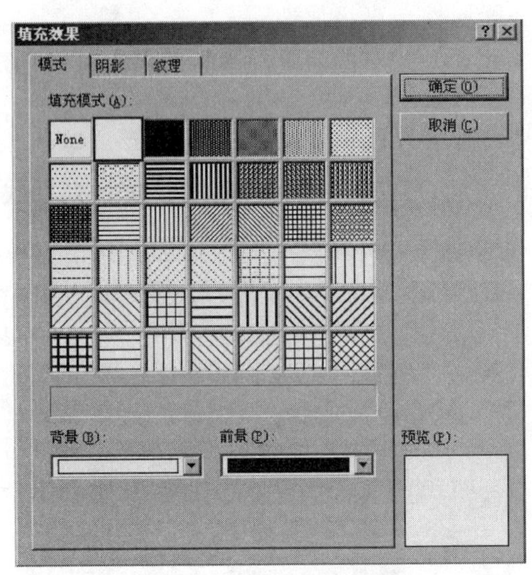

图 10.99　填充效果

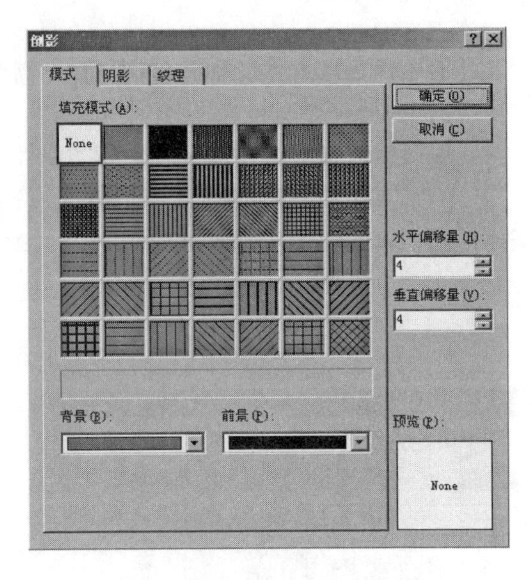

图 10.100　阴影属性对话框

10.3.2　创建对象

10.3.2.1　通用对象

在软件中所谓通用对象就是多边形、封闭多边形、矩形、正方形、椭圆、圆、箭线、自由曲线、封闭自由曲线、两点贝赛尔曲线、贝赛尔曲线、封闭贝赛尔曲线。这些对象的创建方法均同“CAD”软件内的对象操作方法，其编辑方式也相同。

10.3.2.2　专业对象

1. 字线

执行绘图→专业图形→字线命令；或单击“ ”按钮。

先将光标移到所绘字线的起点处单击，然后在字线经过处依次单击，即可产生一条连续的字线。之后依据文本属性中的标题内容以及文本字体信息属性进行设置即可。

2．弧线

执行绘图→通用图形→画弧命令；或单击“”按钮。

经过图形有效区域内3点可形成1段弧，其中第一点为弧线段的起点，第三点为弧线段的终点，第二点在弧线段上。连接第一点和第三点生成弧形。

用户若想修改此圆弧，则选择该对象后，将光标移到该圆弧的控制点上，按住左键移动即可修改，满意后松开左键。

3．圆弧字线

执行绘图→专业图形→圆弧字线命令；或单击“”按钮。

绘制方法参照圆弧；属性设置参照字线。

4．标注

执行绘图→专业图形→标注命令；或单击“”按钮。

图形区域内点两点为标注线的端点，拖动光标确定标注的垂直数据。

属性设置基本同“CAD”软件内的操作。

5．边缘线

执行绘图→专业图形→边缘线命令；或单击“”按钮。

先将光标移到所绘边缘线的起点处单击，然后在边缘线经过处依次单击，即可产生一条连续的边缘线。

6．多线

执行绘图→专业图形→多线命令；或单击“”按钮。

先将光标移到所绘多线的起点处单击，然后在多线经过处依次单击，即可产生一条连续的多线。

7．文本

执行绘图→专业图形→文本命令；或单击“A”按钮。

先将光标置于需插入文本的起点处单击，并按住左键拖动到终点，释放左键即可生成一个矩形文本区域，在区域内输入文字，之后对文字进行字体、大小、颜色、样式和效果等编辑。也可预先将文本的属性设置好后再在文本区域内输入文字。注：本文本不可以进行旋转操作。

8．斜文本

执行绘图→专业图形→斜文本命令；或单击“A”按钮。

操作方式同“文本”。注：斜文本支持旋转操作。

9．塔吊

执行绘图→专业图形→塔吊线命令：或单击“”按钮。

将光标移到所绘塔吊的中心点处单击，即可生成一个新的塔吊。

用户若想修改此塔吊，则选择该对象后，将光标移到该塔吊的控制点上，按住左键拖

动即可修改，满意后释放左键。属性设置如下：

（1）中心点位置。塔吊中心点所在位置，修改将对塔吊进行平移操作。

（2）固定半径。选择该选项时，在右边半径对话框中可以输入塔吊半径，单位为“m”。选择输入塔吊半径方式，则不能用修改控制点的方式来改变半径；不选择该选项时，塔吊半径选取系统自动测量值。

（3）自动标注。系统默认选择该选项，在其窗口中可以输入要标注的内容，如长度、塔吊型号等。

（4）文本与线距离。标注与线的距离。

（5）字线空白。标注区域的宽度。

（6）标注位置。标注在塔吊标注线上位置。

（7）箭头。是否显示箭头，箭头样式在线条属性的箭头中修改。

10. 图片

执行绘图→通用图形→图片命令；或单击“ ”按钮。

首先将光标移到需插入图形的起点处，按住鼠标左键拖动到终点，释放左键即可生成一个矩形区域来放置图形，同时弹出图像属性对话框，在图像文件对话框中输入图像路径，或者通过浏览直接选择。

用户若想修改此图形区域大小，在选中该对象后，将光标移到该矩形边框的控制点上，按住左键移动即可修改，满意后释放左键。

11. 创建Ole对象

执行绘图→通用图形→Ole对象命令：或单击“ ”按钮。

首先将光标移到需插入对象的起点处，然后按住左键拖动到终点，释放左键即可生成一个矩形区域，同时弹出插入对象对话框，从中选择对象类型和来源。

12. 标题栏

在图元库的其他图元中选择题栏。首先将光标移到需插入对象的起点处，然后按住左键拖动到终点，释放左键即可生成一个题栏。双击对应的文本区域就可以直接进行编辑。

13. 创建系统图元

系统内置的图元库包含了标准的建筑图形，包括施工机械、材料及构件堆场、地形及控制点、动力设施库、建筑及构筑物库、交通运输、其他图元等7类。

在图元库工具栏上方单击需要创建的图元图标，然后按住光标并移动到绘图区，此时光标将会显示为“ ”形状，并且可以看到虚线绘制的移动轨迹，拖到合适的地方松开光标，系统将创建指定的图元，如图10.101以及图10.102所示。

10.3.3　图形编辑

10.3.3.1　旋转

在图形编辑过程中，除了文本框与Ole对象之外的所有对象都支持旋转，系统也允许对多个选中对象的旋转。

在选中图形的情况下，单击在按钮栏上的自由旋转按钮，然后在图形上方单击并拖动即可进行旋转操作。

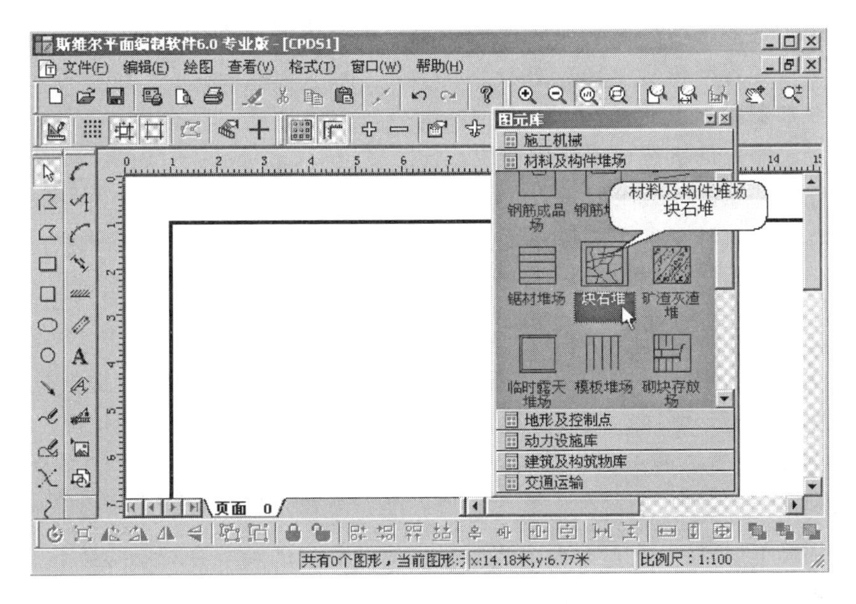

图 10.101 屏幕菜单（一）

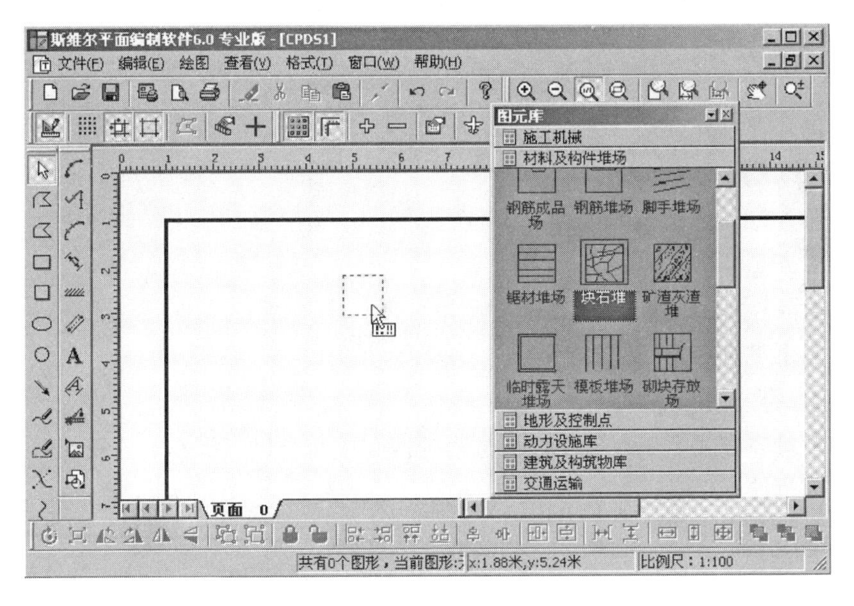

图 10.102 屏幕菜单（二）

10.3.3.2 组合

组合操作可将编辑区内选取的两个或多个以上对象组成一组。具体操作为：先用选择命令在编辑区内选取若干图形，既可按住左键拖拉出虚框进行框选，也可按住 Shift 键进行多选。选择完毕后单击此命令按钮便可。以后对该组内任何一个对象的操作（如移动、缩放等）都将影响整个组。

10.3.3.3 平移拷贝

平移拷贝操作就是将选中复制到光标指定位置。

其操作跟平移移动图形基本相同，区别是在光标抬起时如果同时按下了 Ctrl 键将执行平移拷贝工作，否则执行平移移动。

10.3.3.4　添加删除顶点

对于已经绘制好的折线、不规则曲线、任意多边形、字线、多线等，可以执行添加及删除端点操作，任意改变其形状。

执行该操作的途径是选中需要添加或者删除顶点的图形，按下 Ctrl 键并在图形边线上移动光标，出现光标 -ǒ- 表示可以单击添加新顶点，出现光标 ✕ 表示可以删除顶点。

10.3.3.5　叠放次序

平面图文档中的图形是按照一定的显示顺序来显示的，因此系统也提供叠放次序功能来修改选定图形的显示顺序，用于处理同一位置有多个对象相互重叠的情况。新建的对象默认处于第一层。

（1）移到第一层。通过此命令将要操作的对象移动到所有对象的最前面显示。

（2）移到最下层。通过此命令将要操作的对象移动到所有对象的最下层显示。

（3）向前移动一层。通过此命令将要操作的对象向前移动一层。

（4）向后移动一层。通过此命令将要操作的对象向后移动一层。

10.3.3.6　排列与调整

1. 对齐

系统提供 8 种对齐方式，分别是：

（1）左对齐。

（2）右对齐。

（3）顶对齐。

（4）底对齐。

（5）中心水平对齐。

（6）中心垂直对齐。

以上 6 种对齐方式用于在编辑区内选取的两个或两个以上操作对象相互对齐，对齐的参照物是当前组件。

（7）页面水平居中。

（8）页面垂直居中。

以上 2 种对齐方式用于在编辑区内选取的 1 个或 1 个以上操作对象与绘图页面的对齐。

2. 大小调整

此功能用于在编辑区内选取的两个或两个以上操作对象相互调整大小，调整的参照物是当前组件。系统提供 3 种调整方式，分别是：

（1）宽度相等。

（2）高度相等。

（3）大小相等。

10.3.3.7 间距调整

此功能用于在编辑区内选取的 2 个或 2 个以上操作对象相互调整间距。

（1）水平等距分布。

（2）垂直等距分布。

10.3.4 图形显示

10.3.4.1 实时移动

当图形在当前视窗内没有直接显示完整个图形，使用按钮来适时移动当前视窗，当执行该操作时，光标将变成手状，此时按住左键在图纸上拖动，图纸就可以实时移动。

10.3.4.2 缩放

（1）实时缩放。如果不能完全浏览当前图纸或者当前图纸显示太小无法浏览时，可以使用实时缩放命令来放大和缩小图形。当执行当前操作时，光标显示为，按住左键在图纸上向上拖动，图纸将实时放大；向下拉为缩小。

（2）选区放大。要将图形的部分放大时，可以使用选区放大功能，即主菜单视图项中的缩放窗口命令和按钮，执行该操作，按住左键在图纸上面圈定一个需要放大的区域，当前圈定的区域就被放大到整个屏幕。

（3）页面缩放。

（4）调整到屏幕宽。

（5）调整到屏幕高。

（6）显示整个页面。

（7）按比例缩放视图。

10.3.4.3 等比缩放组件

等比缩放组件操作，可将所选图形适时缩放，具体操作为：选定一个图形后单击缩放命令，光标会变成状，按住左键移动光标，离中心点越远图形越大；相反，离中心点越近图形越小。

此功能对于图形大小的调整非常方便，降低了操作难度。

10.3.4.4 鸟瞰视图

导航器功能，“”按钮，单击此按钮，将弹出如图 10.103 所示的窗口。

在导航器中，可以看到当前图纸的完整缩略图，红色的边框所圈定的区域代表当前图纸的视图范围，当你将光标移到导航器上时，在其中任意位置单击一下，发现该红色的边框发生了移动，其中心点与当前单击位置重合，此时当前视窗范围随着发生了改变（即为当前红色边框圈定的区域）。

10.3.5 打印输出

10.3.5.1 打印设置

打印设置对话框用于设置打印时采用的打印机、纸张大小、打印方向、页边距等，如图 10.104 所示。

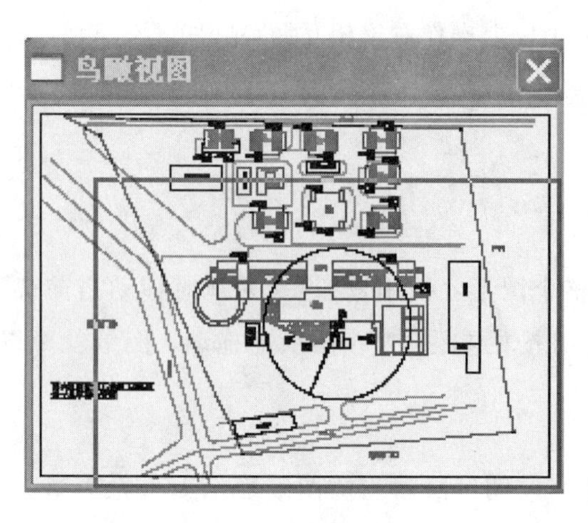

图 10.103　鸟瞰视图

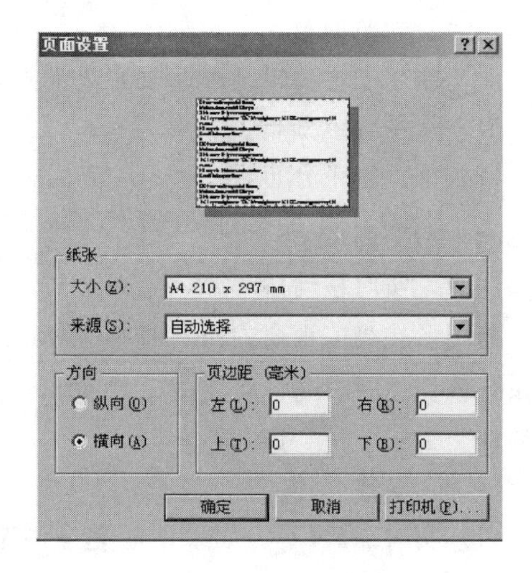

图 10.104　打印设置

10.3.5.2　打印预览

可将要打印的文档模拟打印显示。在模拟显示窗口中，可以选择单页或双页方式显示（双页显示可以看到页与页间的重叠度）。打印预览工具条还提供了一些便于预览的选项，如图 10.105 所示。

图 10.105　打印功能

（1）打印。在预览状态下直接打印。

（2）下页、上页。当一页显示不下时，可进行前后翻页。

（3）单页。只在预览区显示一页打印纸。

（4）放大、缩小。整体放大或缩小所预览的所有对象。

（5）关闭。退出预览状态。

本 章 小 结

本章主要介绍了投标书的编制流程以及标书编制软件的应用等内容，其要点为：

1. 投标书施工技术方案的编制。
2. 施工进度计划的编制，包括横道计划、单代号网络计划、双代号网络计划。
3. 施工平面图设计，包括施工平面图绘制编辑、显示、输出打印等。

训　练　题

（1）在《项目管理与投标工具箱》软件中，基本操作流程中“访问系统数据库”的下一步操作是（　　）。

A. 打开工程项目　　　　B. 生成项目计划

C. 建立项目网络模型　　D. 项目资源管理

(2) 在《项目管理与投标工具箱》软件使用过程中，需要查看软件帮助时可使用(　　)快捷键。

A. F3　　B. F4　　C. F2　　D. F1

(3) 在《项目管理与投标工具箱》软件中，复制任务与剪切任务这两个命令对任务的影响是(　　)。

A. 复制任务和剪切任务均会删除原有任务

B. 剪切任务会删除原有任务而复制任务不会

C. 复制任务会删除原有的任务而剪切任务不会

D. 复制任务和剪切任务均不会删除原有任务

(4) 在《项目管理与投标工具箱》软件中，不是对标书编制软件主要特点的描述的是(　　)。

A. 数据导入方便　　B. 标书操作简易

C. 素材模板专业　　D. 标书内容全面

(5) 在《项目管理与投标工具箱》软件中，标书编制软件中附件节点中不包括(　　)。

A. 施工组织方案　　B. 施工进度图表

C. 施工平面图布置图　　D. 施工图纸

(6) 在《项目管理与投标工具箱》软件中，平面图布置软件中，打印输出设置不可以设置以下哪项内容(　　)。

A. 纸张大小　　B. 打印方向　　C. 图纸比例　　D. 采用的打印机

(7) 在《项目管理与投标工具箱》软件中，标书编制软件中，新生成的投标书默认带有4个1级节点，由4部分内容组成，其中不包括(　　)。

A. 标底文件　　B. 商务标　　C. 附件　　D. 技术标

(8) 在《项目管理与投标工具箱》软件中，平面布置软件中关于图纸的设置中图纸的默认尺寸单位是(　　)。

A. m　　B. km　　C. cm　　D. mm

(9) 在《项目管理与投标工具箱》软件中，平面布置软件中的附加图元库中有(　　)种图元。

A. 28　　B. 27　　C. 29　　D. 30

(10) 在《项目管理与投标工具箱》软件平面布置软件中创建标注时，在图形有效区内点(　　)。

A. 2点　　B. 1点　　C. 4点　　D. 3点

(11) 现场搭设的临时设施，应按照(　　)要求进行搭设。

A. 建筑施工图　　B. 结构施工图

C. 施工平面布置图　　D. 施工总平面图

(12) 在《项目管理与投标工具箱》软件中，对标书编制软件是否有密码的描述正确的是(　　)。

A. 有设置密码的选项但是也可不设置　　B. 无密码设置选项

C. 无需设置，购买时已设定好　　D. 有此项并且必须设置才能使用

参 考 文 献

[1] 张迪．工程项目管理［M］．2版．郑州：黄河水利出版社，2008.

[2] 汪绯，张云英等．建筑施工组织［M］．1版．北京：化学工业出版社，2010.

[3] 李忠富．建筑施工组织与管理［M］．2版．北京：机械工业出版社，2007.

[4] GB/T 50502—2009 建筑施工组织设计规范［S］．北京：中国建筑工业出版社，2009.

[5] 杨建华，等．建筑施工组织与管理［M］．西安：西安交通大学出版社，2010.

[6] 钟汉华，等．水利水电工程施工组织与管理［M］．北京：中国水利水电出版社，2005.

[7] 张伟，等．建筑施工组织与现场管理［M］．北京：科学出版社，2007.

[8] 宋文学，等．给排水施工组织与项目管理［M］．北京：中国水利水电出版社，2010.

[9] 宋文学．成倍节拍流水施工研究［J］．安庆师范学院学报（自然科学版），2011，17（4）：63-66.

[10] 于立君，孙宝庆．建筑工程施工组织［M］．北京：高等教育出版社，2005.

[11] 黎谷，郎容燊．建筑施工组织与管理［M］．北京：中国人民大学出版社，1987.

[12] 李万庆，等．工程网络计划技术［M］．北京：科学出版社，2009.

[13] JGJ/T 121—99 工程网络计划技术规程［S］．北京：中国建筑工业出版社，1999.

[14] 卢循．建筑施工技术［M］．上海：同济大学出版社，1999.

[15] 郝临山，陈晋中．高层与大跨建筑施工技术［M］．北京：机械工业出版社，2004.

[16] 赵锦锴，崔存滨．网络计划技术的应用现状与推广对策［J］．四川建筑科学研究，2002，28（1）：82-83.

[17] 乞建勋，等．“统筹法”网络中经典概念的拓广及应用［J］．中国管理科学，2010，18（1）：184-192.

[18] 李源清．建筑工程施工组织实训［M］．北京：北京大学出版社，2011.

[19] GB/T 19001—2008 质量管理体系 要求［S］．北京：中国标准出版社出版，2008.

[20] 建设部干部学院．建筑工程施工组织设计与管理［M］．武汉：华中科技大学出版社，2009.

[21] 徐伟，等．施工组织设计计算［M］．北京：中国建筑工业出版社，2011.

[22] 李源清．建筑工程施工组织实训［M］．北京：北京大学出版社，2011.

[23] 程玉兰．建筑施工组织［M］．哈尔滨：哈尔滨工业大学出版社，2012.

[24] 建筑施工手册［M］．北京：中国建筑工业出版社，2003.